ZBrush+3ds Max+TopoGun+Substance Painter

次世代游戏建模教程

姜玉声　唐　茜　　主编
尚佳星　张嘉健　　副主编

電子工業出版社
Publishing House of Electronics Industry
北京 · BEIJING

内容简介

随着游戏行业的不断发展，对三维游戏模型人才的需求与日俱增。本书作为一本游戏建模实战教程，目的是为游戏建模设计师提供一套成熟且完整的建模解决方案。本书采用项目导入的方法，通过制作不同类型的案例项目，由浅到深地讲解次世代游戏建模的方法和技巧。

本书讲解了游戏道具、武器装备和游戏角色三个类型的四种不同模型的项目制作。每一个项目都分别包含设计制作大形、设计制作高模和设计制作贴图三个任务，向读者全面展示游戏建模的流程和方法。每一个任务都会通过“任务分析”和“知识链接”帮助读者理解制作要求和制作技术。通过“任务实施”完成制作后，再按照“任务评价”的说明检查制作案例是否符合规范。在每个任务的最后，会提供一个扩展的案例，让读者独立制作，巩固所学内容，加深学习印象。

本书提供的资源下载包中，包含了项目案例的全部教学视频和所有场景模型。资料配合书中的详细操作步骤，帮助读者提高学习效率。

本书结构清晰、由简到难，实例精美实用、分解详细，文字阐述通俗易懂，与实践结合非常密切，具有很强的实用性。适合各种游戏造型设计和制作人员使用，也适合广大游戏建模爱好者及中高职、大中专院校相关专业的学生使用。

图书在版编目（CIP）数据

ZBrush+3ds Max+TopoGun+Substance Painter次世代游戏建模教程 / 姜玉声, 唐茜主编. -- 北京 :
电子工业出版社, 2019.10
ISBN 978-7-121-36601-7

Ⅰ. ①Z… Ⅱ. ①姜… ②唐… Ⅲ. ①三维动画软件 – 教材 Ⅳ. ①TP391.414

中国版本图书馆CIP数据核字(2019)第096733号

责任编辑：田　蕾
印　　刷：北京缤索印刷有限公司
装　　订：北京缤索印刷有限公司
出版发行：电子工业出版社
　　　　　北京市海淀区万寿路173信箱　邮编：100036
开　　本：787×1092　1/16　印张：13.5　字数：339.2千字
版　　次：2019 年 10 月第 1 版
印　　次：2025 年 1 月第 20 次印刷
定　　价：79.00 元

凡所购买电子工业出版社图书有缺损问题，请向购买书店调换。若书店售缺，请与本社发行部联系，联系及邮购电话：（010）88254888，88258888。

质量投诉请发邮件至zlts@phei.com.cn，盗版侵权举报请发邮件至dbqq@phei.com.cn。

本书咨询联系方式：（010）88254161~88254167转1897。

前言

随着游戏行业的日益发展，次世代游戏建模逐渐成为主流。对于游戏的设计制作人员来说，能够熟练掌握次世代建模的流程和工具，将大大提升工作效率，降低游戏的开发成本，缩短游戏的制作周期。

本书中以项目实战的方式讲解次世代游戏建模的流程和方法。制作过程完全按照实际工作中的制作方法：先使用3ds Max制作大形，然后使用ZBrush雕刻获得高模，再使用TopoGun创建低模，最后使用Substance Painter绘制贴图。以确保读者学习的内容与实际工作中要求的一致。

本书内容

本书一共四个项目：项目一，游戏道具——M30榴弹炮模型设计；项目二，武器装备——弓道具模型的设计；项目三，游戏角色——漫画同人模型设计；项目四，游戏角色——女法师角色模型设计。

每个项目包括三个任务，每个任务包含“任务分析”“知识链接”“任务实施”“任务评价”和“任务拓展”五部分。帮助读者循序渐进地学习游戏建模的方法和技巧。

- 任务分析

主要针对该任务制作的要求和流程进行讲解，帮助读者了解任务的内容和规范，有利于后面的制作。

- 知识链接

主要讲解本任务中会使用到的技术和参数，分解知识点难度，使读者的学习更轻松。

- 任务实施

主要讲解任务案例的制作过程。为了便于读者阶段性学习，任务实施将制作过程按照制作类型不同分为多个步骤。

- 任务评价

主要讲解在实际的工作中，对任务中的工作内容的具体要求，以便读者能够随时了解制作的内容是否符合规范。

- 任务拓展

为读者提供一个与任务内容相似的案例，作为读者课后练习的内容。有利于读者举一反三，提高熟练度。

本书特点

本书以项目导入的方法讲解次世代游戏建模的方法和技巧，全面细致地介绍软件应用和行业规范等相关知识，对于游戏建模的初学者来说，是一本难得的实用型自学教程。

随书赠送的资源包辅助学习

为了增加读者的学习方式，提高读者的学习兴趣，本书提供的资源下载包中提供了书中所有案例的相关素材和源文件。提供了由游戏建模从业人员录制的案例教程，使读者可以得到仿佛老师亲自指导一样的学习体验，并能够快速应用于实际工作中。

技术支持

康东

2001年-2006年在英国、法国、爱尔兰留学，学习美术设计相关专业；2007年回国发展，就职于北京原力创新科技有限公司，担任3D游戏美术场景部部长。2008年创建北京造物者科技有限公司，并担任总经理一职。

曾参与《斗战神》、《怪物猎人》、《星辰变》、《指环王》、《永恒之塔》、《刀剑》等多个大型游戏的制作。

邸格

6年游戏行业从业经验,对次世代游戏有深入研究，熟悉并精通游戏设计开发的各个环节。曾任成都游侠网络科技有限公司美术指导；北京翡翠教育集团专家组成员、特邀专家、发展顾问；北京市信息管理学校游戏动漫专业专家组成员及特邀专家。

曾参与《植物大战僵尸》《神秘海域》《功夫熊猫》，以及多款武侠风次时代手游项目的设计制作。并多次参与虚拟现实游戏的研发。

读者服务

读者在阅读本书的过程中如果遇到问题，可以关注"有艺"公众号，通过公众号与我们取得联系。此外，通过关注"有艺"公众号，您还可以获取更多的新书资讯、书单推荐、优惠活动等相关信息。

扫一扫关注"有艺"

资源下载方法：关注"有艺"公众号，在"有艺学堂"的"资源下载"中获取下载链接，如果遇到无法下载的情况，可以通过以下三种方式与我们取得联系。

1. 关注"有艺"公众号，通过"读者反馈"功能提交相关信息；
2. 请发邮件至 art@phei.com.cn，邮件标题命名方式：资源下载 + 书名；
3. 读者服务热线：（010）88254161~88254167 转 1897。

投稿、团购合作：请发邮件至 art@phei.com.cn。

（本书附赠教师资源包，请购买图书的老师致电客服，索要相关资料）

目录

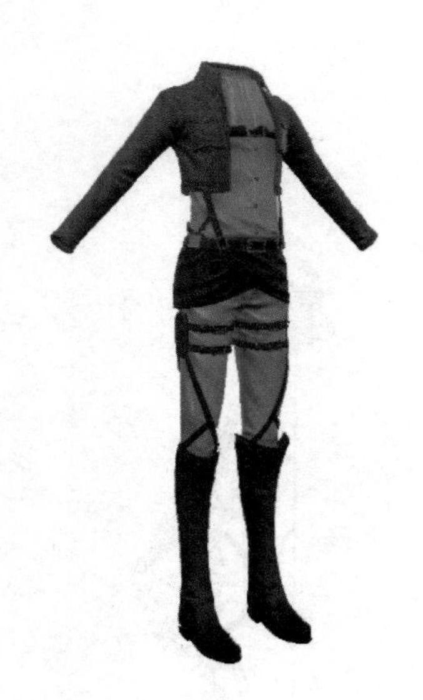

PROJECT 3

游戏角色——漫画同人模型设计 99

PROJECT 4

游戏角色——女法师角色模型设计 ... 165

PROJECT 1

游戏道具——M30榴弹炮模型设计

本项目将设计一款如图1-1所示手机战争游戏中的M30榴弹炮模型。通过制作模型，帮助读者掌握从模型创建到贴图绘制后输出的全过程。在本项目制作中，读者除了要掌握使用3ds Max创建低模的方法外，还要着重学习并掌握使用Substance Painter绘制贴图的方法和技巧，为完成更加复杂的任务打下基础。

通过本项目的学习，增强读者的民族自豪感，弘扬爱国主义精神，增加制度自信。培养读者科技创新的拼搏斗志以及恪尽职守的职业道德。

图1-1 M30榴弹炮模型

根据研发组的要求，下发设计工作单，对模型分类、模型精度、UV、法线AO和贴图等制作项目提出详细的制作要求。设计人员根据工作单要求在规定的时间内完成模型的设计制作，工作单内容如表1-1所示。

表 1-1 北京造物者科技有限公司工作单

<table>
<tr><th colspan="11">工 作 单</th></tr>
<tr><td>项目名</td><td colspan="8">战争类游戏模型——M30 榴弹炮</td><td colspan="2">供应商：</td></tr>
<tr><td>分 类</td><td>任务名称</td><td>开始日期</td><td>提交日期</td><td>中模</td><td>高模</td><td>低模</td><td>UV</td><td>法线AO</td><td>贴图</td><td>工时小计</td></tr>
<tr><td>次世代</td><td>M30 榴弹炮</td><td></td><td></td><td></td><td></td><td>2 天</td><td>1 天</td><td>0.5 天</td><td>2 天</td><td></td></tr>
<tr><td rowspan="3">备注：</td><td>注意事项</td><td colspan="9">面数控制在 3500 个三角面，贴图分辨率为 1024px × 1024px</td></tr>
<tr><td>制作规范</td><td colspan="9">1. 坐标轴归零点
2. 模型在网格中心并在地平线上
3. 不要有废点废面，布线工整合理，横平竖直，不要有除结构线外多余的布线
4. 参照参考图制作，注意模型比例问题</td></tr>
<tr><td>贴图规范</td><td colspan="9">将贴图图层分为烘焙层、磨损层、污垢层、基本颜色层、腐蚀痕迹、涂装标识层</td></tr>
</table>

任务一 榴弹炮低模的设计

本任务使用3ds Max软件完成M30榴弹炮低模模型的设计制作。由于项目并没有要求制作高模模型，因此本任务采用了低模烘焙低模的方式制作模型，模型完成的最终效果如图1-2所示。

图1-2 榴弹炮低模

源 文 件	源文件 \ 项目一 \ 流弹炮模型 .MAX
素 材	素材 \ 项目一 \
演示视频	视频 \ 项目一 \ 制作流弹炮模型 .MP4
主要技术	可编辑多边形建模、加线、挤出、倒角、布线修改

任务分析——榴弹炮模型的基本结构

在开始任务之前，读者应该先对榴弹炮进行了解。使用百度搜索“榴弹炮”，可以找到很多榴弹炮的图片。为了方便制作，选择榴弹炮不同角度的图片作为参考，如图1-3所示。

图1-3 榴弹炮参考图

由于图片的角度问题，可能会缺少很多信息。所以在开始制作模型前，要尽可能地多找些参考图，从不同的角度获得模型的信息，确认最终模型的组成部分，榴弹炮基本组成结构如图1-4所示。

图1-4 榴弹炮基本组成结构

制作模型可以从简单的几何体入手，通过两个轮子、炮盾、主炮和后面的炮支撑，确定模型的尺寸。通过两个轮子确定模型的宽度。炮盾的顶部可以确定模型的高度。后面的支撑到主炮口的距离决定模型的长度。模型完成后的最终分解图如图1-5所示。

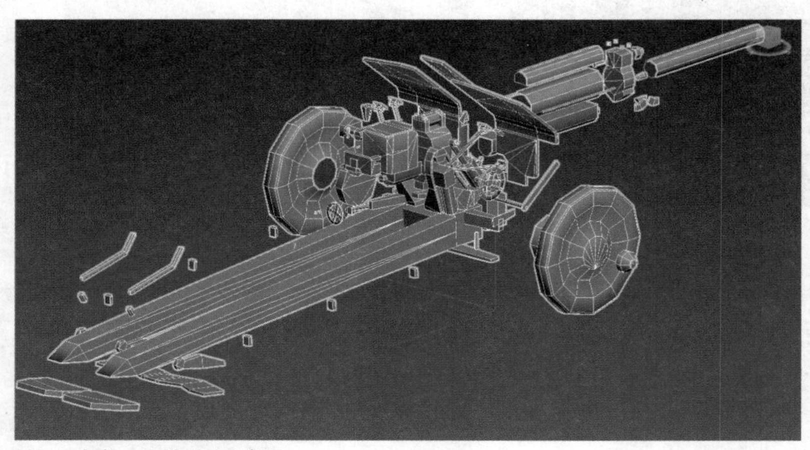

图1-5 完成后的模型的分解图

提示：

在该项目中，模型要尽量控制面数，能使用贴图表现的地方尽量使用贴图表现。所有的贴图都在Substance Painter中直接绘制完成。

知识链接——参考图和建模基础

1. 使用参考图

在创建三维模型时，常常需要使用参考图。参考图的使用有利于案例的制作，解决视觉的盲点问题。参考图有时只是一张图的一部分，有时又需要同时看很多张图。而且当不需要参考或者作品完成后，堆积的参考图又会带来困扰。使用屏幕截图参考工具Setuna可以很好地解决这个问题。

使用Setuna可以快速切下屏幕的局部区域，并保持被选中的部分图像一直固定在屏幕前的位置。启动Setuna软件，软件界面如图1-6所示。打开要参考的图像，单击截取或按快捷组合键Ctrl+1，在图像需要参考的区域拖曳，即可完成图像的截取，如图1-7所示。

图1-6 Setuna软件界面

图1-7 Setuna截取图像

在被截取的图像上双击，即可将截图缩小到如图1-8所示大小。再次双击又可将截图放大显示。使用相同的方法可以同时创建多个截图，作为建模时的参考图，如图1-9所示。

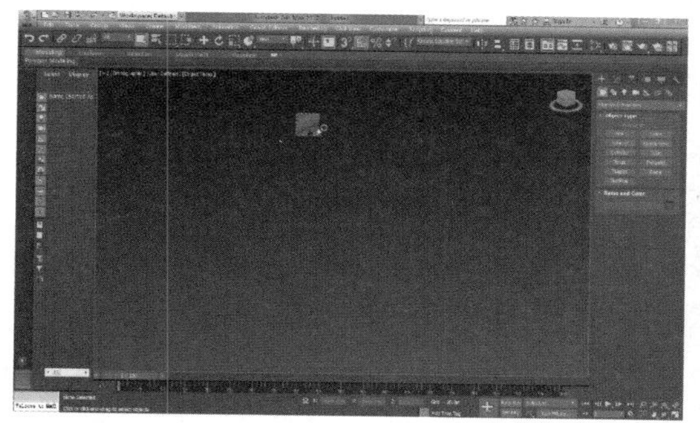

图1-8 缩小截图

图1-9 创建多个参考图

2. 可编辑多边形建模

可编辑多边形是一种可编辑对象，它包含顶点、边、边界、多边形和元素五个子对象层级。“可编辑多边形”有各种控件，可以在不同的子对象层级将对象作为多边形网格进行操纵。但是，与三角形面不同的是，多边形对象由包含任意数目顶点的多边形构成。

在需要编辑的物体上单击鼠标右键，从弹出的四元菜单中选择Conver to Editable Poly命令，如图1-10所示。在Modify面板中选择不同的命令和工具，可以完成各种操作，如图1-11所示。

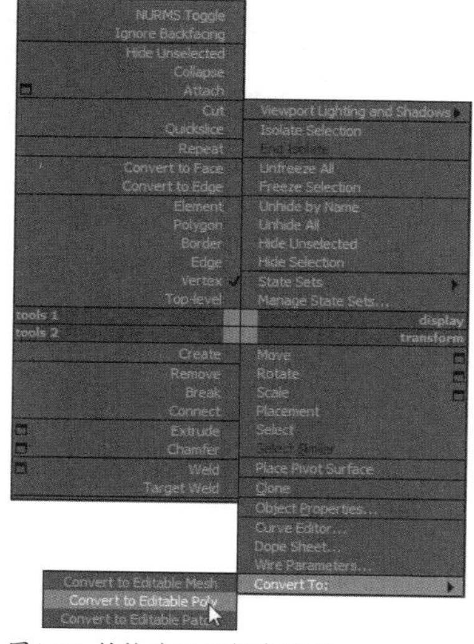

图1-10 转换为可编辑多边形

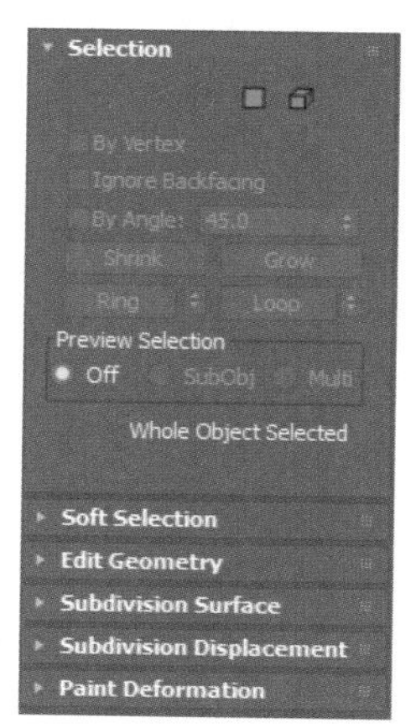

图1-11 修改面板

- Quickslice（快速切片）

该命令用于在对象中增加新的面，只能应用于可编辑多边形，无法应用于常规的多边形对象。

创建一个长方体，并将其转换为可编辑多边形，如图1-12所示。单击鼠标右键，在弹出的快捷菜单中选择Quickslice命令，如图1-13所示。使用鼠标在需要切片的位置单击两次，如图1-14所示。

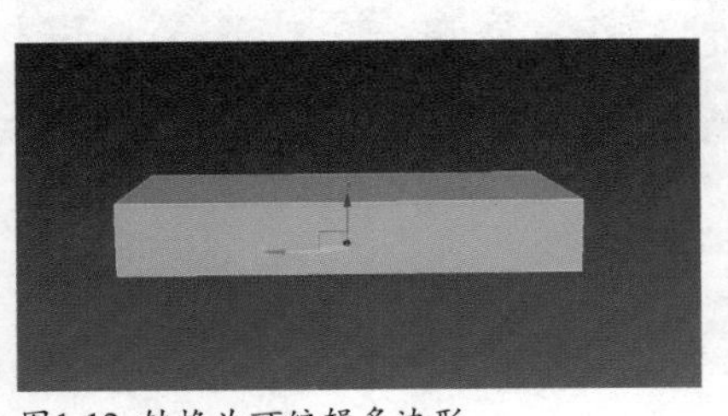
图1-12 转换为可编辑多边形

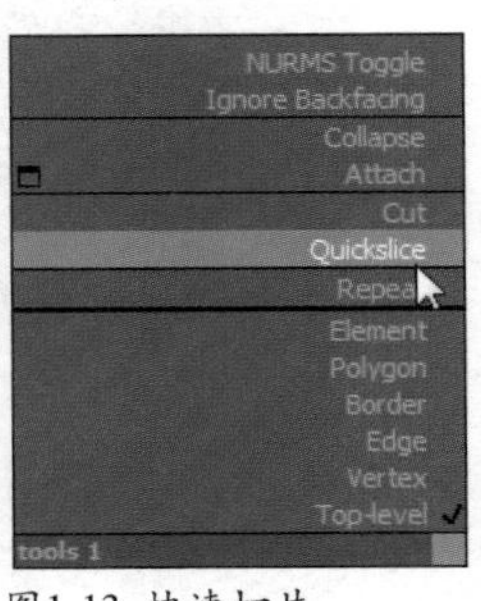

图1-13 快速切片

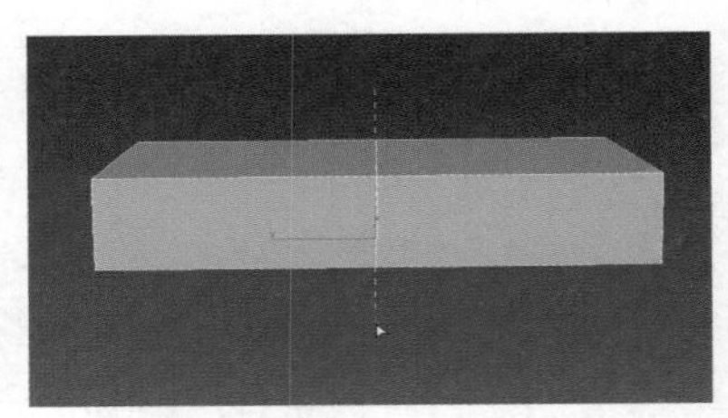
图1-14 添加切片

松开鼠标，即可在多边形上增加分段，如图1-15所示。转到物体的背面，可以看到同样增加了分段，可见这个切片直接将物体剖成了两半，如图1-16所示。

图1-15 增加分段

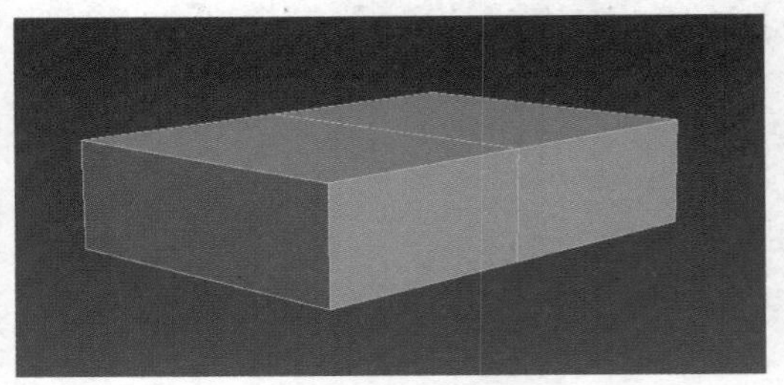
图1-16 物体背面也增加了分段

也可以只选中多边形的一个面，再使用Quickslice命令为其添加切片，完成效果如图1-17所示。转动一下物体，可以看到物体上方和后方的面都没有受到影响，如图1-18所示。

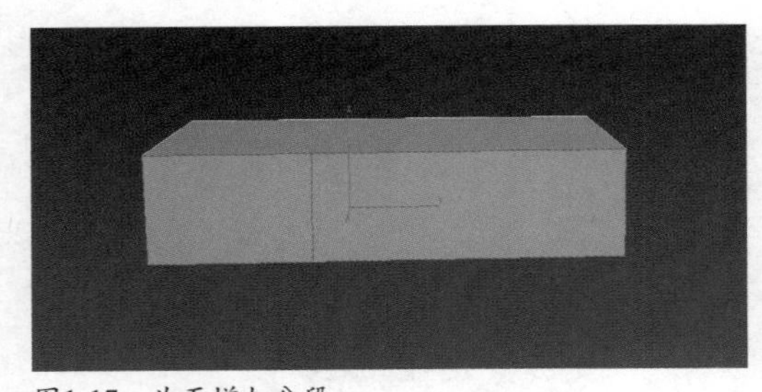
图1-17 为面增加分段

图1-18 其他面未受影响

- Cut（剪切）

该命令用于在多边形中增加新的边。它的使用方法很简单，单击鼠标右键，在弹出的快捷菜单中选择Cut命令，然后在多边形的任意两条边上分别单击，即可在单击点之间形成一条新的边，如图1-19所示。

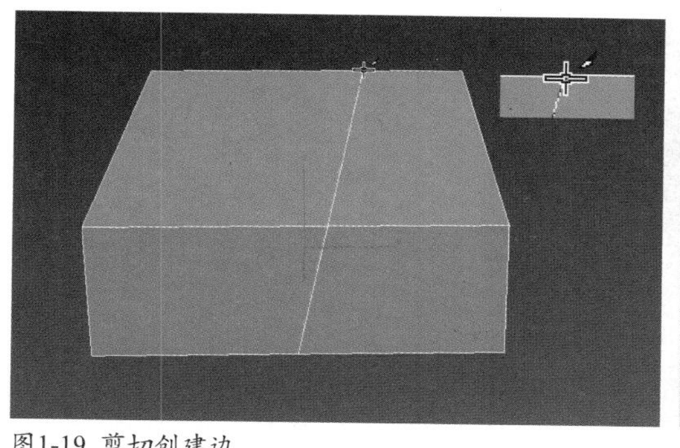

图1-19 剪切创建边

Cut命令允许用户一次添加多条边，操作完成后单击鼠标右键即可结束创建。

提示：

Cut命令可在不选定任何对象的情况下执行，Quickslice命令则必须在选定多边形或面的情况下才有效。

- Connect（连接）

该命令用线段将两个顶点或多条边连接起来，经常用于在物体中增加新的边。选择两个顶点，如图1-20所示，右击鼠标，在弹出的快捷菜单中选择Connect命令，或直接按快捷组合键Ctrl+Shift+E，即可将顶点连接，如图1-21所示。连接多条边的效果如图1-22所示。

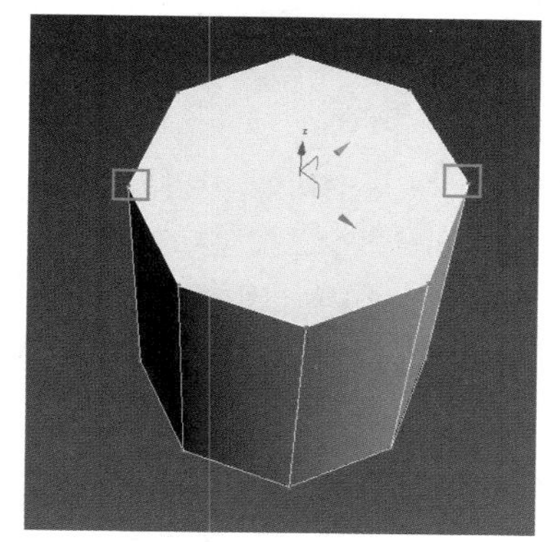

图1-20 选择顶点

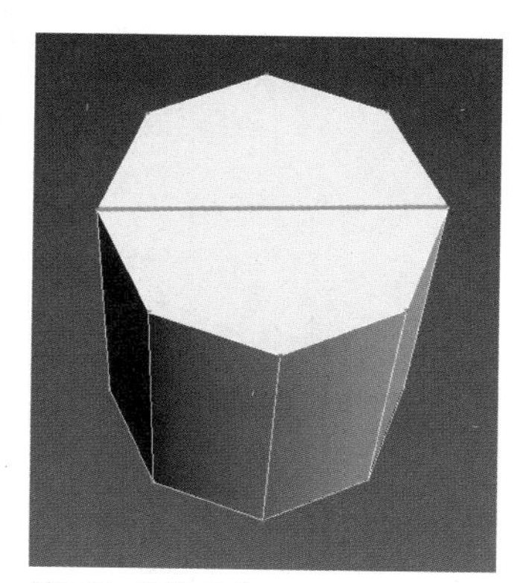

图1-21 连接顶点

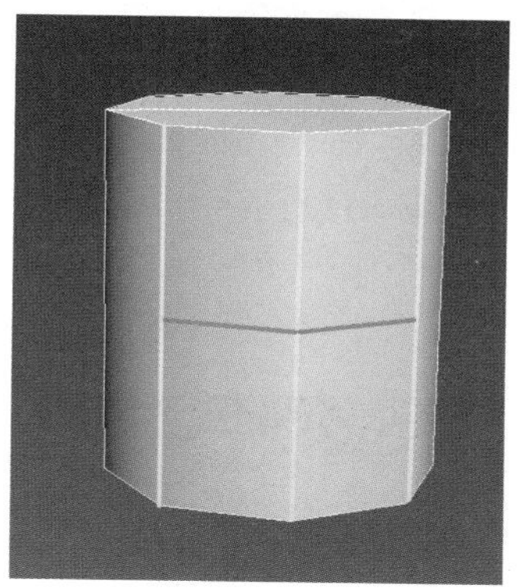

图1-22 连接多条边

提示：

使用Quickslice和Cut命令增加边时，用户可以自己决定切片的位置，而Connect命令只会将边添加到所选线段的中点。

- Extrude（挤出）

该命令用于将面或孔洞周围边界增加一定的厚度。选择需要进行挤出的边，如图1-23所示。右击鼠标，在弹出的快捷菜单中选择Extrude命令，拖动鼠标，即可将其挤出为一个面，如图1-24所示。使用相同方法挤出其他面，制作出纸箱效果，如图1-25所示。

图1-23 选择边

图1-24 挤出面

图1-25 挤出纸箱效果

选择需要挤出的面，如图1-26所示。右键鼠标，在弹出的快捷菜单中选择Extrude命令，拖动鼠标，即可挤出一个面，如图1-27所示。

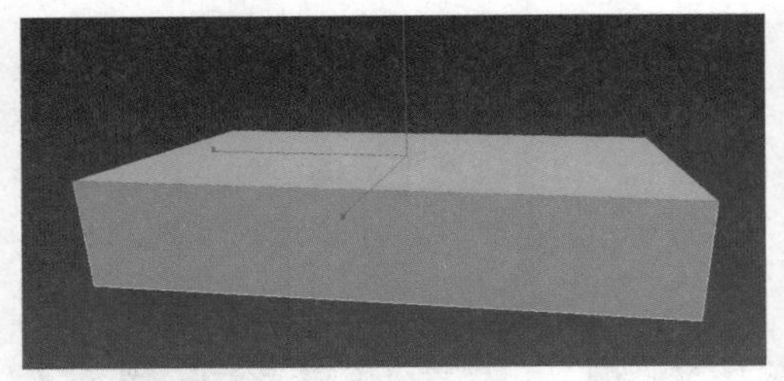
图1-26 选中面

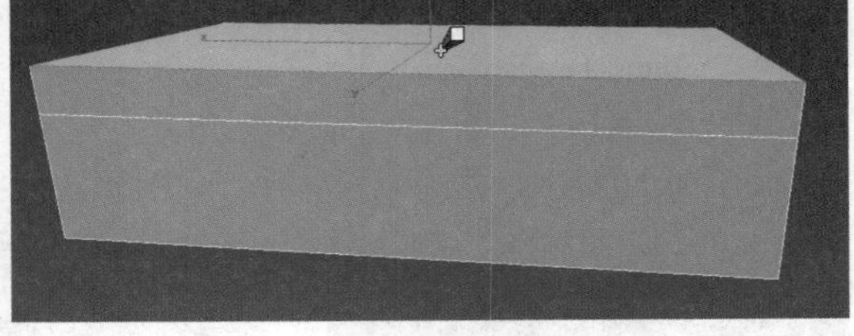
图1-27 挤出面

- Bevel（倒角）

该命令用于将一个直角切除，切除后可以是直角或圆角，是修饰物体常用的功能。选择可编辑多边形的一个面，如图1-28所示。右击鼠标，在弹出的快捷菜单中选择Bevel命令，按鼠标左键向上拖动该面，如图1-29所示。松开鼠标左键后，移动鼠标对新增的分段进行倒角，效果如图1-30所示。

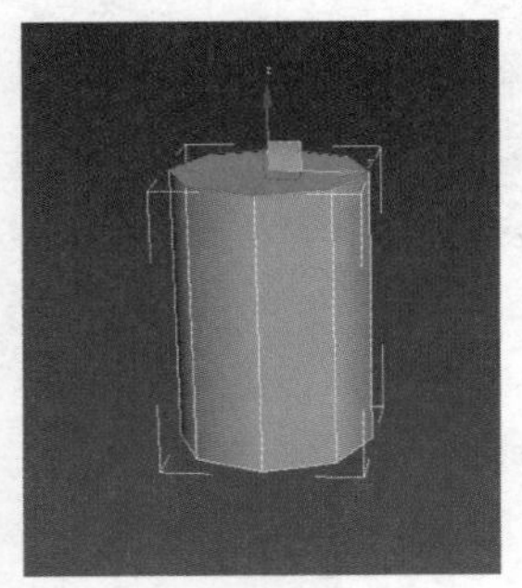
图1-28 选择面

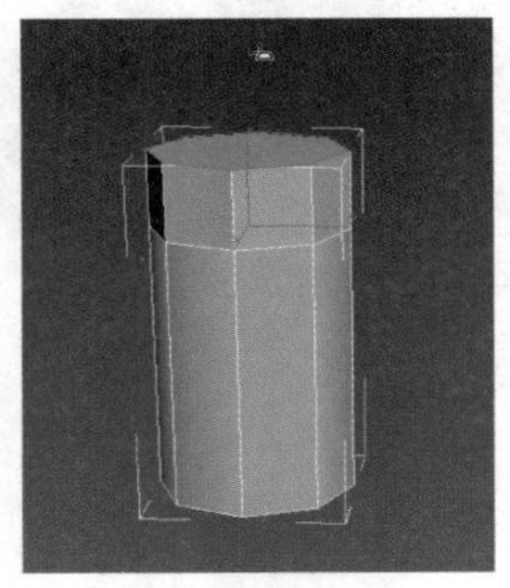
图1-29 新增分段

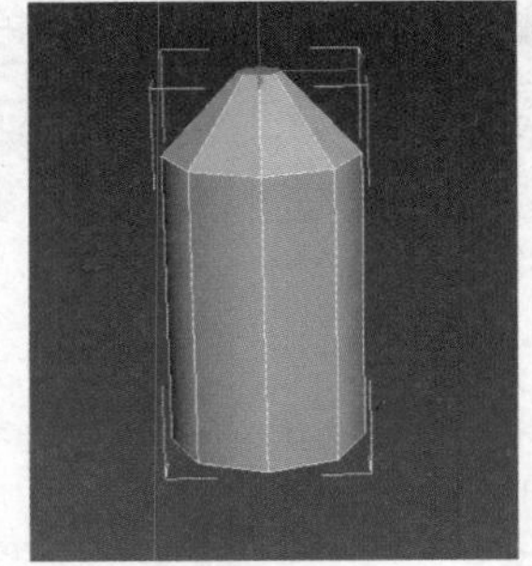
图1-30 倒角效果

- Attach（附加）

该命令用于将多个物体组合成一个整体。选择一个物体，将其转换为可编辑多边形，如图1-31所示。右击鼠标，在弹出的快捷菜单中选择Attach命令，单击选择另外一个物体，即可将其附加到之前的物体中，如图1-32所示。

提示：

如果要同时附加多个对象，可以先选择主附加物体，然后单击Attach命令前面的对话框图标，即可在弹出的附加列表中选择需要附加的多个物体。

图1-31 选择物体并将其转换为可编辑多边形

图1-32 附加成功

- Cap（封口）

该命令可以用来快速封闭孔洞。激活边界级别，选择孔洞周围的边界，如图1-33所示。右击鼠标，在弹出的快捷菜单中选择Cap命令，即可将该缺口封闭，如图1-34所示。

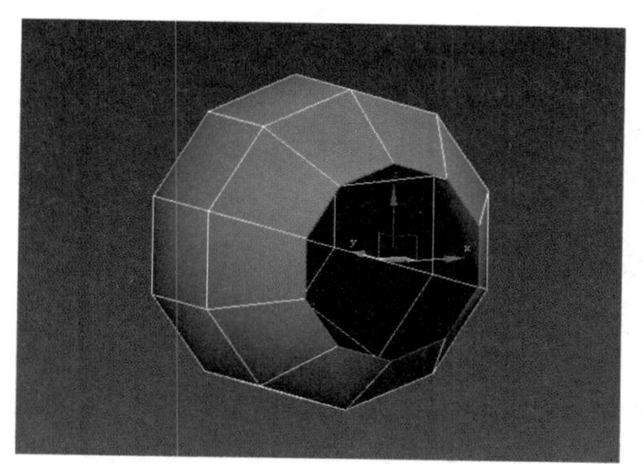
图1-33 选择边界

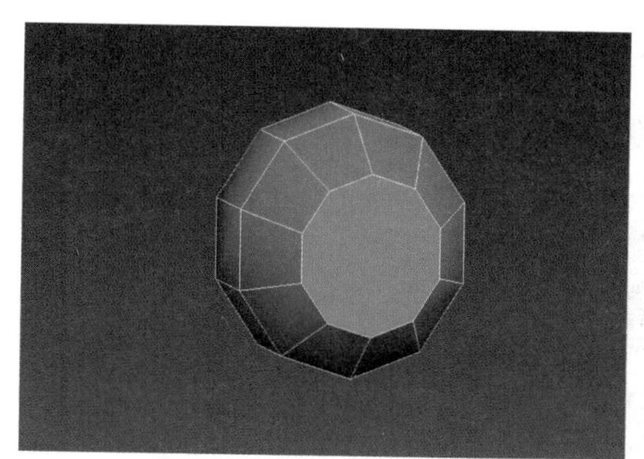
图1-34 封口效果

任务实施——制作榴弹炮低模模型

1. 确定模型的基本尺寸

步骤01 打开3ds Max 2017软件，软件界面如图1-35所示。单击动画控制区右下角的Maximize viewport toggle按钮或者按组合键Alt+W，最大化显示预览视口，如图1-36所示。

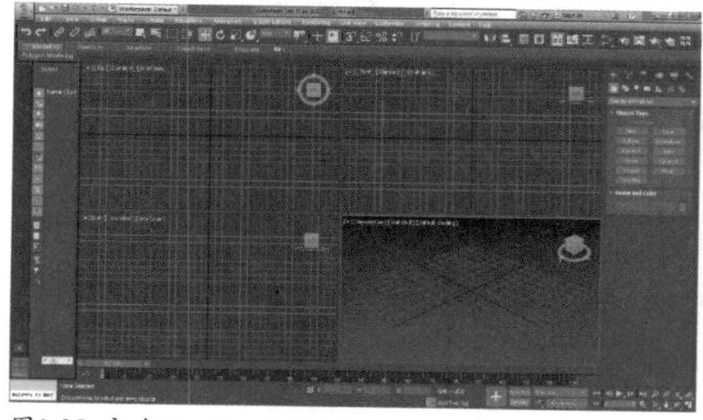
图1-35 启动3ds Max 2017

图1-36 最大化显示预览视口

步骤02 单击Create面板上的Cylinder按钮，在视口中拖曳创建出一个圆柱体，如图1-37所示。按F4键，打开线框图显示，如图1-38所示。

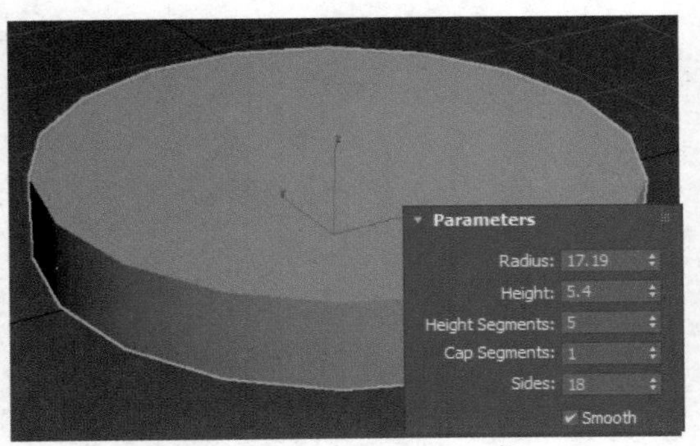

图1-37 创建圆柱体

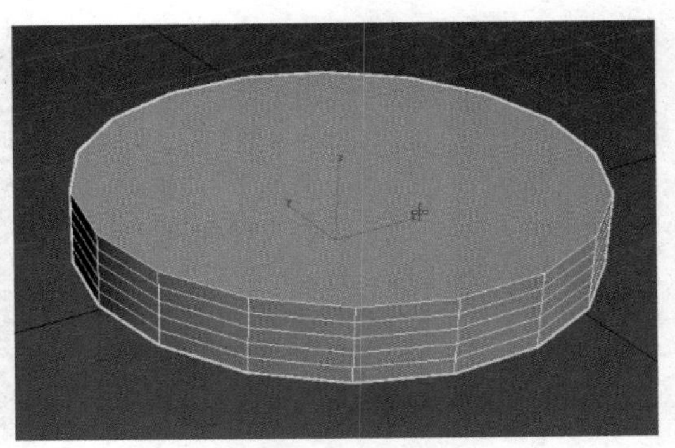

图1-38 打开线框图显示

提示：

Sides值主要用来控制多边形的边，数值越大模型越圆。该数值应为偶数，以保证圆柱体的显示效果。

步骤 03 在Modify面板中修改圆柱体的Sides为12、Cap Segments为2、Height Segments为1，效果如图1-39所示。按F键，进入Font视口，如图1-40所示。

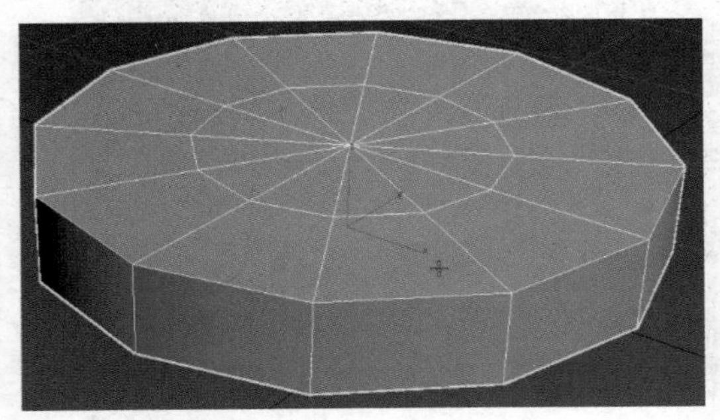

图1-39 修改圆柱体参数

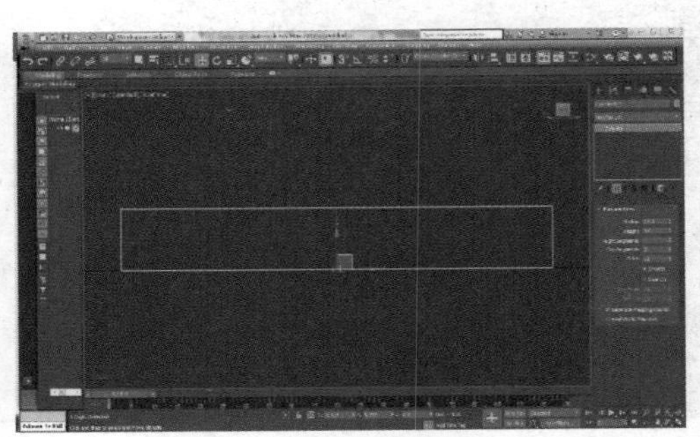

图1-40 进入Font视口

小技巧：

按Z键可以放大视口中选择的物体；按F3键改变当前视口的显示模式。

步骤 04 单击工具栏上的Select and Rotate按钮，同时按下Angle Snap Taggle按钮，圆柱体将围绕Y轴旋转90°，效果如图1-41所示。按P键，返回透视视口，单击Select and Uniform Scale按钮，缩放调整圆柱体的厚度，完成后的效果如图1-42所示。

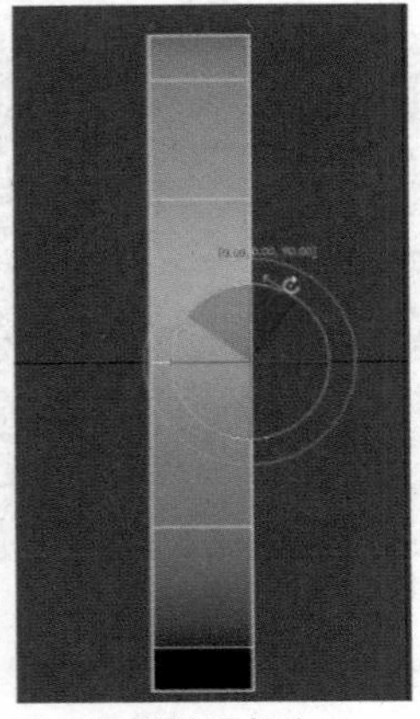

图1-41 旋转圆柱体

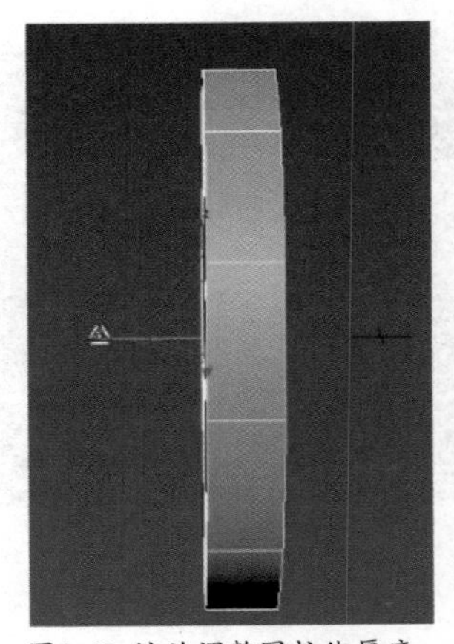

图1-42 缩放调整圆柱体厚度

小技巧：

在Angle Snap Taggle按钮上单击右键，在弹出的对话框中设置Angle值为90°，可以更加快捷准确地选择对象。

步骤05 在HIeraychy面板中单击Affect Pivot Only按钮，拖动模型中心到如图1-43所示位置。再次单击Affect Pivot Only按钮，取消调整中心点。单击工具栏上的Mirror按钮，设置其参数，如图1-44所示。

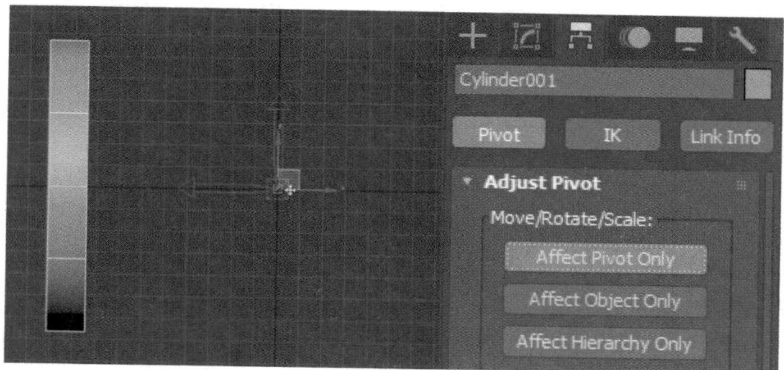

图1-43 调整中心点

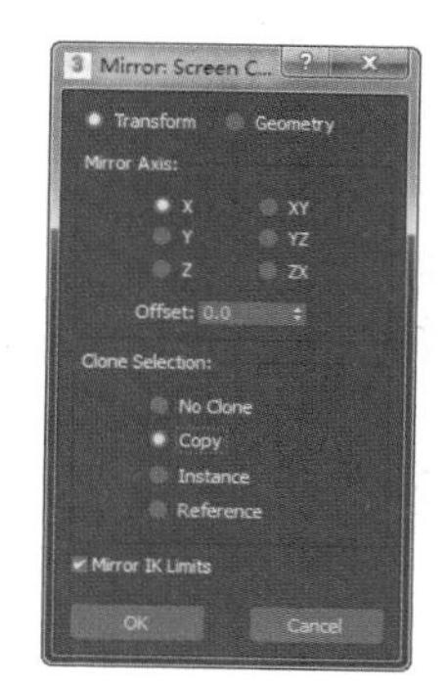

图1-44 镜像对象

小技巧：

按G键可以显示或关闭网格显示；按S键，可以打开吸附网格功能，能够保证在移动模型的过程中对齐网格。

步骤06 单击OK按钮，镜像模型效果如图1-45所示。在按Ctrl键的同时选择另一个圆柱体，向上移动，将其放置在地平线的位置，如图1-46所示。

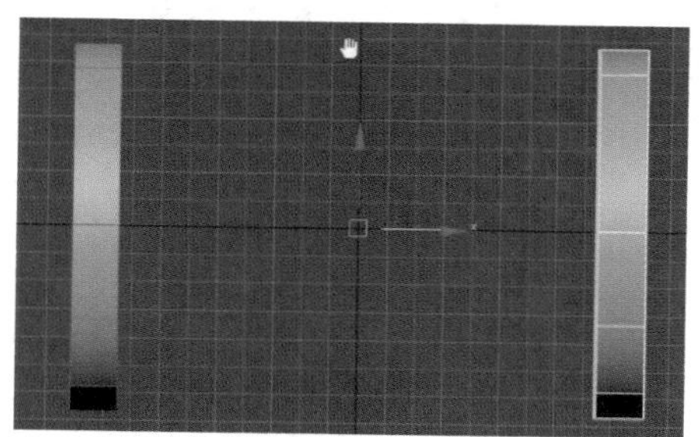

图1-45 镜像复制对象

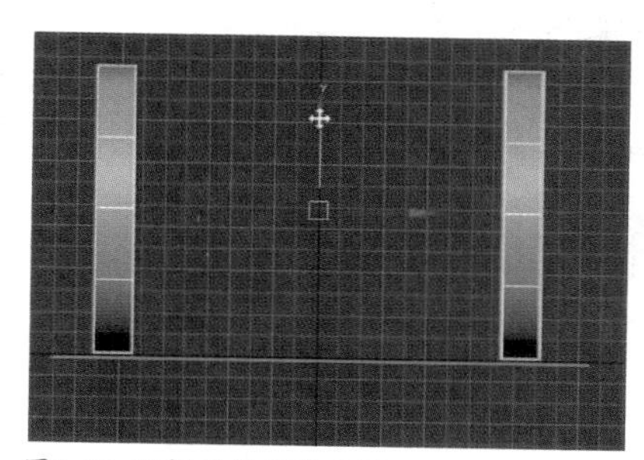

图1-46 调整模型到地平线

步骤07 单击Create面板中的Cylinder按钮，在透视视口中创建一个圆柱体，如图1-47所示。按F键切换到前视口，在底部的*X*轴数值显示位置的三角形上单击右键，将圆柱体坐标清零，如图1-48所示。

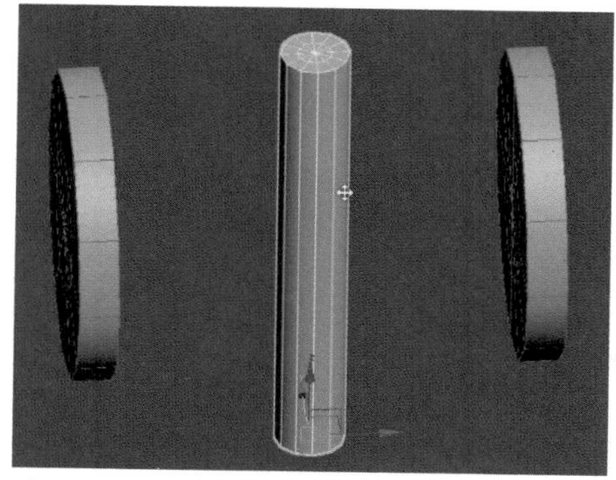

图1-47 创建圆柱体

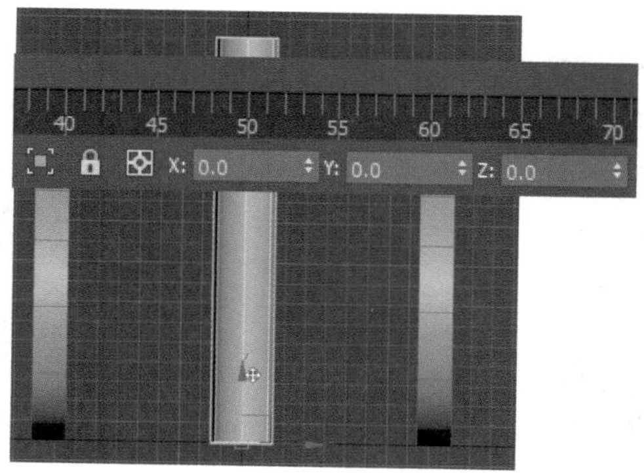

图1-48 坐标清零

步骤 08 将刚创建的圆柱体在*Y*轴上向上移动到如图1-49所示位置。按R键，切换到右视口，将圆柱体旋转90°，效果如图1-50所示。

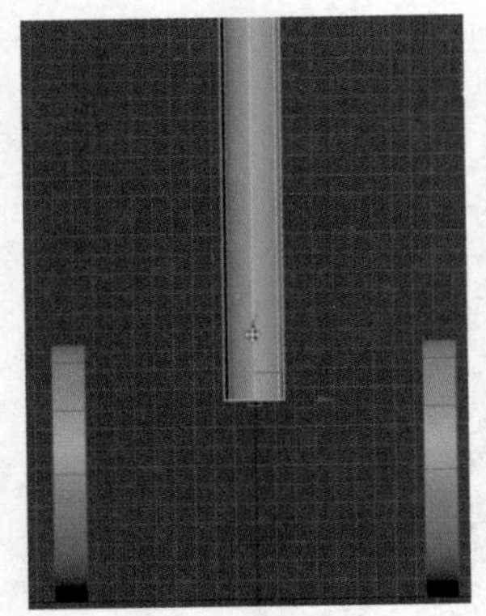
图1-49 移动圆柱体

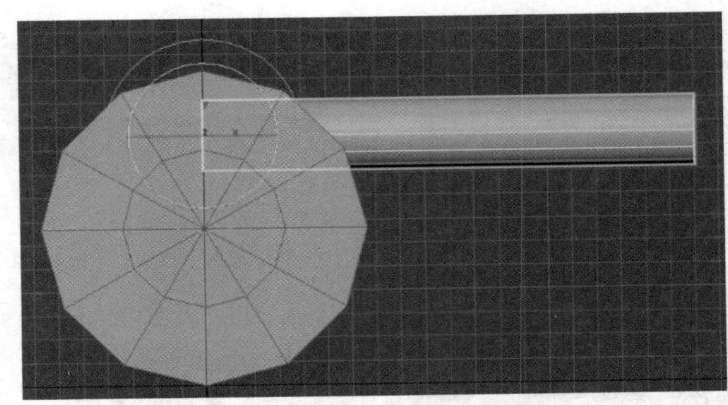
图1-50 旋转圆柱体

步骤 09 调整圆柱体到如图1-51所示位置。单击Select and Uniform Scale按钮，等比例缩放轮胎圆柱体和炮筒圆柱体，完成效果如图1-52所示。

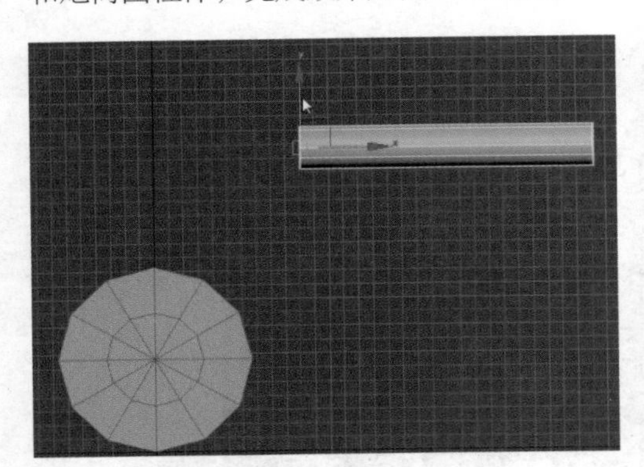
图1-51 调整位置

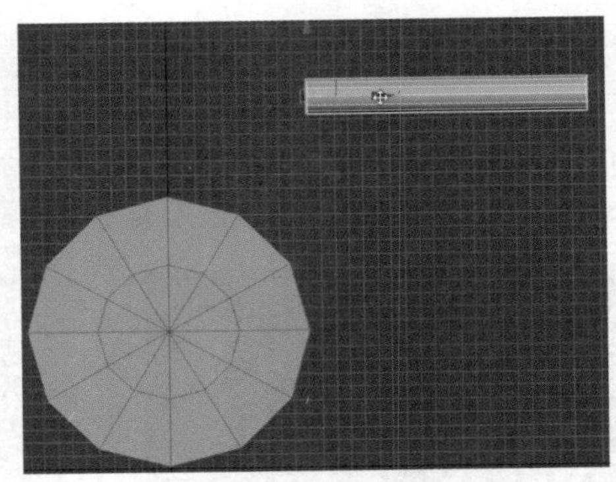
图1-52 等比例缩放

提示：

在制作三维模型时，通常不需要按照参考图制作带有造型的模型效果。只需要制作标准的模型效果，以方便后期的其他操作。

步骤 10 按T键，切换到顶视口，单击Create面板中的Box按钮，在视口中拖曳创建一个长方形，如图1-53所示。按L键，切换到左视口，使用Select and Uniform Scale工具调整长方形的厚度，效果如图1-54所示。

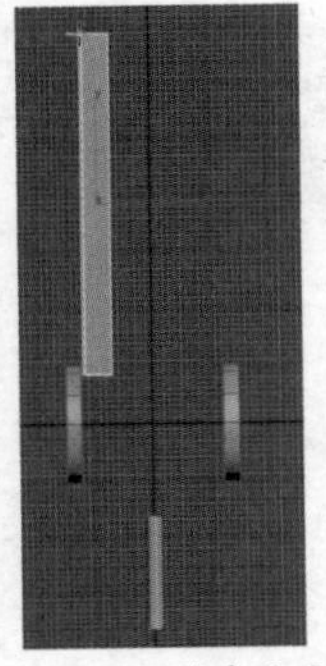
图1-53 创建长方体

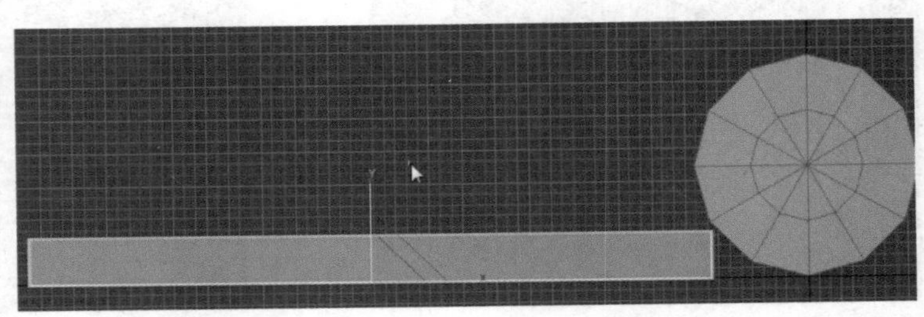
图1-54 缩放长方体

步骤 11 在Angle Snap Taggle按钮上单击右键，修改选择角度为1°，如图1-55所示。旋转长方形效果如图1-56所示。

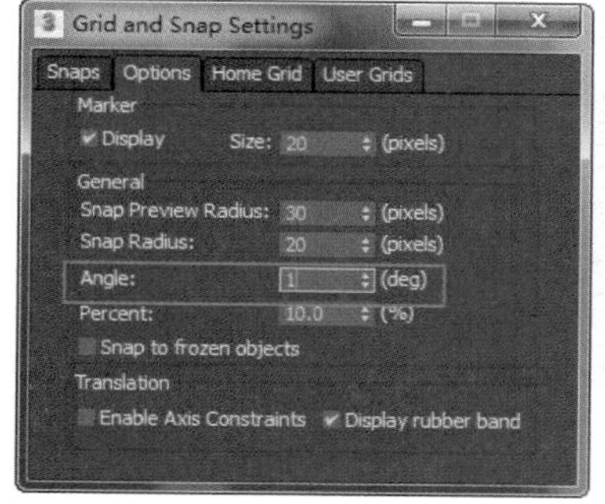

图1-55 修改旋转角度

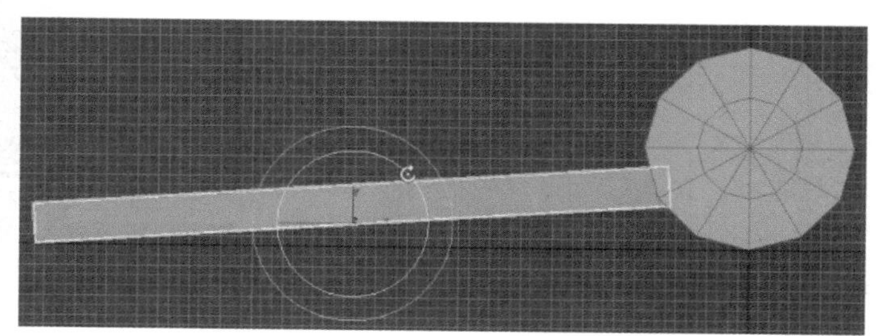

图1-56 旋转效果

2. 制作炮盾模型

步骤 01 调整长方形的中心并水平镜像一个，完成效果如图1-57所示。单击Create面板中的Plane按钮，在透视视口中拖曳创建出一个面片，如图1-58所示。

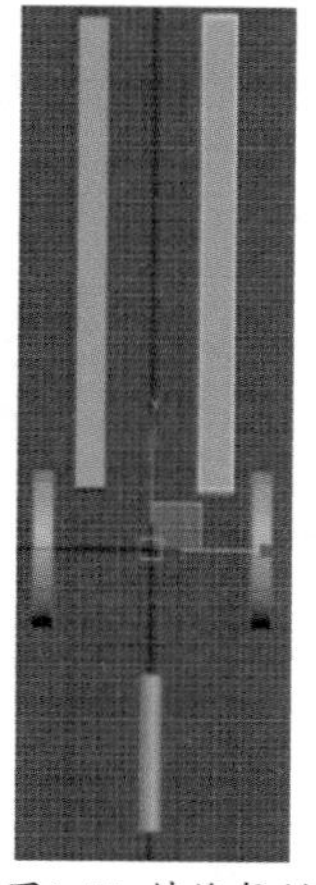

图1-57 精修复制

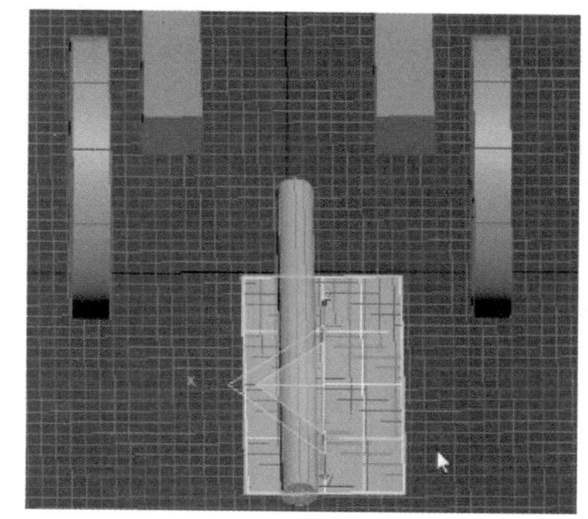

图1-58 创建面片

步骤 02 使用Select and Rotate工具将该面片旋转90°，调整其到如图1-59所示位置。在Modify面板中修改其分段的数值，如图1-60所示。

图1-59 旋转对象

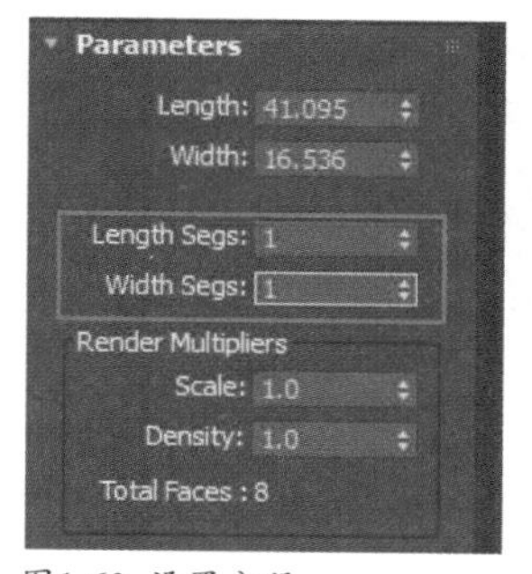

图1-60 设置分段

步骤 03 使用Select and Uniform Scale工具将面片在X轴方向放大，效果如图1-61所示。单击鼠标右键，在弹出的快捷菜单中选择Convert to Editable Poly命令，如图1-62所示。

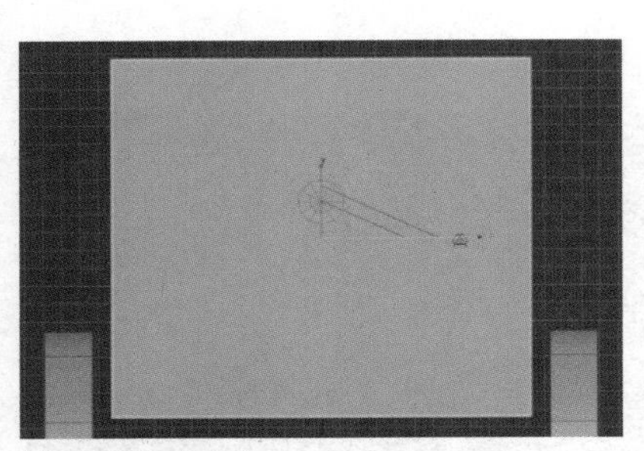
图1-61 缩放对象

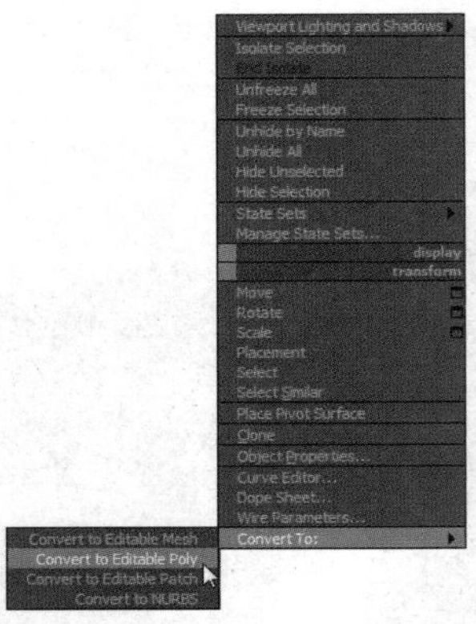

图1-62 转换为可编辑多边形

步骤04 选择编辑Edge级别，单击鼠标右键，在弹出的快捷菜单中选择Connet命令，如图1-63所示。在面片中添加一条线，添加效果如图1-64所示。

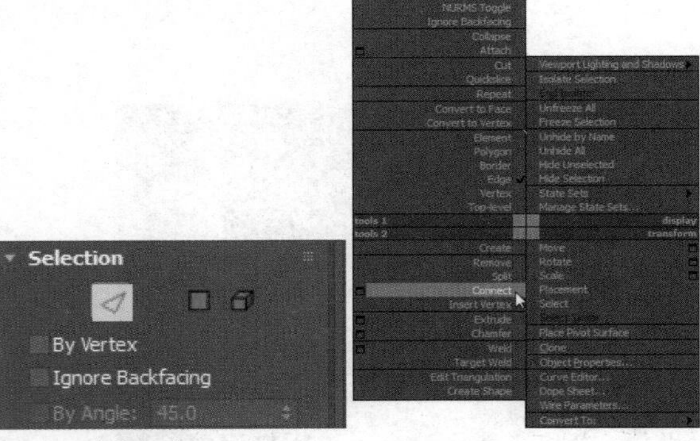

图1-63 连接加线

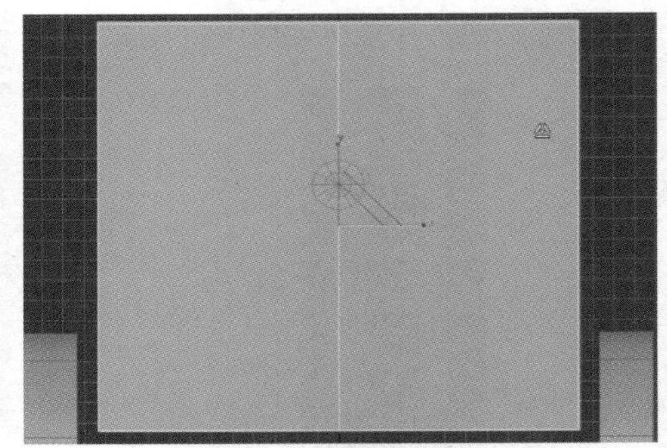
图1-64 加线效果

步骤05 选择Polygon级别，选择面片的右侧，按Delete键将其删除。在水平方向调整其大小，如图1-65所示。调整其垂直方向的位置，如图1-66所示。

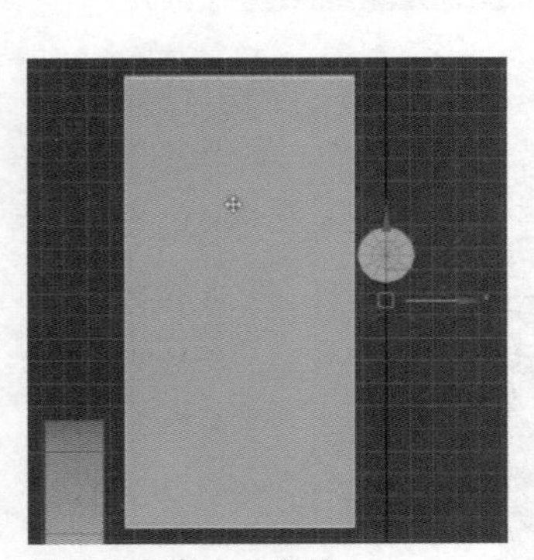
图1-65 调整水平位置

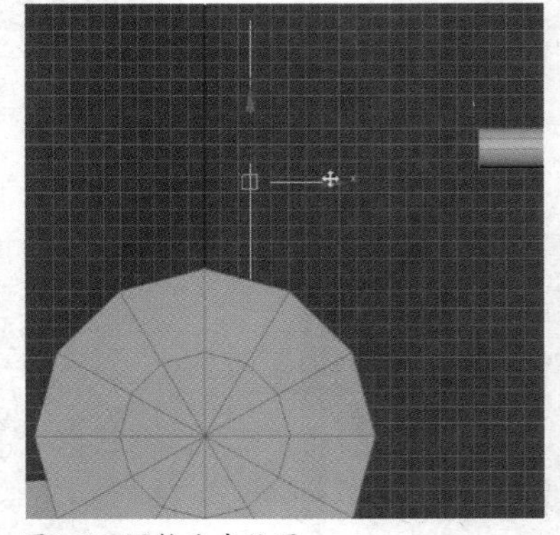
图1-66 调整垂直位置

提示：

在移动面片时，由于横向位置已经确定，在移动时尽量只在纵向移动，以避免影响模型最终位置。

步骤06 选择Polygon级别，为面片添加一条横线，如图1-67所示。在按Shift键的同时，拖曳顶部线条，得到如图1-68所示效果。

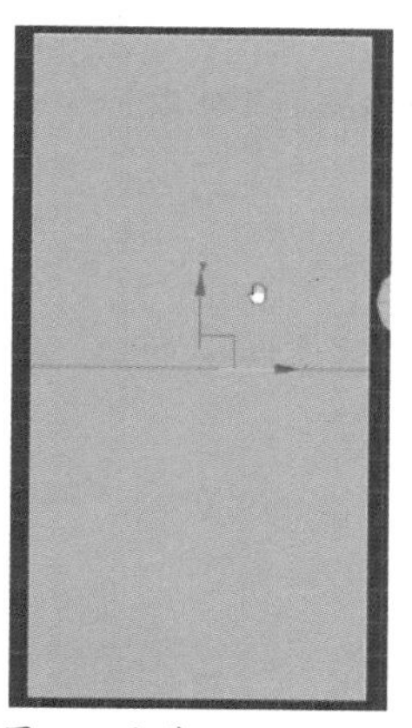

图1-67 加线

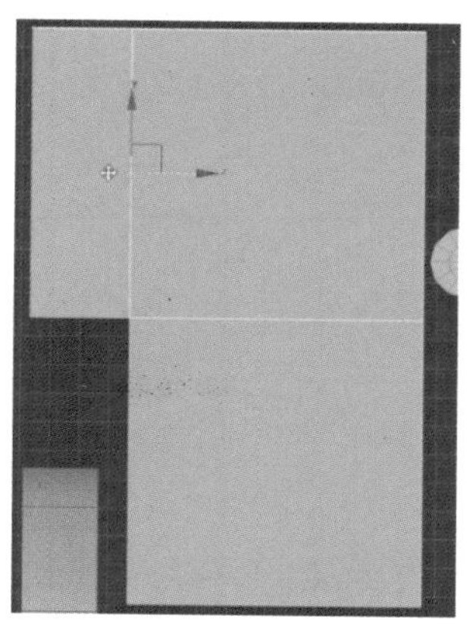

图1-68 拖动调整线条

步骤 07 选择Vertex级别，拖动选中控制锚点，调整其位置，完成效果如图1-69所示。选择右侧中部锚点，单击鼠标右键，在弹出的快捷菜单中选择Cut命令，拖动其到顶部线条位置，效果如图1-70所示。

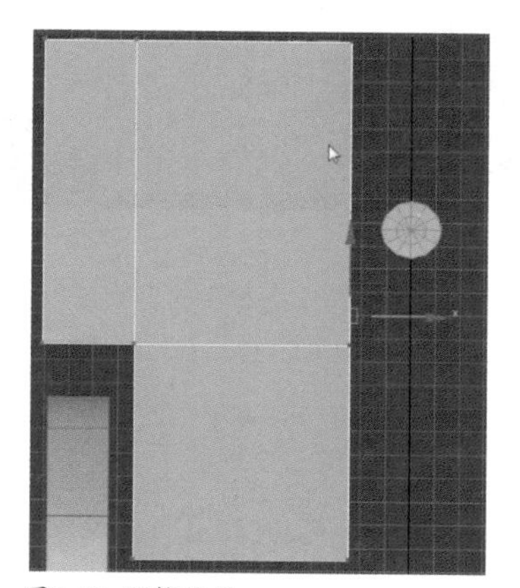

图1-69 调整锚点

图1-70 拖动调整

提示：

除了可以通过单击鼠标右键选中Cut命令外，也可以在编辑面板底部Edit Geometry下单击Cut按钮，实现操作。

步骤 08 选中右侧顶部锚点，向下拖动，效果如图1-71所示。 使用相同的方式调整底部，效果如图1-72所示。

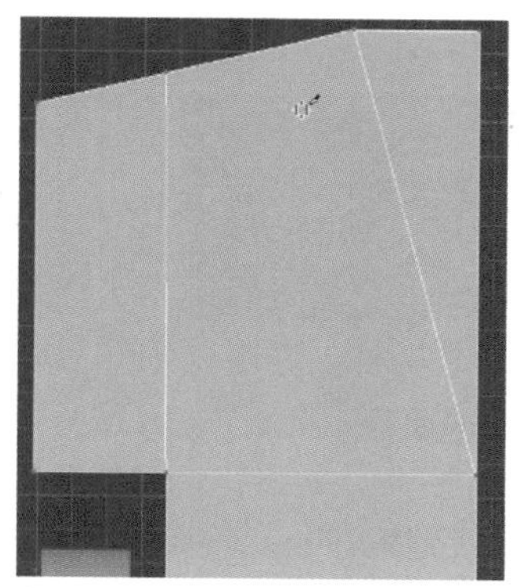

图1-71 拖动锚点

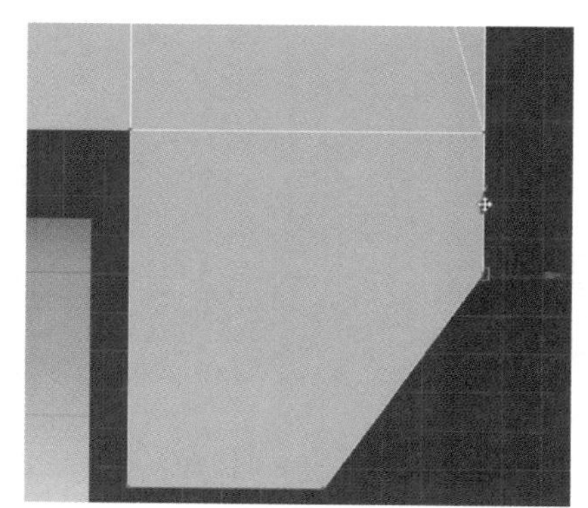

图1-72 调整底部效果

提示：

读者如果觉得同时移动两个点会出现误差，可以按快捷组合键Ctrl+Enter删除其中的一条线，待调整完成后，再添加一条线即可。

小技巧：

调整过程中，会出现点对不齐的情况，可以选中需要对齐的顶点，使用Select and Uniform Scale工具挤压单向轴即可。

步骤09 使用Cut工具在底部创建一个如图1-73所示正方形。选中Polygon级别，删除左下角，如图1-74所示。

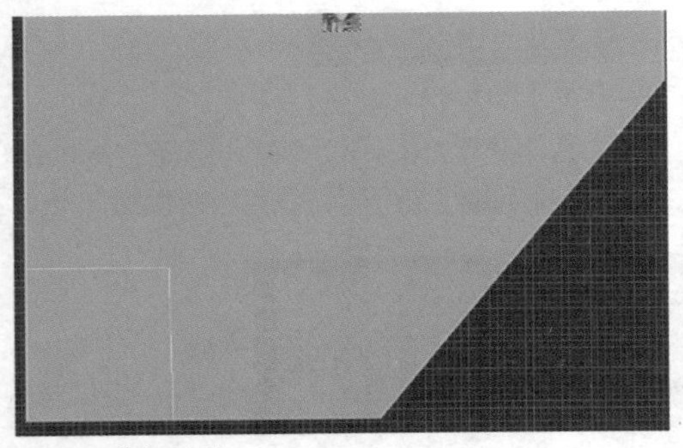

图1-73 剪切图形

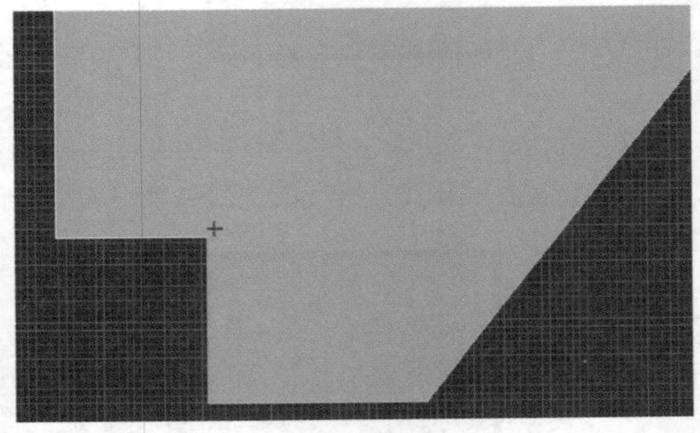

图1-74 删除面

步骤10 使用Cut工具为面片布线，完成效果如图1-75所示。切换到Edge级别，选中上部线条，使用Connect命令添加一条线，将线压直以后，向下移动到如图1-76所示位置。

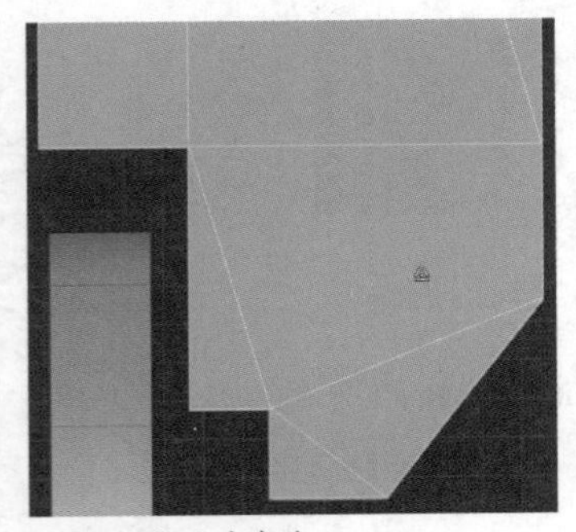

图1-75 为面片布线

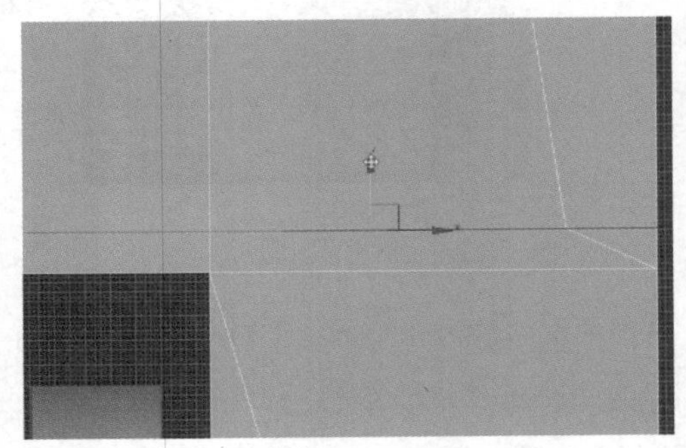

图1-76 压直并移动线条

步骤11 切换到Vertex级别，选中如图1-77所示点。单击Target Weld按钮，将其焊接到右侧线条上，效果如图1-78所示。

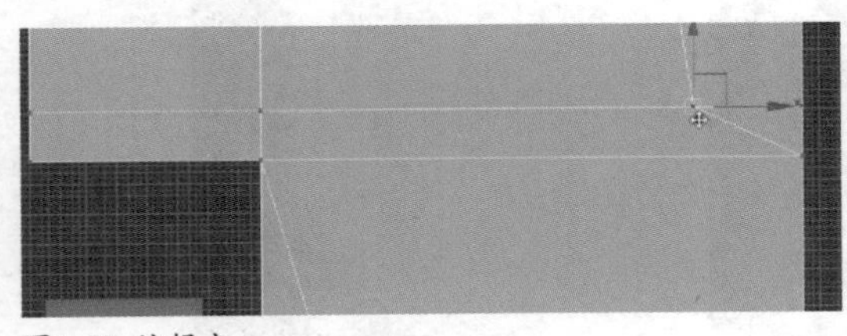

图1-77 编辑点

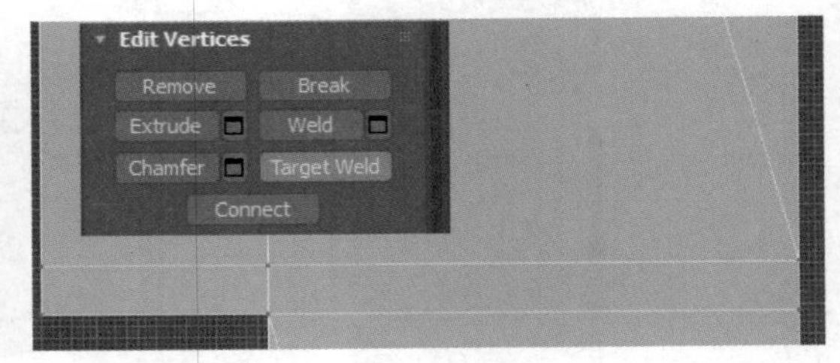

图1-78 焊接线条

步骤12 使用Connect命令添加一条线，如图1-79所示。切换到Polygon级别，选中顶部的面，如图1-80所示。

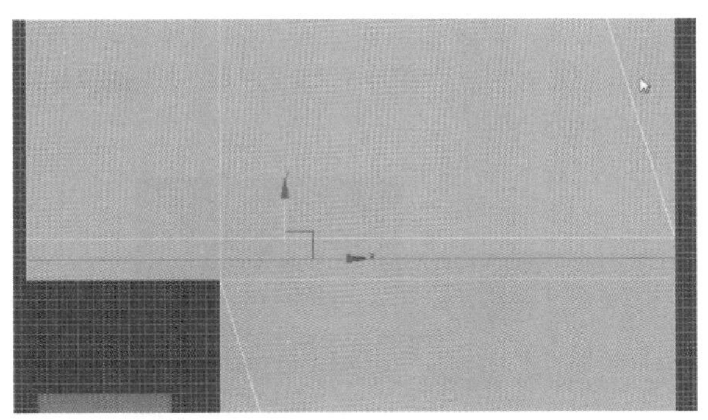

图1-79 连接线条

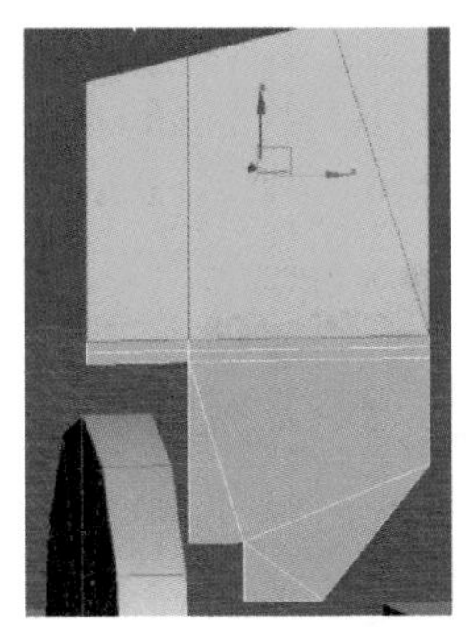

图1-80 选中顶部的面

步骤13 切换到Left视口，旋转并移动被选中的面，效果如图1-81所示。按Ctrl键将下面的两个面选中，如图1-82所示。

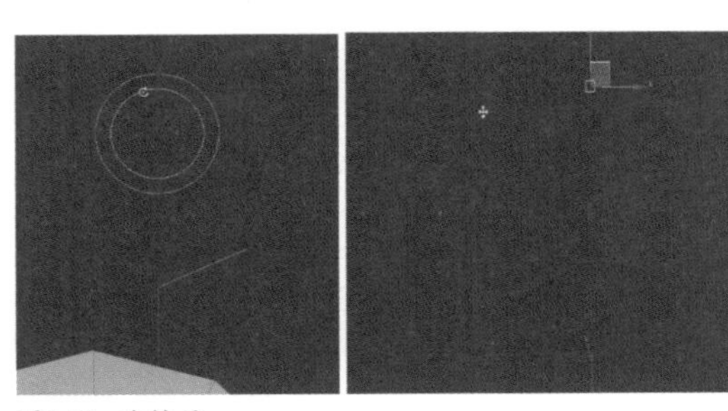

图1-81 旋转面

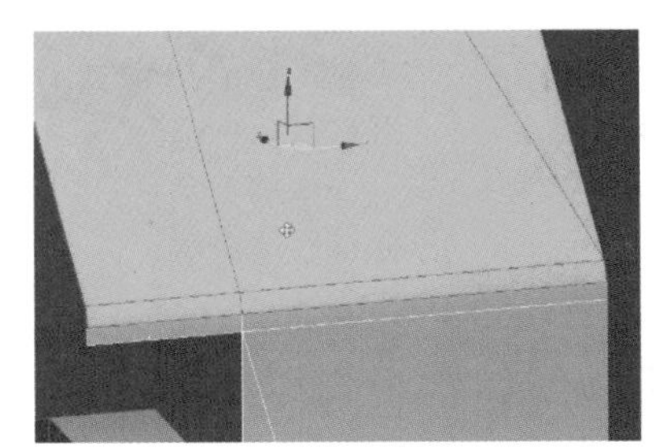

图1-82 选中面

步骤14 继续旋转被选中的面，旋转效果如图1-83所示。在Modify面板中的Modifier List列表中选择Shell选项，设置参数如图1-84所示。完成后的效果如图1-85所示。

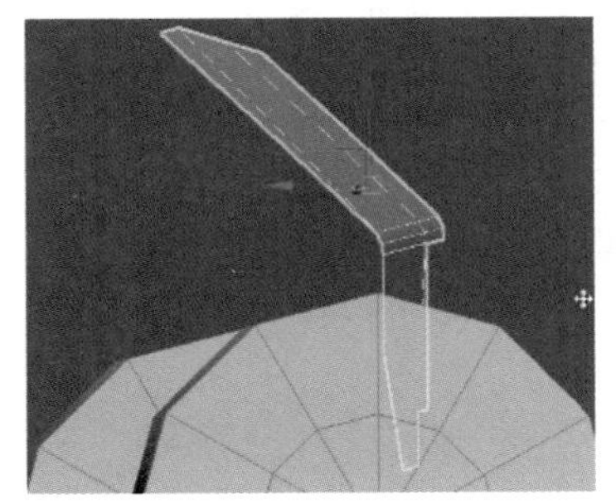

图1-83 旋转面

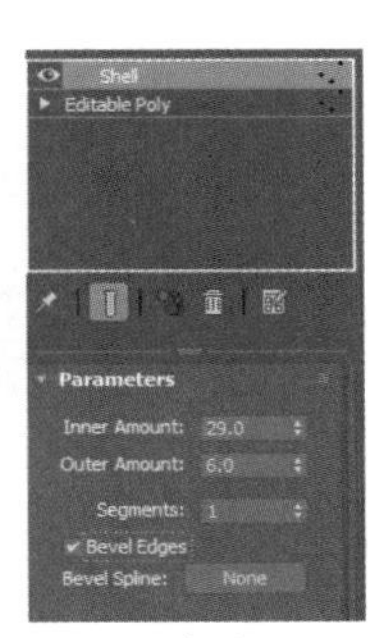

图1-84 壳修改器

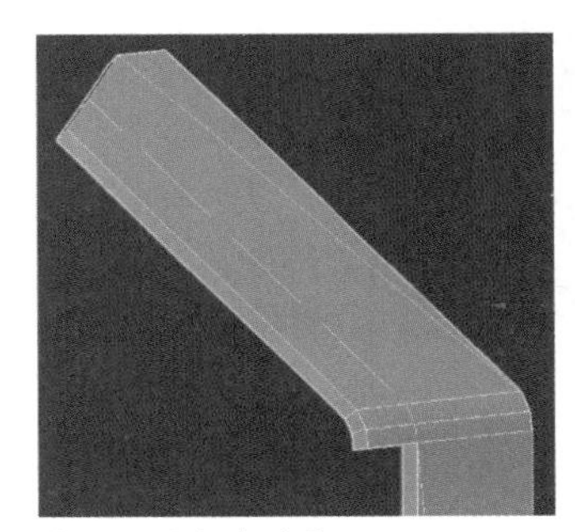

图1-85 添加壳效果

步骤15 单击鼠标右键，在弹出的快捷菜单中选择Convert to Editable Poly命令，将其转换为Poly。在Font视口中，对完成的炮盾进行镜像，完成后的效果如图1-86所示。创建一个面片，如图1-87所示。

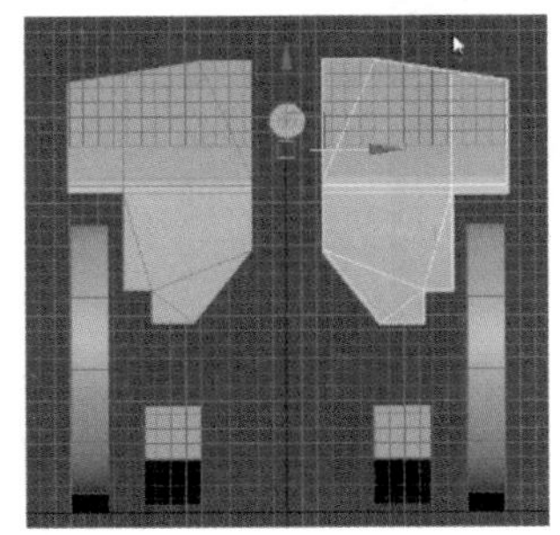

图1-86 镜像效果

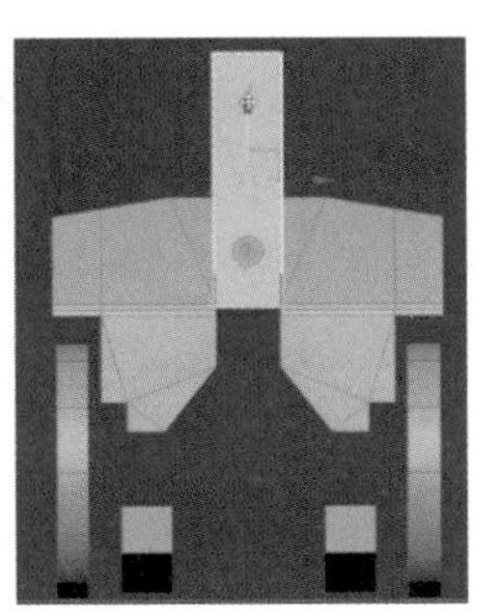

图1-87 创建面片

步骤 16 旋转并移动其到如图1-88所示位置。单击鼠标右键，在弹出的快捷菜单中选择Convert to Editable Poly命令，将其转换为Poly。切换到Edge级别，选中底边，在按下Alt键的同时单击鼠标右键，在弹出的快捷菜单中选择Local Aligned命令，如图1-89所示。

图1-88 移动面片位置

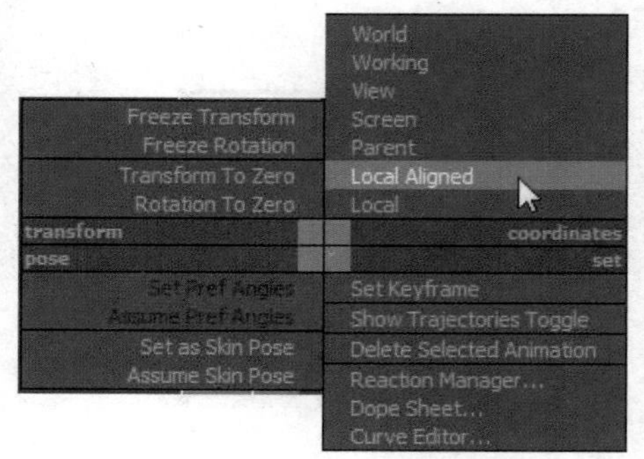

图1-89 选择命令

提示：

调整面片位置时，尽量在正面角度调整，以便观察面片与其他对象的位置。

步骤 17 在*Y*轴方向移动边，效果如图1-90所示。在按Alt键的同时单击右键，在弹出的快捷菜单中选择World命令，返回世界坐标。用同样的方式为其添加一个Shell修改器，并将其转换为Poly，效果如图1-91所示。

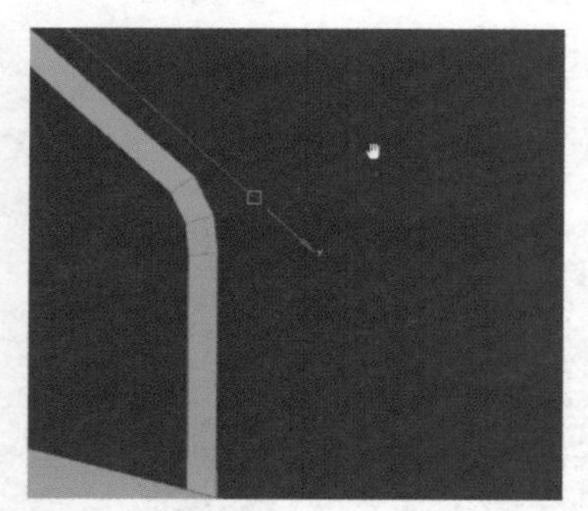

图1-90 移动对象

图1-91 添加壳修改器

步骤 18 拖动选中所有对象，按M键，打开材质编辑器。将一种材质指定给所有对象。在Modify面板中修改线框颜色，如图1-92所示。

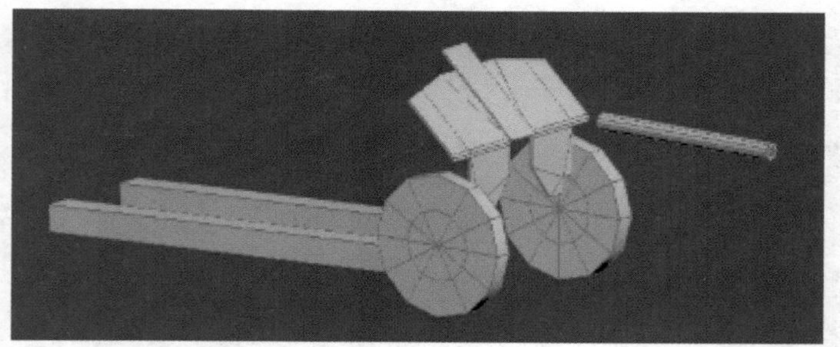

图1-92 修改线框颜色

3. 制作轮胎模型

步骤 01 选中轮胎圆柱体，将其转换为Poly。选择编辑Edge，选中如图1-93所示线。单击右侧面板中的Ring按钮，实现环选，效果如图1-94所示。

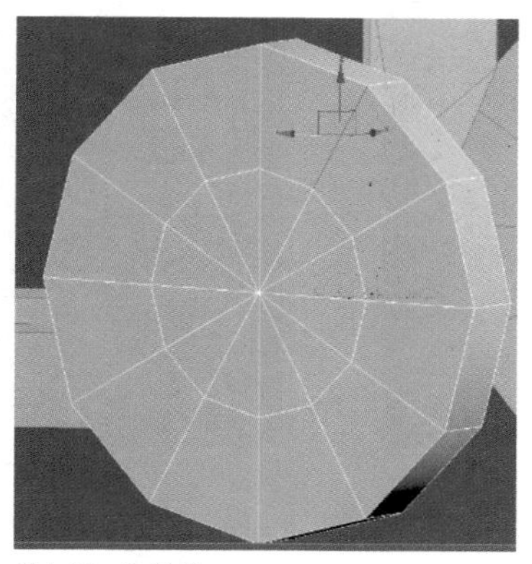

图1-93 编辑边

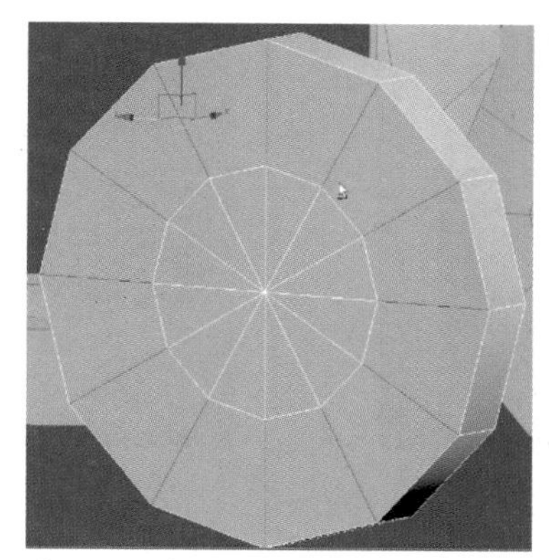

图1-94 环选

提示：

在使用Ring按钮环选线时，需要注意环选操作不能对三角形的线进行环选，只能环选四边形以上的线。

步骤02 用相同的方法选择另一侧的线，使用Connect命令加线，效果如图1-95所示。使用Select and Uniform Scale工具调整线的位置，如图1-96所示。

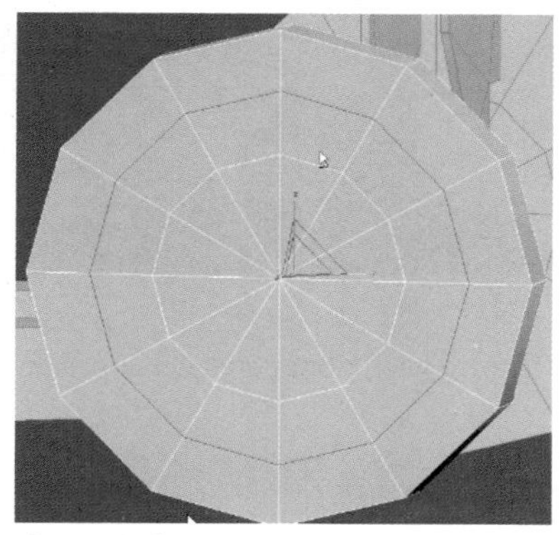

图1-95 加线

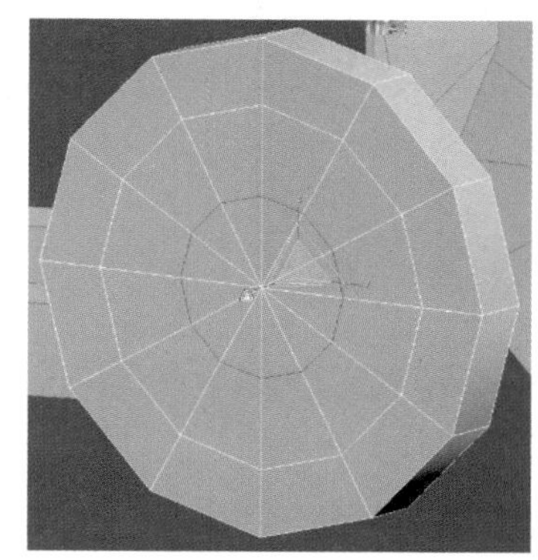

图1-96 缩放调整线

步骤03 用相同的方法为模型加线，加线效果如图1-97所示。水平移动边，得到如图1-98所示效果。

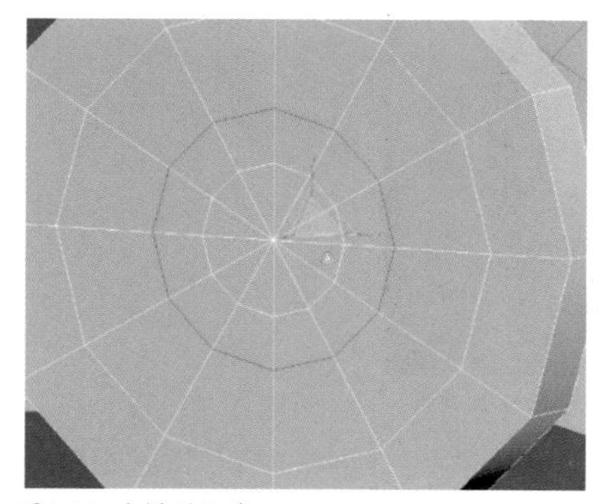

图1-97 为模型加线

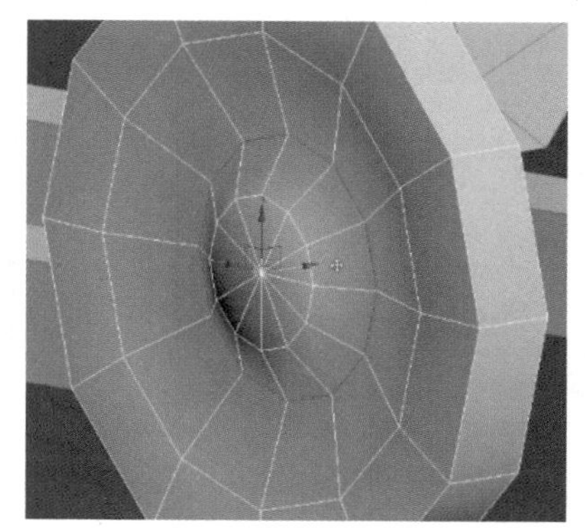

图1-98 水平移动边

步骤04 选择编辑Edge，选中如图1-99所示轮胎两边的线。在左侧面板中单击Chamfer按钮右侧的图标，如图1-100所示。设置倒角数值，如图1-101所示。

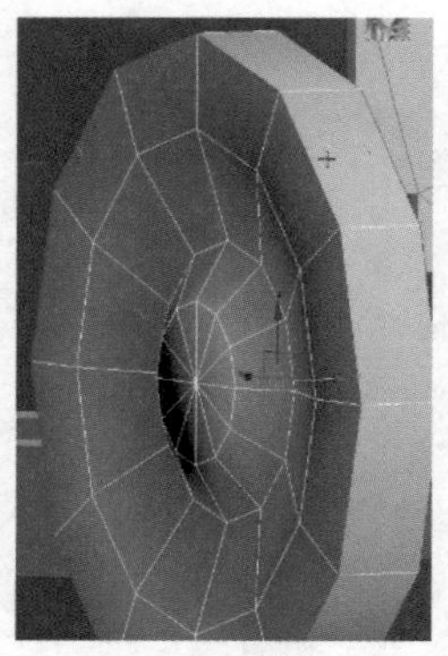
图1-99 选中边线

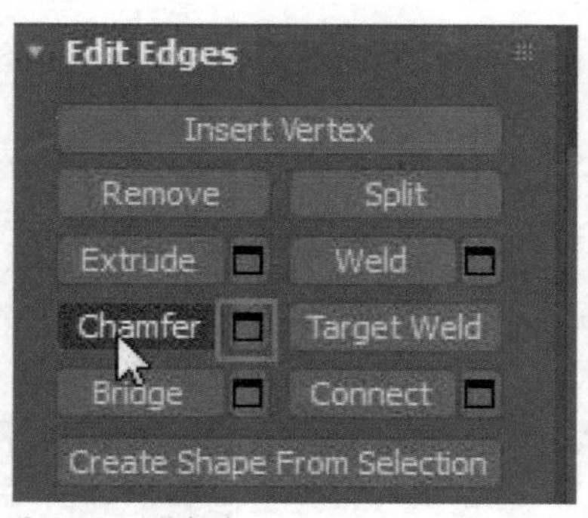

图1-100 倒角选项

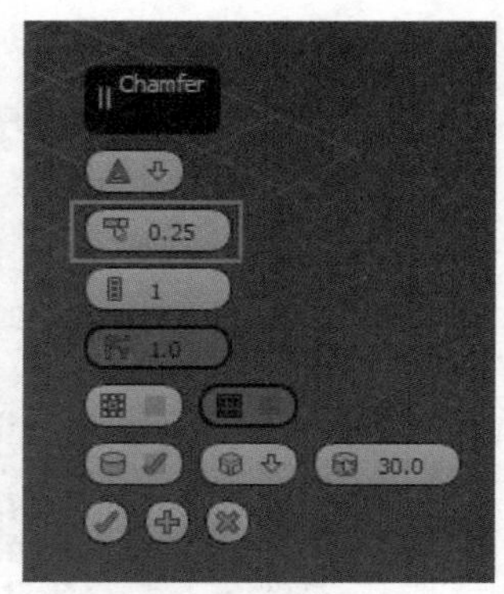

图1-101 设置倒角数值

步骤05 单击OK按钮，倒角效果如图1-102所示。将另一边的轮胎删除，使用镜像操作将轮胎复制到另一边，复制效果如图1-103所示。

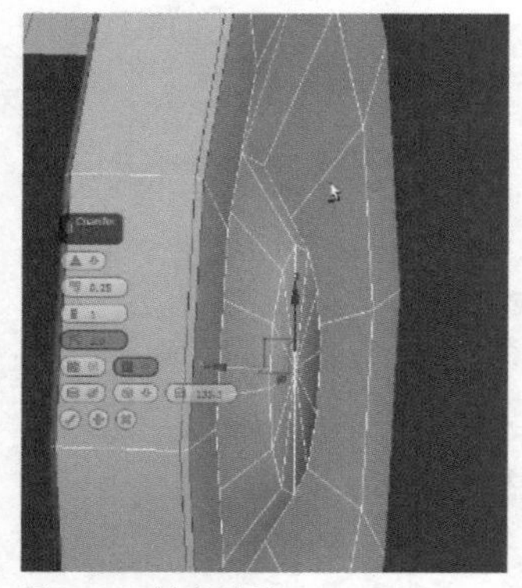
图1-102 倒角效果

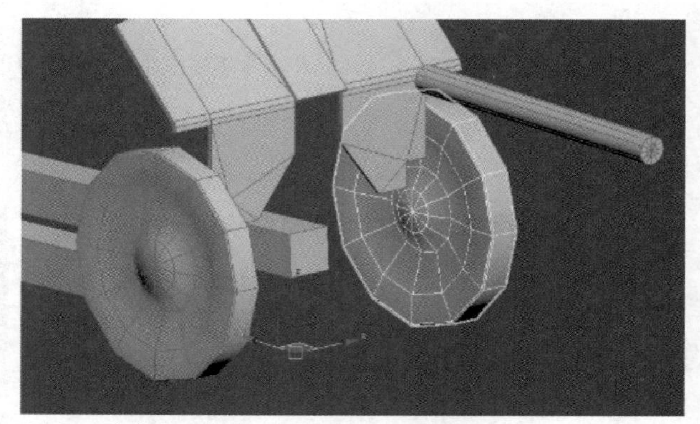
图1-103 镜像另一侧轮胎

步骤06 单击选中轮胎上的横线，并环选线，如图1-104所示。使用Connect命令加一条线并等比例缩放，缩放效果如图1-105所示。

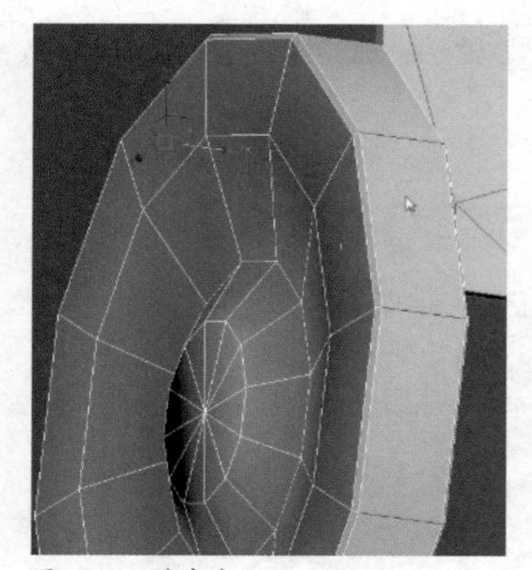
图1-104 选中线

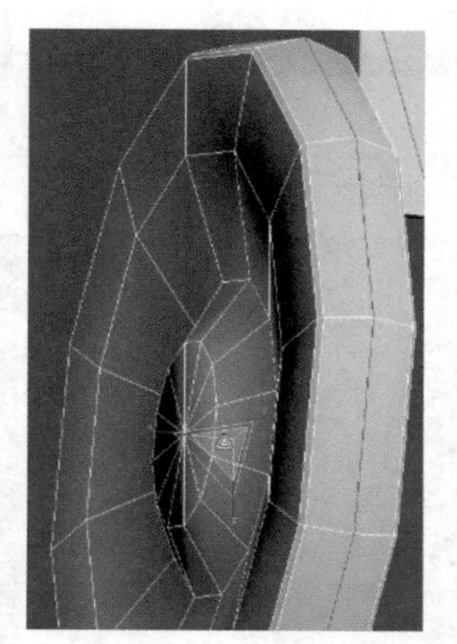
图1-105 加线后的缩放效果

4. 制作模型其他部分

步骤01 在视口中创建一个Box，调整大小位置，效果如图1-106所示。按Shift键拖动复制一个Box，使用Select and Uniform Scale工具缩放Box，效果如图1-107所示。

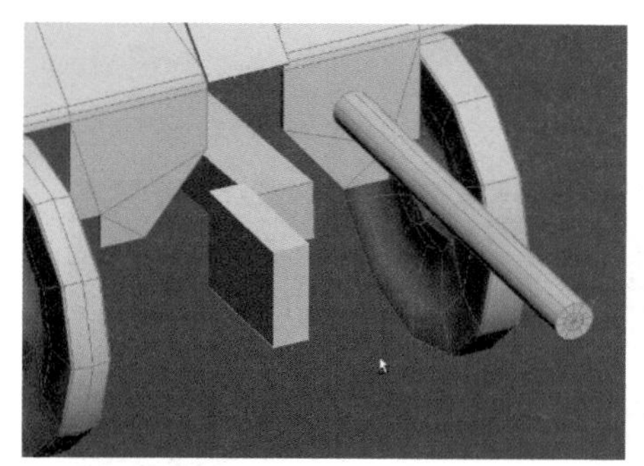
图1-106 新建Box

图1-107 缩放Box

步骤02 用相同的方法，完成模型其他部分的制作，最终效果如图1-108所示。

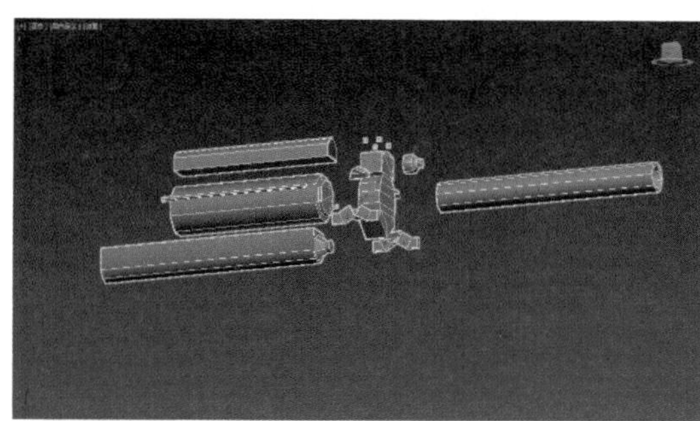

图1-108 最终模型

任务评价——检查模型面数和比例

本项目中要求模型的面数少于3500个面。模型制作完成后，要检查模型的面数是否符合项目的要求。单击视口左上角的“+”图标，在弹出的菜单中选择xView→Show Statistics命令，如图1-109所示。即可在视口中显示当前的三角面数，如图1-110所示。

提示：

读者按7键，即可快速显示当前模型的多边形数、三角面数、边数、顶点数和帧率数。

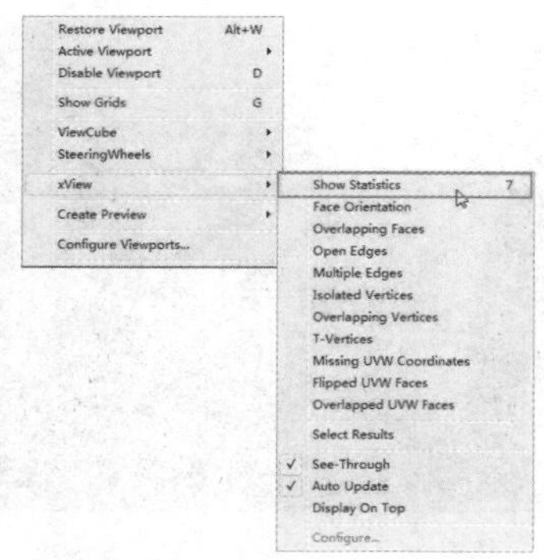

图1-109 显示面数

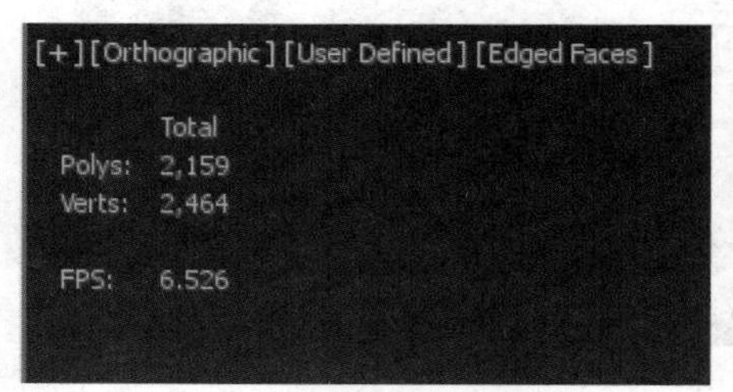

图1-110 显示效果

当前模型多边形为2159个，三角面为2464个，符合项目的要求。如果面数超过了项目要求，则需要对模型进行优化，以减少面的数量。

除了要检查模型的面数以外，检查模型的比例是否与参考图一致也是非常重要的，可以通过观察模型的不同角度确认比例是否正确，如图1-111所示。

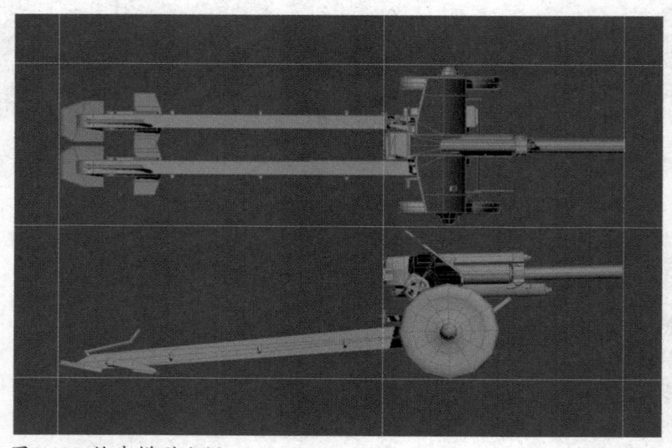

图1-111 检查模型比例

任务拓展——设计制作一个坦克模型

根据本任务所讲内容，读者举一反三，完成一个坦克模型的制作。如图1-112所示。具体制作要求如下。

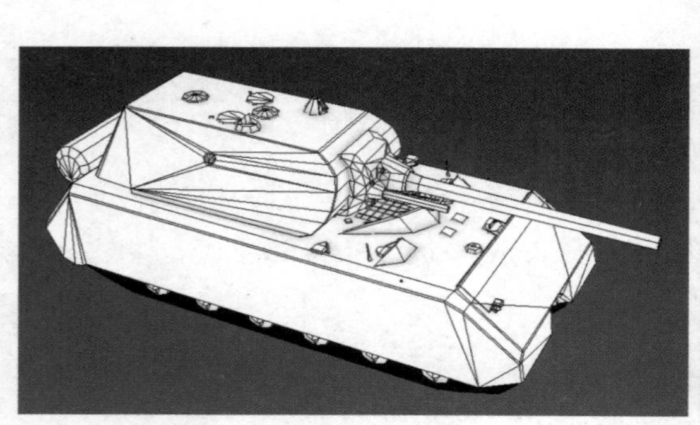
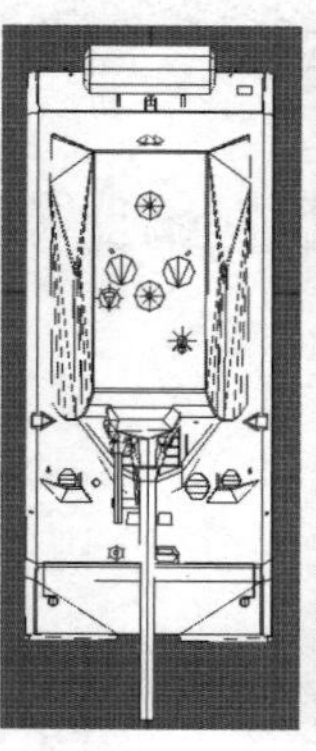
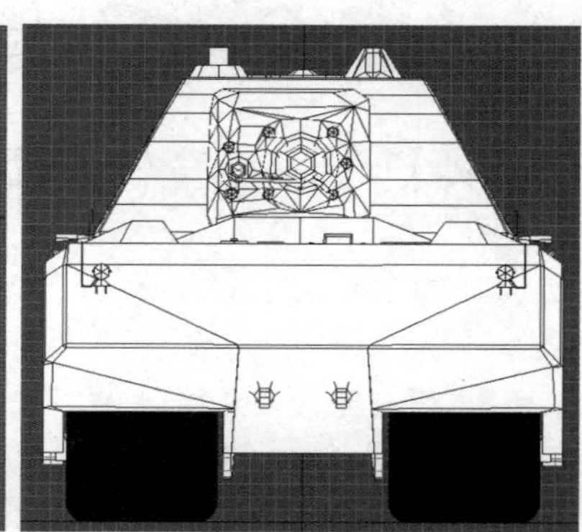

图1-112 坦克模型

（1）坦克模型要分为上下两部分，以便制作炮塔旋转效果。

（2）坦克轮子要做成八边形棱柱。

（3）坦克的顶点颜色要标记为黑色，如图1-113所示。

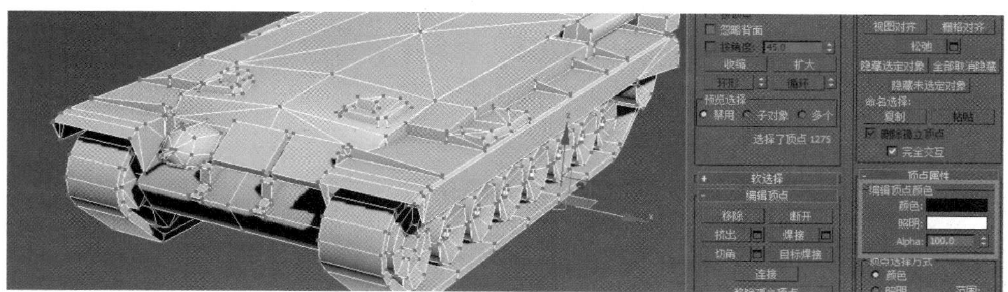

履带顶点

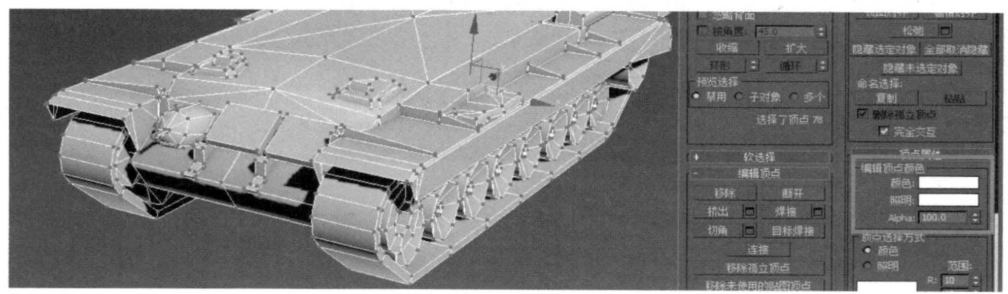

非履带顶点

图1-113 坦克模型顶点和非顶点颜色

（4）坦克履带部分要标记为黑色，其余部分保持默认白色，如图1-114所示。

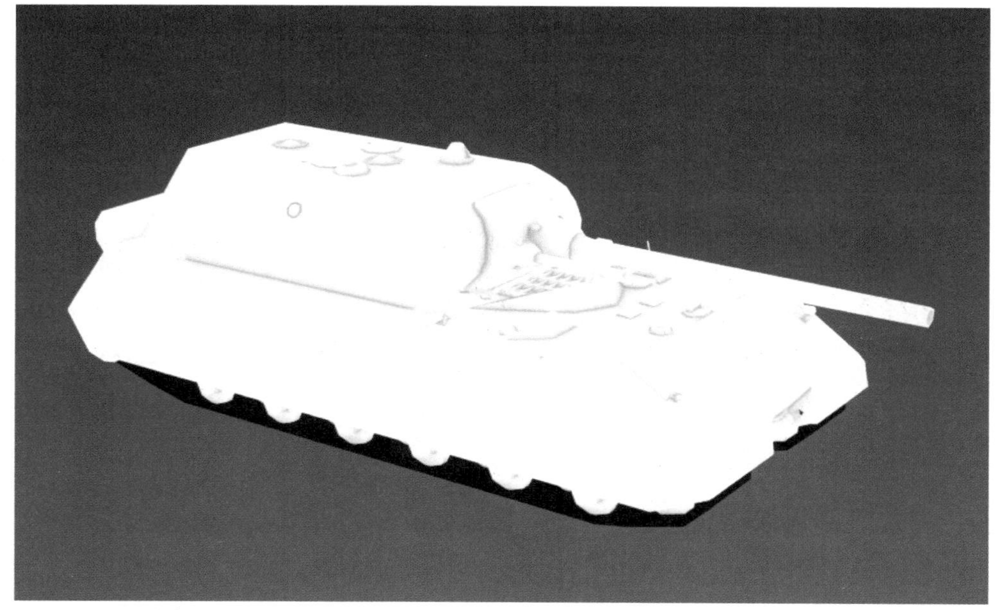

图1-114 设置颜色

（5）为了增强坦克在游戏中的表现，坦克炮管适当粗一些。

任务二 展开榴弹炮模型UV

模型中使用了各式各样的形状，每种形状都有着独特的贴图坐标。为了使所有的模型都能够按照其形状正确显示，需要先将其UV展开。一句话概括，展开UV的主要目的是为了正确地绘制贴图。榴弹炮的展开UV效果如图1-115所示。

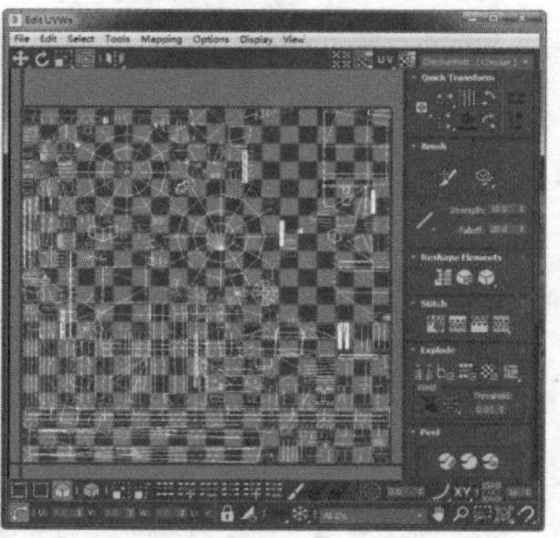

图1-115 榴弹炮的展开UV效果

源 文 件	源文件 \ 项目一 \ID.png
素　　材	素材 \ 项目一 \
演示视频	视频 \ 项目一 \ 展开榴弹炮模型 UV.MP4
主要技术	材质编辑器、孤立对象、松弛、快速展开 UV

任务分析——棋盘格贴图与UV展开要求

在开始展开UV之前，通常会先为模型指定棋盘格贴图，如图1-116所示。通过观察模型的棋盘格贴图，可以直观地确定贴图有没有拉伸或者变形，如图1-117所示。如果棋盘格出现拉伸，则要调整UV，以便获得正确的贴图效果。

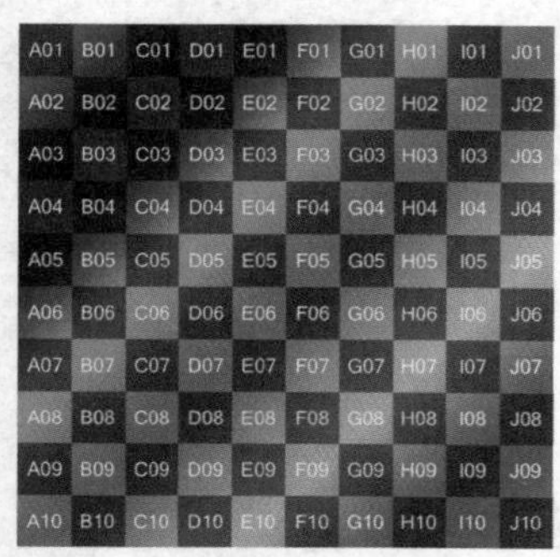

图1-116 棋盘格贴图

图1-117 模型贴图效果

展开UV的主要目的是能够正确绘制贴图。一般来说，最合理的UV分布取决于纹理类型、模型构造、模型在画面中的比例、渲染尺寸等，但有一些基本的原则要注意：

（1）贴图不能拉伸，尽量保持横平竖直。

（2）尽量减少UV的接缝。

（3）接缝应该放在隐蔽处。

（4）尽量充分地使用贴图空间。

（5）有良好的识别性。

知识链接——使用UV编辑器

将模型转换为可编辑多边形后，再为模型添加展开UVW修改器，单击编辑UV按钮，即可打开编辑UV对话框。编辑UV对话框，也被称为UV编辑器，UV编辑器主要包括窗口、菜单栏、工具栏（上方一个，下方两个）和右侧的卷展栏，如图1-118所示。

图1-118　UV编辑对话框

● 工具栏

上部工具栏中包含了移动、旋转、缩放和镜像等用来操控纹理子对象的工具；底部两个工具栏包括选择、变换子对象和设置显示特性的功能。

● 卷展栏

对话框的右侧有多个卷展栏，提供了用来编辑纹理坐标的多种工具。其中一些工具用来按照程序变换细分UVW，从而为用户提供更加快捷高效的编辑方式。

Quick Transform（快速变换）：读者可以使用"快速变换"卷展栏中的工具手动变换UVW子对象，如图1-119所示。

Brush（笔刷）：使用笔刷工具可以调整特定的纹理坐标，以消除或最大限度减少贴图中的扭曲，如图1-120所示。

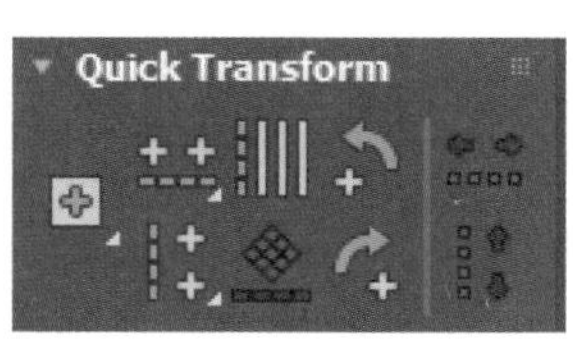

图1-119　快速变换卷展栏

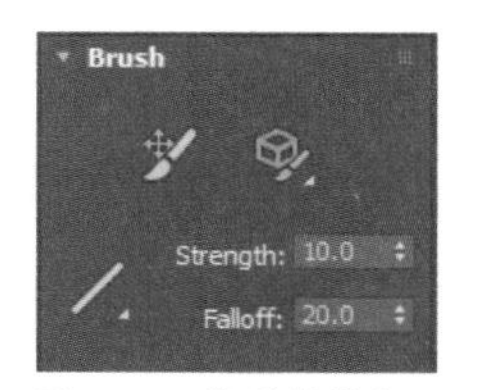

图1-120　笔刷卷展栏

Reshape Elements（重新塑造元素）：该卷展栏中包括拉直选定项、放松直到展平和松弛3个工具。读者可以根据个人需求选择不同的命令，如图1-121所示。

Stitch（缝合）：使用缝合工具，可以将一个群集接缝上的选定子对象连接到它们在另一个群集接缝上的共享子对象。缝合工具包括缝合到目标、缝合到平均、缝合到源、缝合自定义和缝合设置5个工具，如图1-122所示。缝合功能只能在“顶点”和“边”层级上使用，但又可以作用到所有子对象层级。

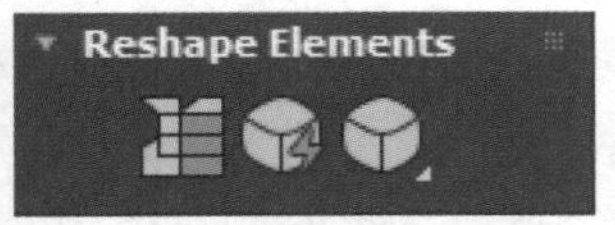

图1-121 重新塑造元素卷展栏

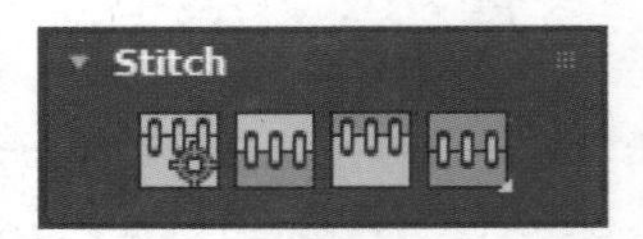

图1-122 缝合卷展栏

Explode（炸开）：使用此卷展栏第一行中的工具，可将纹理坐标断开为单独的群集，如图1-123所示。炸开工具处理选定纹理多边形，如果未选定任何多边形，则处理所有多边形。

Peel（剥）：通过该工具可以实现展开纹理坐标的LSCM方法，以轻松直观地展平复杂的曲面。此卷展栏还包括与剥功能“锁定”相关的工具。如图1-124所示。

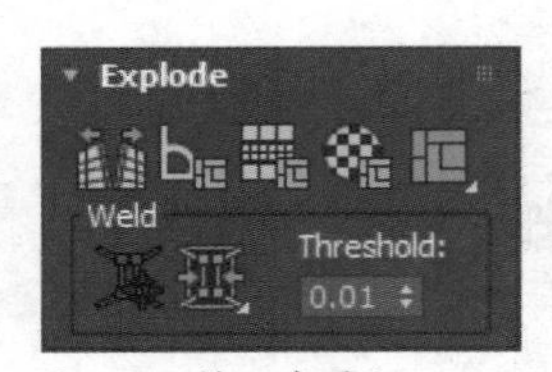

图1-123 炸开卷展栏

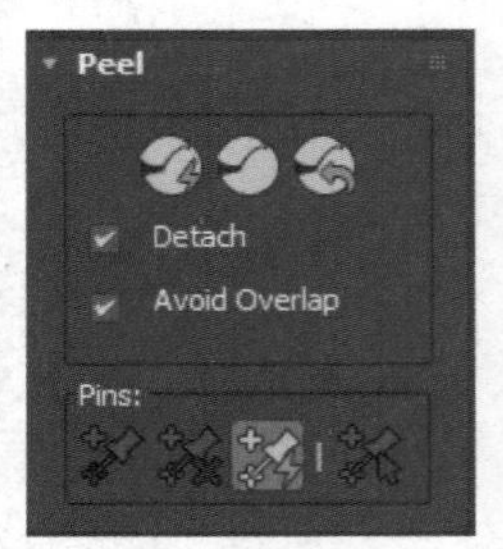

图1-124 剥卷展栏

Arrange Elements（排列元素）：通过使用排列元素工具可以自动排列元素、调整布局，使簇不重叠，如图1-125所示。

Element Properties（元素属性）：通过在UVW 展开修改器中分组，可以指定在“紧缩”操作期间使某些纹理簇始终在一起。也可以为成组的簇指定相对重缩放，如图1-126所示。

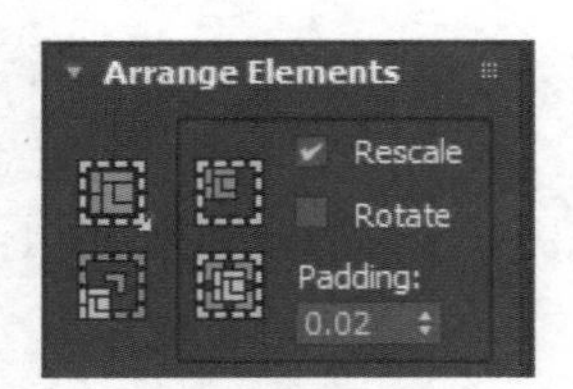

图1-125 排列卷展栏

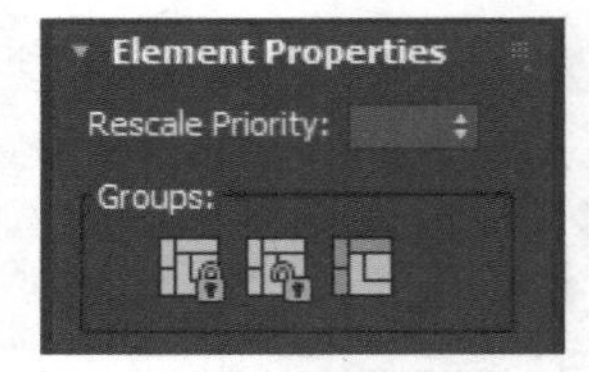

图1-126 元素属性卷展栏

任务实施——展开榴弹炮模型的UV

1. 展开炮盾的UV

步骤01 按M键，打开材质编辑器，执行Modes→Compact Material Editor命令，如图1-127所示。将素材图像“彩色棋盘格.jpg”直接拖动到任意一个材质球上，效果如图1-128所示。

图1-127 打开材质编辑器

图1-128 拖动图像到材质球上

步骤 02 选中整个榴弹炮模型，单击Assign Material Selection按钮，将材质赋予模型，效果如图1-129所示。在材质编辑器中选择材质球，单击Diffuse后的M按钮，修改贴图Tiling值，如图1-130所示。

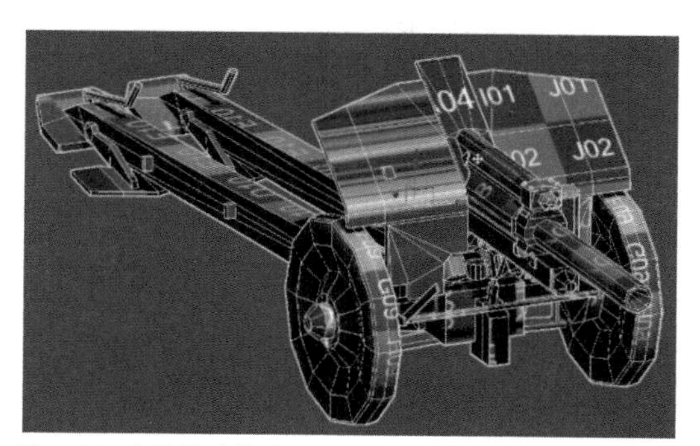

图1-129 赋予模型材质

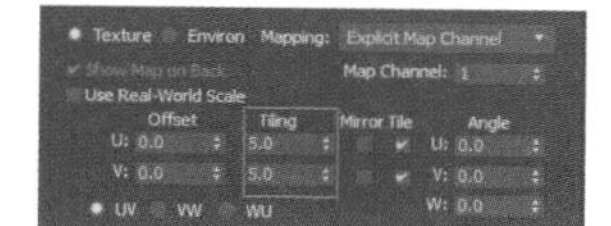

图1-130 修改贴图重复

提示：

可以看到，左侧炮盾并没有正确显示贴图。这是因为该模型没有正确的UV，所以将贴图拉伸变形了。通过后面的调整，可以使其正确显示贴图效果。

步骤 03 选择炮盾模型，单击打开Modify选项卡，按U键，为模型添加Unwrap UVW修改器，如图1-131所示。单击鼠标右键，在弹出的快捷菜单中选择Isolate Selection命令或按快捷组合键Alt+Q，孤立选择对象，效果如图1-132所示。

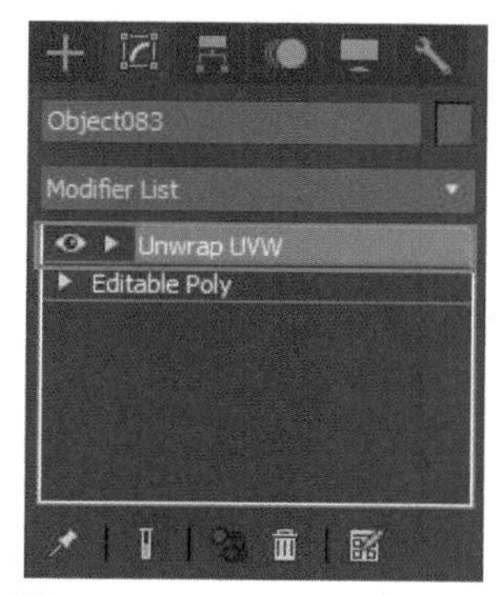

图1-131 Unwrap UVW修改器

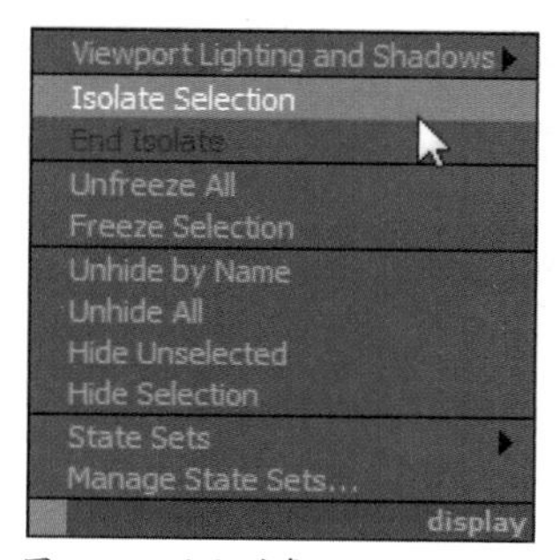

图1-132 孤立对象

步骤04 单击Open UV Editor按钮，弹出Edit UVWs对话框，如图1-133所示。单击底部的Polygon按钮，选中模型顶部的面，如图1-134所示。

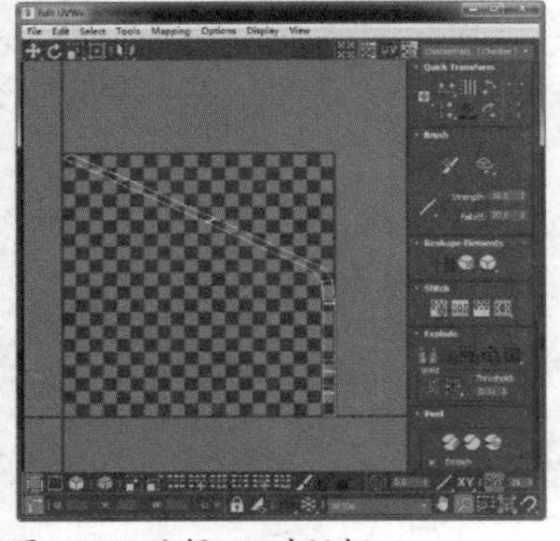

图1-133 编辑UV对话框

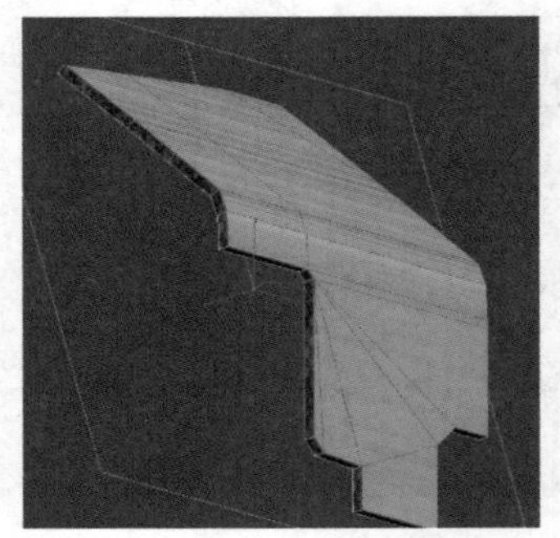

图1-134 选中面

步骤05 单击右键，在弹出的快捷菜单中选择Break命令，将选中面断开，如图1-135所示。单击软件界面右侧面板中的Planar Map按钮，单击Y按钮，如图1-136所示。

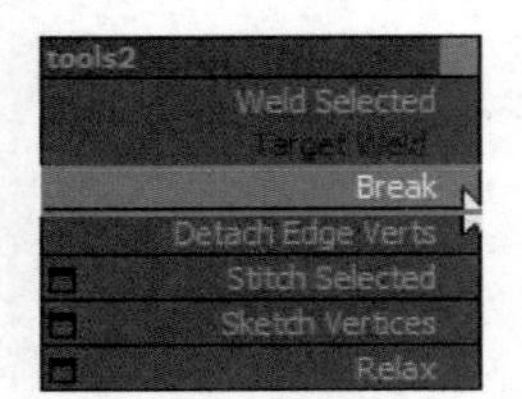

图1-135 断开面

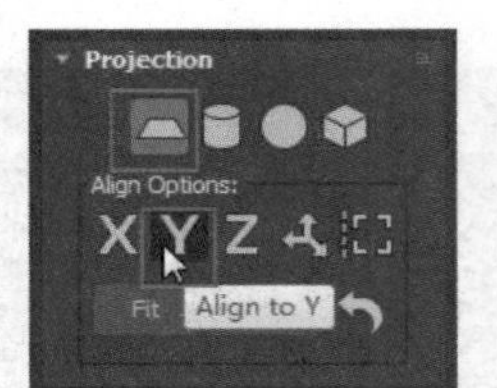

图1-136 调整UV

提示：

将面拆分开后，面的边缘将出现一条绿色的边线，便于观察调整面。如果将以白色线条显示，则表示UV没有被拆分开。

步骤06 关闭Planar Map模式，完成后的效果如图1-137所示。使用相同的方式拆分炮盾后面的面，完成后的效果如图1-138所示。

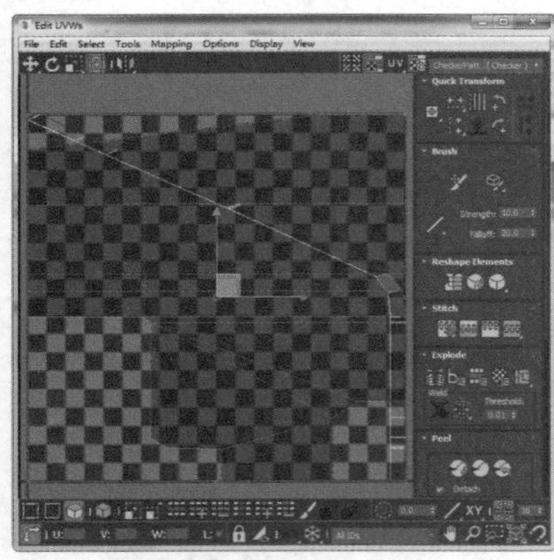

图1-137 UV展开

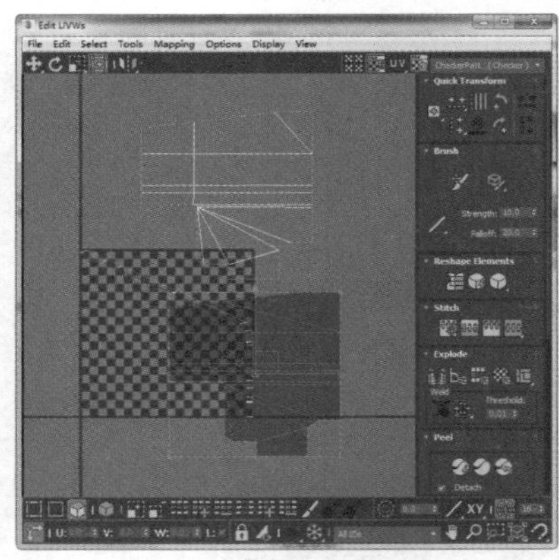

图1-138 反面UV展开

步骤07 单击Select By Element UV Toggle按钮，单击Peel选项下的Quick Peel按钮，得到如图1-139所示效果。用相同的方法对另一个拆分后的对象进行快速拆分，完成后的效果如图1-140所示。

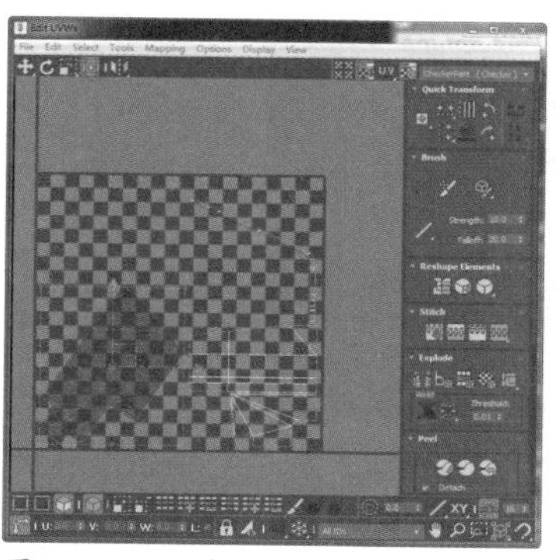

图1-139　UV展开

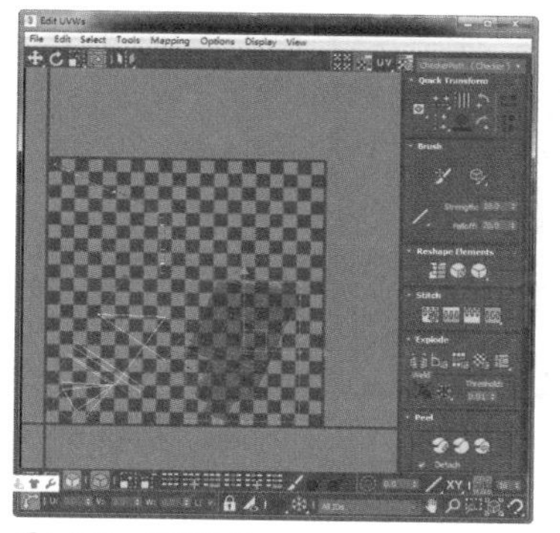

图1-140　UV展开

步骤 08 使用旋转工具旋转UV，得到如图1-141所示效果。执行Tools→Relax命令，如图1-142所示。

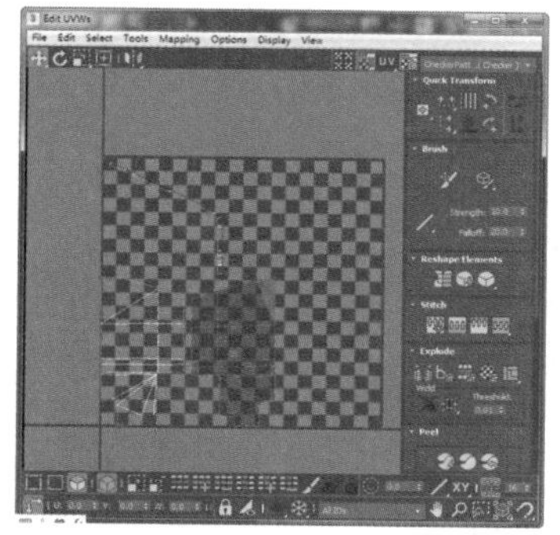

图1-141　旋转UV

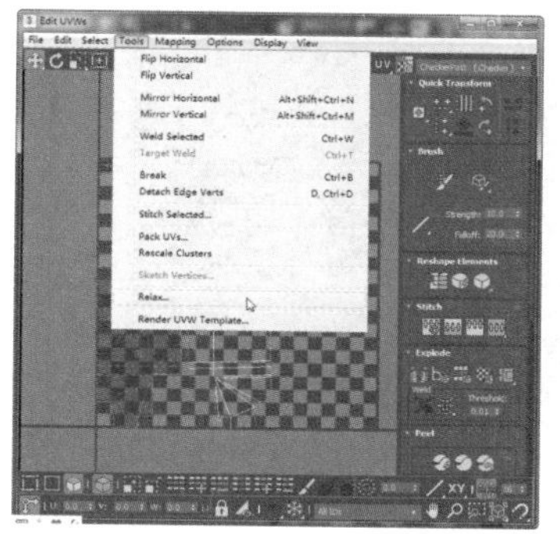

图1-142　执行命令

步骤 09 单击弹出的Relax Tool对话框中的Start Relax按钮，用相同的方法对另一个UV执行放松操作，如图1-143所示。用相同的方法，将炮盾模型的侧面拆分出来，展开的UV效果如图1-144所示。

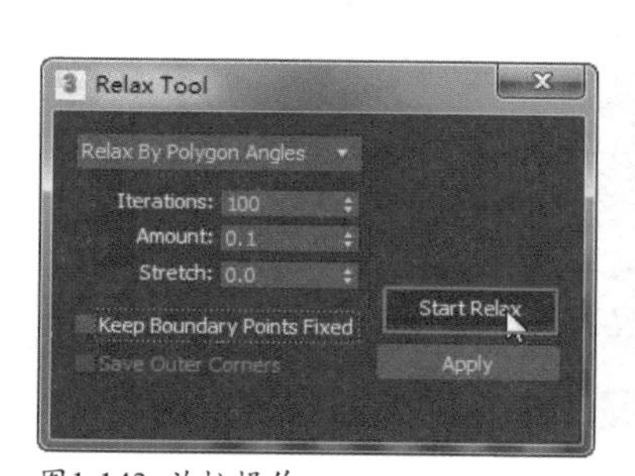

图1-143 放松操作

图1-144 展开侧面UV

> 小技巧：
>
> 在展开UV时，选中展开后的面片对象会出现一个黄色的框。读者只需将该框的面朝向与物体的朝向一致即可。

2. 开操作转盘的UV

步骤 01 单击鼠标右键，在弹出的快捷菜单中选择End Isolate命令，如图1-145所示。选择操作转盘，按快捷组合键Alt+Q，将其孤立，如图1-146所示。

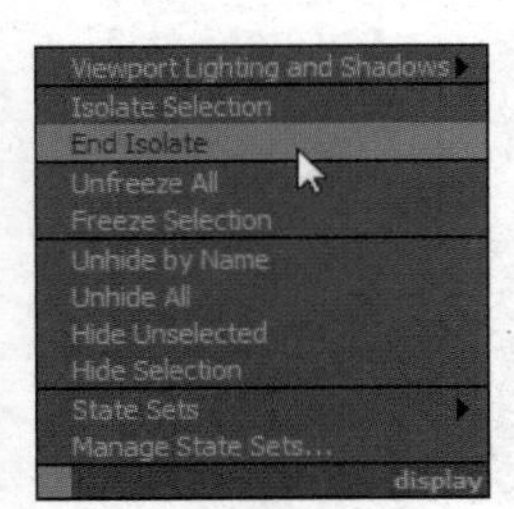

图1-145 结束孤立

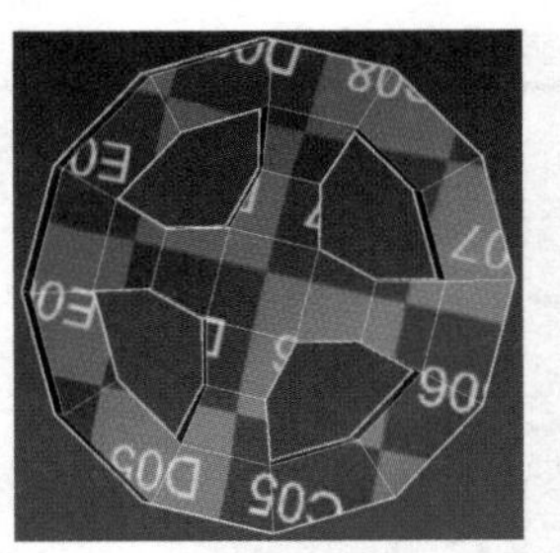

图1-146 孤立操作转盘

步骤02 为操作转盘添加一个Unwrap UVW修改器，效果如图1-147所示。打开Edit UVWs对话框，如图1-148所示。

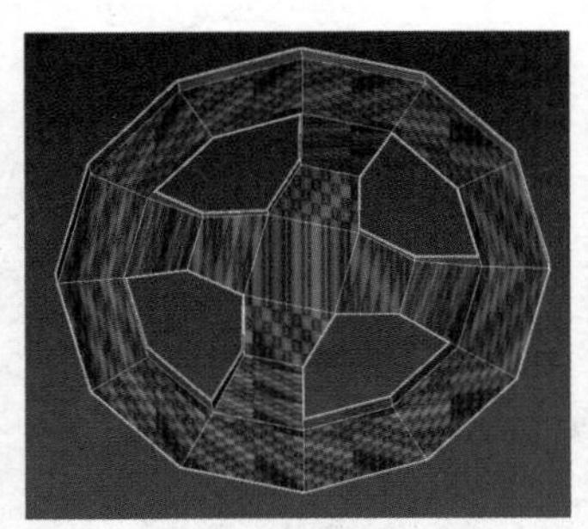

图1-147 添加Unwrap UVW修改器

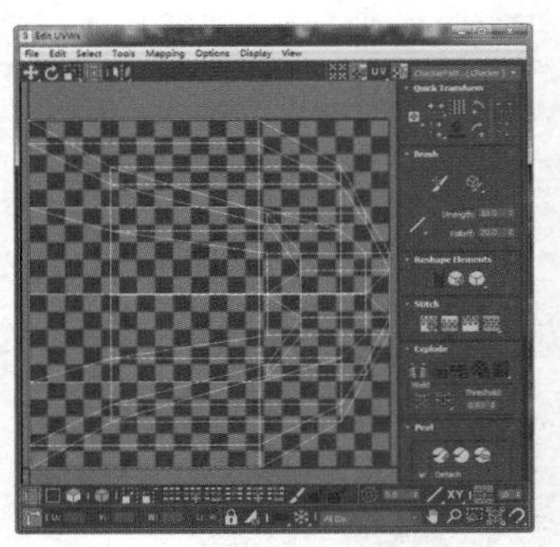

图1-148 打开UV编辑器

步骤03 选中正面并将其断开，如图1-149所示。单击Rshape Elements下的Relax Until Flat按钮，再次单击Peel选项下的Quick Peel按钮，得到展开效果，如图1-150所示。

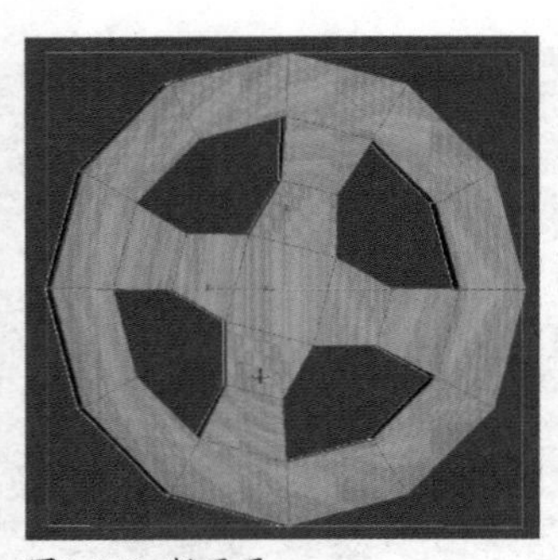

图1-149 断开面

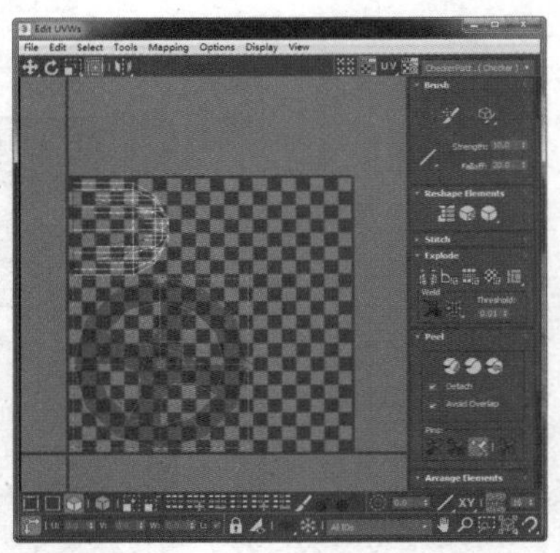

图1-150 展开UV

小技巧：

在按Ctrl键的同时，依次单击面，可以实现面加选的操作。在按Shift键的同时单击可以完成环选的操作，一次性选中一圈的面。

步骤04 用相同的方法选中另一侧的面，将其展开，展开效果如图1-151所示。执行Tools→Relax命令，弹出Relax Tool对话框，单击Start Relax按钮，展开效果如图1-152所示。

提示：

如果出现无法展开的情况，可以在Projection选项下选择面编辑模式，改变其对齐坐标，即可解决展开问题。

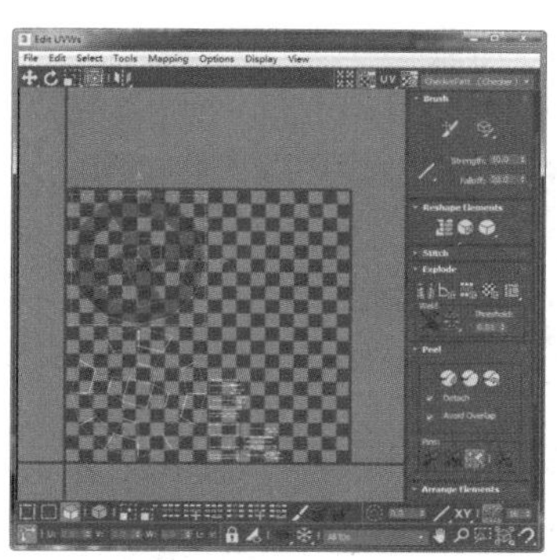
图1-151 展开UV

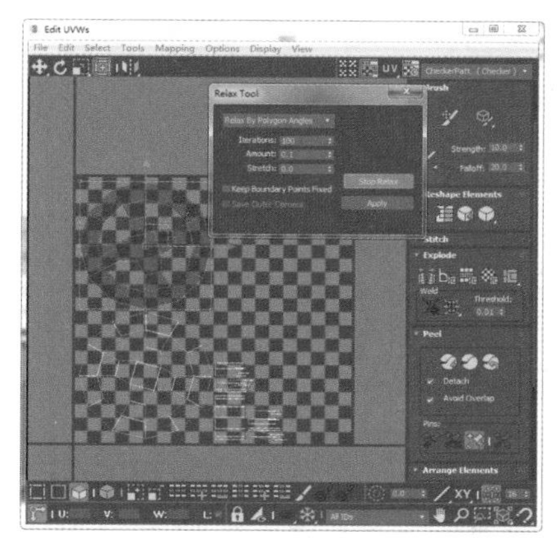
图1-152 松弛UV

步骤 05 选择编辑Edge模式，选择模型的一个边，将其断开，如图1-153所示。选择编辑Polygn模式，在按Shift键的同时，选择所有的侧面并断开，如图1-154所示。

图1-153 断开边

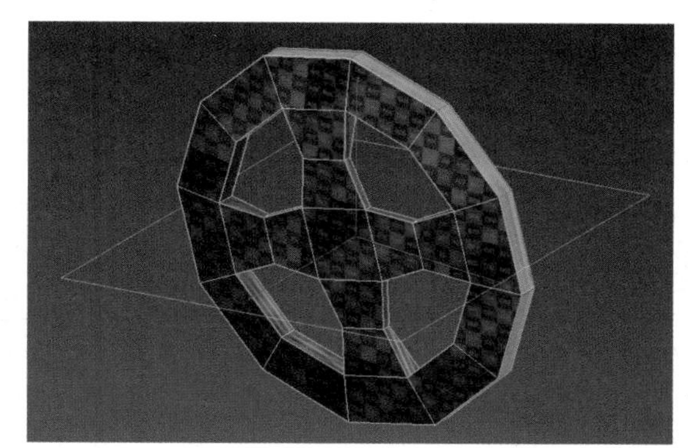
图1-154 选择侧面并断开

小技巧：

在展开侧面UV时，注意观察贴图的接缝位置，尽量选择内部的边作为接缝处，以获得更好的渲染效果。

步骤 06 在Projection选项下选择圆柱体编辑模式，单击X按钮，效果如图1-155所示。单击Peel选项下的Quick Peel按钮，得到展开效果如图1-156所示。

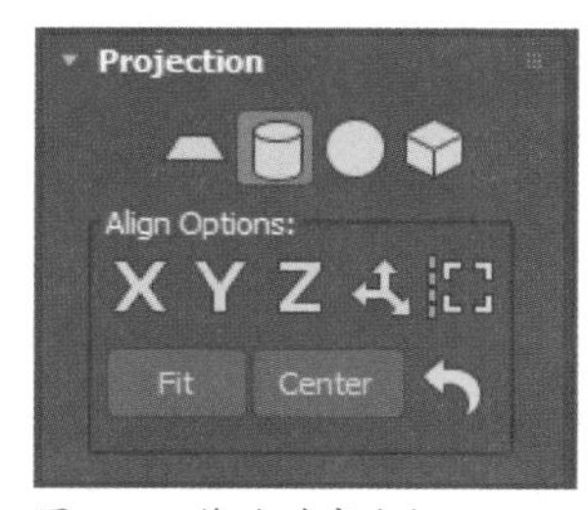

图1-155 修改对齐坐标

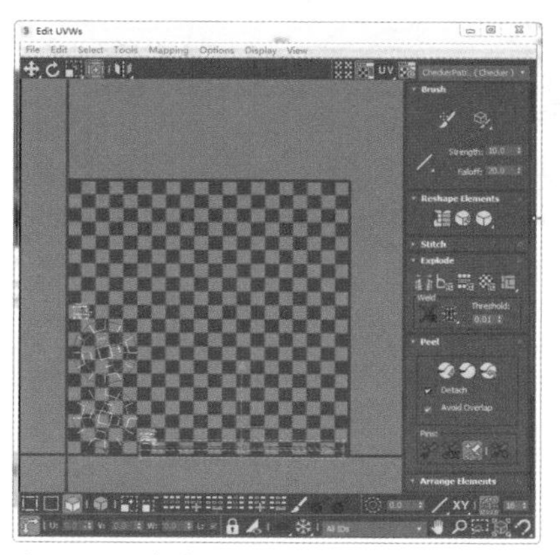
图1-156 快速展开效果

提示：

在展UV的过程中，为了更好地利用UV空间，要保证将UV的边线打平，做到横平竖直。

步骤 07 用相同的方式对内边进行UV展开，展开效果如图1-157所示。

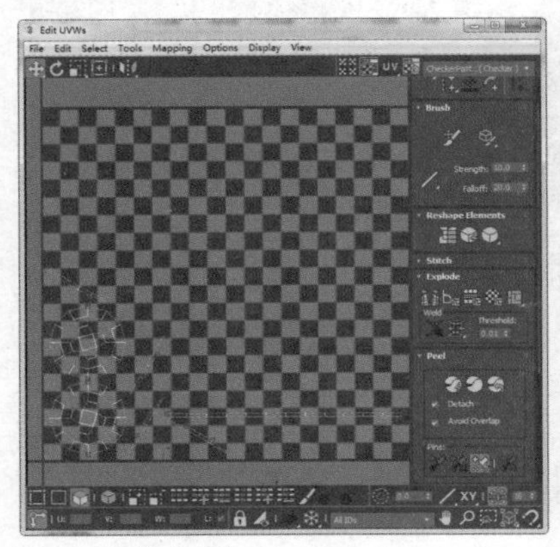

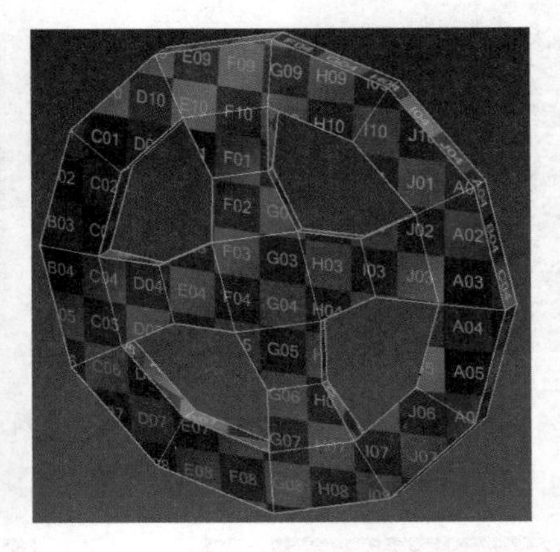

图1-157 展开UV

3. 展开其他模型的UV

步骤 01 用相同的方法，将榴弹炮模型中的其他组成部分全部炸开UV，展开效果如图1-158所示。

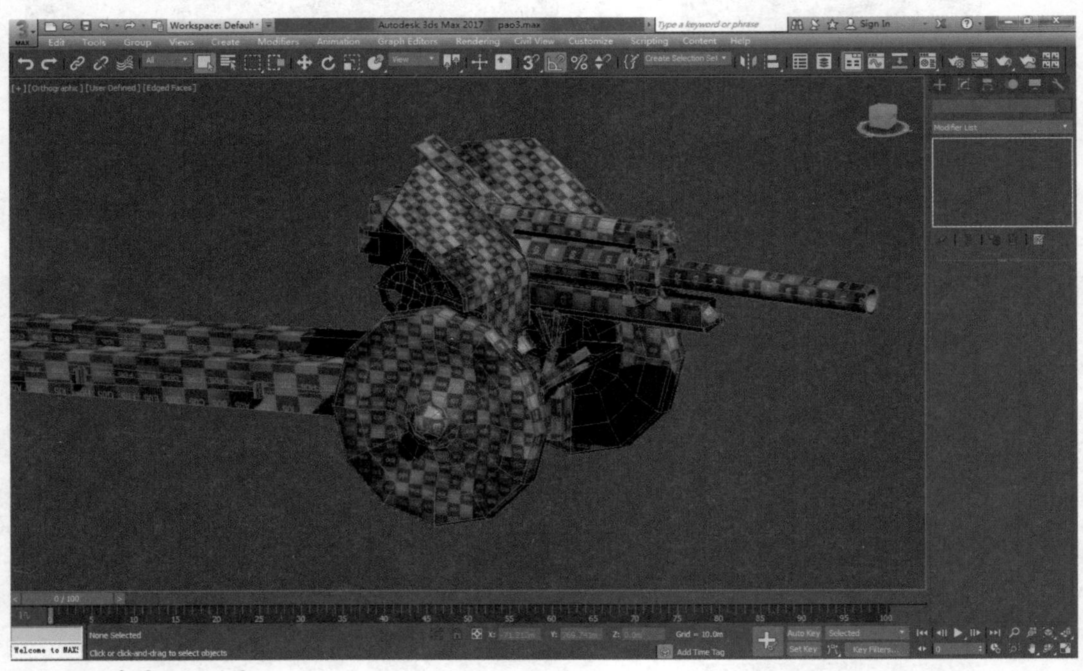

图1-158 全部展开UV效果

提示：

在对其他模型展开UV时，要保证所有面棋盘格整体大小都是一样的。也就是说贴图的像素要大小一样。

步骤 02 拖动选中所有模型，将其转换为可编辑多边形。选中任意一个模型，单击Attach按钮，依次单击其他模型，将所有模型组合在一起，如图1-159所示。

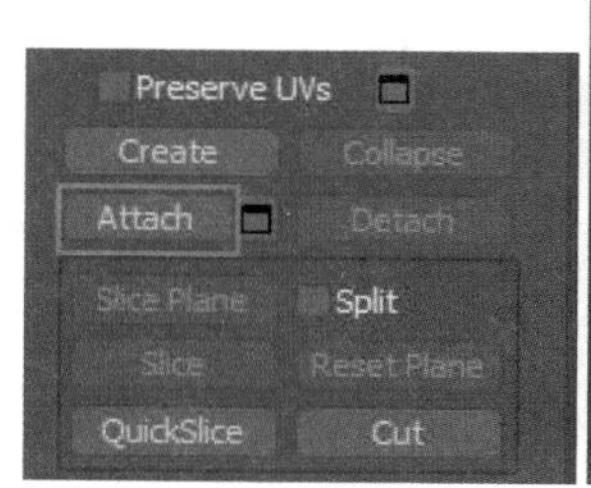

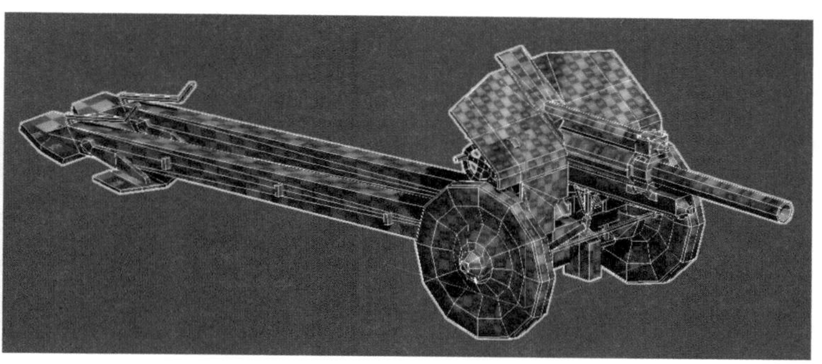

图1-159 组合模型

步骤03 为模型添加Unwrap UVW修改器，如图1-160所示。单击Open UV Editor按钮，弹出Edit UVWs对话框，摆好的UV效果如图1-161所示。

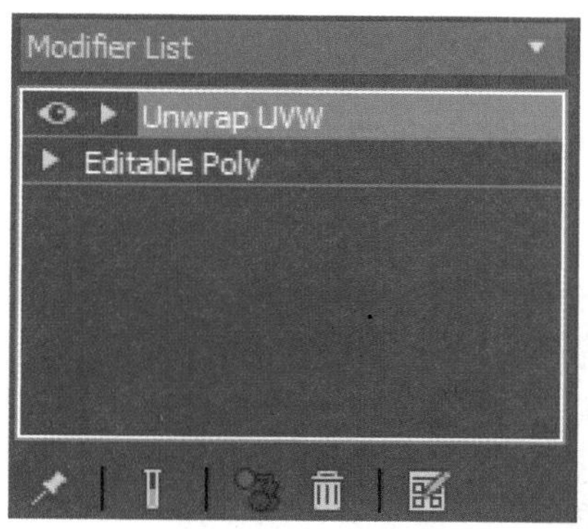

图1-160 添加修改器

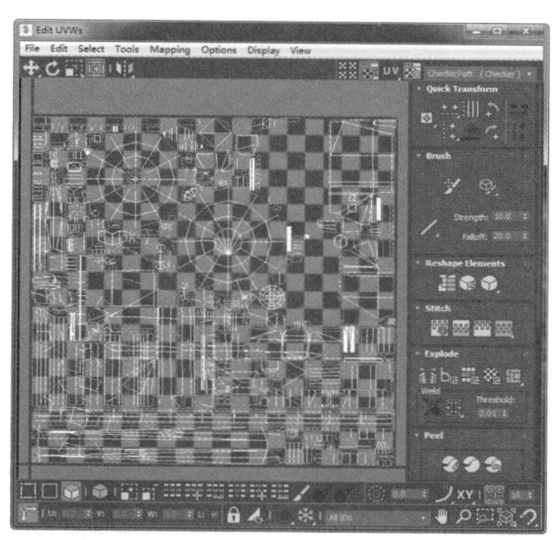

图1-161 摆好的UV效果

提示：

在摆放UV时，横平竖直的对象尽量卡着边界摆放；圆形的对象尽量放在中间。其他内容可以插在中间的空白区域。

小技巧：

在制作模型时，尽量使用复制的方法制作相同对象。在复制对象的同时会复制UV，且UV会自动重叠在一起，节省UV的摆放空间。

任务评价——UV展开是否展平

在展开模型UV时，如果有对称贴图，则UV只需要展开一个。UV本身会实时保存。复制的模型如果自带UV，则复制对象也会连带UV一起复制。同时还需要注意以下几个问题。

- UV一定要展平，不能有拉伸。
- 要保持棋盘格为正方形且整个棋盘格大小一致。
- UV尽可能铺满整个UV节目，充分利用UV空间。
- UV之间不能重叠，不同模型的UV不能有覆盖现象。

任务拓展——展开坦克模型的UV

本任务将展开坦克模型的UV，展开后UV效果如图1-162所示。

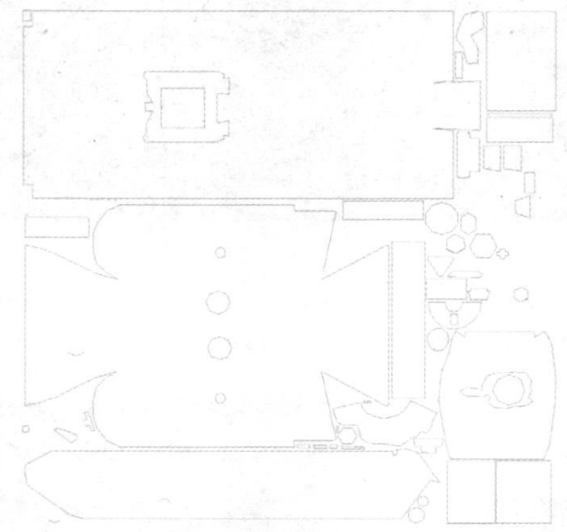

图1-162 坦克展开的UV

如果模型中有履带，则履带模型要切分多段，每段的UV可以重复使用右下角的履带贴图。只是需要注意每一辆坦克履带的UV展开方向要一致，以保证正确的显示效果，如图1-163所示。

图1-163 履带UV

任务三 绘制榴弹炮贴图

如果模型的制作过于复杂，将直接影响游戏的运行。所以该模型中的很多细节都是通过直接绘制完成的。本任务中将介绍使用Substance Painter绘制榴弹炮贴图的方法和技巧，模型完成后的效果如图1-164所示。

图1-164 榴弹炮贴图完成后的效果

源 文 件	源文件 \ 项目一 \pao.spp
素　　材	素材 \ 项目一 \
演示视频	视频 \ 项目一 \ 绘制榴弹炮贴图.MP4
主要技术	使用 Substance Painter 绘制贴图

任务分析——次世代贴图的组成

次世代游戏的流行，提升了"低模+贴图"制作模式，也是目前最流行的方式。面数非常低的模型加上高品质的各种贴图，无论在游戏引擎，还是三维渲染中，都能逼真完美地呈现，而且不浪费计算资源。

次世代贴图通常由法线贴图、AO贴图、固有色贴图、高光贴图、凹凸贴图、透明贴图和自发光贴图组合而成，如图1-165所示。

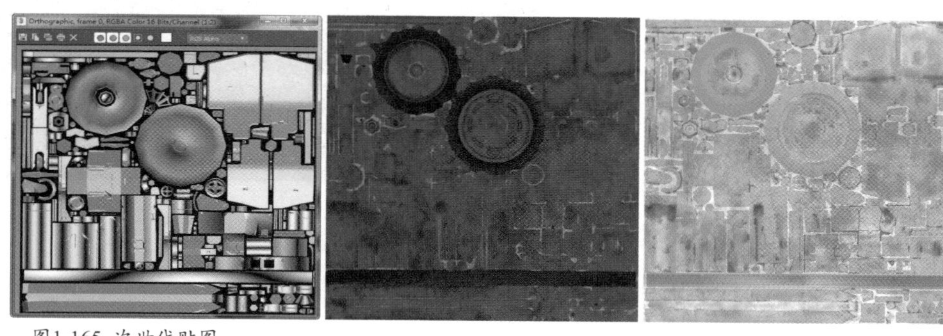

图1-165 次世代贴图

- 法线贴图

法线贴图是用来记录模型凹凸信息的贴图。可以通过将同一个模型的高低版本对在一起，把高模细节通过烘焙的方式将生成法线贴图记录下来。

- AO贴图

AO贴图是一种环境光遮蔽贴图，它用来描绘物体和物体相交或者靠近时遮挡周围漫反射光线的效果，可以很好地解决和改善漏光、飘和阴影不实的效果。它主要是通过改善阴影来实现更好的图像细节。AO贴图在模型制作完成后不直接贴在材质球上，而是用于绘制固有色。

小技巧：

通常情况下，会在AO贴图上以正片叠底的形式放置在固有色材质上，会使得物体的明暗更加真实。

- 固有色贴图

通常情况下，把白色阳光下物体呈现出来的色彩效果总和称为固有色。固有色是指物体固有的属性在常态光源下呈现出来的色彩。

- 高光贴图

高光贴图就是光滑物体弧面上的亮点，而平面上则是一片光。与光源和摄像机的位置有关。高光的绘制一般把固有色贴图进行去色处理，再进行修整和调节。需要注意的是，高光贴图不能出现纯黑和纯白。

- 透明贴图

透明贴图是将不需要显示的部分隐藏起来，显示出的颜色是当前对话框的背景色，与遮罩的概念相似。

知识链接——贴图的概念与格式

1. 贴图的概念

贴图是一张不大的二维图像，如图1-166所示。它呈现了某个表面的最终信息。它被指定到线框多边形的表面，给予模型最终的外观，如图1-167所示。贴图的制作技巧是创建游戏真实度方面的关键因素。

图1-166 贴图

图1-167 贴图效果

2. 贴图的格式及大小

图片的格式有很多种，根据不同的用途选择不同的图片格式。了解图片的不同格式有利于在3ds Max中的渲染输出，也对选择贴图文件有很大的帮助。接下来介绍几种常用的格式。

- PSD格式

这种格式是Photoshop独有的格式。可以存储Photoshop中所有的图层、通道、参考线、注解和颜色模式等信息。在保存图像时，如果希望保留图像中的图层，则一般都用PSD格式保存。PSD格式所包含图像数据信息较多（如图层、通道、剪辑路径、参考线等），因此该格式图像文件与其他格式文件相比，大很多。

- TGA格式

这种格式是在三维动画制作和影视剪辑中最常用到的一种格式。TGA格式支持一个单独Alpha

通道的32位RGB文件，无Alpha通道的索引模式、灰度模式，以及16位和24位RGB文件。

- JPEG格式

JPEG格式是数码相机最常使用的存储格式，它是一种可以提供优质照片质量的压缩格式，是目前所有图像格式中压缩率最高的。通常，这种格式的文件体积极小，非常适合存储大量照片的普通用户。JPEG格式在压缩保存的过程中会以失真方式丢掉一些数据，保存后的照片品质会降低，但是人的肉眼难以分辨，所以并不会影响普通的浏览，但是该格式不适合出版印刷。

提示：

一般情况下，贴图将实现在图像处理软件中制作完成，纹理一般会包含很多信息和图层，随后被储存成PSD格式。在制作完成后，文件合并成一个图层，被存储为JPEG格式，在游戏制作中，普遍被存储为TGA格式。这是因为这些文件格式包含一个Alpha通道，可以实现其他的纹理效果。

贴图的尺寸一般是正方形，或者2的N次方。由于游戏是实时渲染，贴图也需要处理的时间，贴图越大，处理时间就越长，因此，一般最多使用1024px × 1024px或2048px × 2048px大小的贴图。

3. 初识Substance Painter

Substance Painter是一个全新的3D贴图绘制工具，又是最新的次世代游戏贴图绘制工具，支持PBR基于物理渲染最新技术。

提示：

PBR是英文Physically Based Rendering的缩写，意思为基于物理的渲染。PBR的核心内容是把材质的高光范围、高光强度、高光颜色、反射强度和反射模糊统一合并为金属强度和光滑强度。

使用Substance Painter可以一次绘制出所有的材质，在很短的时间内为贴图加入精巧的细节，轻松模拟出水、火、灰尘等效果。并且可以在三维模型上直接绘制纹理，避免UV接缝造成的问题，如图1-168所示。

图1-168 Substance Painter工作界面

Substance Painter与其他三维模型纹理绘制软件相比，在效率和效果、功能上要强很多。Substance Painter自带丰富的材质包，读者只需简单调整参数即可实现划痕、污渍等效果。灰尘、油漆等效果也可以通过物理的粒子自然生成。对于想从事纹理绘制，但手绘水平有限的读者是非常实用的。

可以登录https://www.allegorithmic.com/下载Substance Painter的试用版本，如图1-169所示。下载安装后，即可在桌面看到软件启动图标，如图1-170所示。

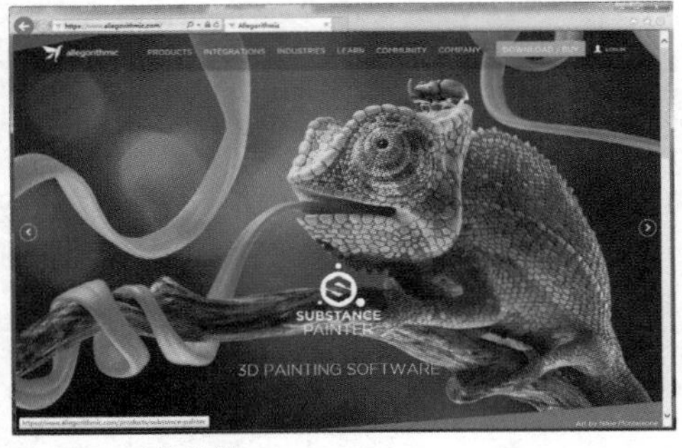

图1-169 下载软件

图1-170 启动图标

提示：

Substance Painter试用版本期限为30天。试用期过后，通过官网付费购买后，方可继续使用。

双击启动图标，即可启动Substance Painter，软件界面如图1-171所示。工作界面主要由菜单、工具条、功能架面板、贴图设置面板、贴图列表面板、图层面板和属性面板组成

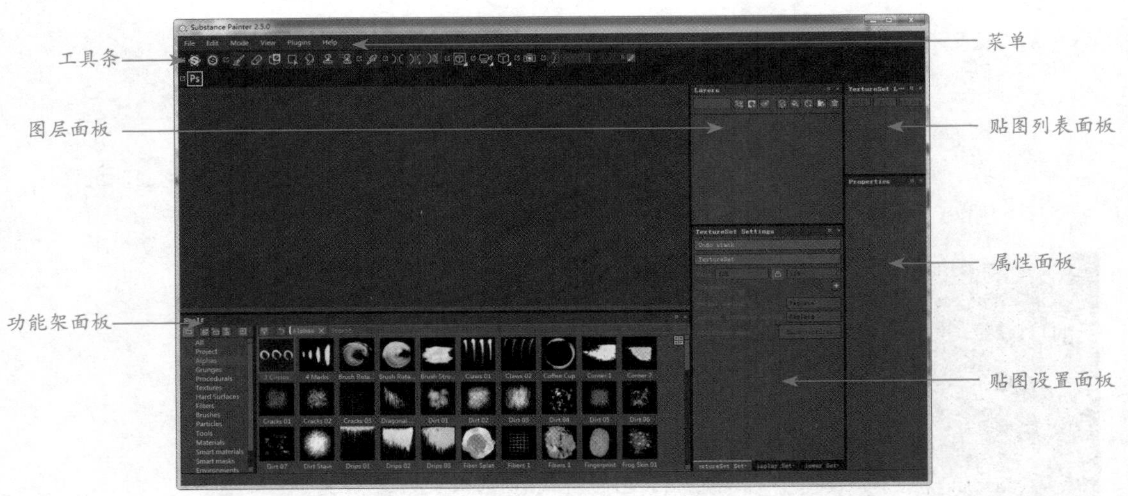

图1-171 工作界面

在功能架面板上包含了材质、笔刷和材料，如图1-172所示。通过使用各种材质，可以绘制出逼真又丰富的材质贴图。

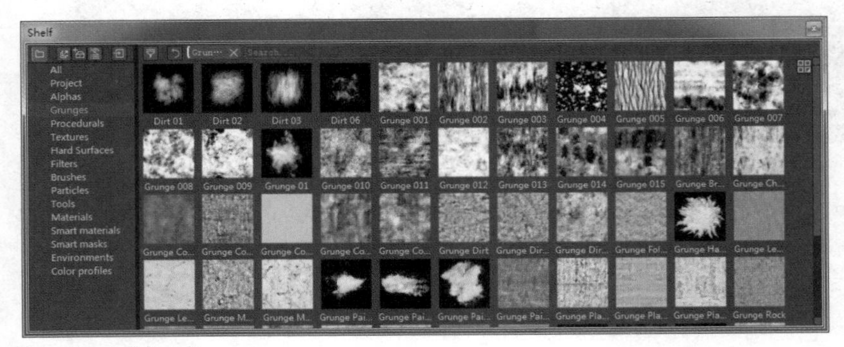

图1-172 功能架面板

任务实施——使用Substance Painter绘制贴图

1. 贴图准备阶段

步骤01 选中模型，在按Shift键的同时水平拖动模型，复制一个模型，效果如图1-173所示。按下M键，打开材质编辑器，选中任意材质球，设置漫反射颜色为白色，将材质指定给模型，效果如图1-174所示。

图1-173 复制模型

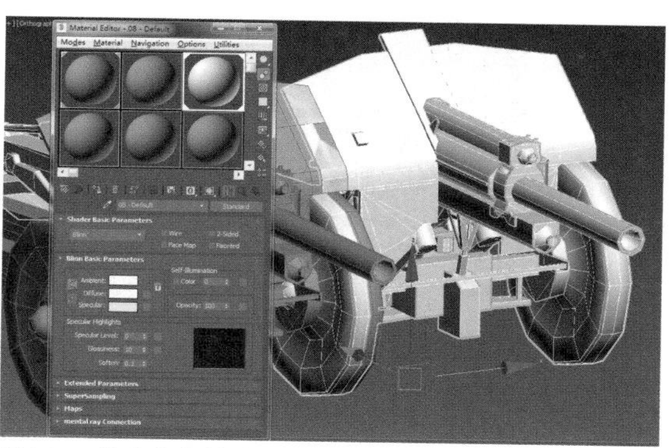
图1-174 指定白色材质

步骤02 在视口中创建如图1-175所示的Plane对象。选中白色模型，对齐原点，如图1-176所示。

图1-175 创建Plane对象

图1-176 对齐原点

步骤03 选中灰色模型，执行Rendering→Render To Texture命令，弹出Render To Texture对话框，如图1-177所示。单击Output下Path后的按钮，指定AO保存位置和名称，如图1-178所示。

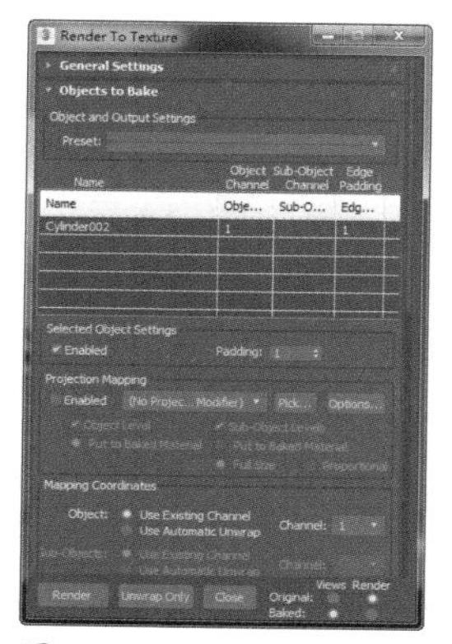

图1-177 Render To Texture对话框

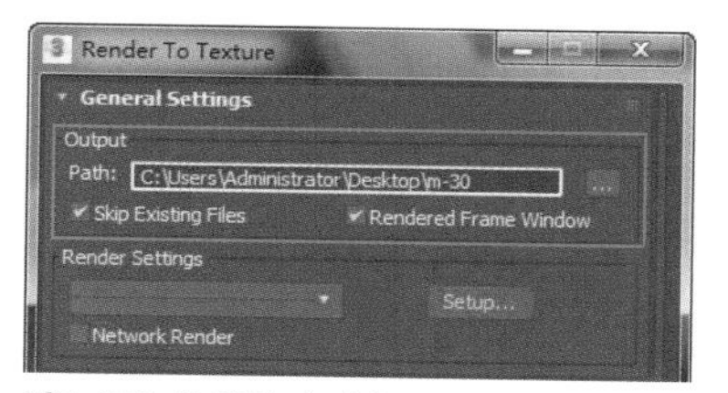

图1-178 设置输出路径

提示：

也可以通过按0键，将烘焙面板快速打开。

步骤04 单击Projection Mapping下的Pick按钮，选择如图1-179所示选项，单击Add按钮。设置Padding为3，分辨率为1024×1024，勾选Lighting选项，如图1-180所示。

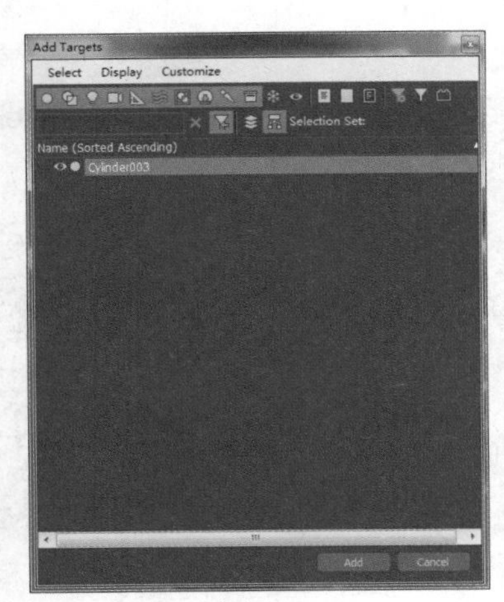

图1-179 选择对象

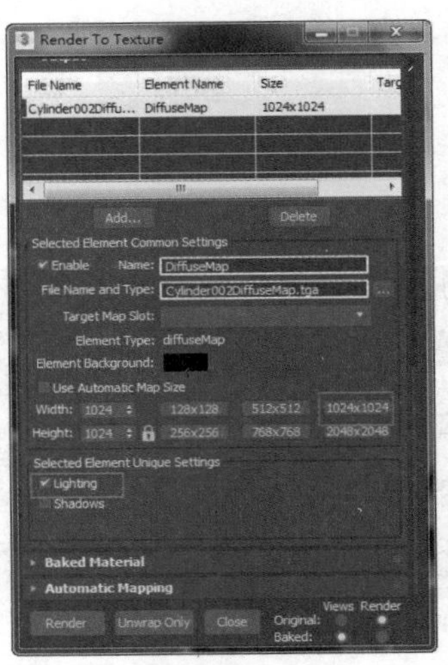

图1-180 设置参数

步骤05 在Modify面板上，选择Cage选项，勾选Shaded选项，观察模型的包裹框，如图1-181所示。单击Render按钮，渲染效果如图1-182所示。

图1-181 设置参数

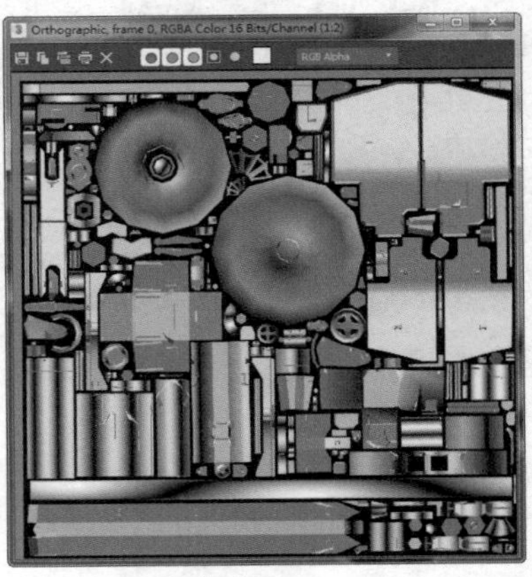

图1-182 AO渲染图

提示：

AO图可以很好地解决或改善漏光、阴影不实的问题。解决或改善场景中物体表现不清晰的问题。能够增加空间层次感、真实感，增加和改善画面明暗对比。

步骤06 选择并删除白色模型，激活Unwrap UVW修改器，单击Open UV Editor按钮，弹出Edit UVWs对话框，执行Tool→Reder UVW Template命令，如图1-183所示。弹出Render UVs对话框，如图1-184所示。

图1-183 UV编辑器对话框

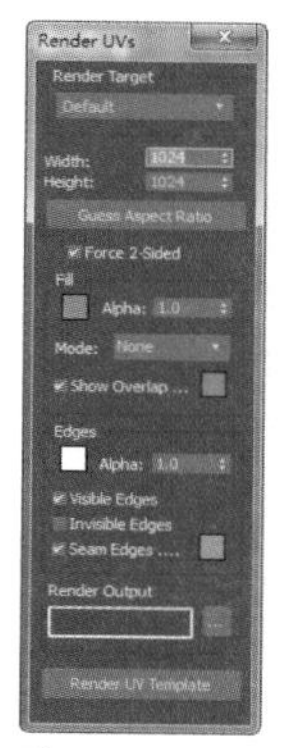

图1-184 Render UVs对话框

步骤 07 单击Render UV Template按钮，弹出UV的线框贴图，如图1-185所示。单击左上角的Save Image按钮，将图片保存为UV.png，如图1-186所示。

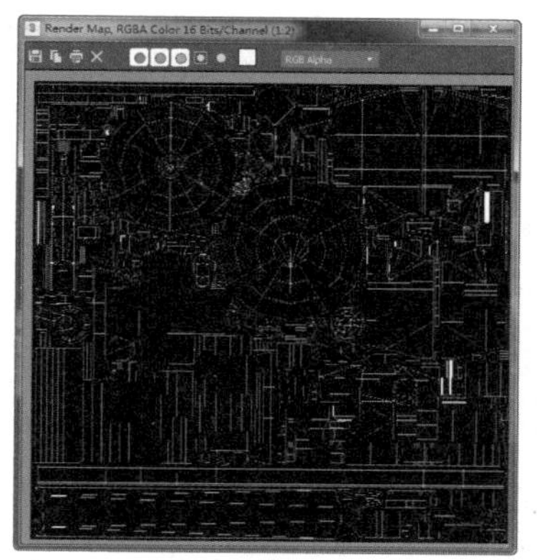

图1-185 UV线框贴图

图1-186 保存图片

2. 使用Photoshop制作UV填充

步骤 01 启动Photoshop，将AO贴图打开，效果如图1-187所示。打开UV贴图，将其拖入AO文件中，效果如图1-188所示。

图1-187 打开AO贴图

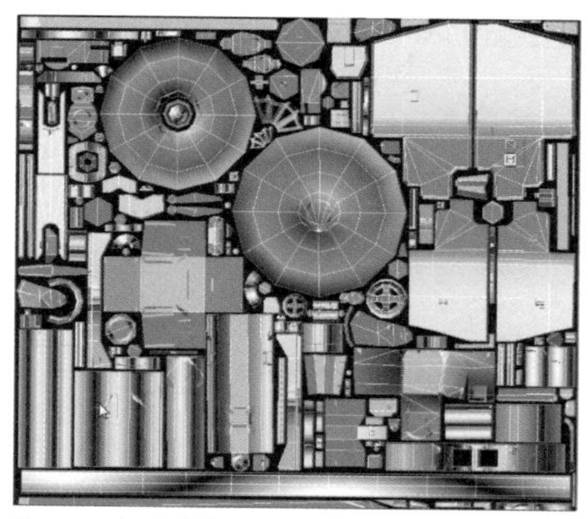

图1-188 打开并拖入UV贴图

步骤 02 在背景图层上新建一个图层，如图1-189所示。使用套索工具将轮胎的UV选中，使用蓝色填充选区，填充效果如图1-190所示。

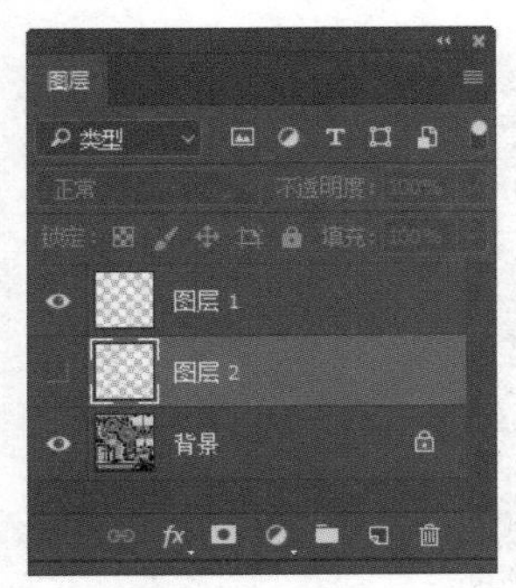

图1-189 新建图层

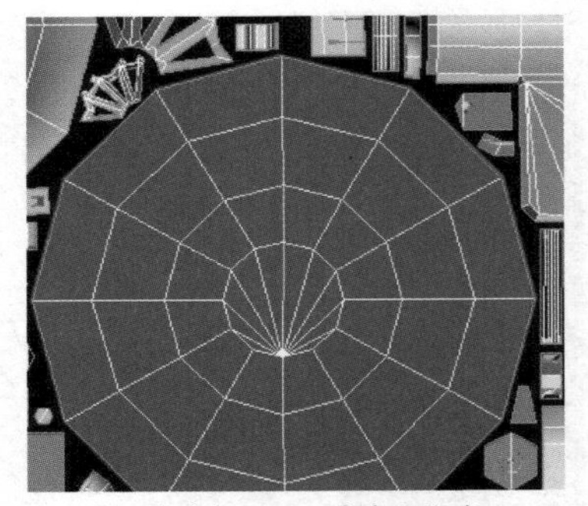

图1-190 选中轮胎UV并填充颜色

提示：

为了保证能够获得满意的贴图效果，在使用套索工具勾选UV时，一定要注意绿色线条的范围，而且不能将其他的UV对象选中。

步骤03 使用相同的方式，选中另一个轮胎UV并填充蓝色，完成后的效果如图1-191所示。在图层2上新建一个图层3，用相同的方法将其他UV对象勾选并填充为红色，效果如图1-192所示。执行File→Save As命令，将文件保存为id.jpg。

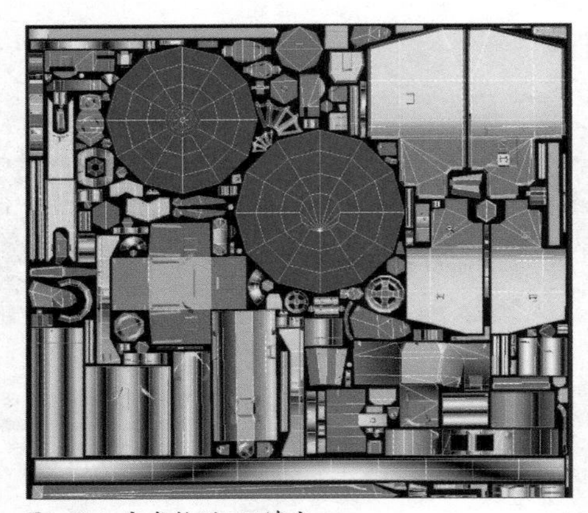

图1-191 完成轮胎UV填充

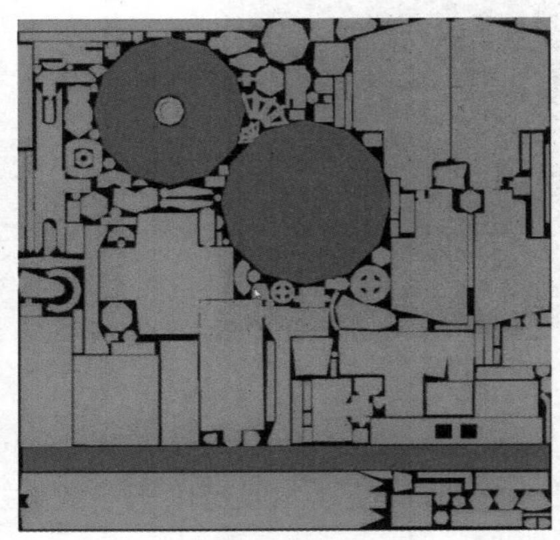

图1-192 制作其他UV填充

步骤04 返回3ds Max软件，选中模型文件，单击左上角图标，执行Export→Export Selected命令，如图1-193所示。选择导出格式为OBJ的模型文件，如图1-194所示。

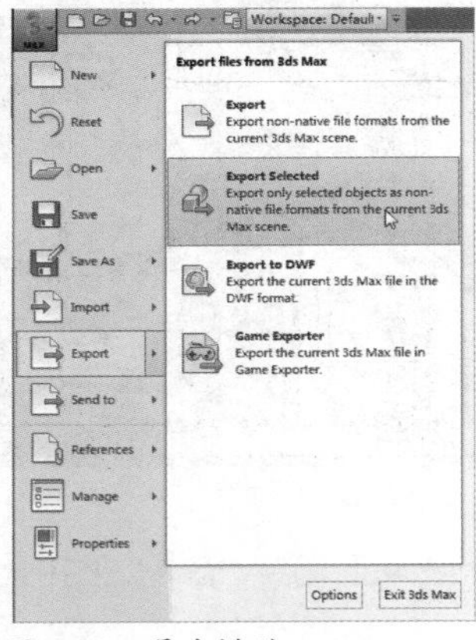

图1-193 导出模型

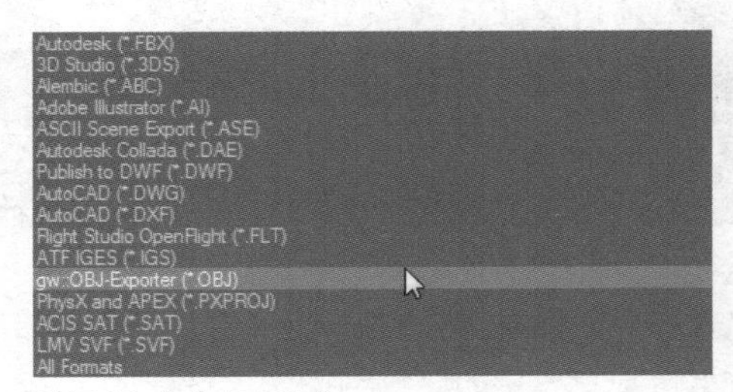

图1-194 导出OBJ格式

提示：

系统会自动生成两个文件，一个是OBJ格式，一个是mtl格式。在此案例中只需要OBJ格式文件，可以选择将mtl文件删除。

3. 使用Substance Painter绘制贴图

步骤01 启动Substance Painter软件，软件界面如图1-195所示。执行Flie→New命令或按快捷组合键Ctrl+N，弹出New project对话框，如图1-196所示。

图1-195 Substance Painter软件界面

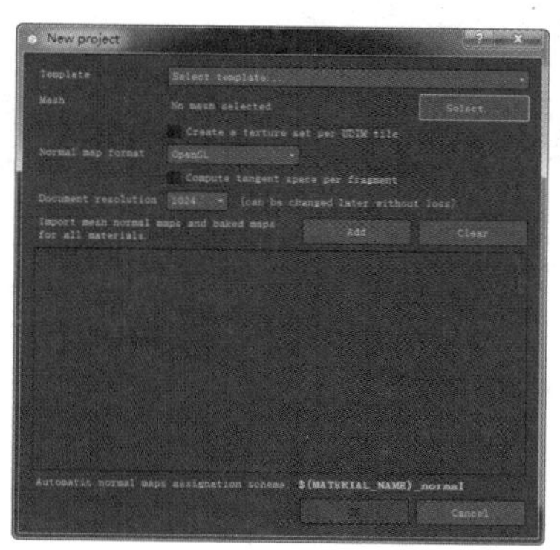

图1-196 新建文件

提示：

按F1键将切换到主视口+UV视口；按F2键将切换到主视口；按F3键将切换到UV视口。

步骤02 单击Mesh选项后的Select按钮，选择3ds Max导出的OBJ文件，如图1-197所示。单击Add按钮，将UV贴图和AO贴图添加，如图1-198所示，单击OK按钮，完成模型的导入。

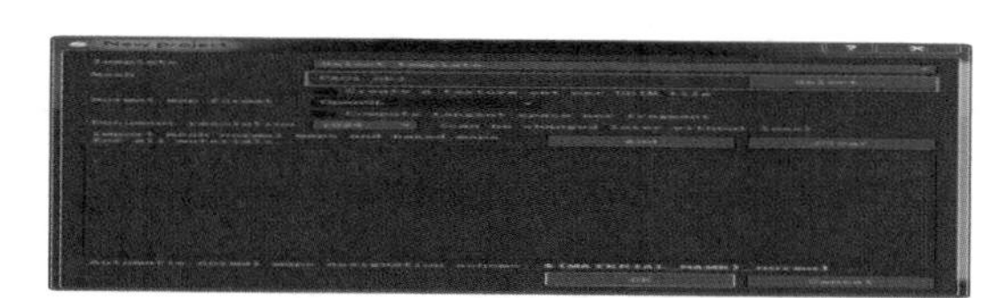

图1-197 选择OBJ文件

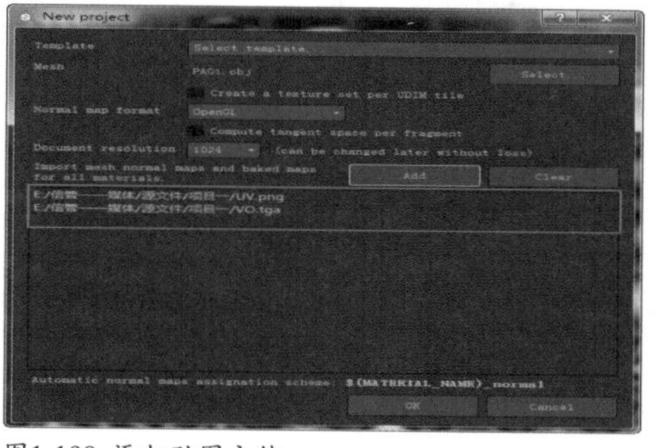

图1-198 添加贴图文件

提示：

如果模型是用3ds Max制作的，要选择OpenGL模式；如果是用Maya制作的，则要选择DirectX模式。

步骤03 按Tab键，放大主视口，视口效果如图1-199所示。单击左侧的Texture选项，将AO贴图拖动到Ambient occlusion选项上，将ID贴图拖动到Select id map上，如图1-200所示。

提示：

按Alt键+鼠标左键，可以旋转视口。在按Alt键+鼠标中键，可以移动视口。

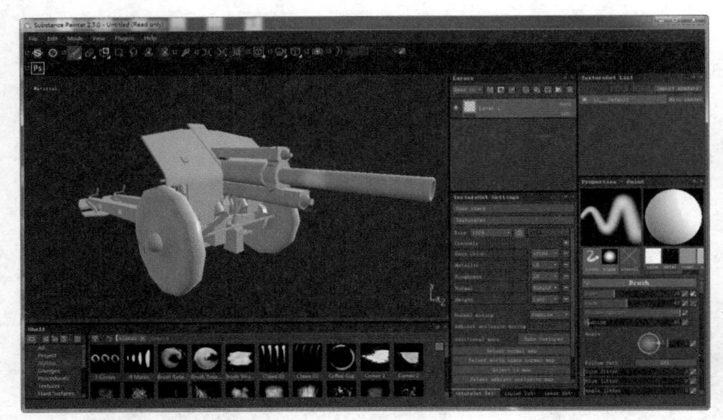

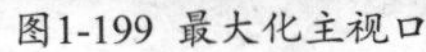

图1-199 最大化主视口

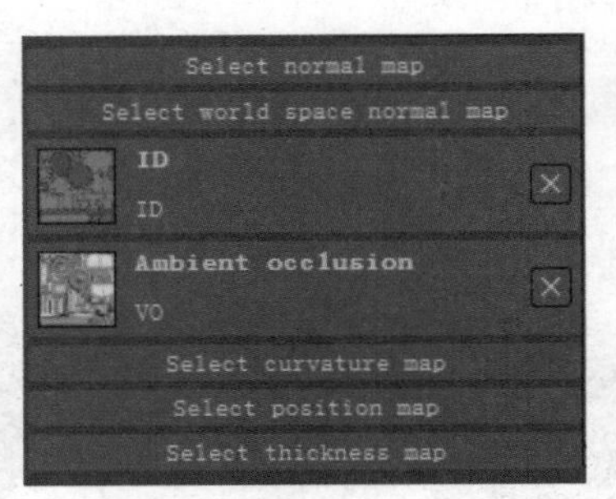

图1-200 指定贴图

步骤04 单击Channels选项后的加号按钮，为其添加一个Ambient occlusion通道，以保证AO贴图的正常显示，如图1-201所示。单击Bake textures按钮，在弹出的Baking对话框中设置需要烘焙的对象，如图1-202所示。

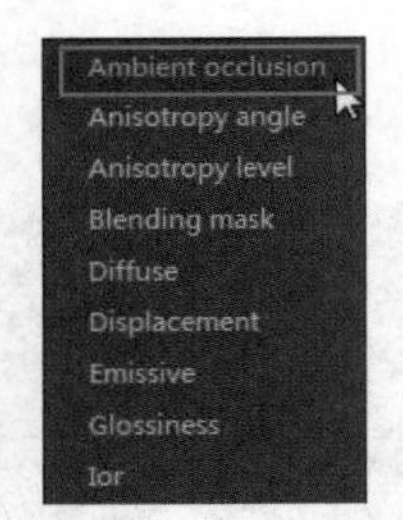

图1-201 添加AO通道

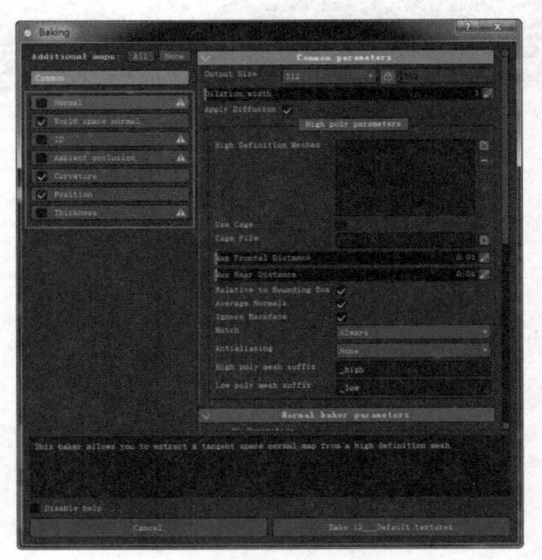

图1-202 取消法线勾选

步骤05 单击Bake 13___Default textures按钮，开始烘焙，如图1-203所示。烘焙完成后，会自动添加到模型上，如图1-204所示。

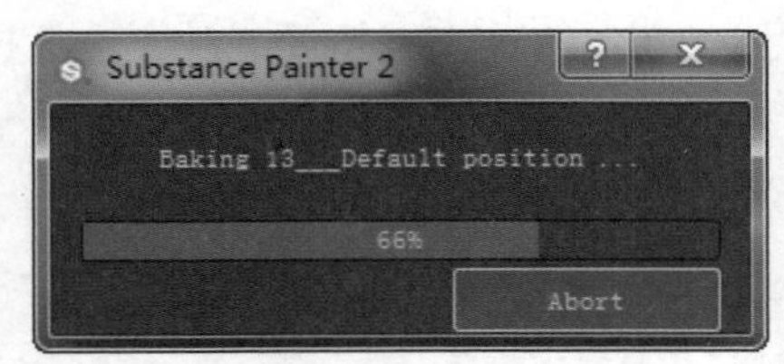

图1-203 开始烘焙贴图

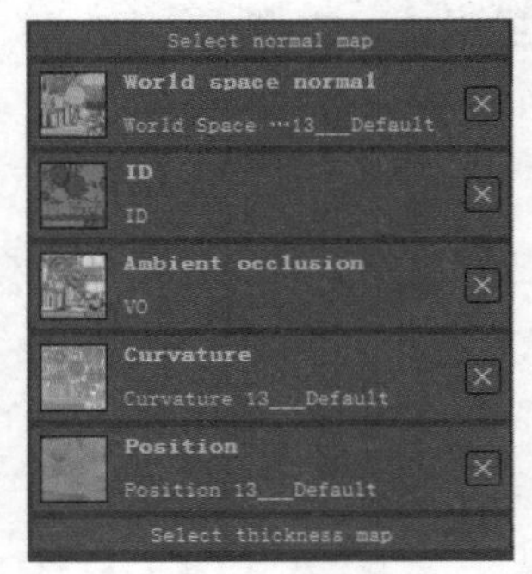

图1-204 烘焙完成贴图

步骤06 在Layers面板中选中Layer 1层，单击面板右上角的Remove Selected Layer按钮，将图层删除，如图1-205所示。在Shelf面板中选择Smart materials选项，将Machinery材质拖入到图层面板中，效果如图1-206所示。

图1-205 删除图层

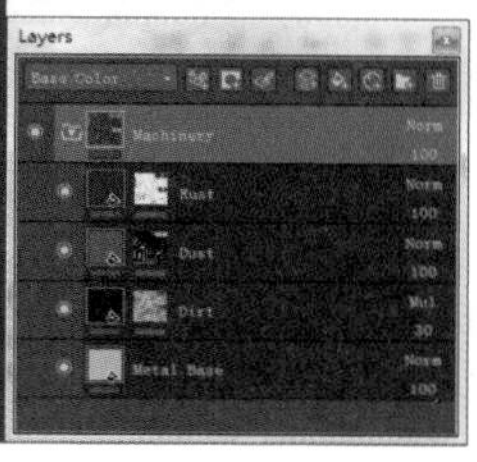

图1-206 使用材质

步骤07 将Dust图层选中并删除，图层面板如图1-207所示。选择Metal Base图层，单击软件右下角Uniform Color颜色条，弹出Base Color对话框，如图1-208所示。

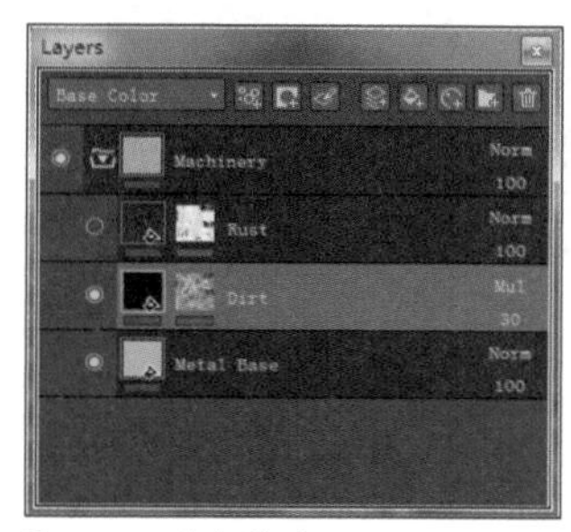

图1-207 删除图层

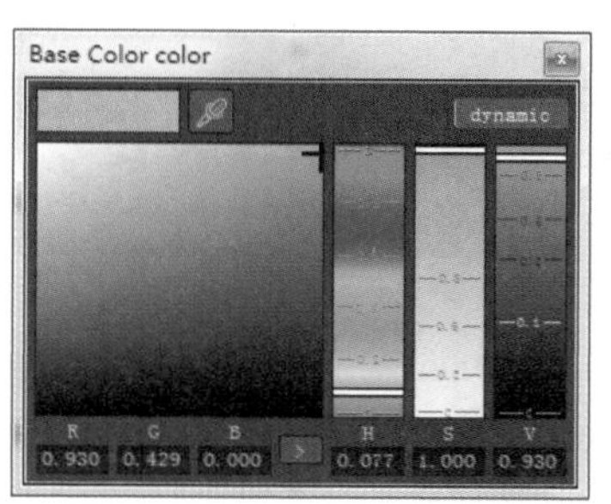

图1-208 调整底色

步骤08 单击Dynamic按钮，将颜色显示出来，调整饱和度、明度和色相，如图1-209所示。模型效果如图1-210所示。

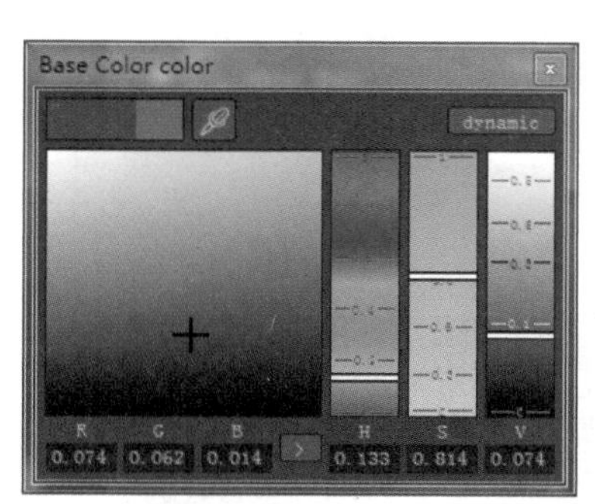

图1-209 调整底色

图1-210 模型效果

提示：

按Shift键+鼠标右键扫一下环境光,可以观察材质的反光效果。

步骤09 选择Rust图层，单击选中蒙版层，如图1-211所示。修改Parameters面板上的参数，如图1-212所示。

步骤10 选择Metal Base图层，修改Metallic面板下的金属和粗糙度的参数，如图1-213所示。材质效果如图1-214所示。

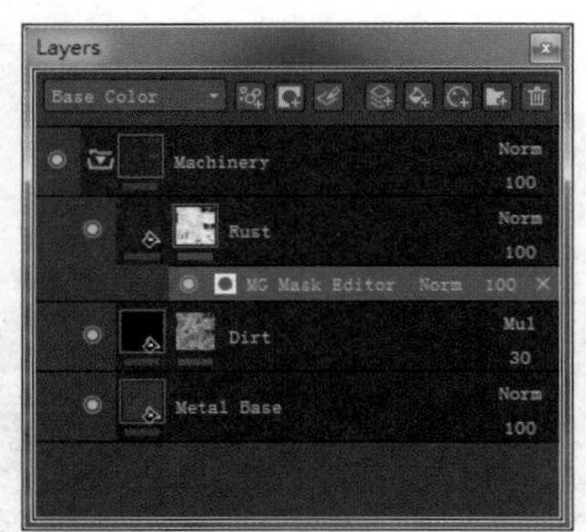

图1-211 选中蒙版层

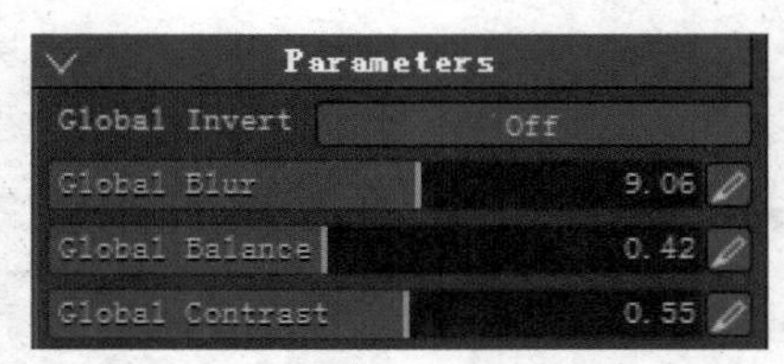

图1-212 设置金属参数

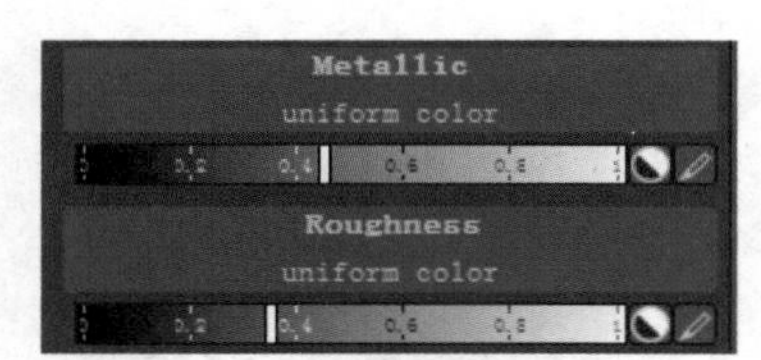

图1-213 设置金属属性

图1-214 模型效果

步骤 11 将Rust和Dirt图层关闭显示。新建一个名称为iuntas图层组，再新建一个Fill层，将其拖入图层组中，如图1-215所示。在图层组上单击右键，选择添加一个黑色蒙版，如图1-216所示。

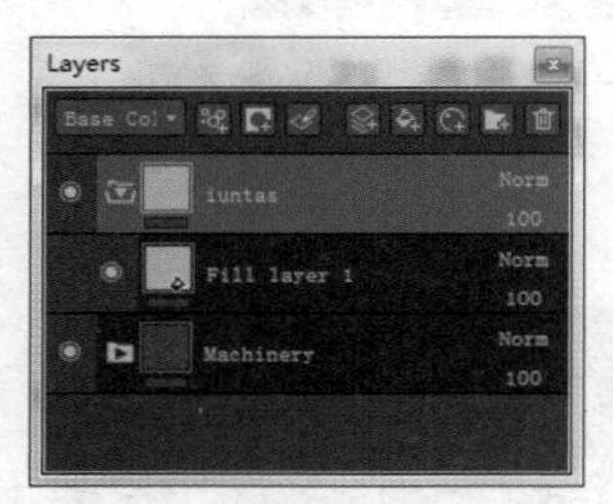

图1-215 新建图层

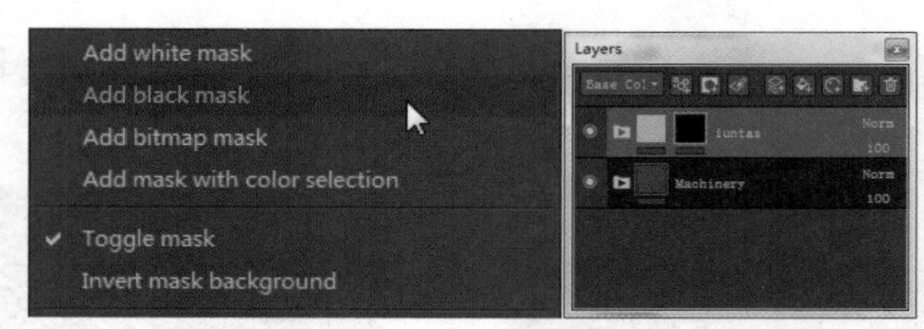

图1-216 添加黑色蒙版

步骤 12 在蒙版上单击右键，选择Add mask with color selection选项，如图1-217所示。单击Color selection面板上的Pick color按钮，在蓝色上单击，效果如图1-218所示。

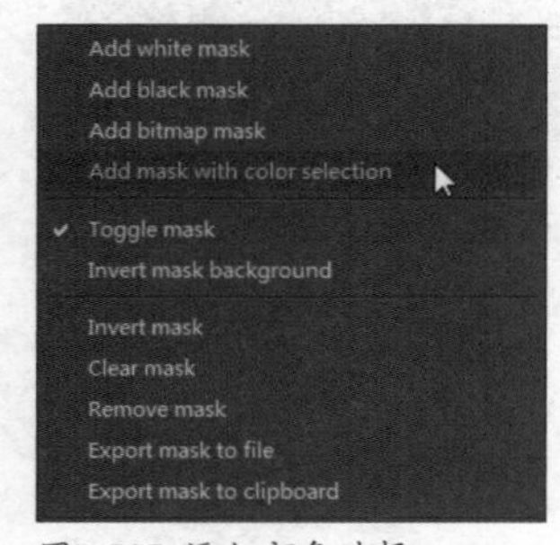

图1-217 添加颜色选择

图1-218 拾取颜色

步骤 13 修改Fill layer 1层的颜色为黑色，如图1-219所示。单击Colors选项后的减号，将蒙版颜色删除。选择蒙版图层，单击工具栏上的Polygon Fill按钮，依次选择轮胎面，效果如图1-220所示。

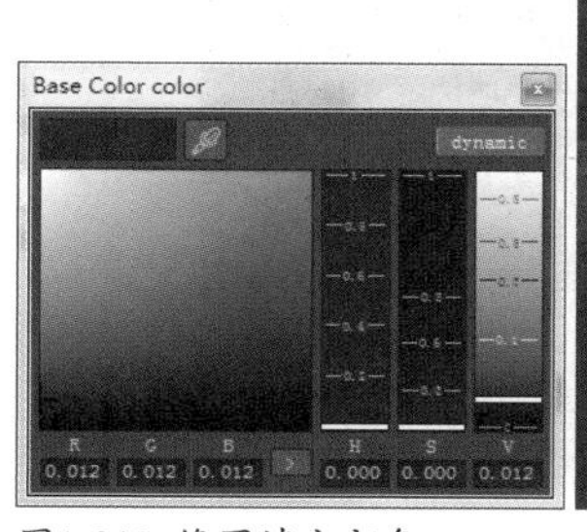

图1-219 修图填充颜色

图1-220 使用Polygon Fill

步骤 14 选择Fill layer 1层，修改Material面板下材质的金属和粗糙度属性，如图1-221所示。按下F1键，进入双视口模式，在Shelf面板中选择Brushes选项下的一个边缘较硬的笔刷，如图1-222所示。

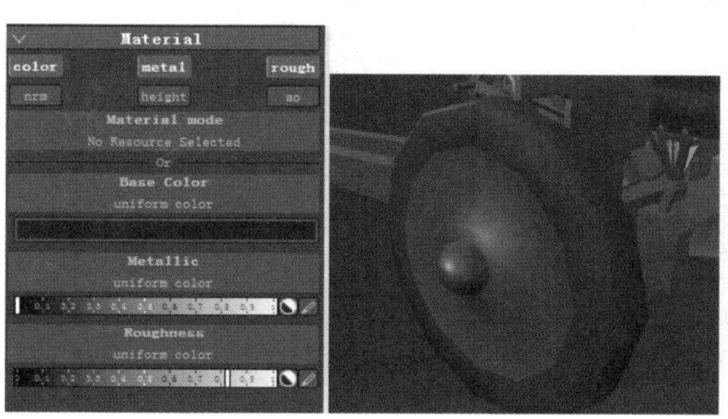

图1-221 修改材质属性及效果

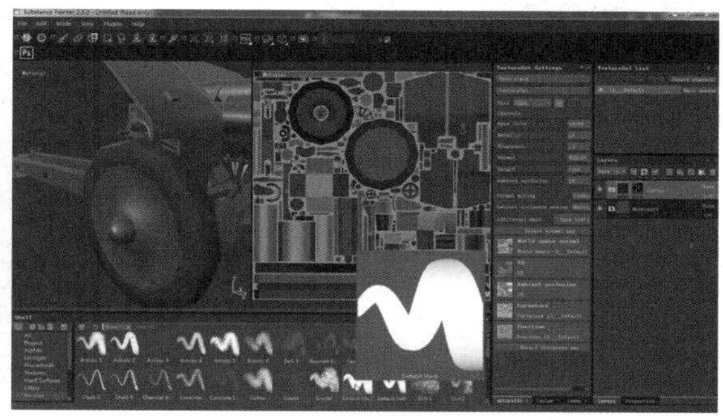

图1-222 选择笔刷

步骤 15 单击工具栏上的Paint按钮，在Grayscale面板中设置颜色为黑色，按Alt键+鼠标右键，水平拖动调整笔刷大小，在AO贴图上单击，得到如图1-223所示效果。轮胎效果如图1-224所示。

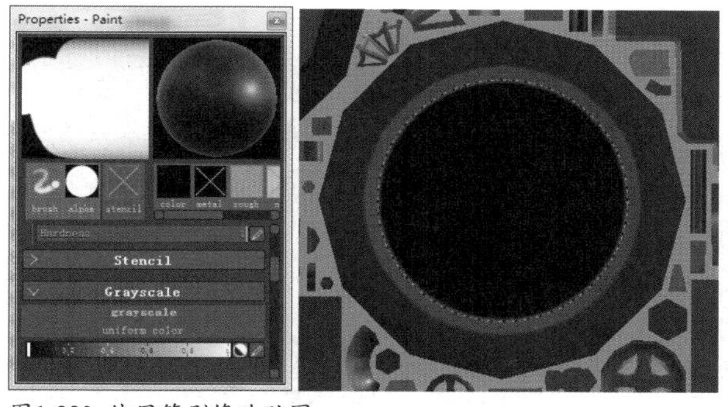

图1-223 使用笔刷修改贴图

图1-224 修改后效果

提示：

按Alt键+鼠标右键，水平拖动可以调整笔刷大小。垂直拖动可以调整笔刷的边缘羽化效果。按F键可以快速还原主视口。

步骤 16 将Rust图层显示，在蒙版上单击右键，选择Add paint选项，如图1-225所示。使用Paint工具，选择一个较为分散的笔刷，按Ctrl键+鼠标左键，调整笔刷的不透明度，使用黑色在不想保留铁锈的位置涂抹，涂抹效果如图1-226所示。

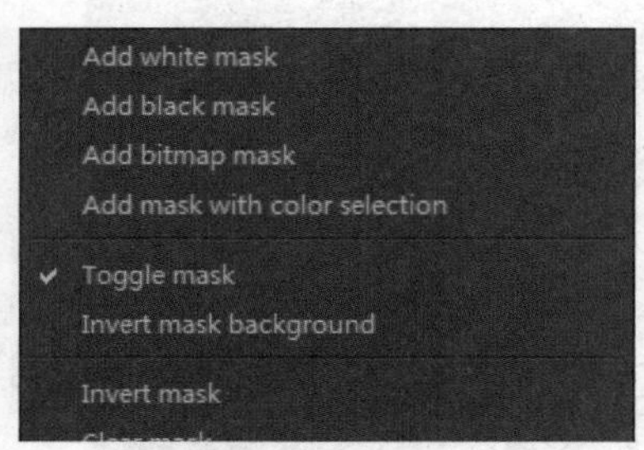

图1-225 添加填充

图1-226 修改蒙版效果

步骤17 修改笔刷的大小，使用白色在蒙版上涂抹，增加铁锈的效果，如图1-227所示。用相同的方法，将炮筒上的铁锈擦去，完成后的效果如图1-228所示。

图1-227 添加铁锈效果

图1-228 修饰铁锈效果

小技巧：

在绘制时，按Shift键绘制，可以快速地在水平或者垂直方向绘制，实现更均匀的材质效果。

步骤18 采用相同的方式，为模型不同位置添加铁锈效果，完成后的效果如图1-229所示。

图1-229 绘制其他效果

4. 使用Substance Painter绘制材质细节

步骤01 在图层面板中新建一个名称为xijie的图层组，在xijie层中新建一个Fill图层，如图1-230所示。在Material面板中关闭其他属性，只保留height属性，向右拖动滑块，调整高度，如图1-231所示。

步骤02 在填充图层上添加一个黑色的蒙版，选择Default Hard笔刷，按F3键，按快捷组合键Ctrl+Shift的同时，在如图1-232所示位置绘制。按F2键观察绘制效果，如图1-233所示。

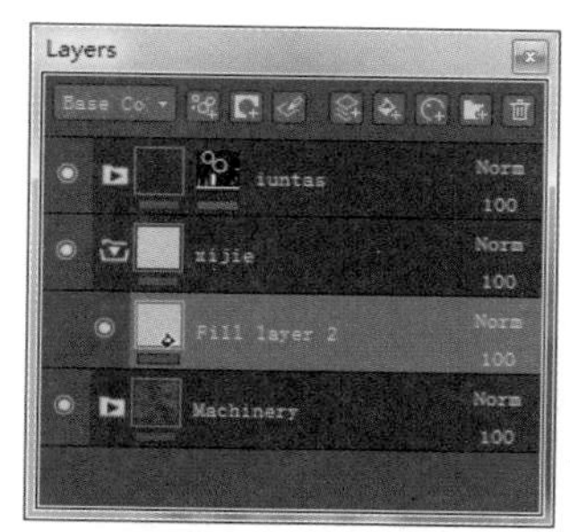

图1-230 新建图层

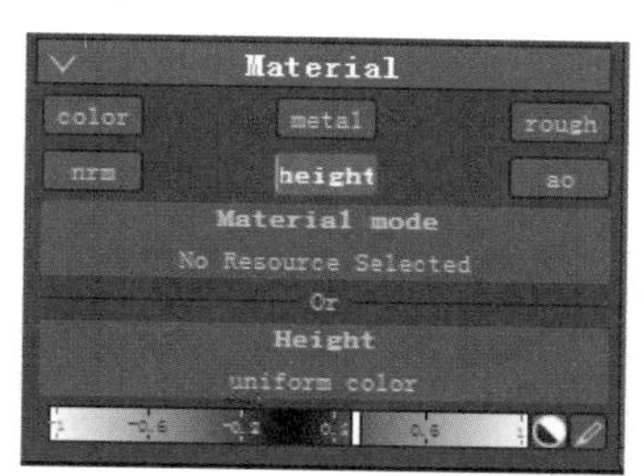

图1-231 打开高度属性

图1-232 在蒙版上绘制

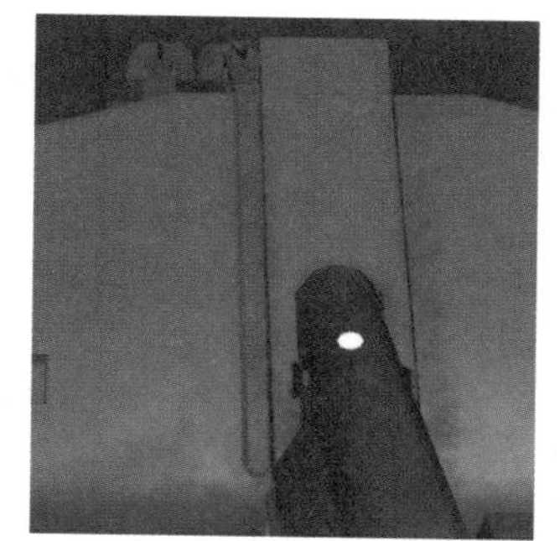
图1-233 绘制显示效果

步骤03 按F1键进入双视口界面，如图1-234所示。将画笔颜色变为黑色，在AO视口中不想要的位置绘制，得到如图1-235所示效果。

图1-234 进入双视口

图1-235 去除不要的部分

步骤04 用相同的方法，绘制另一处凸起效果，并适当修改高度和位置，最终效果如图1-236所示。再次新建一个Fill图层，设置其填充颜色，如图1-237所示。

图1-236 绘制另一侧凸起

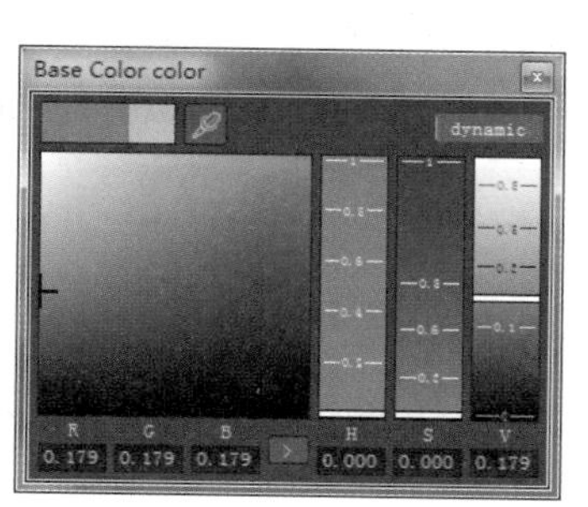

图1-237 设置填充颜色

步骤 05 为新建Fill图层添加一个黑色的蒙版，使用画笔工具创建如图1-238所示效果。再次新建一个Fill图层，设置填充颜色为深灰色，为其添加黑色蒙版，设置画笔颜色为白色，使用画笔工具绘制，如图1-239所示效果。

图1-238 绘制钉子

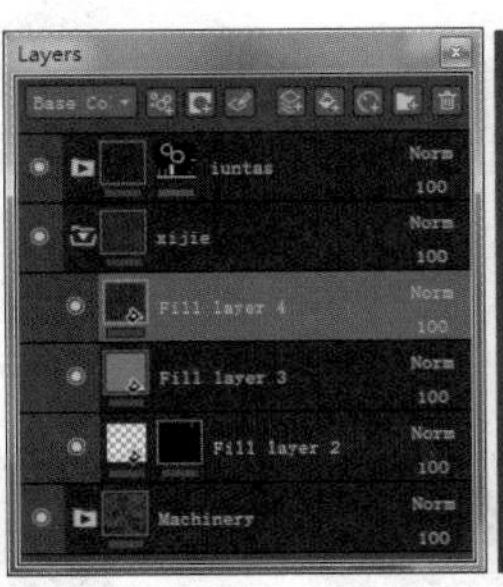

图1-239 绘制钉子外轮廓

步骤 06 将浅灰色图层调整到深灰色图层上，效果如图1-240所示。再次新建一个Fill图层，设置填充颜色为白色，使用画笔工具绘制高光效果，得到如图1-241所示效果。

图1-240 调整图层顺序

图1-241 绘制高光

步骤 07 使用相同的方式在深灰色图层中绘制，增强模型的立体感，完成效果如图1-242所示。按F3键，进入AO贴图，按C键切换到无光模式，使用相同的方式绘制轮胎纹，完成后的效果如图1-243所示。

图1-242 绘制阴影轮廓

图1-243 绘制轮胎纹理

提示：

按M键可以在显示与隐藏材质之间切换。便于设计师观察设计的效果。

步骤 08 返回主视口，可以通过调整粗糙度获得更好的效果，完成的轮胎效果，如图1-244所示。新建一个名称为xijie2的图层组，并在该图层组中新建Fill图层，在Shelf面板中选择Rust Fine材质，如图1-245所示。

图1-244 完成轮胎纹理绘制

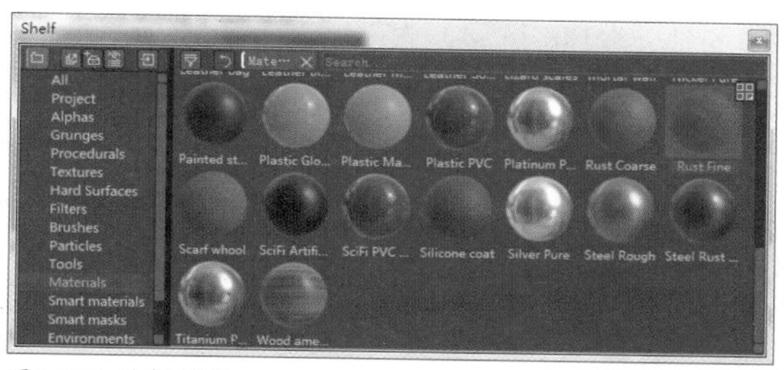

图1-245 选择材质

步骤09 为图层添加一个黑色的蒙版，并在蒙版上单击右键，选择Add fill选项。如图1-246所示。单击Grayscale面板下的选项，选择Grunge 013通道图，如图1-247所示材质。

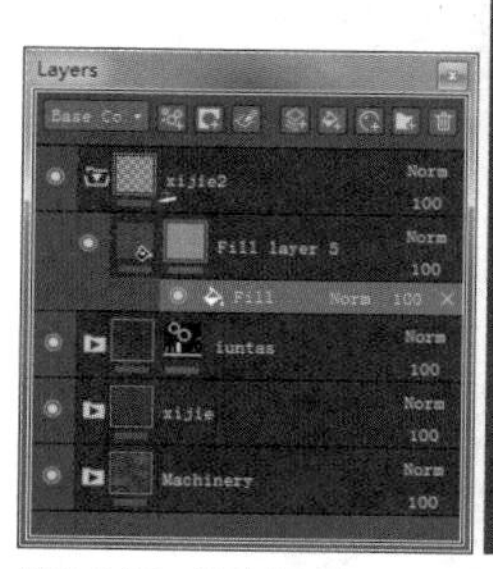

图1-246 新建图层

图1-247 选择通道图

步骤10 用相同的方法，再次添加一个Grunge 07通道图，并将其混合模式修改为Multiply模式，如图1-248所示。模型效果如图1-249所示。

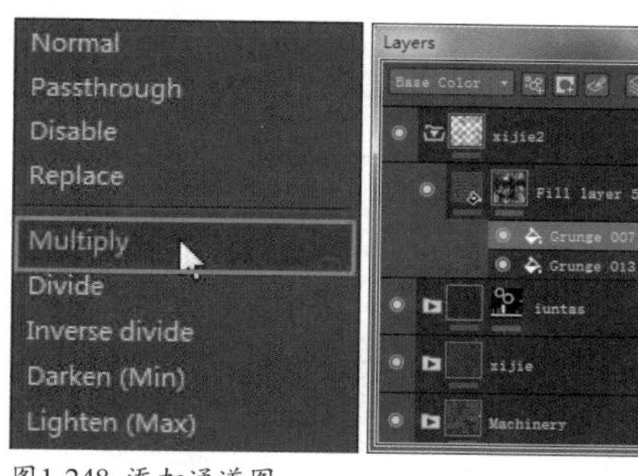

图1-248 添加通道图

图1-249 模型效果

步骤11 在蒙版上单击右键，选择Add paint选项，如图1-250所示。选择Dirt 1笔刷，将画笔颜色改成黑色，在模型上擦拭，获得较好的铁锈效果，完成效果如图1-251所示。

图1-250 新建Add paint层

图1-251 修饰后的铁锈效果

步骤 12 新建一个Fill 图层，为其添加一个黑色蒙版。在蒙版上单击右键，选择Add generator选项，在Generator面板上选择添加Metal Edge Wear选项，如图1-252所示。模型效果如图1-253所示。

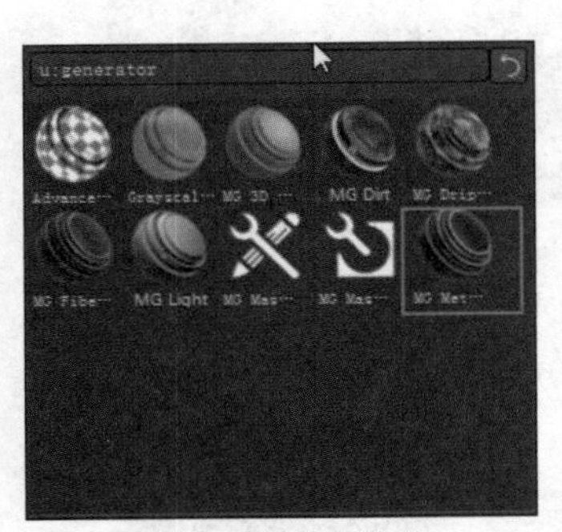

图1-252 添加边缘磨损效果

图1-253 模型效果

步骤 13 调整材质的参数后得到如图1-254所示效果。为其添加一个Grunge 007的通道蒙版，修改蒙版属性和叠加方式，得到如图1-255所示效果。

图1-254 修改参数效果

图1-255 弱化边缘磨损效果

步骤 14 添加一个paint图层，使用画笔修饰边缘磨损效果，完成的效果如图1-256所示。修改主蒙版的颜色属性，得到如图1-257所示效果。

图1-256 修饰效果

图1-257 修改磨损颜色

步骤 15 采用相同的方法，继续新建图层组绘制模型的材质，最终完成效果如图1-258所示。

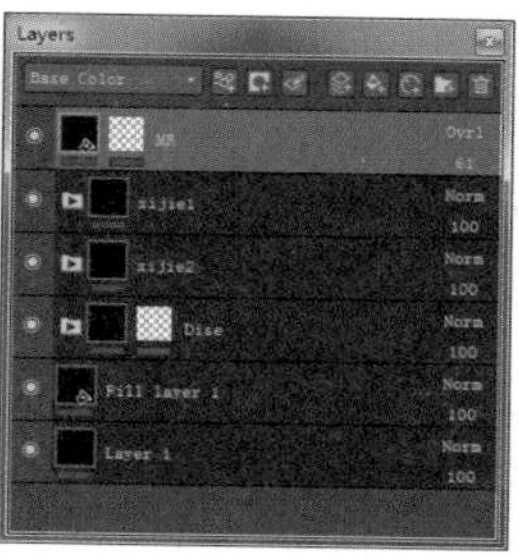

图1-258 最终完成效果

任务评价——输出正确的贴图分辨率

本任务中主要使用Substance Painter绘制榴弹炮的贴图，为了获得更好的显示效果，绘制贴图要求如下。

- 绘制的颜色贴图的分辨率应为1024px × 1024px。
- 高光贴图的分辨率应用1024px × 1024px。
- 法线贴图的分辨率为512px × 512px。
- 反射贴图用于制作金属严重磨损的位置，其分辨率设置为1024px × 1024px。

任务拓展——绘制坦克的贴图

本任务中将根据前面所学内容，为坦克模型绘制贴图，绘制完成颜色贴图、法线贴图和三合一贴图效果如图1-259所示。坦克模型贴图效果如图1-260所示。

颜色贴图

法线贴图

三合一贴图（金属度 粗糙度 跟ao）

图1-259 绘制贴图

图1-260 坦克贴图效果

坦克的贴图分辨率应为1024px × 1024px。如果坦克有履带贴图，则要求履带高度为贴图高度的八分之一（即64像素），并且要放置在右下角位置。

图1-261 履带贴图

PROJECT

武器装备——弓道具模型的设计

本项目将设计一款游戏中经常出现的弓道具，完成后的效果如图2-1所示。通过设计制作模型，帮助读者深层次地了解次世代建模的流程和技巧。案例中使用了多个不同的专业软件，读者可以快速了解软件在次世代建模中所起的作用。

通过本项目的学习，能够帮助读者梳理正确的人生观，培养正确的审美理念，同时培养读者精益求精的工匠精神和爱岗敬业的劳动态度。

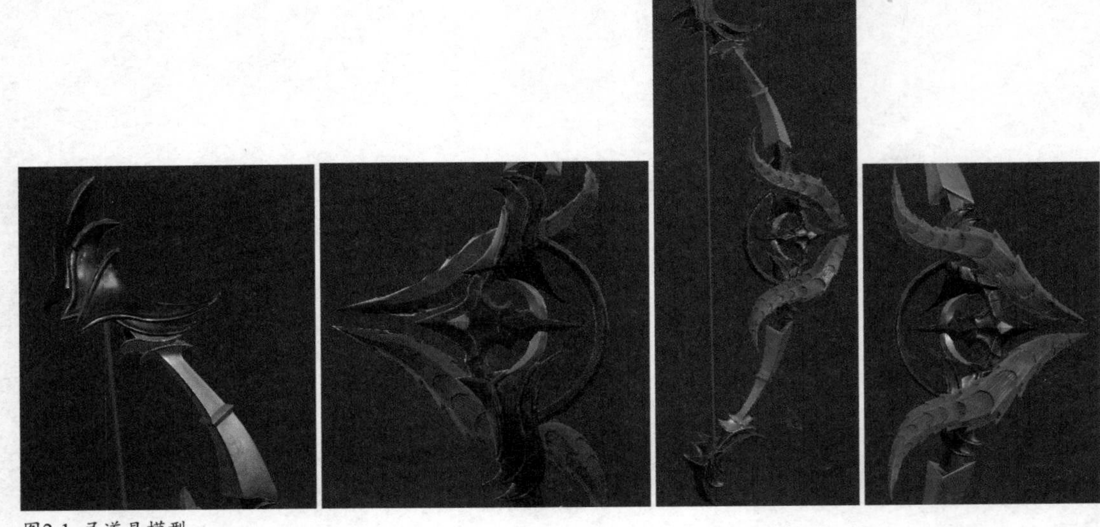

图2-1 弓道具模型

根据研发组的要求，下发设计工作单，对模型分类、模型精度、UV、法线AO和贴图等制作项目提出详细的制作要求。设计人员根据工作单要求，在规定的时间内完成模型的设计制作，其工作单内容如表1-1所示。

表 2-1 北京造物者科技有限公司工作单

<table>
<tr><th colspan="11">工作单</th></tr>
<tr><td>项目名</td><td colspan="8">武器——弓</td><td colspan="2">供应商：</td></tr>
<tr><td>分　类</td><td>任务名称</td><td>开始日期</td><td>提交日期</td><td>中模</td><td>高模</td><td>低模</td><td>UV</td><td>法线AO</td><td>贴图</td><td>工时小计</td></tr>
<tr><td>次世代</td><td>弓 模 型</td><td></td><td></td><td></td><td>3 天</td><td>1 天</td><td>0.5 天</td><td>0.5 天</td><td>2 天</td><td></td></tr>
<tr><td rowspan="3">备注:</td><td>注意事项</td><td colspan="9">面数控制在 4000 个三角面内，贴图分辨率为 2048px × 2048px</td></tr>
<tr><td>制作规范</td><td colspan="9">1. 坐标轴归零点
2. 模型在网格中心且在地平线上
3. 不要有废点废面，布线工整合理，横平竖直，不要有除结构线外多余的布线
4. 参照参考图制作，注意模型比例问题</td></tr>
<tr><td>贴图规范</td><td colspan="9">将贴图图层分为烘焙层、磨损层、污垢层、基本颜色层、腐蚀痕迹、涂装标识层</td></tr>
</table>

任务一 弓道具大形的设计

本任务使用3ds Max软件完成弓模型大形模型的设计制作。大形是制作低模和高模的基础，通常是先将模型的大形制作出来，然后再进入ZBrush中完成高模制作。模型的最终效果如图2-2所示。

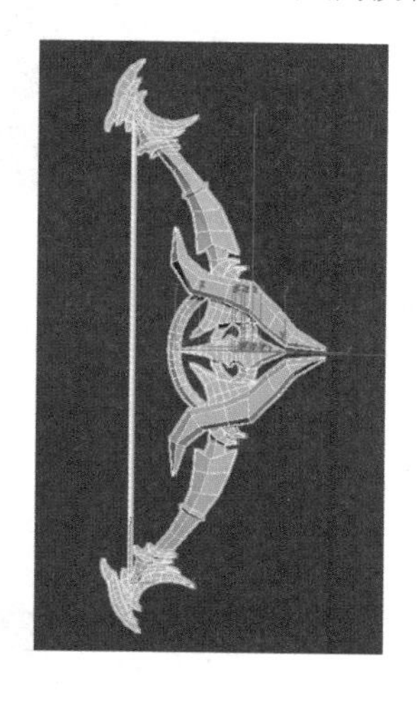
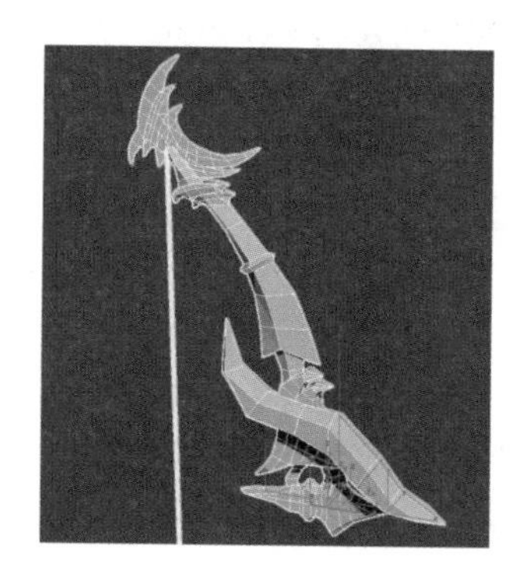

图2-2 弓道具模型

源 文 件	源文件 \ 项目二 \ 弓道具模型 .MAX
素　　材	素材 \ 项目二 \
演示视频	视频 \ 项目二 \ 弓道具模型 .MP4
主要技术	可编辑多边形建模、三维锁定、Cut 命令、Shell 修改器

任务分析——准确获得参考图的比例

通常情况下，设计师会通过甲方或者其他渠道得到项目的参考图。参考图包括模型的正侧视图和正前视图，如图2-3所示。

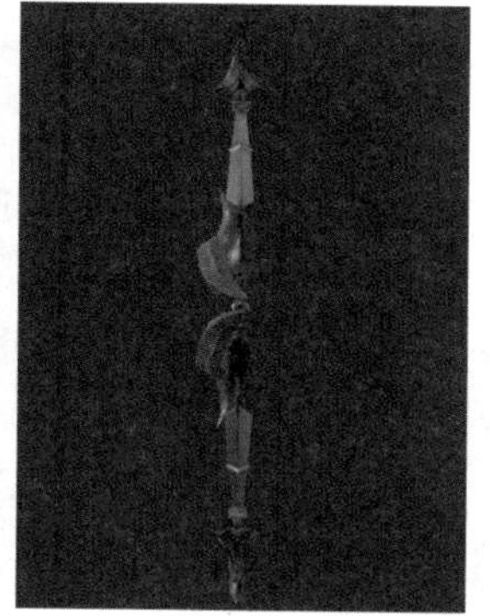

图2-3 弓模型参考图

提示：

设计师可以通过Photoshop了解参考图的尺寸，然后在3ds Max中创建一个面片，将参考图贴在面片上，作为模型制作的参考对象。

启动Photoshop，将模型的主要参考视角参考图拖入Photoshop中，如图2-4所示。执行“图像”→“图像大小”命令，在弹出的“图像大小”对话框中观察图像的宽度和高度，如图2-5所示。

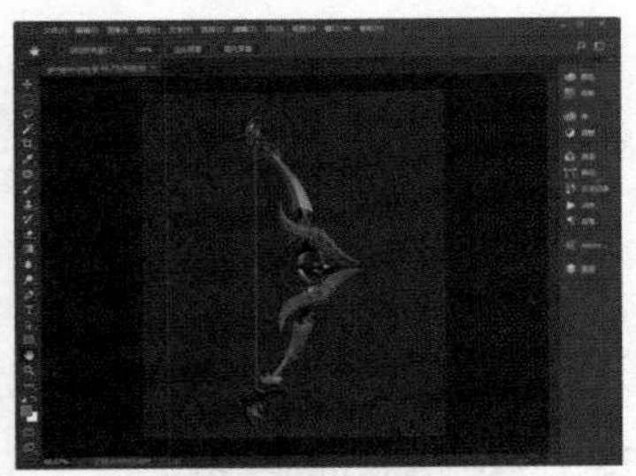

图2-4 将参考图导入Photoshop

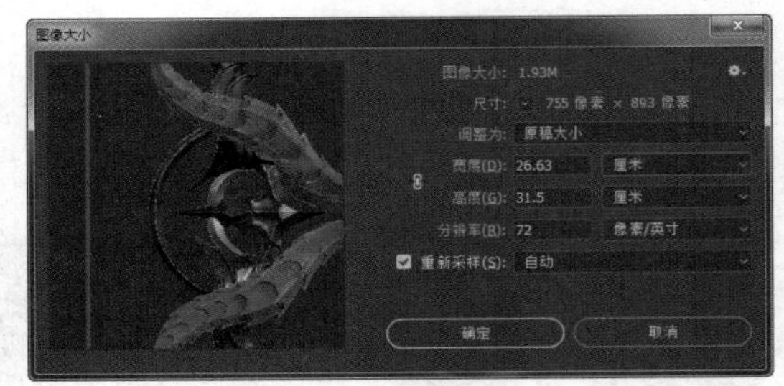

图2-5 在“图像大小”对话框设置参数

知识链接——巧用参考图和三维捕捉

1. 在3ds Max中创建参考对象

启动3ds Max 2017，按快捷组合键Alt+W，将Perspective视口最大化显示，如图2-6所示。在透视口中创建一个Plance对象，如图2-7所示设置其宽度和高度。

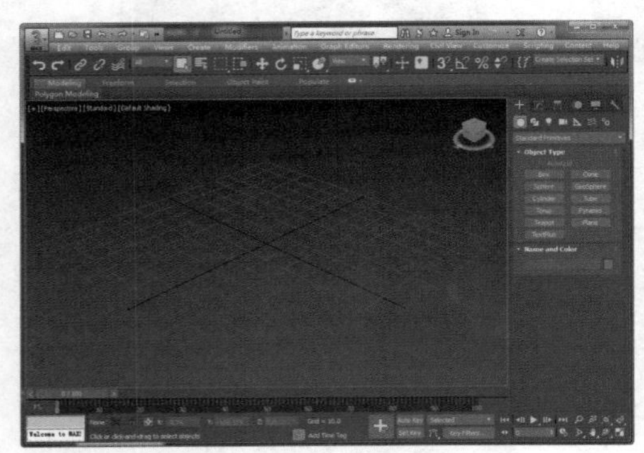

图2-6 最大化透视视口

图2-7 创建Plance对象

提示：

在Photoshop中，“图像大小”对话框中的宽度和高度参数的位置与3ds Max中宽度和高度的位置是相反的，不要将数值搞错。

直接拖动文件夹中的参考图到3ds Max中的Plance对象上，效果如图2-8所示。使用旋转工具旋转Plance对象，得到如图2-9所示效果。

图2-8 将参考图贴到Plance对象上

图2-9 旋转后的效果

在软件界面的底部将Plance对象的中心点归零，如图2-10所示。将Plance对象等比例放大后，移动位置到地平面上，如图2-11所示。

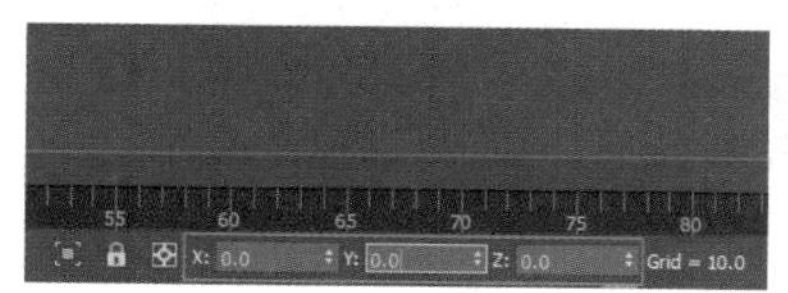
图2-10 中心点归零

图2-11 调整参考对象位置

2. 三维捕捉

在3ds Max中制作模型时，有时为了获得更加准确的模型效果。制作要求精确到点或者面。此时可以单击工具栏上的Snaps按钮，启动捕捉功能来帮助完成各种更加精准的操作。3ds Max中一共有2维捕捉、2.5维捕捉和3维捕捉3种捕捉模式，如图2-12所示。

图2-12 捕捉模式

激活2维捕捉后，光标仅捕捉构建栅格，包括该栅格平面上的几何体。将忽略*Z*轴或垂直尺寸。

激活2.5维捕捉后，光标仅捕捉活动栅格上对象投影的顶点或边缘。

激活3维捕捉后，光标将直接捕捉到三维空间中的任何几何体，3维捕捉用来创建或移动所有尺寸的几何体，不用考虑构造平面。

在捕捉按钮上单击鼠标右键，弹出Grid and Snap Settings对话框，如图2-13所示。读者可以在该对话框中更加精准地选择需要捕捉的对象。

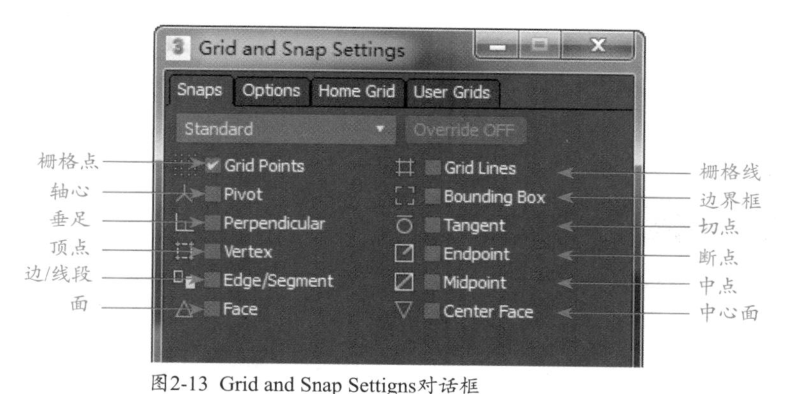

图2-13 Grid and Snap Settings对话框

任务实施——制作弓道具的大形

1. 确定模型的基本尺寸

步骤 01 按G键，将网格隐藏。在Perspective视口中创建一个Plance对象，如图2-14所示。按F4键，显示分段，并修改Plance对象的分段为1，如图2-15所示。

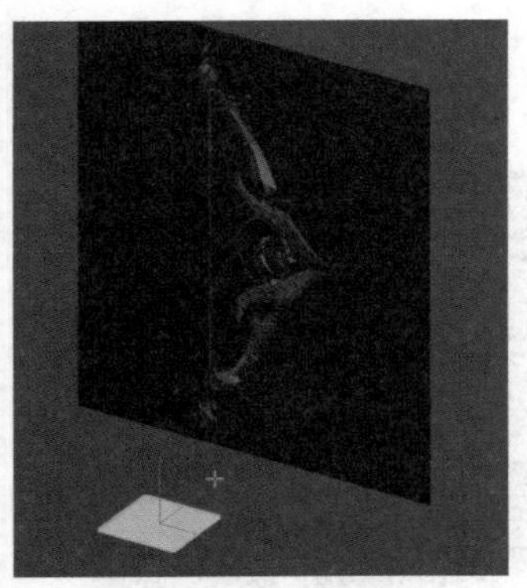

图2-14 创建Placne对象

图2-15 显示分段

步骤02 使用旋转工具将Plance对象在X轴上旋转90°，如图2-16所示。将Plance对象移动到如图2-17所示位置。

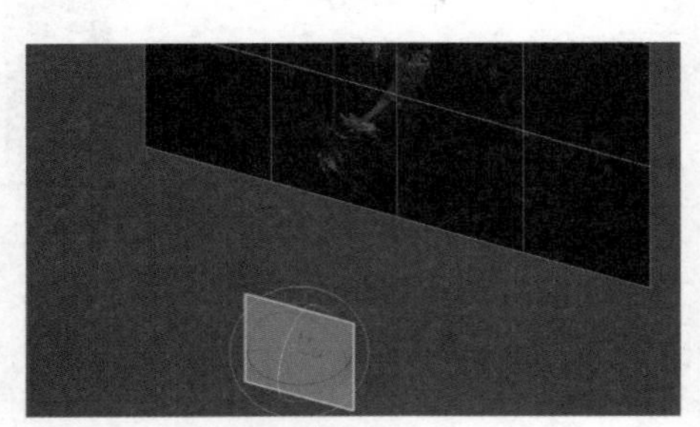

图2-16 旋转Plance对象

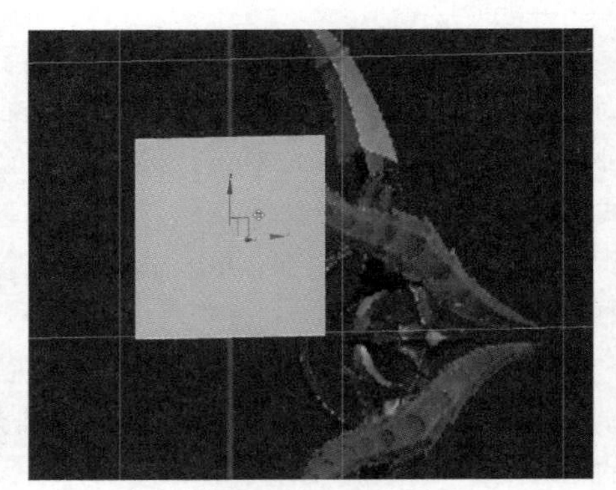

图2-17 移动对象位置

提示：

读者可以在软件操作界面底部的坐标文本框中输入准确的旋转角度。但是，在输入数值前，要确定已经激活了旋转工具。

步骤03 按F键，回到前视口。按Z键，最大化显示对象。按快捷组合键Alt+X，将对象半透明显示，如图2-18所示。在该对象上单击鼠标右键，旋转将其转换为可编辑多边形，如图2-19所示。

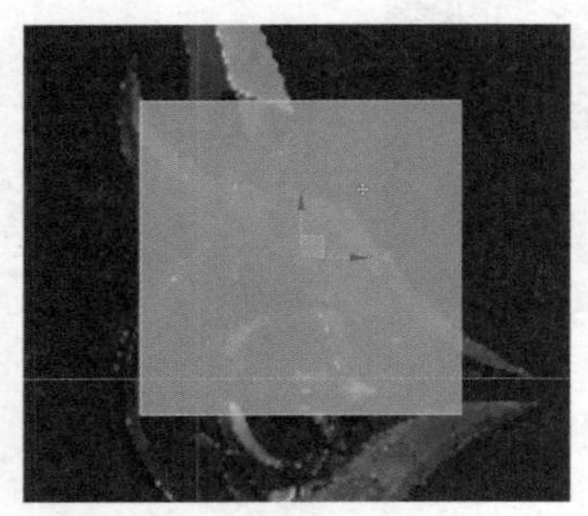

图2-18 半透明显示

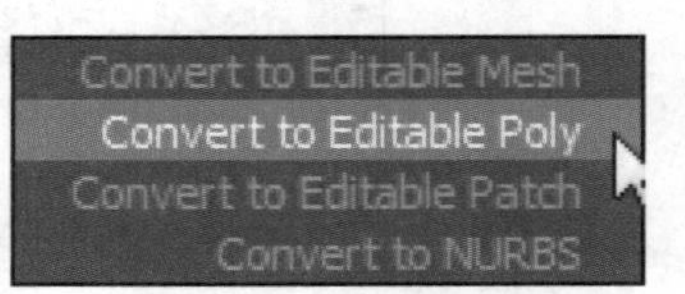

图2-19 转换为可编辑多边形

步骤04 进入点编辑层级，拖动点的位置，对齐参考图的轮廓，如图2-20所示，进入边编辑层级，拖动选中两条边，单击鼠标右键，选择Connect命令，如图2-21所示。

图2-20 调整顶点位置

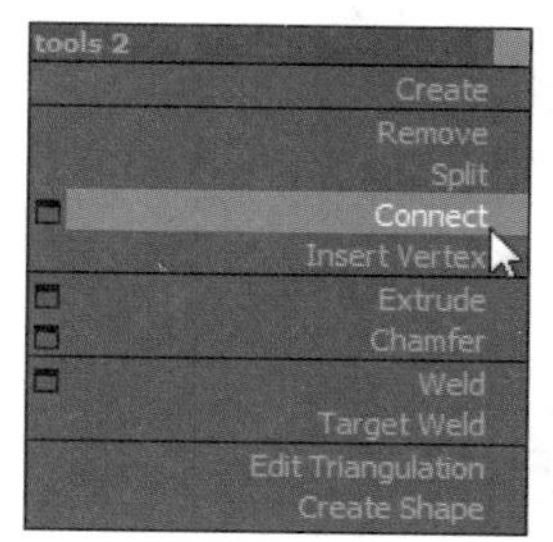

图2-21 完成加线操作

步骤05 加线效果如图2-22所示位置。继续进入点编辑层级，拖动调整新顶点的位置，如图2-23所示。

图2-22 加线效果

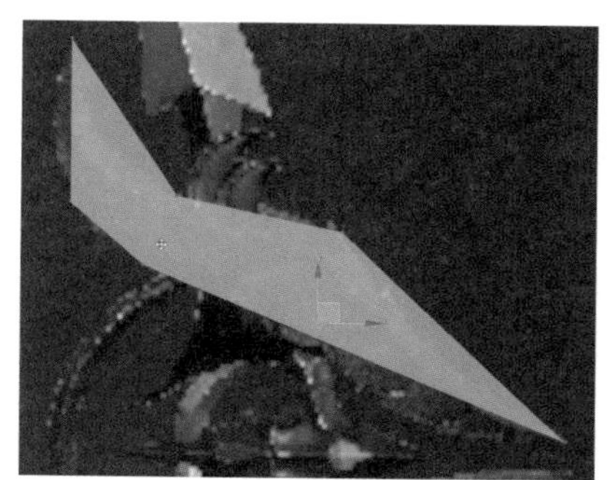

图2-23 调整顶点位置

提示：

在该视口制作大形时，不需要旋转操作。读者只需要按住鼠标的滚轮平移视口或者使用滚轮放大和缩小视口即可。

步骤06 用相同的方法完成大形轮廓的制作，完成效果如图2-24所示。按F4键，分段效果如图2-25所示。

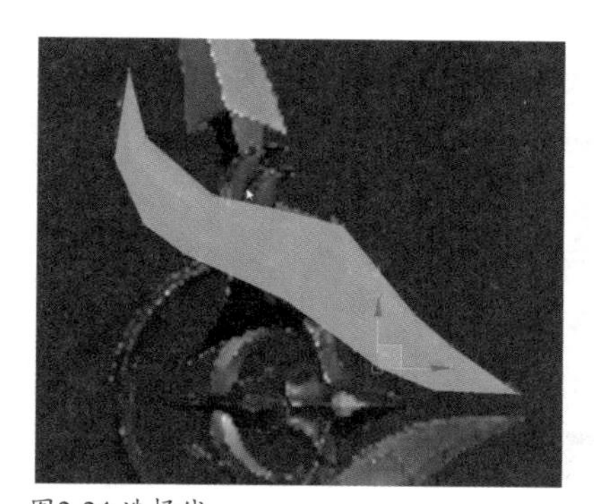

图2-24 选择线

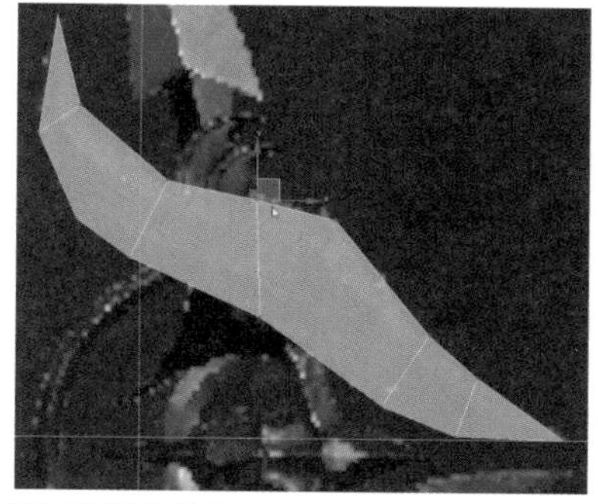

图2-25 塌陷线条

提示：

该阶段为制作模型大形的初级阶段，模型中的顶点要尽可能地保证与线连接，避免后期制作时出现问题。

步骤07 选择如图2-26所示顶点。单击鼠标右键，选择Cut命令，从顶点的位置向上拖动，与线连接，效果如图2-27所示

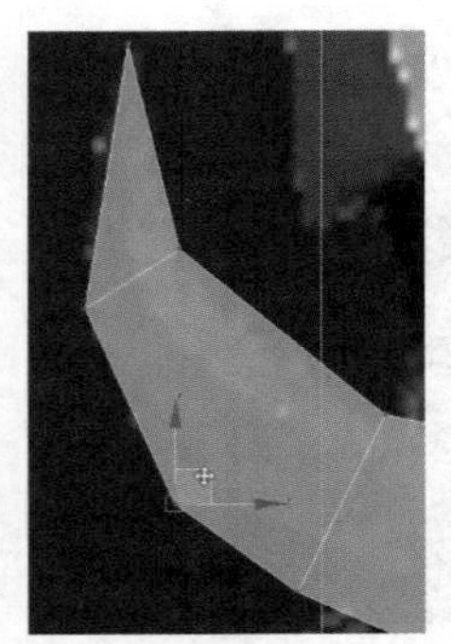

图2-26 选择顶点

图2-27 连接线

步骤08 用相同的方法，连接顶点，效果如图2-28所示。按快捷组合键Alt+X，取消半透明显示，效果如图2-29所示。

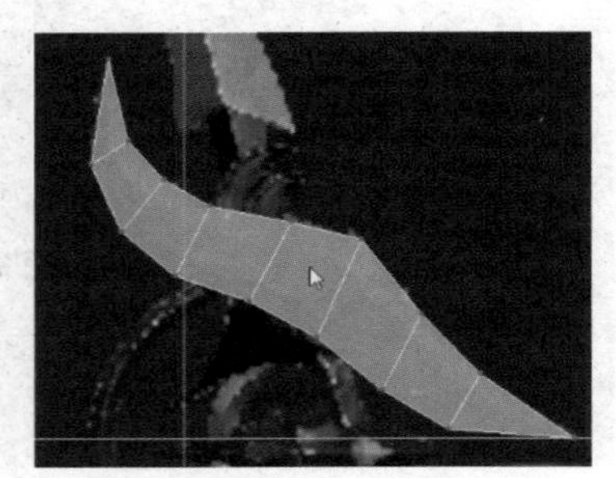

图2-28 连接顶点

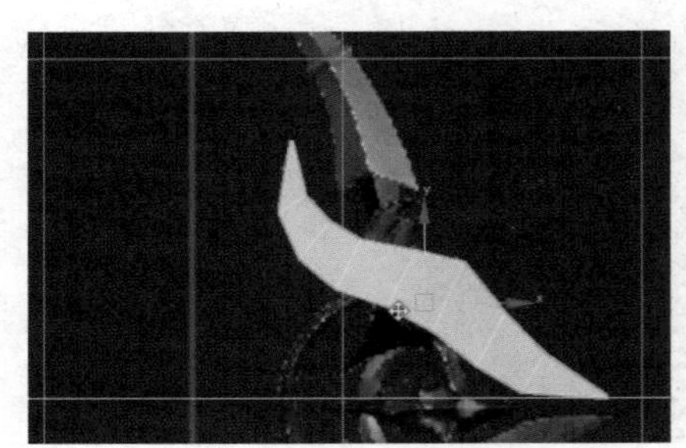

图2-29 取消半透明显示

小技巧：

在制作弓的剪影时，由于弓是镜像的，因此只需要制作上半部分就可以了。制作完成后通过镜像复制即可完成整个弓剪影的制作。

步骤09 用相同的方法，创建Plance对象并编辑多边形，完成效果如图2-30所示。进入边编辑层级，按Ctrl键，选中如图2-31所示边。

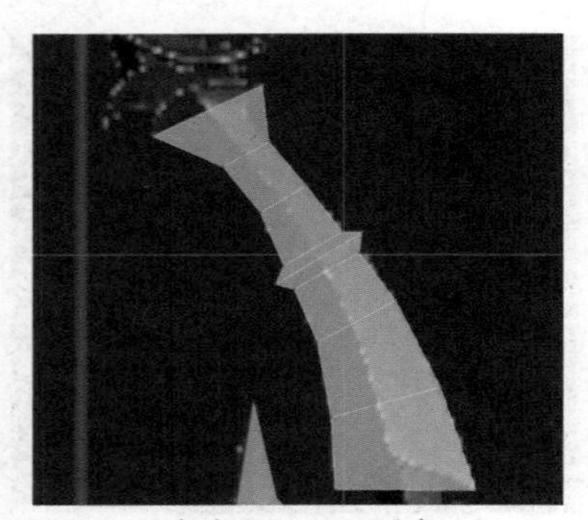

图2-30 创建并调整Plance对象

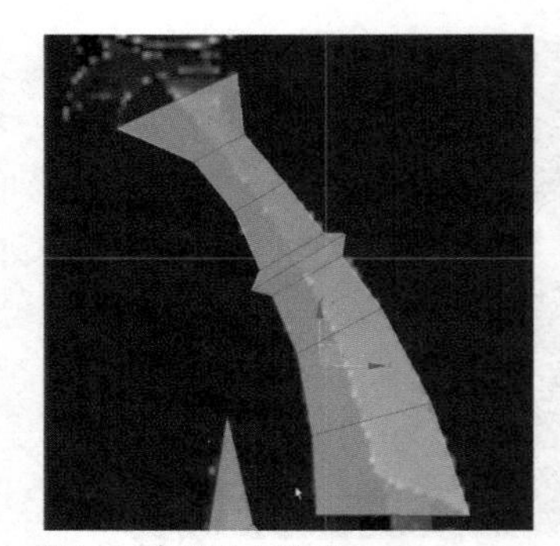

图2-31 中间添加连线

提示：

在制作模型大形时，没有必要添加太多的分段。添加的原则是只要能控制模型大形的轮廓即可。

小技巧：

在删除边时，单击鼠标右键，选择Remove命令即可删除边，但顶点并不会删除。在按住Ctrl键的同时选择Remove，可以同时删除边及其顶点。

步骤10 单击鼠标右键，选择Connect命令，继续调整顶点，效果如图2-32所示。继续用Cut和Connect命令，调整顶部的轮廓，效果如图2-33所示。

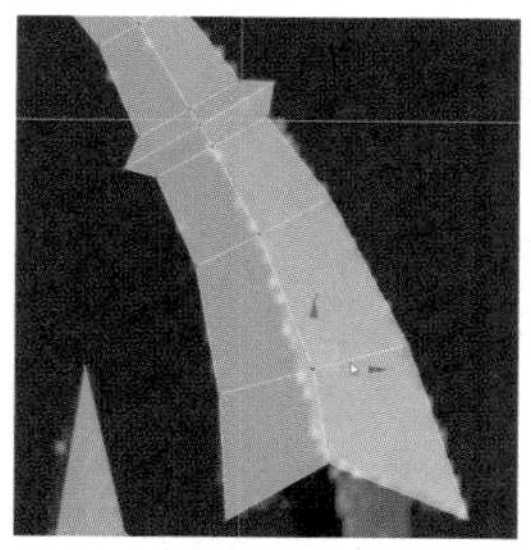
图2-32 调整顶点

图2-33 调整顶部

2. 将绘制Plance对象立体化

步骤01 用相同的方法，完成弓上半部分大形的制作，并创建一个Cylinder对象模拟弓弦，将参考图删除，效果如图2-34所示。选中如图2-35所示对象，为其添加一个Shell修改器。

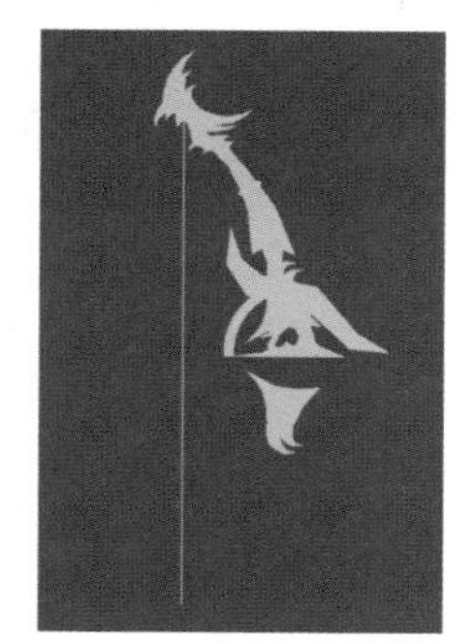
图2-34 完成效果

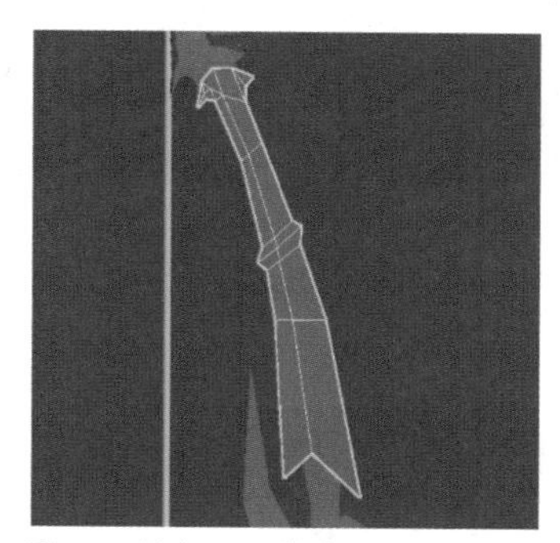
图2-35 添加Shell修改器

步骤02 如图2-36所示修改Parameters卷轴栏中的Inner Amount和Outer Amount的参数。效果如图2-37所示。

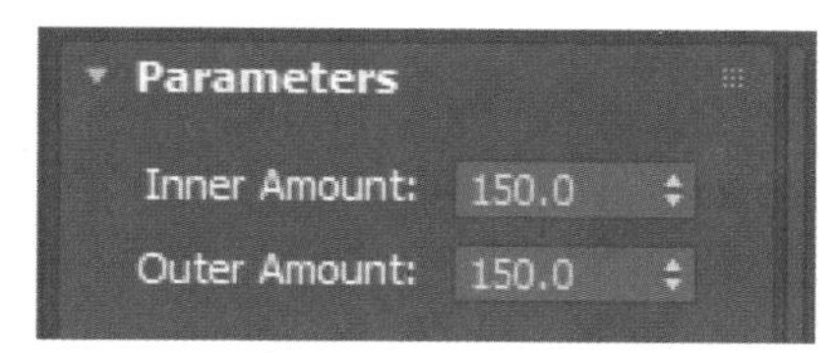

图2-36 设置参数

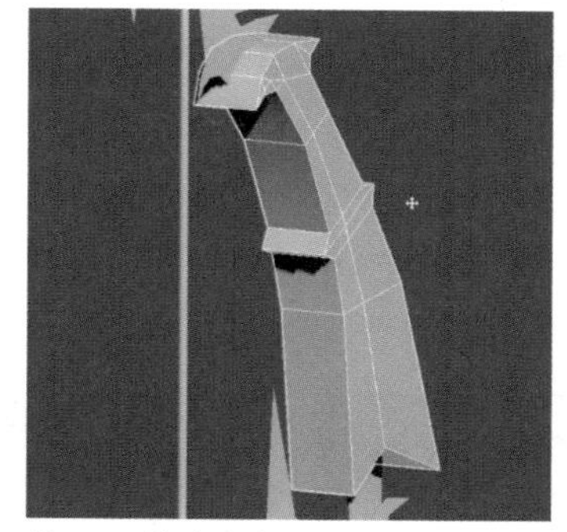
图2-37 模型效果

步骤03 将模型转换为可编辑多边形，单击工作界面底部的■按钮，将模型孤立显示，如图2-38所示。进入边编辑层级，选中底部边线，如图2-39所示。

步骤04 单击鼠标右键，选择Collaose命令，如图2-40所示。将边线塌陷，效果如图2-41所示。用相同的方法对其他边线进行塌陷操作，完成后的效果如图2-42所示。

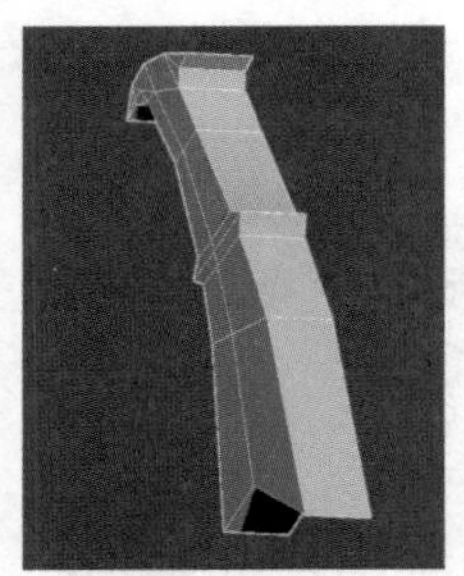

图2-38 孤立显示

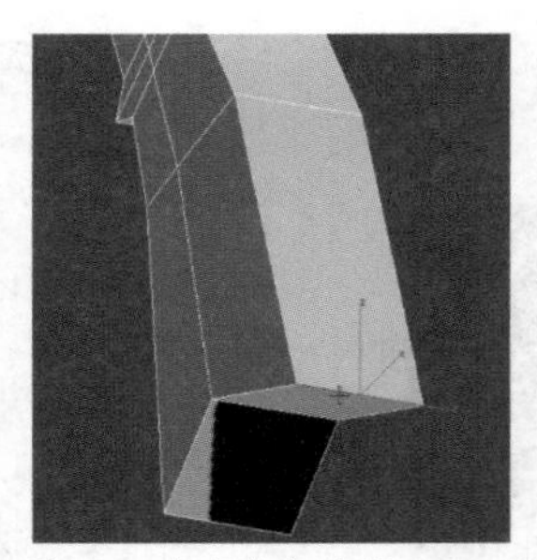

图2-39 选中底部边线

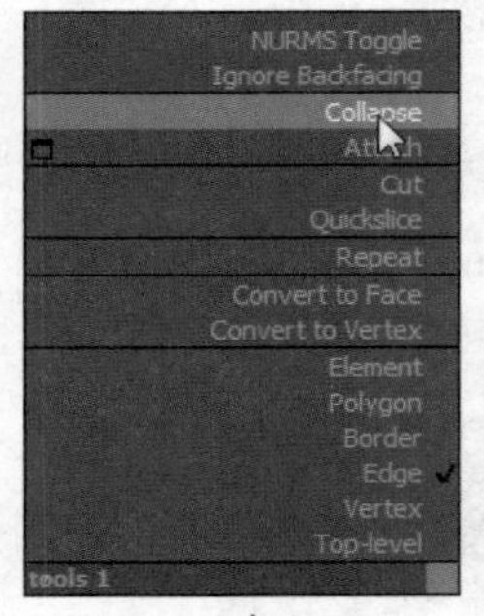

图2-40 塌陷命令

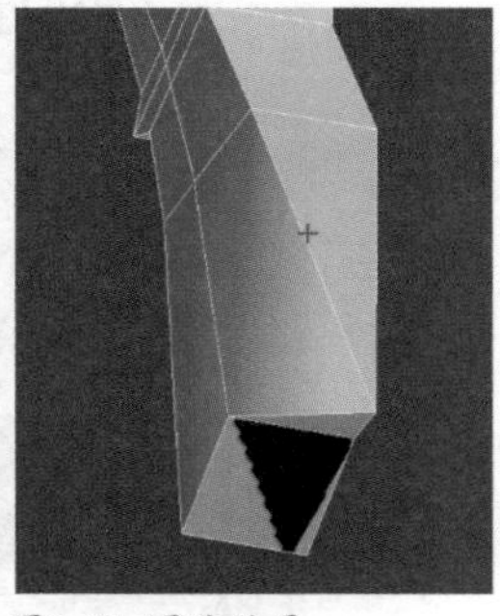

图2-41 塌陷效果

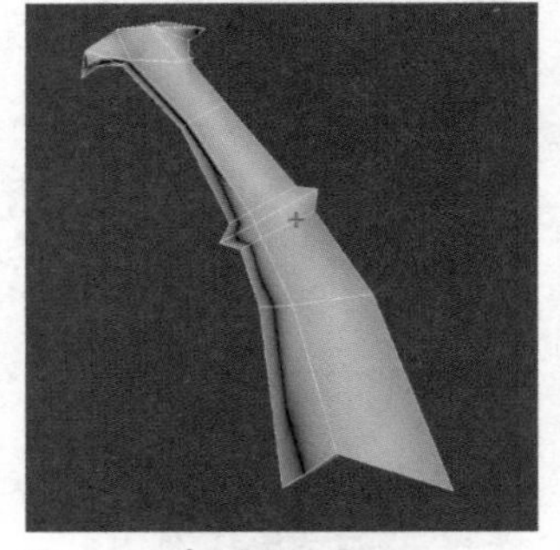

图2-42 全部塌陷效果

步骤05 进入面编辑层级，拖动选中所有面，如图2-43所示。单击Polygon: Smoothing Group卷展栏下的Clear All按钮，如图2-44所示。

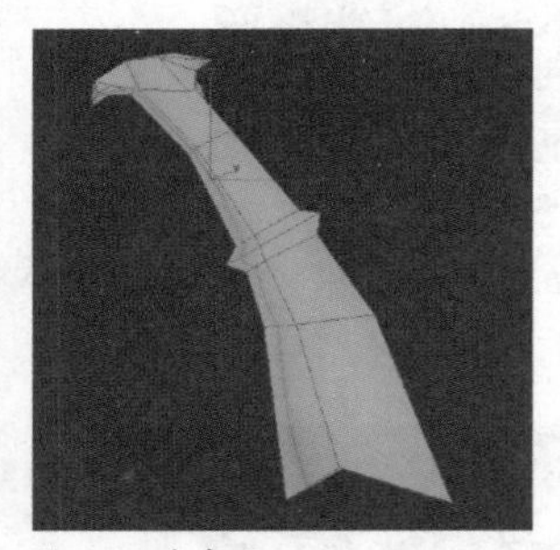

图2-43 选中面

图2-44 清除光滑组

步骤06 清除光滑组后，模型效果如图2-45所示。进入点编辑层级，拖动调整顶点位置，得到如图2-46所示效果。拖动选中3个顶点，单击鼠标右键，选择Weld命令，如图2-47所示，将顶点焊接在一起。

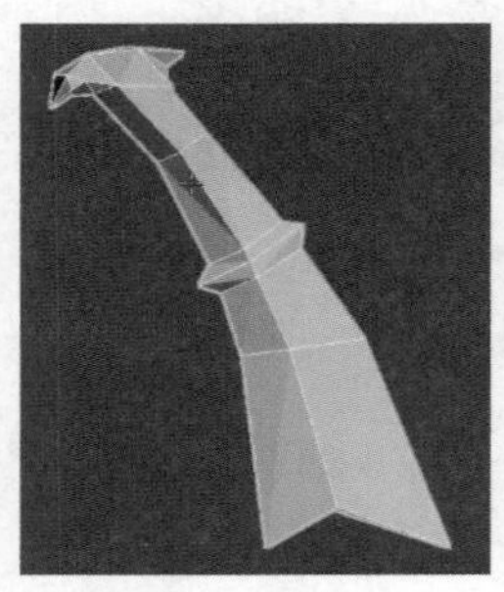

图2-45 清除光滑组

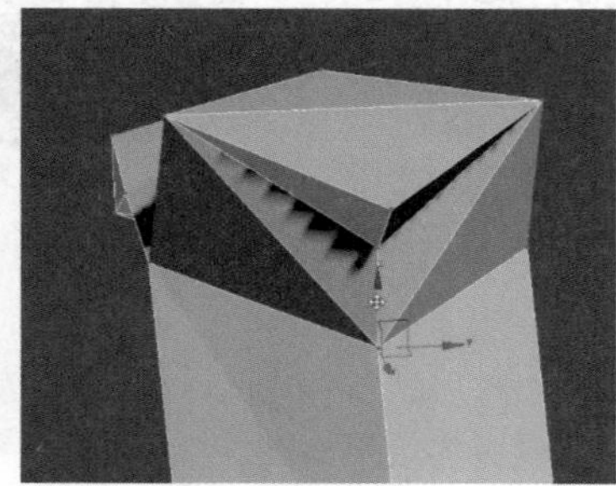

图2-46 调整顶点

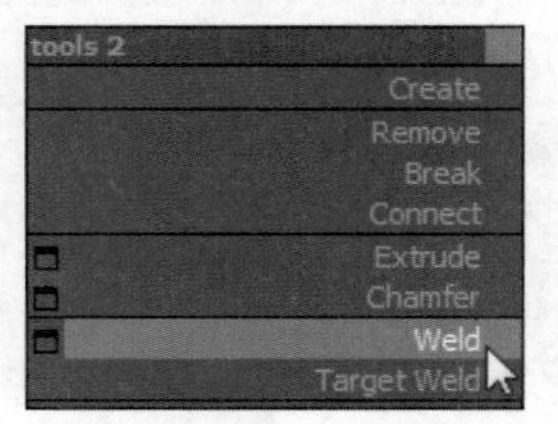

图2-47 选择Weld选项

步骤 07 用相同的方法，调整顶部模型效果，如图2-48所示。按L键，进入左视口。进入面编辑层级，拖动选中左侧的面，如图2-49所示。按Delete键，将面删除，如图2-50所示。

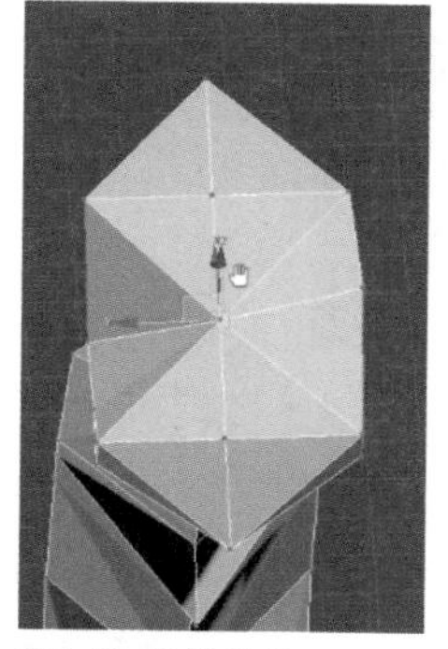
图2-48 调整效果

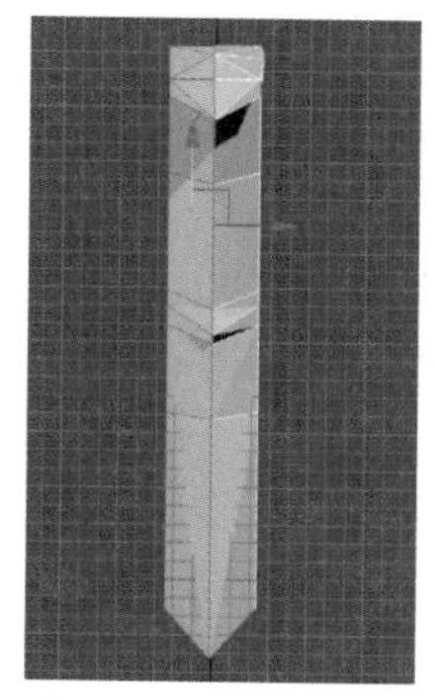
图2-49 选中左侧面

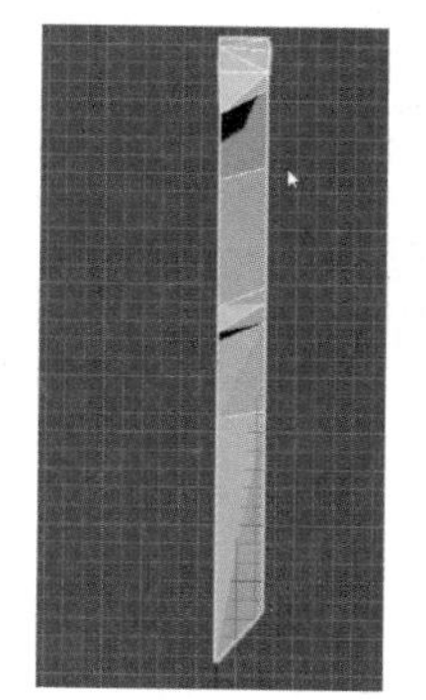
图2-50 删除面

步骤 08 单击工作界面右侧Hierarchy标签，单击Affect Pivot Only按钮，再单击Center to Object按钮，如图2-51所示。将坐标与模型对齐，效果如图2-52所示。

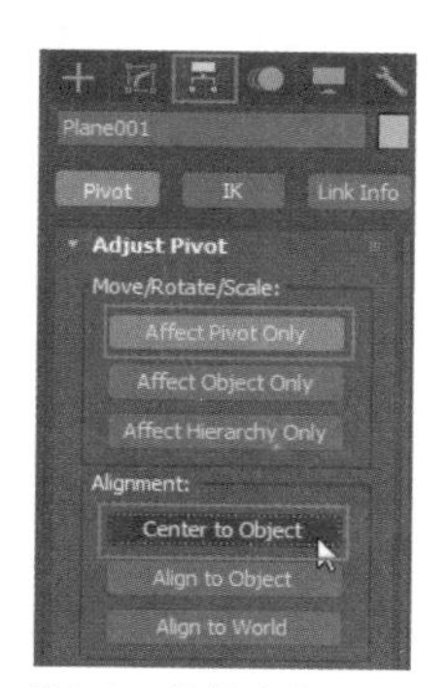

图2-51 调整坐标

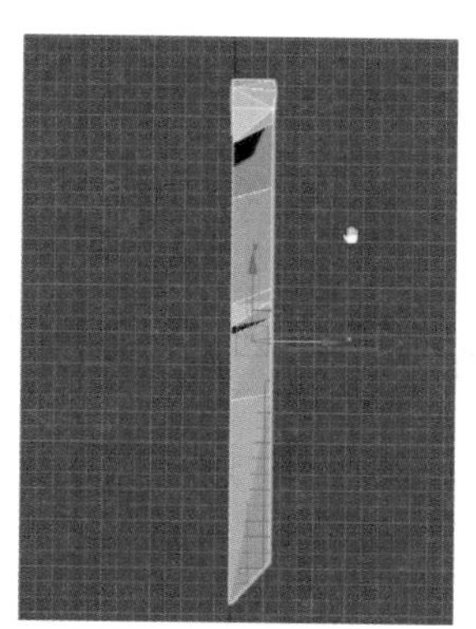
图2-52 坐标与模型对齐

步骤 09 在工具栏的Snaps Toggle按钮上单击鼠标右键，弹出Grid and Snap Settings对话框，如图2-53所示。取消所有选择，只勾选Vertex选项，如图2-54所示。

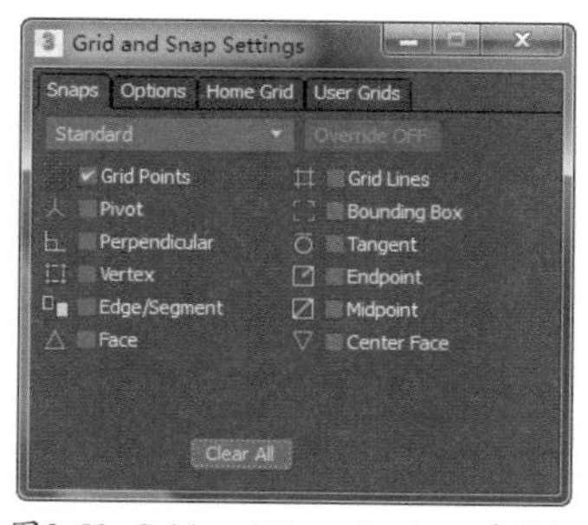

图2-53 Grid and Snap Settings对话框

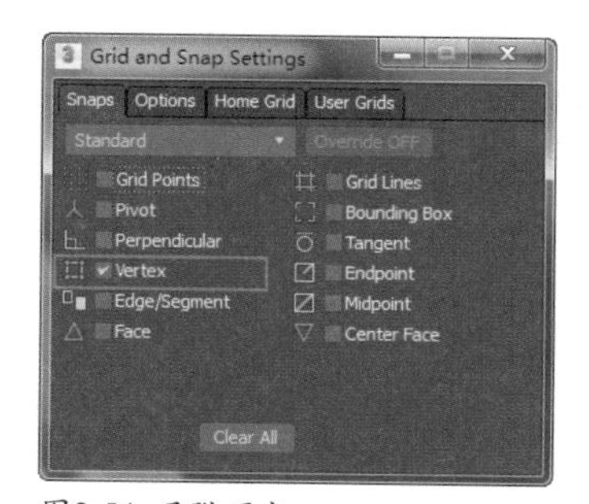

图2-54 吸附顶点

步骤 10 单击工具栏上的Snaps Toggle按钮，拖动中心点到如图2-55所示位置。取消对Affect Pivot Only按钮的选择，单击工具栏上的Mirror按钮，在弹出的对话框中设置各项参数，如图2-56所示。

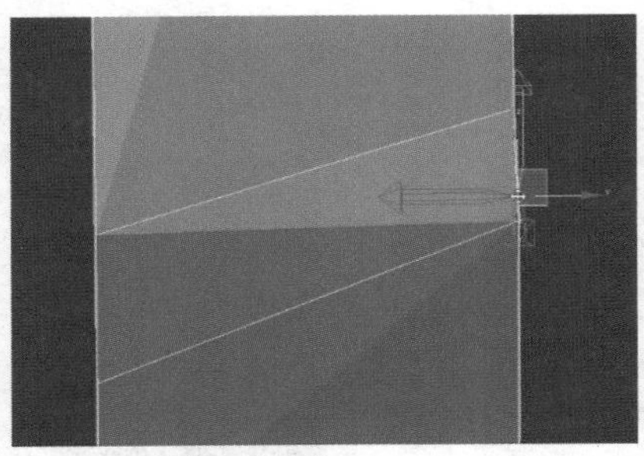

图2-55 调整中心点坐标

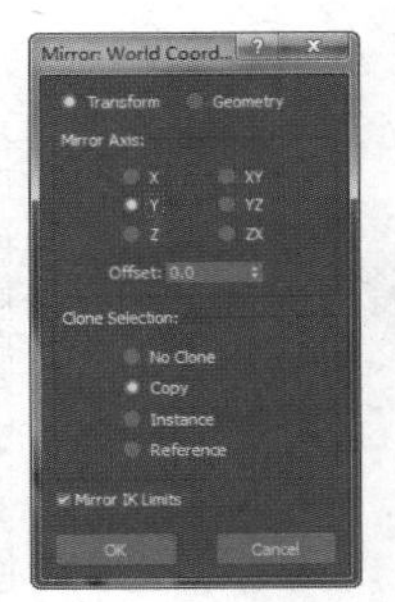

图2-56 设置参数

步骤 11 单击OK按钮，镜像效果如图2-57所示。选中右侧的模型，单击Attach按钮，单击左侧模型，将两个模型附加在一起，如图2-58所示。

图2-57 镜像模型

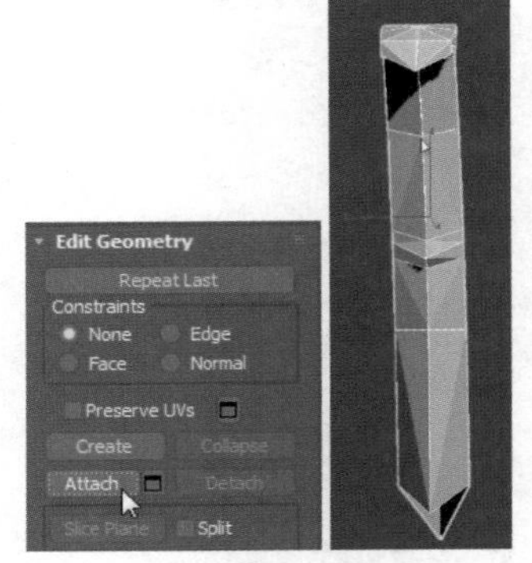

图2-58 附加对象

步骤 12 进入点编辑层级，拖动选中中线顶点，如图2-59所示。使用等比例缩放工具在*Y*轴上挤压，将所有顶点压平，如图2-60所示，单击鼠标右键，选择Weld命令，如图2-61所示。

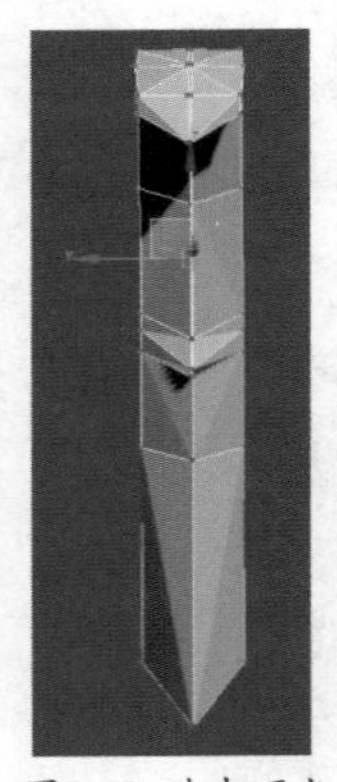

图2-59 选中顶点

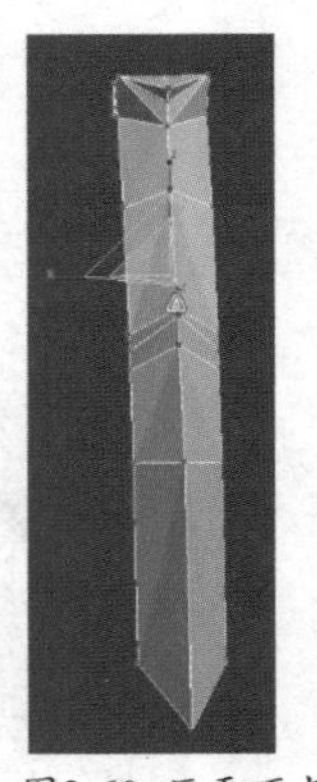

图2-60 压平顶点

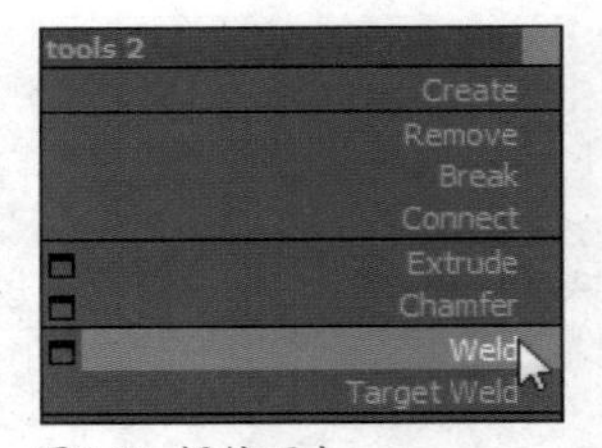

图2-61 焊接顶点

提示：

每次完成焊接操作以后，最好进入点编辑层级，选择并拖动顶点，观察是否完成焊接操作，避免遗漏操作。

步骤 13 退出孤立显示。用相同的方法，完成其他模型的制作，完成后的效果如图2-62所示。

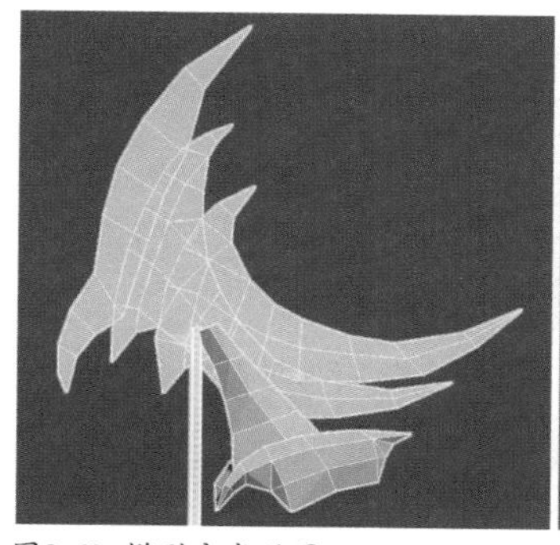
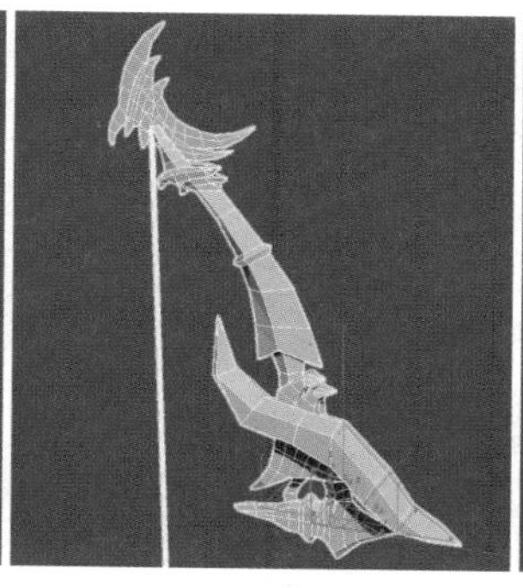
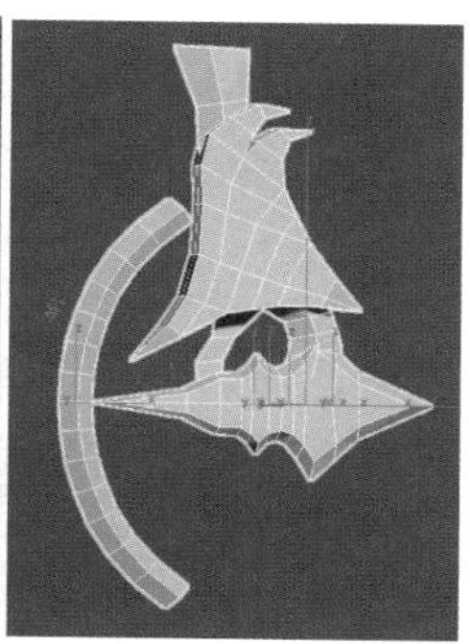

图2-62 模型完成效果

步骤 14 使用镜像操作，完成下部模型的制作，完成后的效果如图2-63所示。

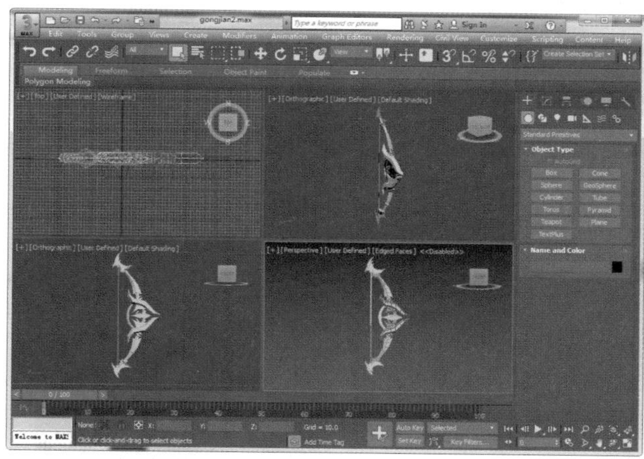
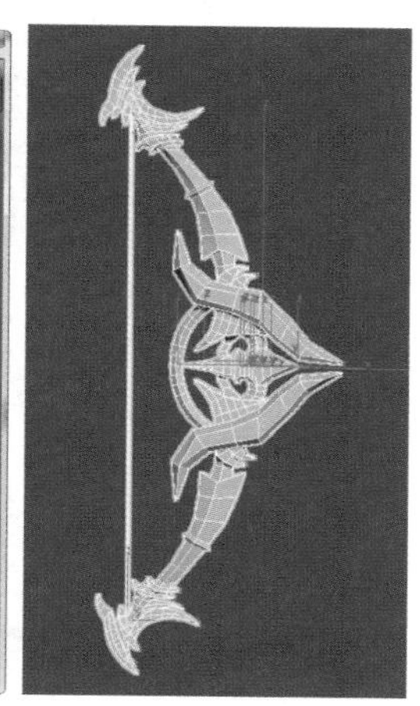

图2-63 完成模型制作

提示：

弓的顶部装饰在3ds Max中没有转换为立体的，接下来将在ZBush中通过雕刻的方式将其转换为立体的模型。

任务评价——检查模型的面和造型

在大形制作完成后，要仔细检查模型是否符合要求，其中对模型面的检查尤为重要。三维模型中有三个边的面为三角面，有四个边的面为四角面，有多个边的面为多边面。如图2-64所示。

三角面

四角面

多边面

图2-64 三维模型中的面

提示：

在游戏模型中可以出现三角面和四角面，不能出现多边面，这是因为当模型进入游戏引擎后会自动连线，而多边面会出现错误。因此一定要杜绝在游戏模型中出现多边面。

除了检查面外，还要检查完成的造型是否准确，线条是否流畅，结构是否清晰，如图2-65所示。要求完成的模型要与甲方提供的项目规格90%以上相符。

参考图

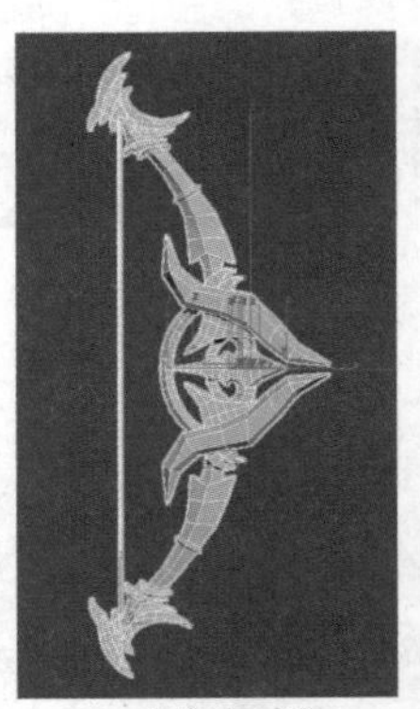

完成的大形

图2-65 参考图与完成的大形

任务拓展——设计制作长矛武器模型

根据本任务内容，读者举一反三，完成一个长矛武器模型的制作。模型完成大形如图2-66所示。

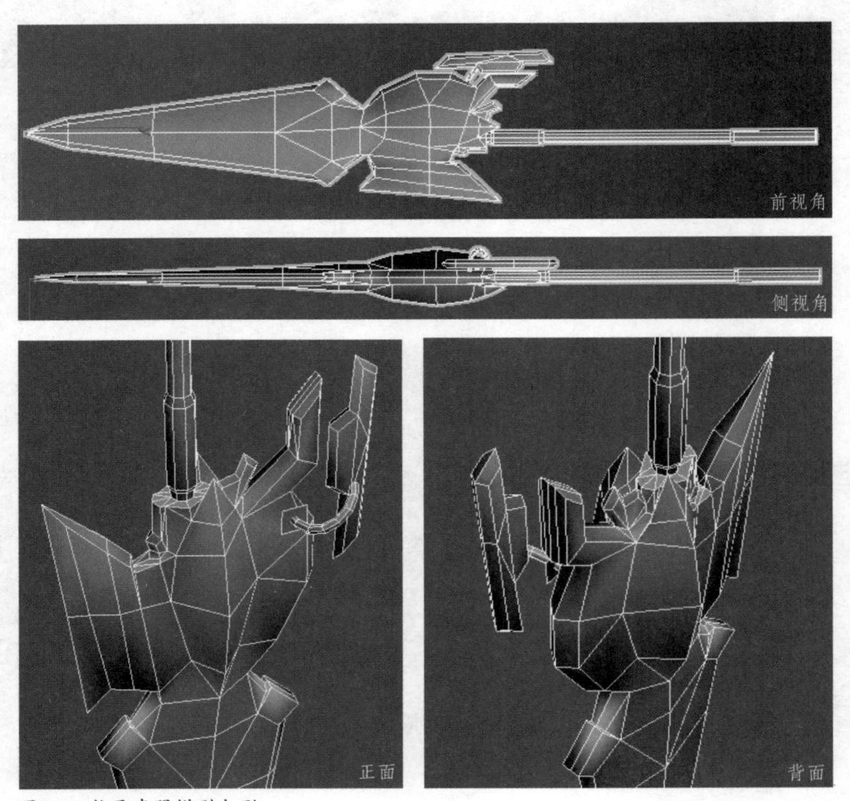

图2-66 长矛武器模型大形

任务二 雕刻弓道具模型的高模

在获得模型大形后，接下来将使用ZBrush雕刻制作模型的高模。在本任务中，除了完成模型的高模，也介绍使用TopoGun制作低模的方法。通过本任务的学习，读者要掌握制作模型低模和高模的方法，为后面完成模型贴图做好准备。弓道具高模模型的效果如图2-67所示。

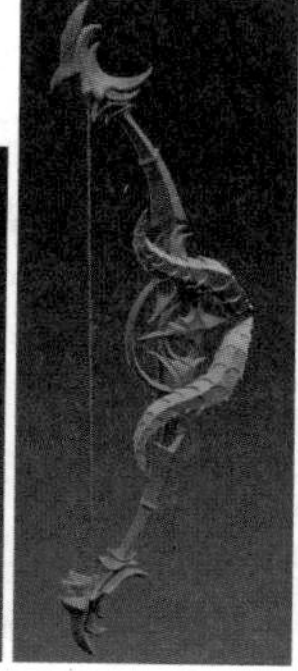

图2-67 弓道具模型高模

源 文 件	源文件 \ 项目二 \ 弓道具高模模型.ZTL
素　　材	素材 \ 项目二 \
演示视频	视频 \ 项目二 \ 弓道具高模模型.MP4
主要技术	展开 UV、TopoGun、ZBrush 雕刻模型

任务分析——了解模型导出的规范

弓模型由多个部分组成，要想将模型导入ZBrush中制作高模。需要将模型逐一导出为OBJ格式，然后再导入到ZBrush中。

提示：

为了避免模型在导入ZBrush过程中出现问题，导入的文件名和保存路径都为拼音或以英文命名。

选中想要导出的模型，如图2-68所示。单击软件左上角的软件图标，在弹出的菜单中选择Export→Export Selected命令，如图2-69所示。

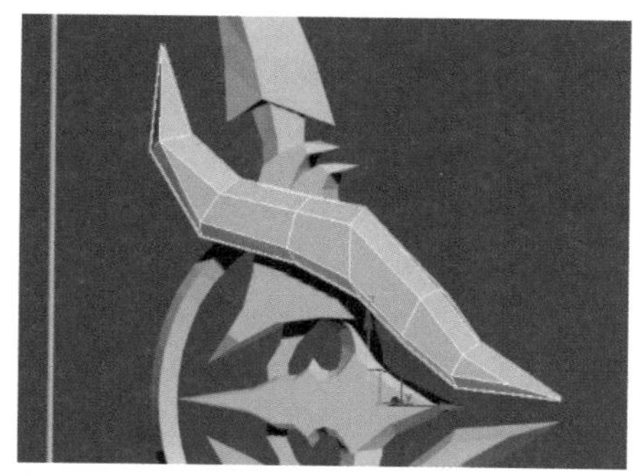

图2-68 选中模型

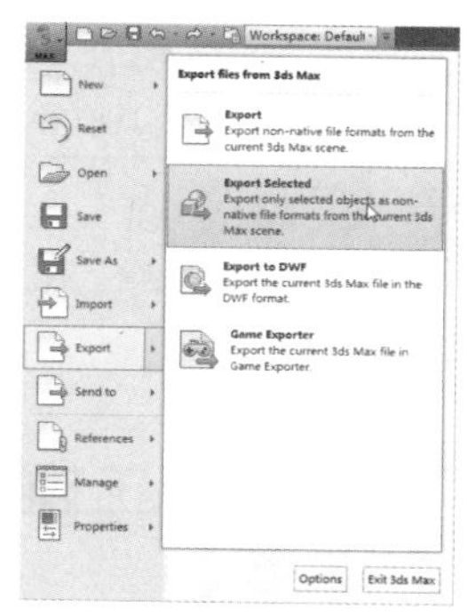

图2-69 执行导出命令

在弹出的Select File to Export对话框中设置导出位置和导出格式，将导出格式保存为OBJ格式，如图2-70所示。单击Save按钮，弹出OBJ Export Options对话框，单击Export按钮，如图2-71所示。

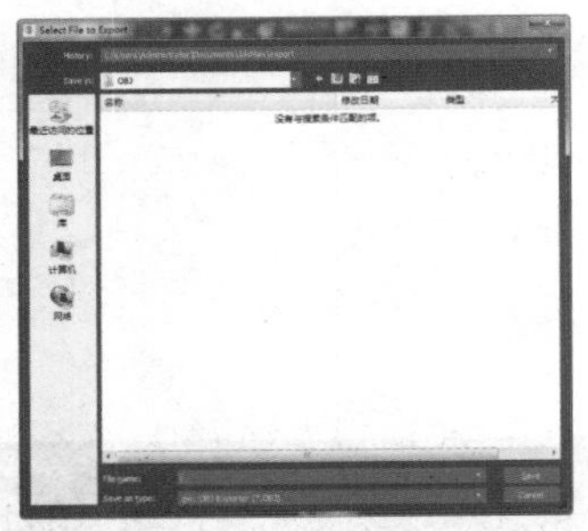
图2-70 Select File to Export对话框

图2-71 OBJ Export Options对话框

弹出Exporting OBJ对话框，如图2-72所示。由于已经将参考对象删除，此处弹出Missing Map对话框，提醒未找到贴图，单击Skip按钮后，再单击DONE按钮，如图2-73所示。

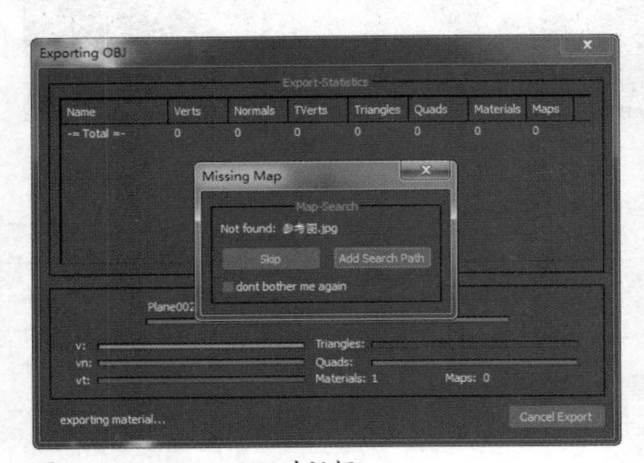

图2-72 Exporting OBJ对话框

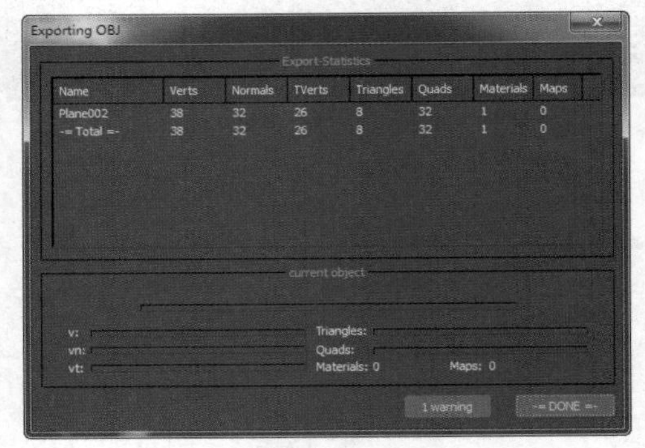

图2-73 Missing Map对话框

导出后的文件包括OBJ和MTL两种格式的文件。两种格式的解释如表2-2所示。

表 2-2 OBJ 和 MTL 格式

格　式	解　释
OBJ	一种简单数据格式，它仅表现 3D 几何体，即顶点的位置，以顶点列表方式定义每个多边形的顶点、法向量和面的 UV 坐标，以及纹理顶点。该格式已被其他 3D 图形应用供应商采纳，是一种被绝大多数普遍公认的格式
MTL	材质库文件，是 OBJ 格式的附属文件，描述的是物体的材质信息，通常以 ASCII 存储，任何文本编辑器都可以将其打开并编辑。一个 MTL 文件可以包含一个或多个材质定义，对于每个材质都有其颜色、纹理和反射贴图的描述，应用于物体的表面和顶点

提示：

此任务是将低模导入ZBrush中，雕刻完成高模的制作，因此不需要材质库文件，可以将MTL格式文件删除。

知识链接——将模型正确导入ZBrush

启动ZBrush软件，单击右上角的Import按钮，如图2-74所示。选择刚刚导出的OBJ格式文件，单击Import按钮，按住鼠标左键在视口中拖曳，即将模型导入ZBrush中，如图2-75所示。

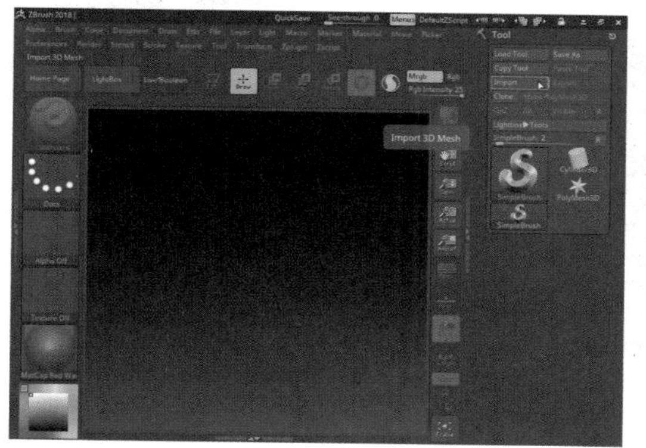
图2-74 单击Import按钮

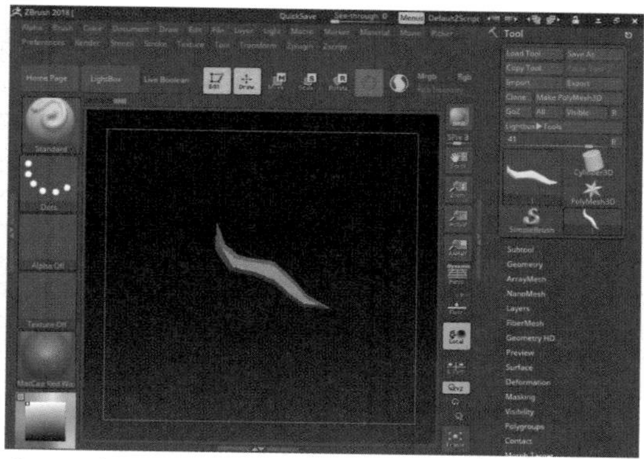
图2-75 导入模型

小技巧：

按T键进入Edit编辑模式。按快捷组合键Shift+鼠标中键切换到正视口显示模型。按鼠标左键旋转视口，按快捷组合键Alt+鼠标左键后再松开Alt键放大缩小视口，按快捷组合键Alt+鼠标左键平移视口。

将模型的一部分从3ds Max中导出为OBJ格式，如图2-76所示。单击ZBrush软件右侧的Subtool选项，如图2-77所示。

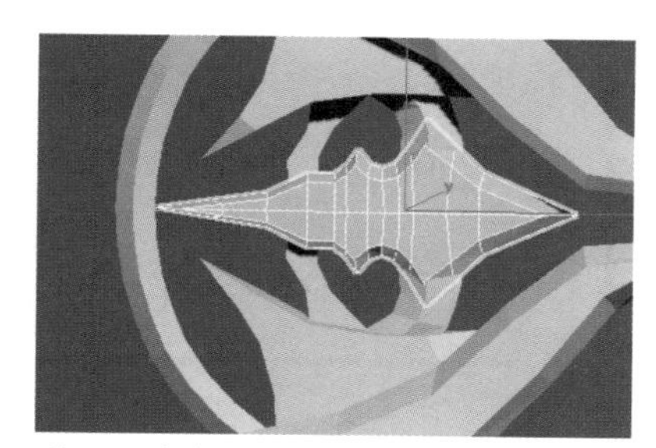
图2-76 导出模型

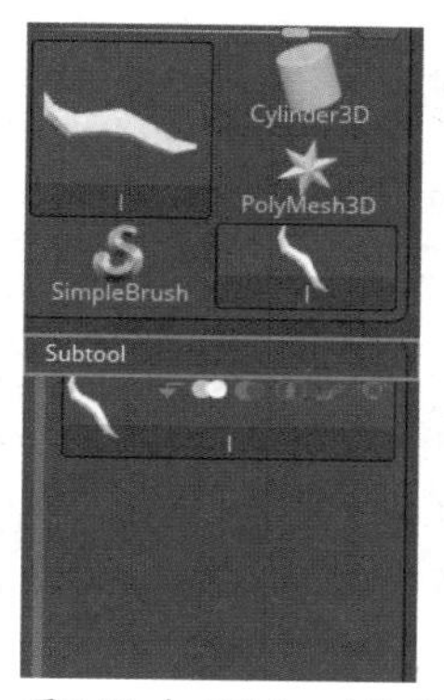

图2-77 打开Subtool选项

单击Append按钮，在弹出的面板中选择Sphere3D选项，如图2-78所示。创建一个球体，如图2-79所示。

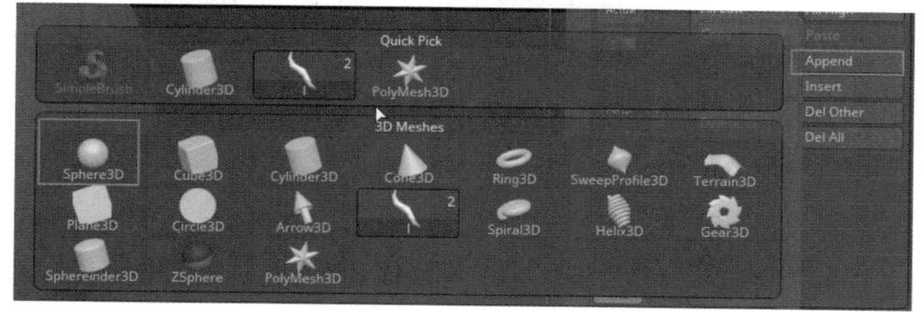

图2-78 选择Sphere3D选项

图2-79 创建球体

选中Subtool面板上球的图层，单击Import按钮，选择新导出的OBJ对象，单击“打开”按钮，在弹出的对话框中单击Symmetrical Triangles Only按钮，如图2-80所示。导入效果如图2-81所示。用相同的方法将弓模型全部导入ZBrush中，效果如图2-82所示。

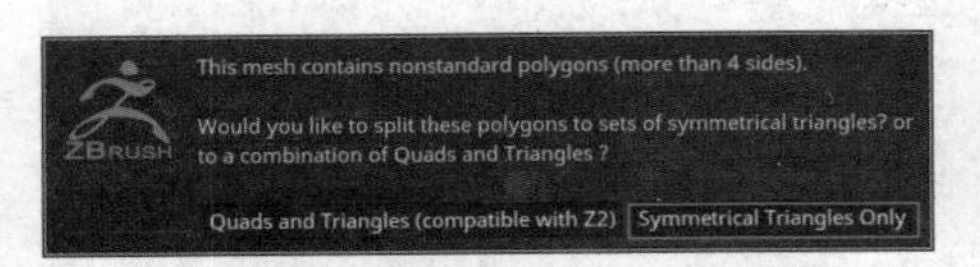

图2-80 单击Symmetrical Triangles Only按钮

图2-81 导入效果

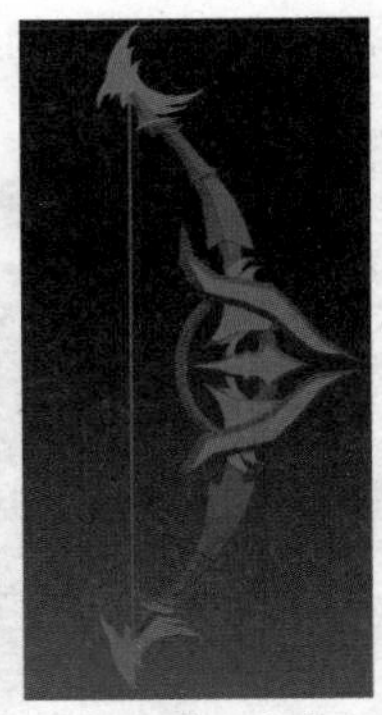

图2-82 导入全部

任务实施——雕刻制作弓道具的高模

1. 雕刻弓柄和牛角模型

步骤 01 单击左侧的材质球，选择BasicMaterial材质，效果如图2-83所示。单击右上角的Saver As按钮，将文件保存为gongjian.ZTL，如图2-84所示。

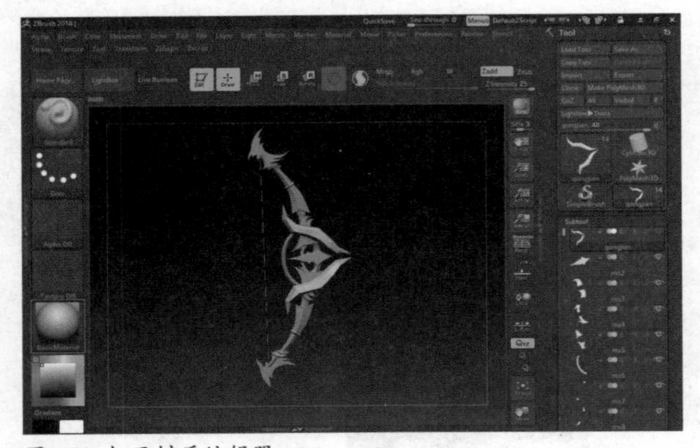

图2-83 打开材质编辑器

图2-84 保存文件

步骤 02 执行Transform命令，在菜单面板底部单击Activate Symmetry按钮，选择*Y*轴和*Z*轴对称，如图2-85所示。移动光标到模型的顶点，观察对称效果，如图2-86所示。

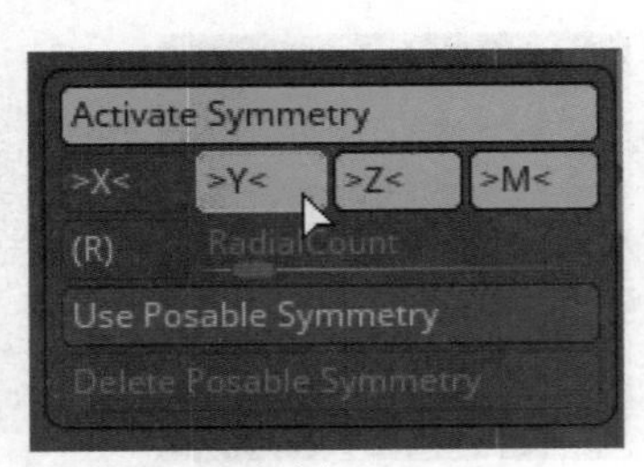

图2-85 设置对称轴

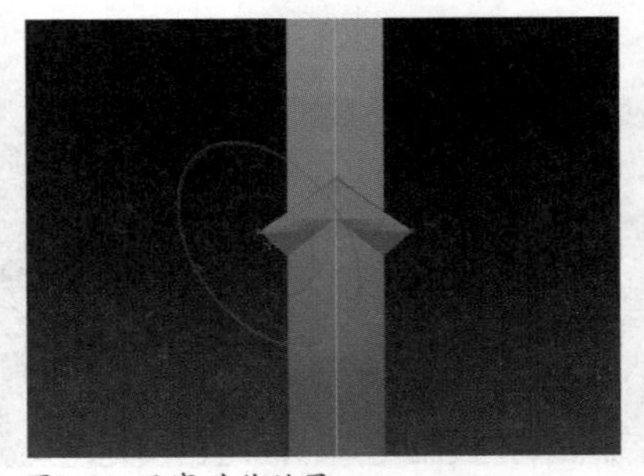

图2-86 观察对称效果

提示：

执行Transform命令，在菜单面板底部单击Activate Symmetry按钮，即可打开或者关闭对称轴，与快捷键X的功能一样。

步骤03 单击左侧工具栏上的Brush按钮，在弹出的面板中选择Move笔刷，如图2-87所示。使用Move笔刷调整模型的轮廓，效果如图2-88所示。

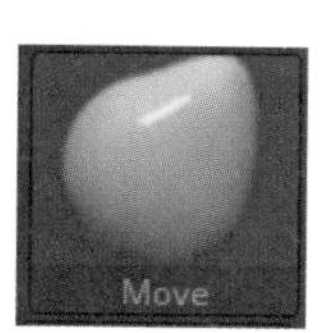

图2-87 选择笔刷

图2-88 调整模型轮廓

步骤04 在按Alt键的同时单击模型，选中如图2-89所示对象。使用Move笔刷调整模型轮廓和位置，如图2-90所示。

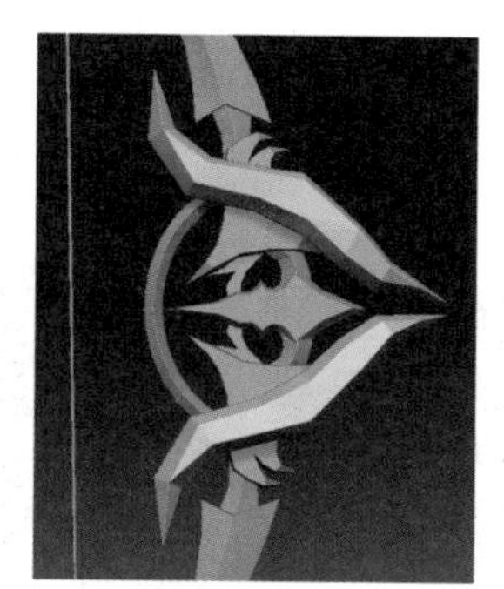
图2-89 选中模型

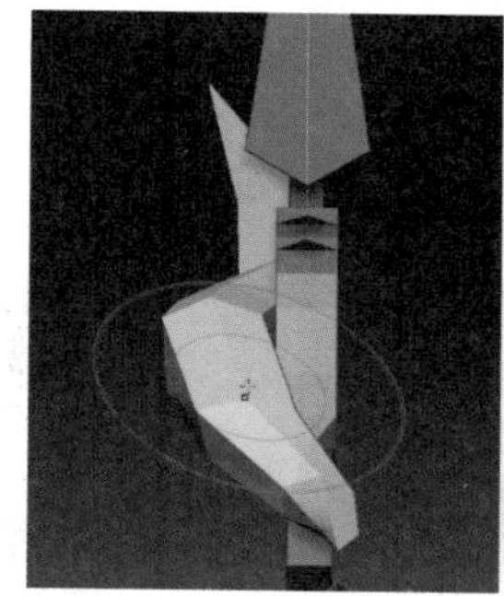

图2-90 使用Move笔刷调整模型

提示：

按快捷组合键Shift+F，将线框显示快速打开，再次按快捷组合键Shift+F则会关闭线框显示。

步骤05 单击右侧的Geometry选项，设置DynaMesh参数为512，为模型增加布线，效果如图2-91所示。选择Smooth笔刷对模型进行平滑操作，去除模型的棱角效果，完成后的效果如图2-92所示。

图2-91 增加布线

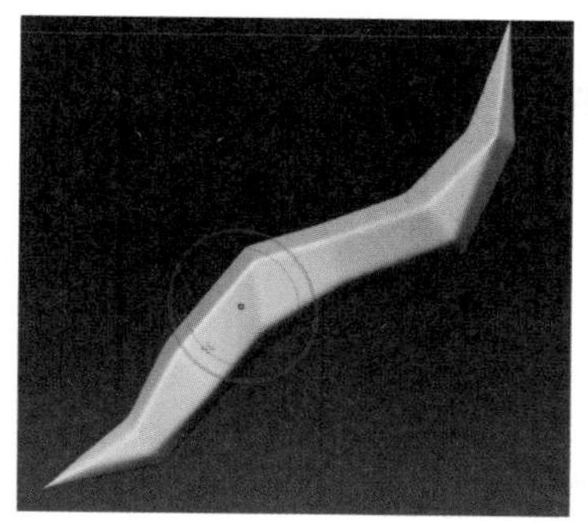
图2-92 平滑模型

步骤06 使用Move笔刷继续调整模型的形状，完成后的效果如图2-93所示。用相同的方法，调整模型的其他组成部分，完成后的效果如图2-94所示。

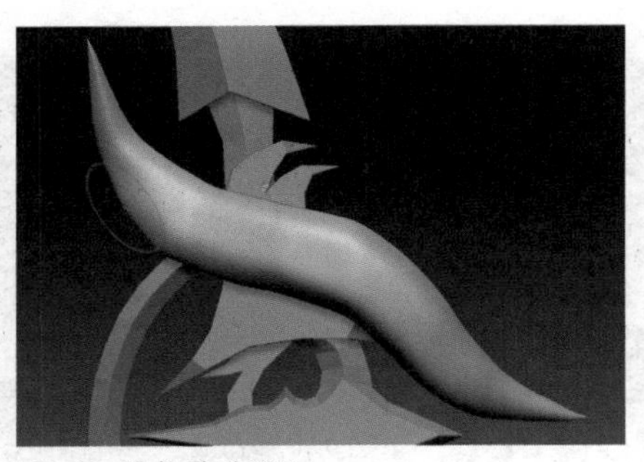

图2-93 调整模型形状

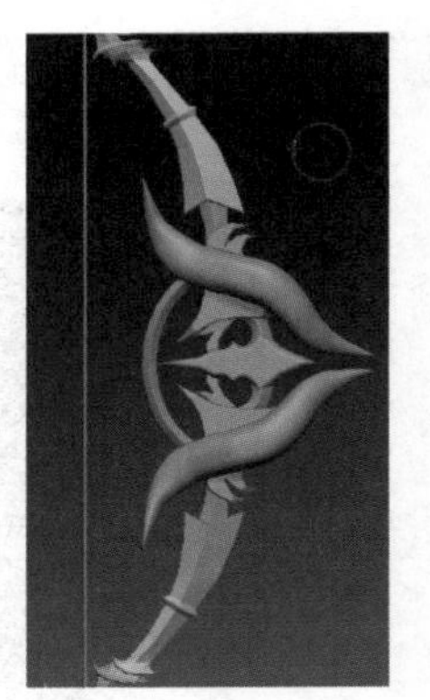

图2-94 调整其他模型

提示：

模型的编辑与修改不可能一蹴而就，需要反复的修改。读者在制作模型时要有足够的耐心。

2. 雕刻制作两端装饰

步骤01 创建一个球体，按W键，按E键，拖曳创建一个坐标轴，移动到如图2-95所示位置。打开Z轴对称，为球体增加1024的布线，效果如图2-96所示。

图2-95 创建并调整球的位置

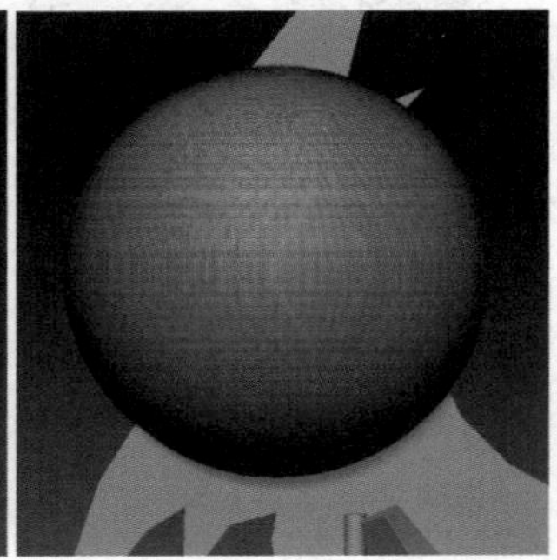

图2-96 增加布线

步骤02 按W键，对球体进行压缩操作，效果如图2-97所示。按快捷组合键Ctrl+鼠标中键在空白处拖动一下，重新布线效果如图2-98所示。

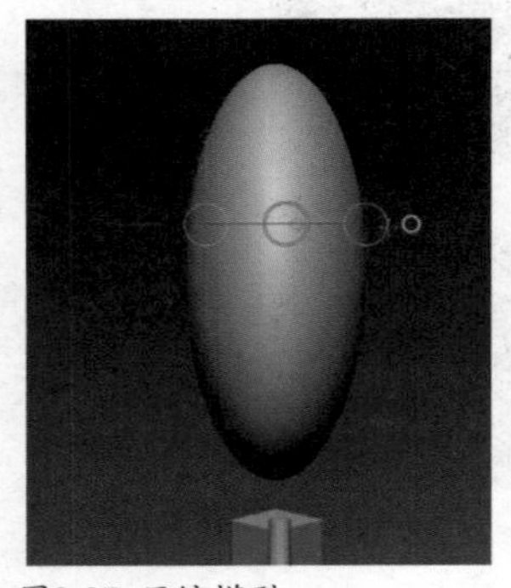

图2-97 压缩模型

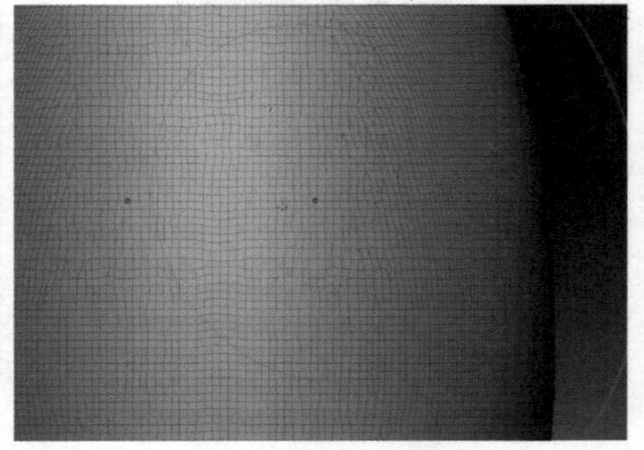

图2-98 重新布线

步骤03 使用Move笔刷拖动调整球体，使其形状与剪影形状相同，完成后的效果如图2-99所示。选择hPolish笔刷，对象进行抛光操作，效果如图2-100所示。

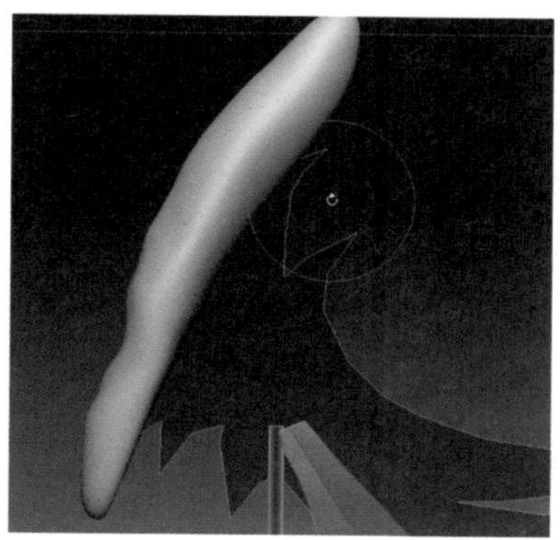

图2-99 使用Move笔刷

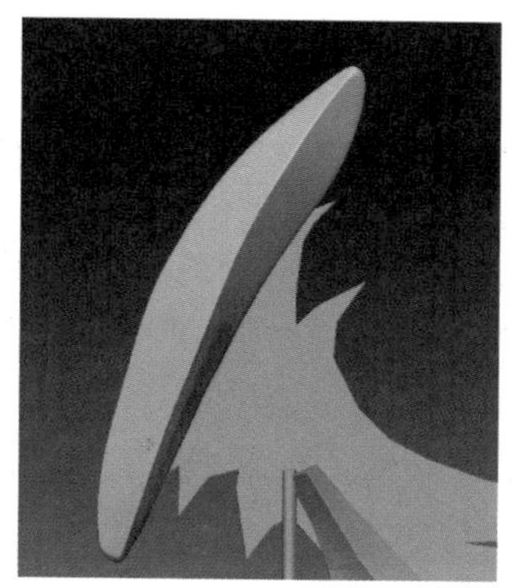

图2-100 使用hPolish笔刷

步骤04 用Move笔刷调整模型的外形，使用Smooth笔刷光滑模型，得到如图2-101所示。用相同的方法，完成其他模型的制作，完成后的效果如图2-102所示。

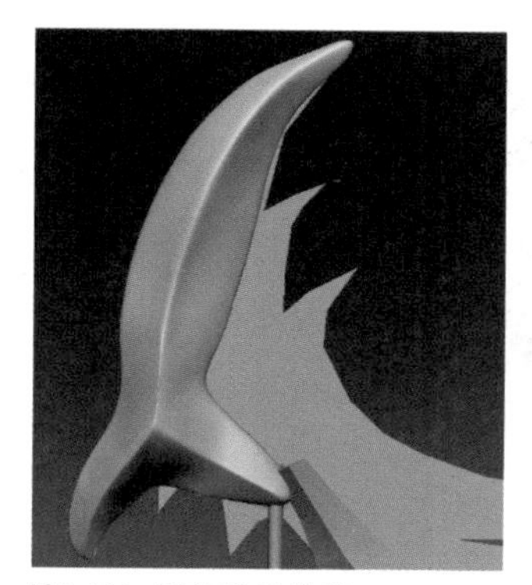

图2-101 调整模型外形

图2-102 完成其他部分的制作

小技巧：

在制作顶部模型对象时，除了可以使用Move笔刷和Smooth笔刷外，还可以使用DamStandard笔刷绘制凸出和内凹的效果，使用ClayBuildup增加模型细节。

3. 雕刻制作模型凸起

步骤01 用ClayBuildup笔刷，完成如图2-103所示的雕刻效果。再使用hPolish笔刷对模型进行抛光操作。使用Smooth笔刷对模型进行光滑处理，完成后的效果如图2-104所示。

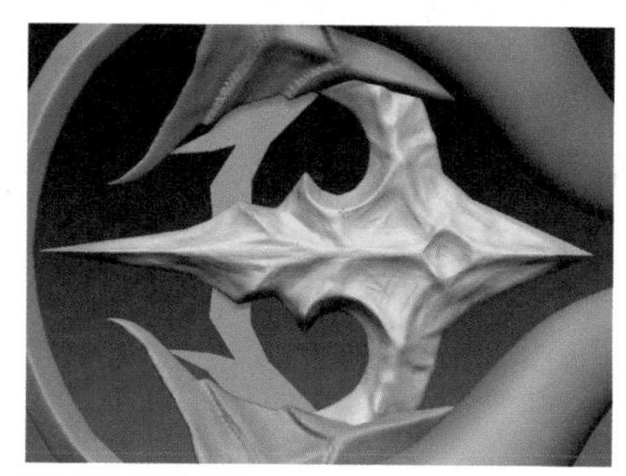

图2-103 雕刻效果

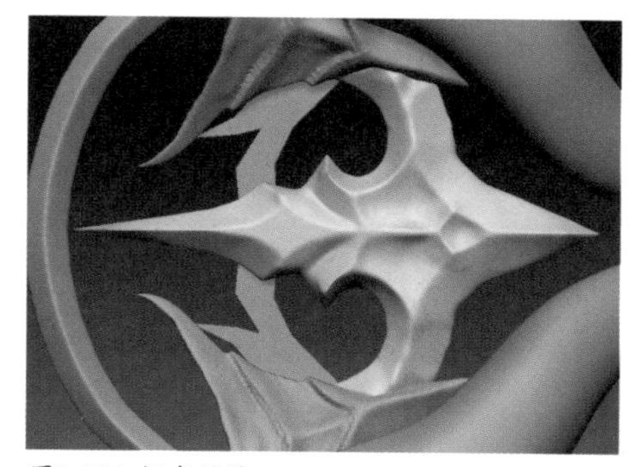

图2-104 抛光效果

步骤02 单击工具栏上的Lightbox按钮，在弹出的面板中单击Brush选项下的Slash笔刷组，如图2-105

所示。双击进入Slash笔刷组，选择Slash2笔刷，如图2-106所示。

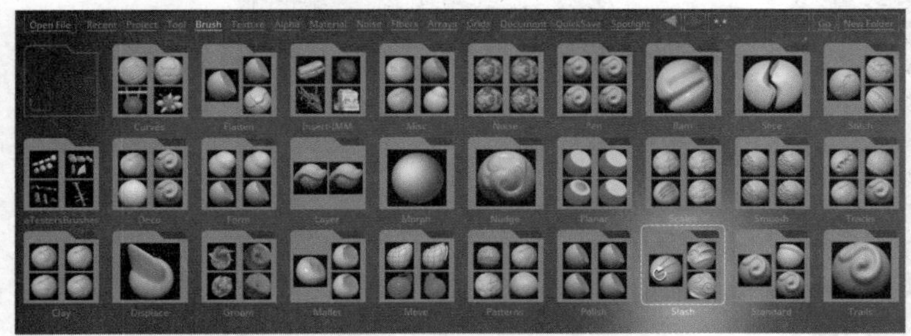

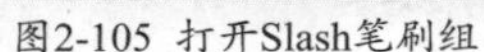
图2-105 打开Slash笔刷组

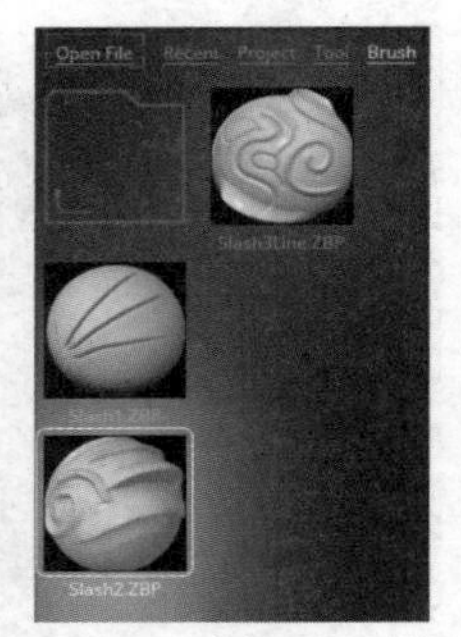
图2-106 选择Slash2笔刷

步骤03 将笔刷的力度调小一点，单击Storke菜单，单击LazyMouse按钮，设置LazyRadius数值为12，如图2-107所示。在弓中间的角模型上雕刻纹理，效果如图2-108所示。

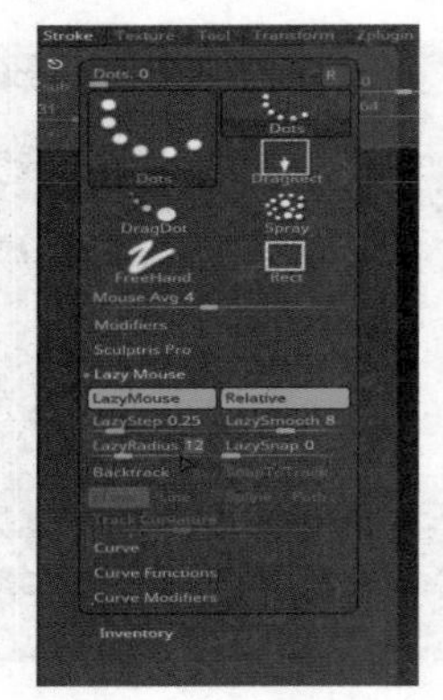
图2-107 设置参数

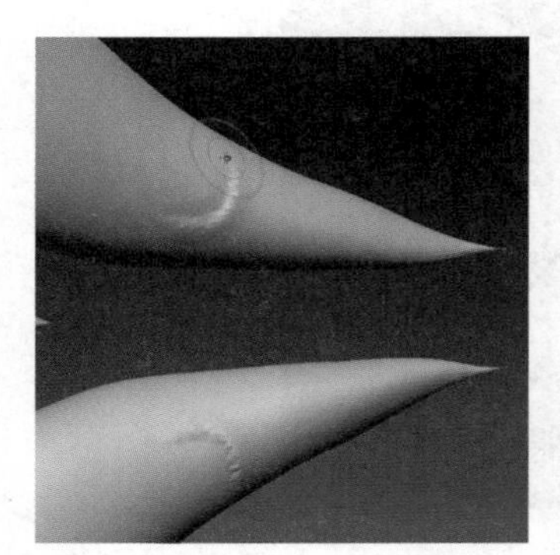
图2-108 雕刻纹理

小技巧：

使用笔刷雕刻完成后，可以通过按键盘上的数字1键，自动重复上一步的操作。多次按数字1键，可以多次重复雕刻效果。

步骤04 多次按键盘上的数字1键，雕刻效果如图2-109所示。旋转视口角度继续雕刻，效果如图2-110所示。

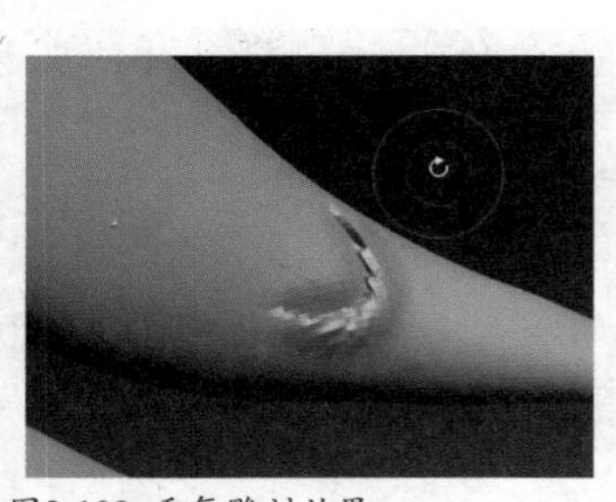
图2-109 重复雕刻效果

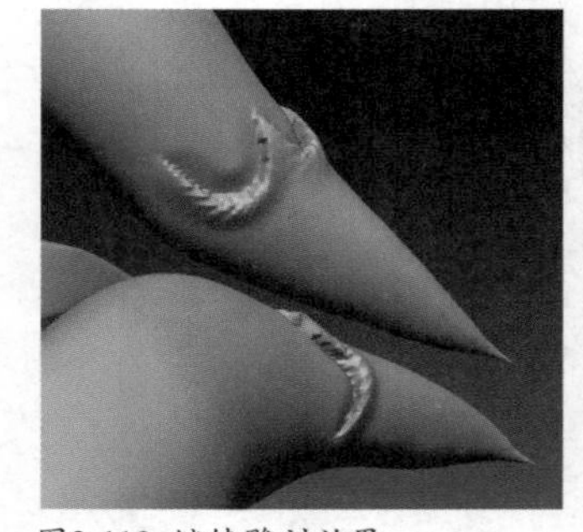
图2-110 继续雕刻效果

步骤05 用相同的方法，完成如图2-111所示雕刻效果。用相同的方法，完成如图2-112所示雕刻效果。

步骤06 使用DamStandard笔刷雕刻棱角效果，效果如图2-113所示。将整个模型的棱角都雕刻出来，完成后的效果如图2-114所示。

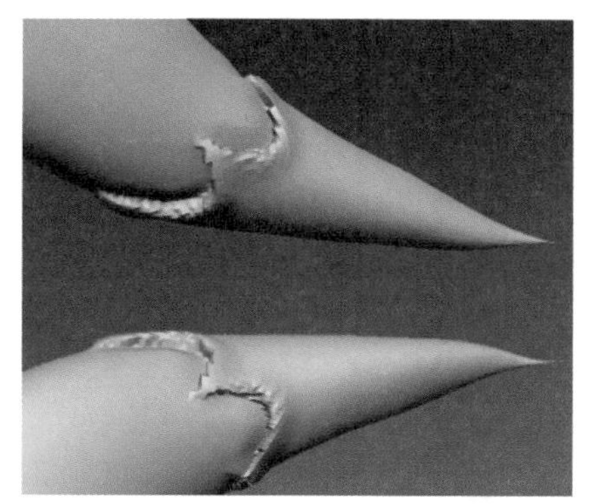
图2-111 雕刻效果

图2-112 进一步完成雕刻效果

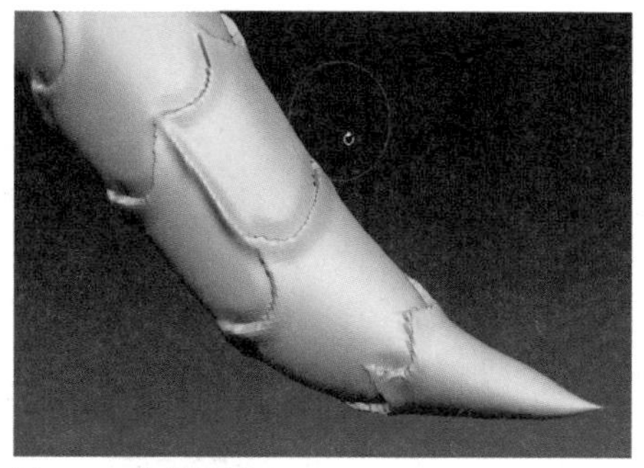
图2-113 棱角效果

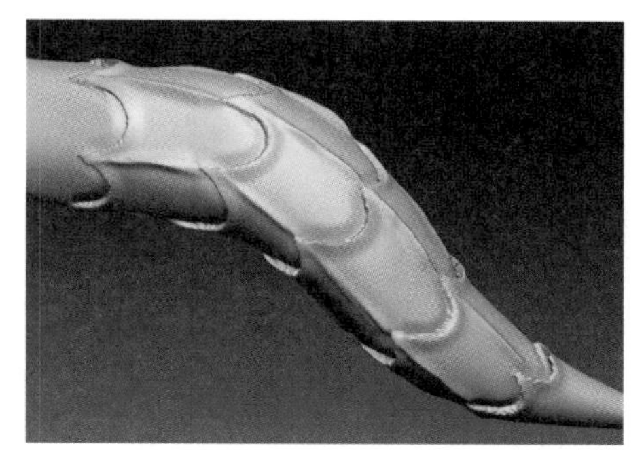
图2-114 整个模型的棱角效果

步骤07 使用hPolish笔刷对模型进行抛光操作，使用Smooth笔刷对模型进行光滑处理，效果如图2-115所示。在按Ctrl键的同时单击Brush图标，选择MaskLasso笔刷，如图2-116所示。

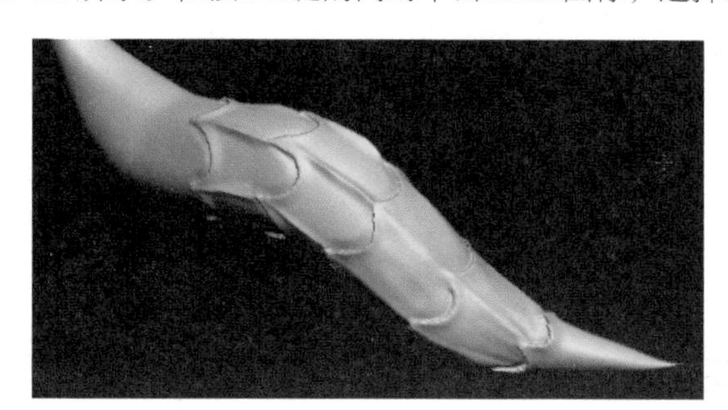
图2-115 光滑处理效果

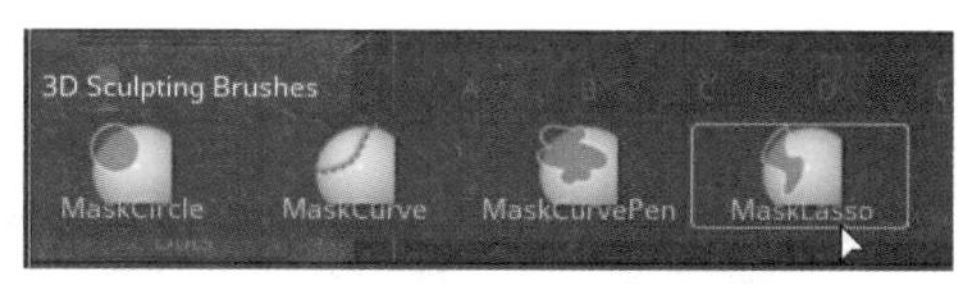

图2-116 选择MaskLasso笔刷

步骤08 使用MaskLasso笔刷在模型上绘制遮罩范围，如图2-117所示。使用Move笔刷雕刻出如图2-118所示效果。

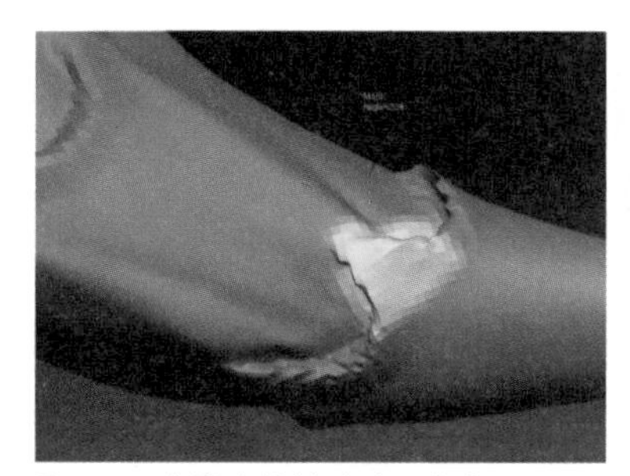
图2-117 遮罩选择模型的一个角

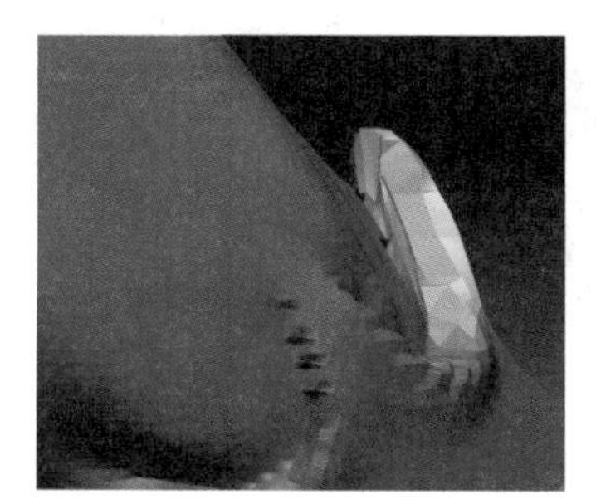
图2-118 用Move笔刷雕刻的效果

步骤09 用相同的方法，完成其他角的调整效果，如图2-119所示。使用Inflat笔刷对一些面雕刻膨胀效果，如图2-120所示。

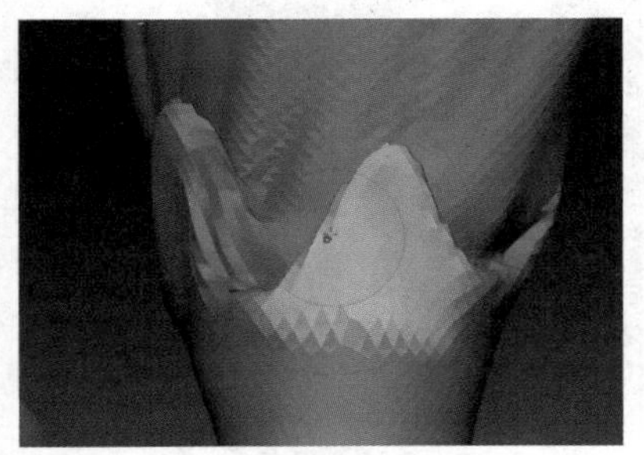
图2-119 雕刻其他角

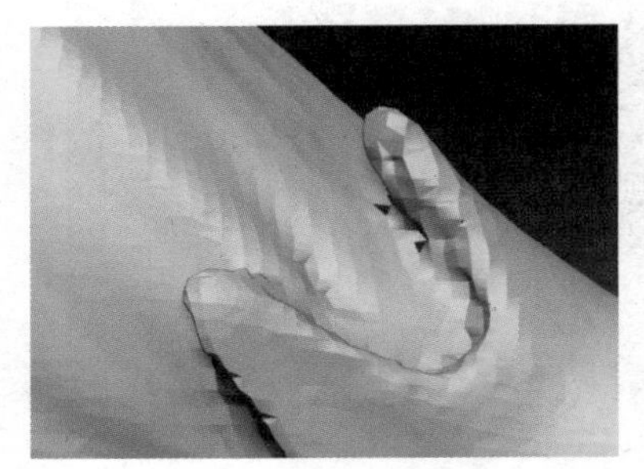
图2-120 膨胀模型

提示：

在雕刻模型时，不可能总使用一种笔刷。通常都是几种笔刷配合使用。雕刻的效果也不用太过严格，后期可以通过贴图对效果进行完善。

步骤10 对模型的尖角部分进行同样的雕刻处理，效果如图2-121所示。使用DamStandard笔刷和Smooth笔刷雕刻轮廓，增加层次感，效果如图2-122所示。

图2-121 雕刻尖角位置

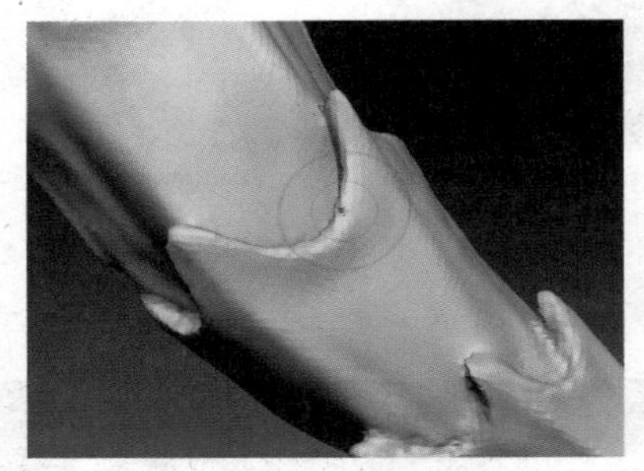
图2-122 增加层次感

4. 使用TopoGun完成更好对的模型

步骤01 用相同的方法完成其他部分模型的雕刻，如图2-123所示。如果想要获得效果更好的模型，可以先将模型从ZBrush中导出为OBJ格式。

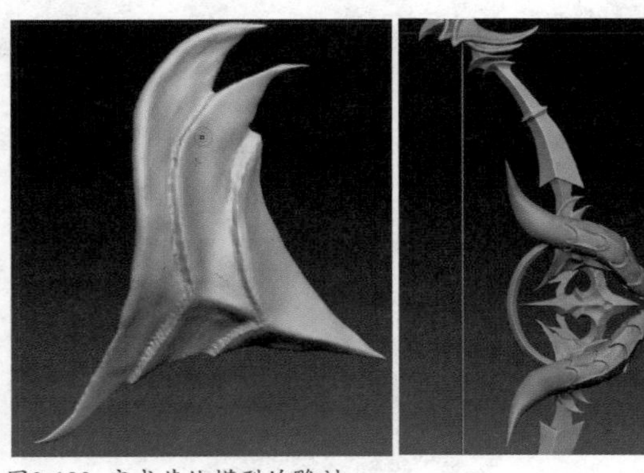
图2-123 完成其他模型的雕刻

步骤02 打开TopoGun软件，软件界面如图2-124所示。将OBJ格式文件直接拖入TopoGun软件界面中，如图2-125所示。

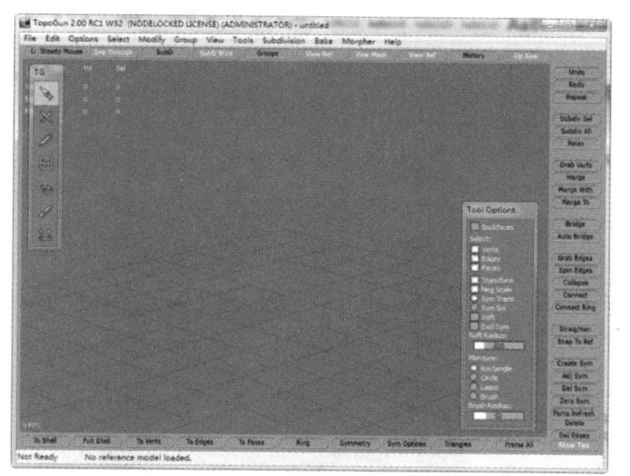

图2-124 TopoGun软件界面

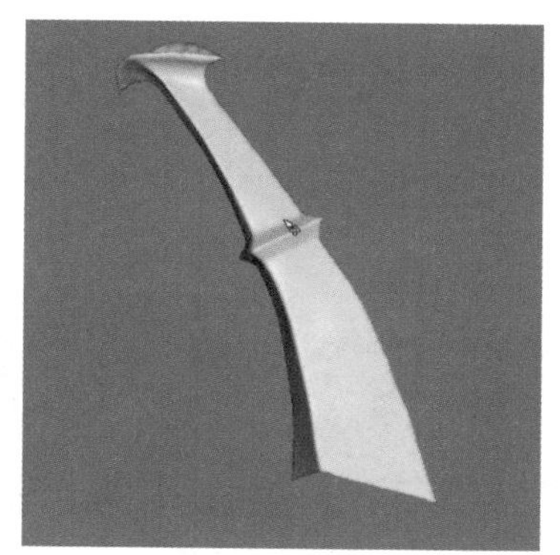
图2-125 拖入模型

提示：

按快捷组合键Alt+鼠标左键可以旋转视口；按快捷组合键Alt+鼠标中键可以移动视口；按F键可以放大视口。

步骤03 在视口空白处单击鼠标右键，激活simpleCreate工具，沿着模型的结构线依次单击，创建如图2-126所示。用相同的方法在侧面绘制，如图2-127所示。

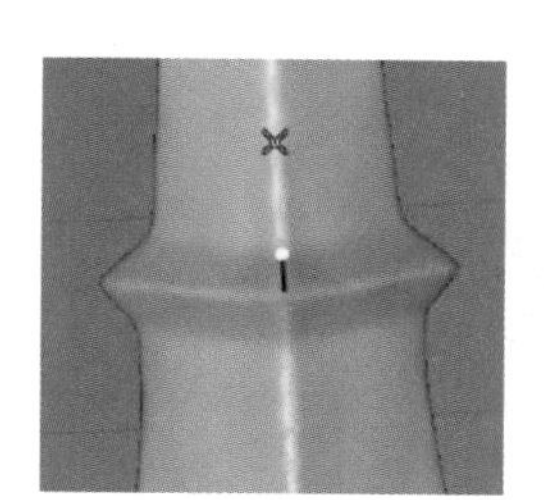
图2-126 绘制线条

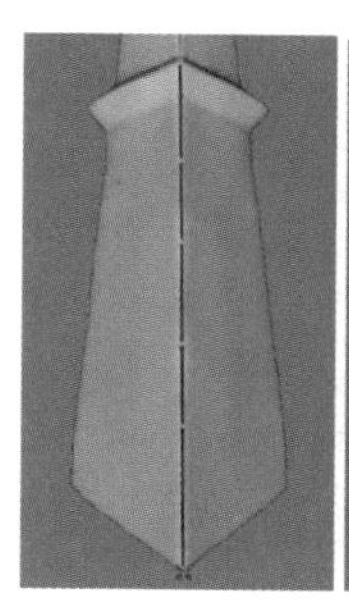
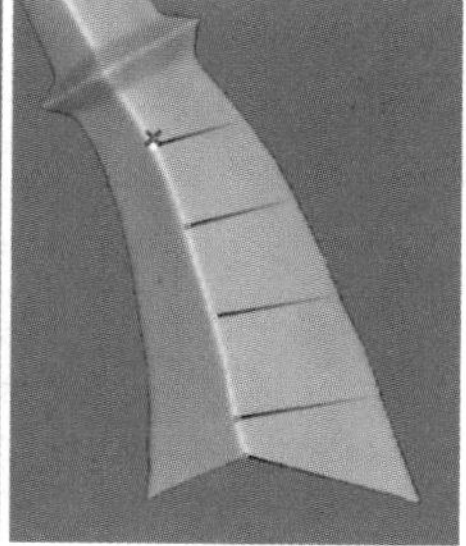
图2-127 绘制侧面线条

提示：

在绘制布线时，尽量保持四边面结构，不要有三角面的情况出现。在绘制过程中，可以配合Ctrl键完成布线操作。

步骤04 布线绘制完成后，使用Bridge工具完成桥连操作，完成效果如图2-128所示。执行File→Save Scene As命令，将文件保存为OBJ格式。在3ds Max中，单击左上角的软件图标，执行import→Merge命令，将模型导入3ds Max中，效果如图2-129所示。

图2-128 完成桥连操作

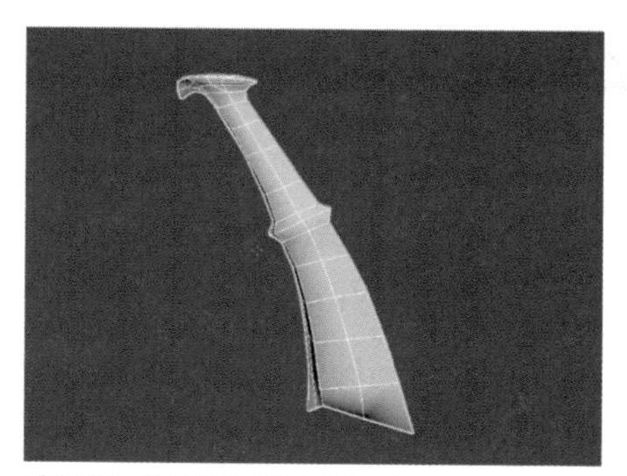
图2-129 模型导入到3ds Max中

5. 完成卡线并制作高模

步骤01 将模型转换为可编辑多边形，进入面编辑层级，拖动选中所有面，取消光滑组，如图2-130所示。镜像模型并将两部分焊接在一起，完成整个模型的制作，如图2-131所示。

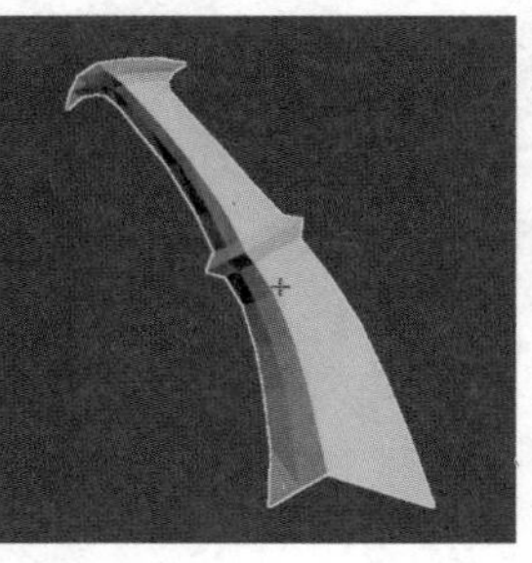
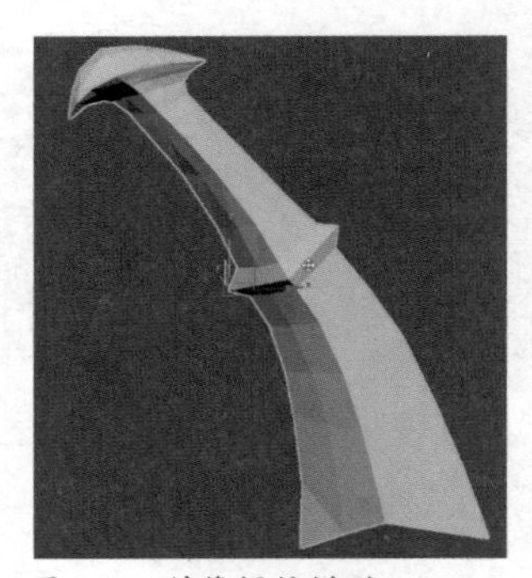

图2-130 取消光滑组

图2-131 镜像焊接模型

步骤02 单击工具栏下的Modeling选项卡，单击Edit选项卡的Swift Loop按钮，如图2-132所示。为模型添加卡线，效果如图2-133所示。

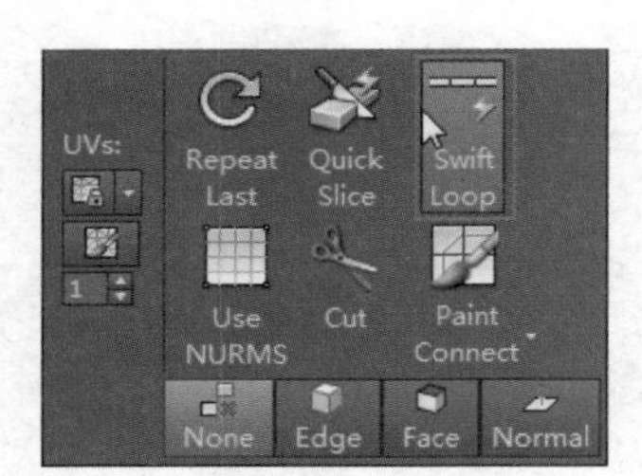

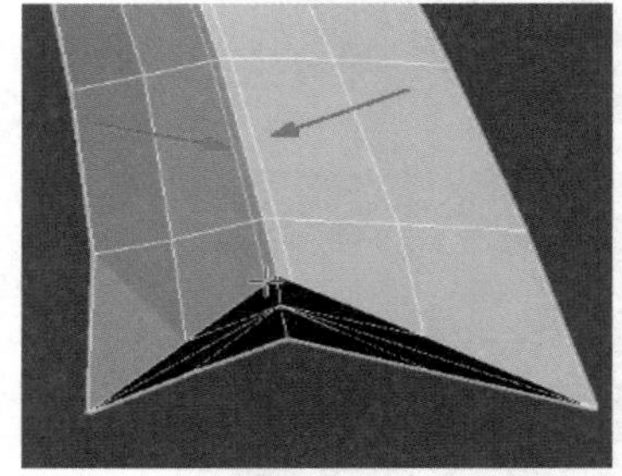

图2-132 选择Swift Loop

图2-133 添加卡线

步骤03 用相同的方法为模型的结构卡线，效果如图2-134所示。使用Cut命令将底部和顶部的三角面进行连接，效果如图2-135所示。

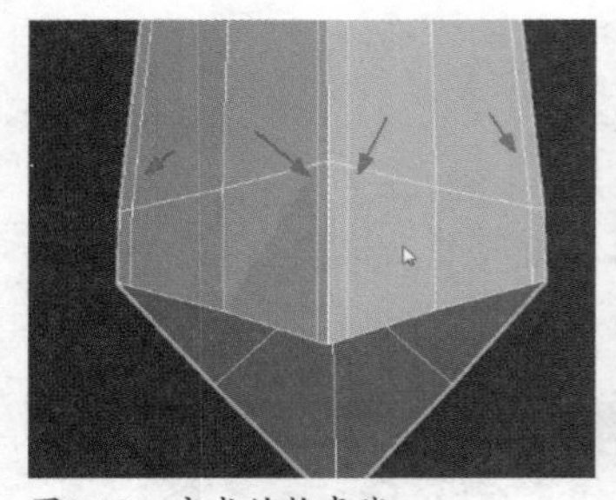
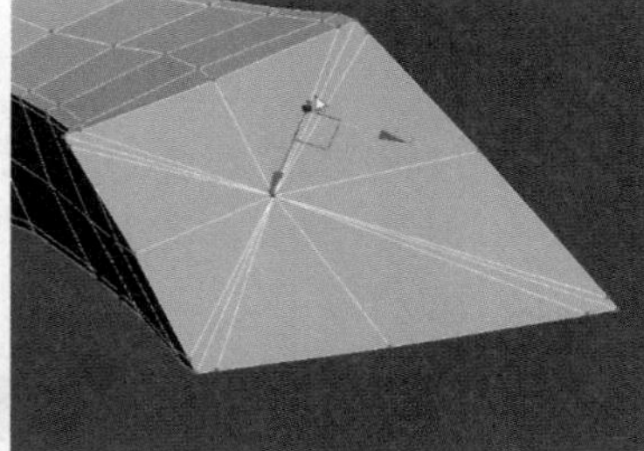
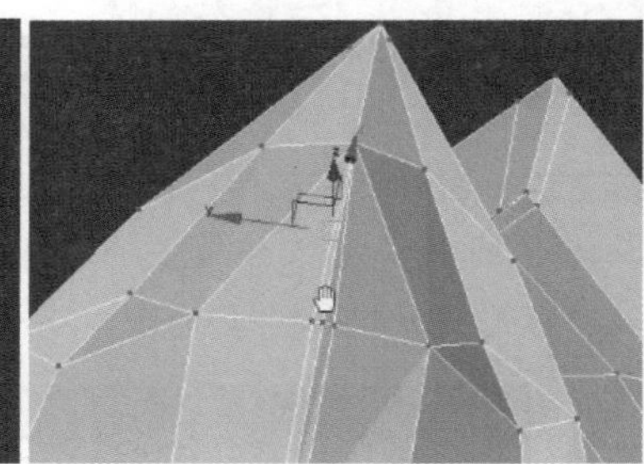

图2-134 完成结构卡线

图2-135 连接三角面

提示：

在通常情况下，不会出现几个点同时连在一起的情况，此处由于该面在实际模型中不可见，因此采用了多点连接的方式解决三角面的问题。

步骤04 为模型添加TuboSmooth修改器，设置Iterations级别为3，取消网格显示后的模型效果如图2-136所示。取消细分，将模型导出为OBJ格式文件。在ZBrush中选择模型的图层，单击Import按钮将处理后的文件导入，效果如图2-137所示。

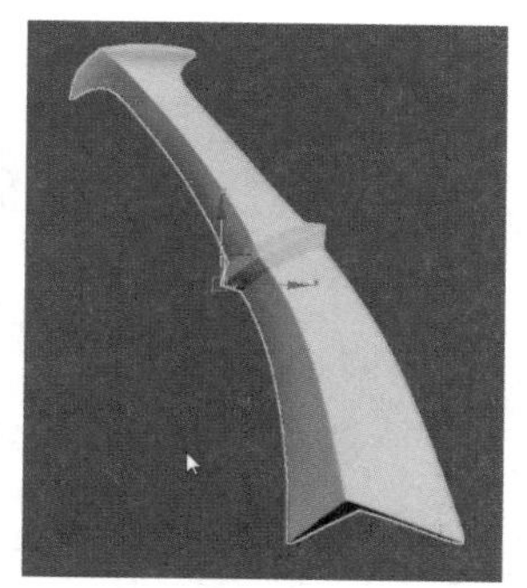

图2-136 检查模型效果

图2-137 导入到ZBrush中

步骤05 选中模型，按快捷组合键Ctrl+D增加模型细分，模型效果如图2-138所示。执行Zplugin→SubTool Master→Mirror命令，如图2-139所示。选择*Y*轴镜像，如图2-140所示。

图2-138 细分模型效果

图2-139 选择Mirror命令

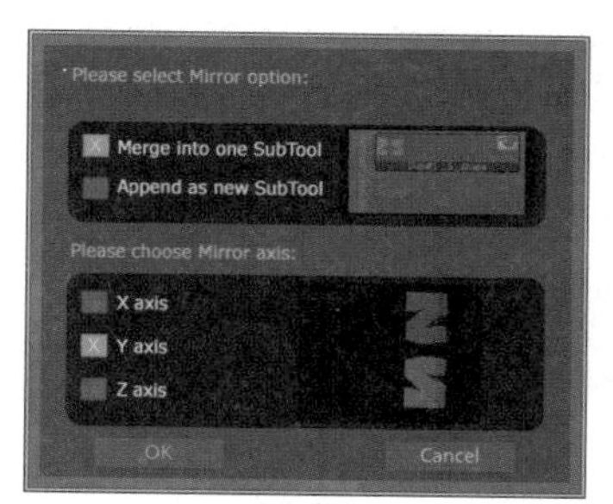

图2-140 选择*Y*轴镜像

提示：

如果想要修改模型的某些位置，一定要先将细分降下来，然后再进行修改，这样可以获得好的修改效果。

步骤06 单击OK按钮，镜像效果如图2-141所示。执行Brush→Auto Masking命令，单击BackfaceMask按钮，如图2-142所示。使用Standard笔刷为模型创建包边效果。如图2-143所示。

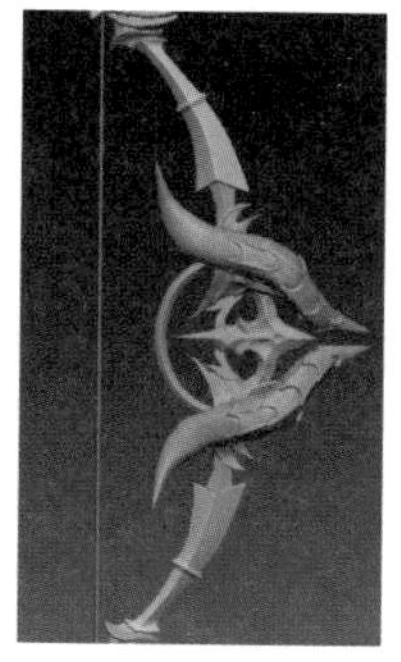

图2-141 镜像效果

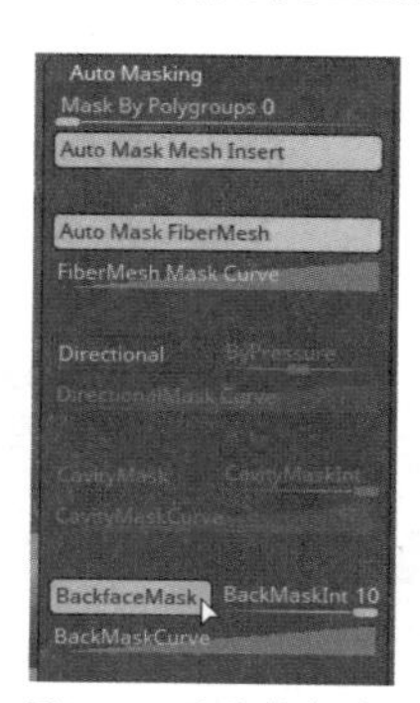

图2-142 设置背部消隐

图2-143 雕刻包边

步骤07 用相同的方法，完成弓模型的制作，效果如图2-144所示。选择Standard笔刷，单击Alpha按钮，选择Alpha 60笔刷，如图2-145所示。

步骤08 将笔刷力度调整得小一些，按Alt键在模式上雕刻纹路，效果如图2-146所示。配合Smooth笔刷完成其他部分的纹路雕刻，为其指定一种金属材质，效果如图2-147所示。

图2-144 弓模型完成效果

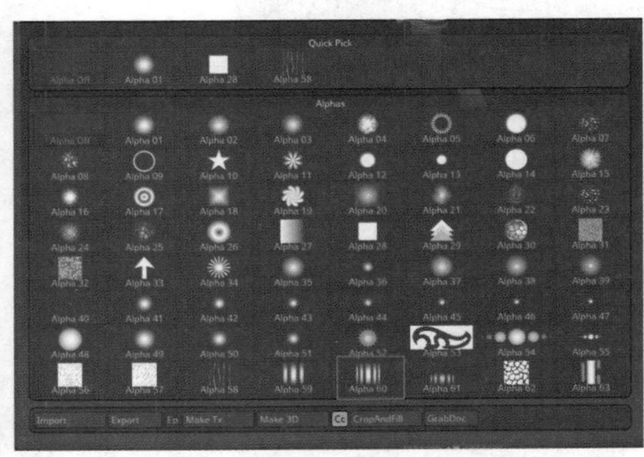

图2-145 选择笔刷

图2-146 雕刻纹路

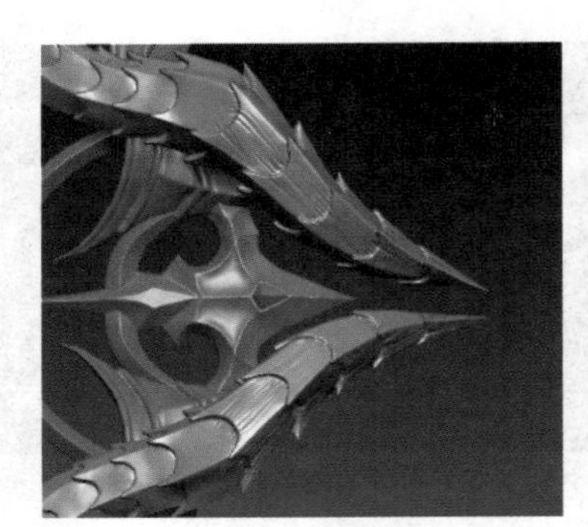

图2-147 完成其他纹路雕刻

提示：

为了获得逼真的效果，在雕刻纹路时可以采用由重到轻的方式，刚开始的雕刻力度大一些，后面可以稍微小一点。

任务评价——模型多视口丰富线条

由于模型是立体的，在完成模型制作后，要旋转视图观察模型，以便获得更准确的模型。完成后的模型，在任何视口观察时，要求边缘要流畅和光滑，如图2-148所示。

图2-148 每个视口的模型效果

如果每个视图中看到的模型效果不同，那就要仔细观察并做适当的调整，保证模型线条的流畅和光滑，如图2-149所示。不同视图中模型线条的流畅度不同，这种模型就不符合要求，需要打回修改。

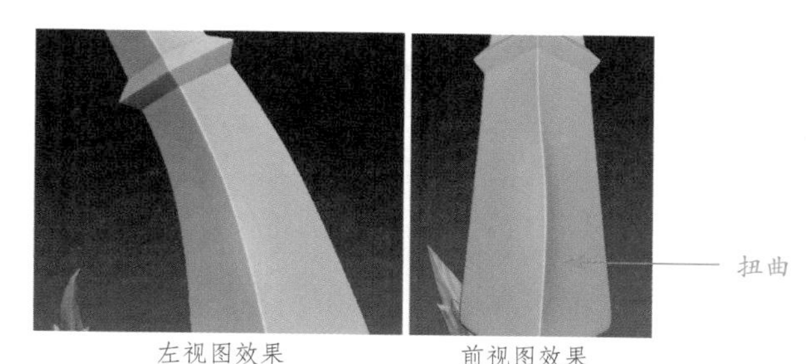

图2-149 每个视口中的模型边缘都要流畅、光滑

同时雕刻完成的模型平面尽量平滑，不能出现凹陷或者凸出的效果，如图2-150所示。

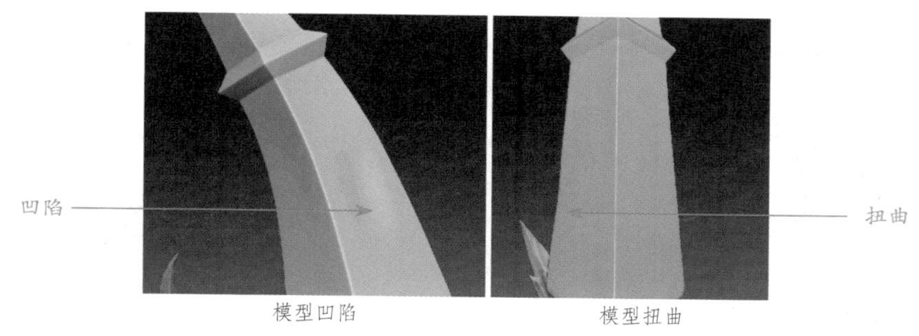

图2-150 模型尽量平滑

任务拓展——雕刻制作长矛武器高模

根据本任务所讲内容，读者举一反三，使用ZBrush完成长矛武器高模的制作。模型完成效果如图2-151所示。

图2-151 长矛武器高模

任务三 绘制弓道具模型的贴图

游戏开发中的贴图可分为底色贴图、三合一贴图和法线贴图。本任务中将介绍使用Substance Painter完成弓道具模型贴图的制作，完成模型及贴图，效果如图2-152所示。

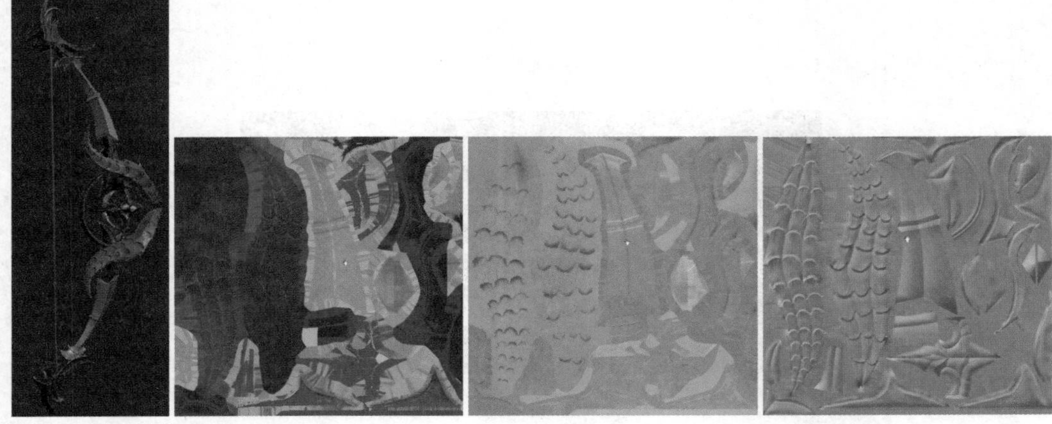

图2-152 弓道具模型及贴图

源 文 件	源文件\项目二\弓道具模型贴图.spp
素　　材	素材\项目二\
演示视频	视频\项目二\弓道具模型贴图.MP4
主要技术	使用 Substance Painter 绘制贴图

任务分析——如何合并导入模型

为了尽量节约模型的面数，在导出模型时尽可能将同一块模型作为一个整体导出。在ZBrush中打开Subtool面板，如图2-153所示。显示两个想要合并的图层，隐藏其他图层，如图2-154所示。

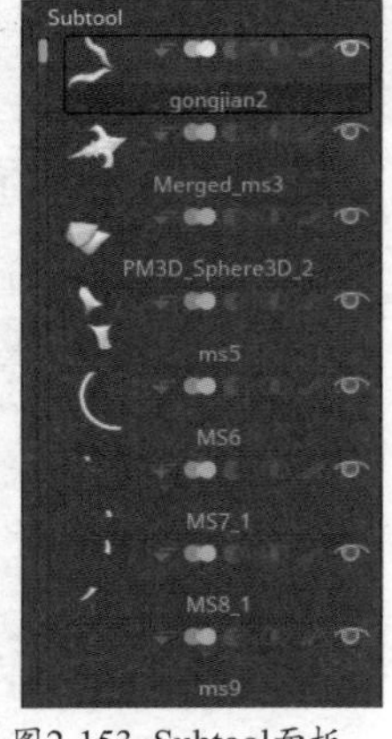

图2-153 Subtool面板

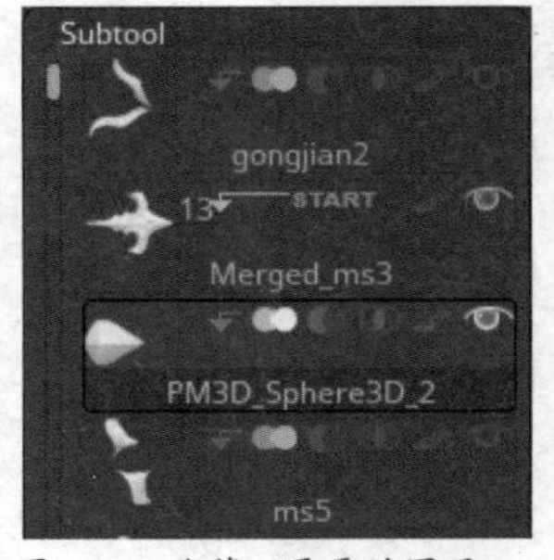

图2-154 隐藏不需要的图层

找到Merge选项，单击MergeVisible按钮，如图2-155所示。即可将当前显示的模型合并。单击

APPend按钮，找到并单击合并的模型，将其添加到Subtool面板中，如图2-156所示。

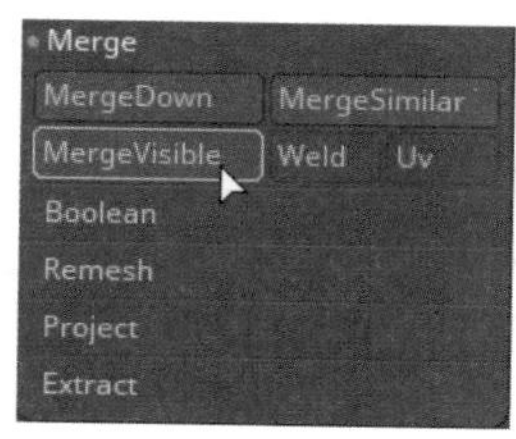

图2-155 合并可见

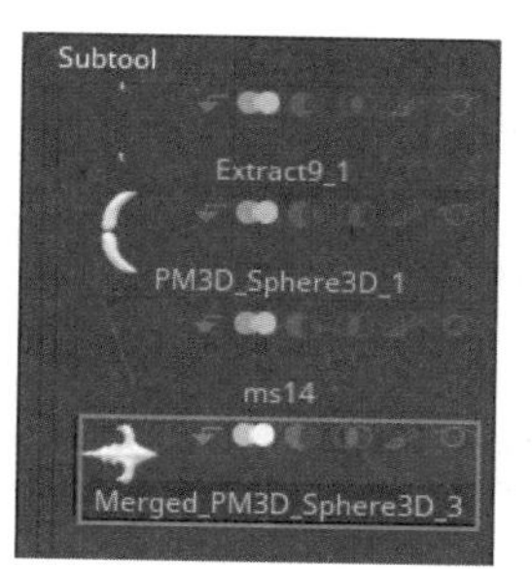

图2-156 添加合并模型

将两个未合并的图层关闭，按快捷组合键Shift+F观察模型效果，如图2-157所示。虽然模型显示为不同的颜色，但实际上已经被合并了。单击Export按钮，将模型导出为OBJ格式，如图2-158所示。

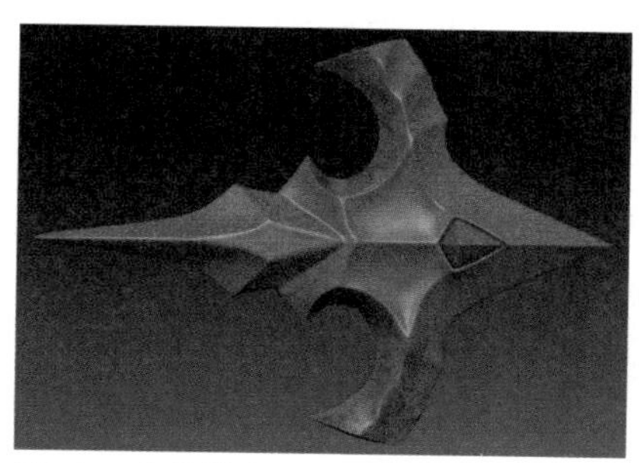
图2-157 合并模型效果

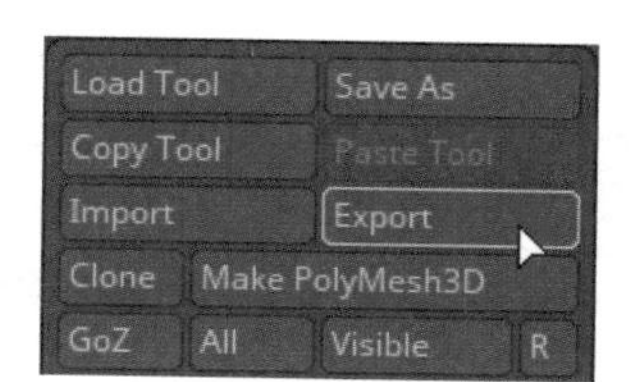

图2-158 导出模型

知识链接——使用TopoGun拓扑低模

将导出的模型直接拖曳到TopoGun中，如图2-159所示。由模型的中线位置开始，沿着模型的结构线进行拓扑，如图2-160所示。

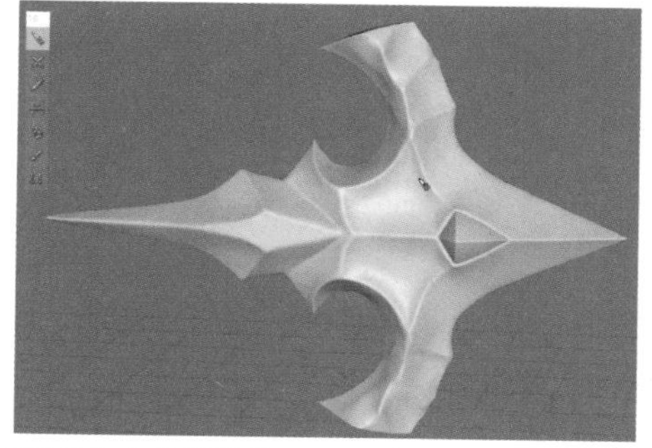
图2-159 拖动模型到TopoGun中

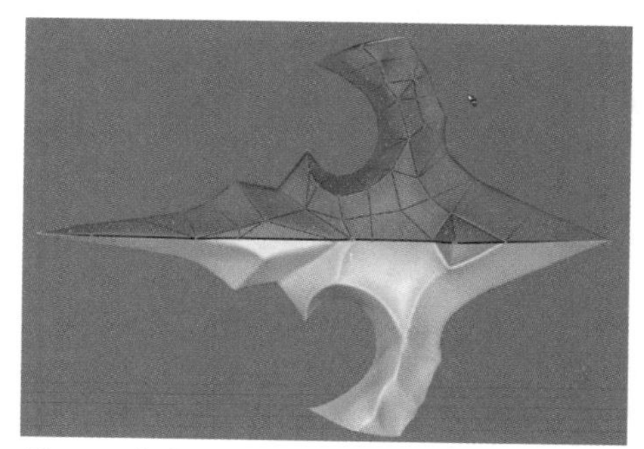
图2-160 拓扑效果

提示：

由于此模型上下对称，左右也对称，因此只需要拓扑四分之一模型就可以，其他部分可以通过镜像的方式获得。

将拓扑完的模型导出为OBJ格式，在3ds Max中导入该模型，如图2-161所示。调整坐标轴到如图2-162所示位置。

图2-161 导入到3ds Max中

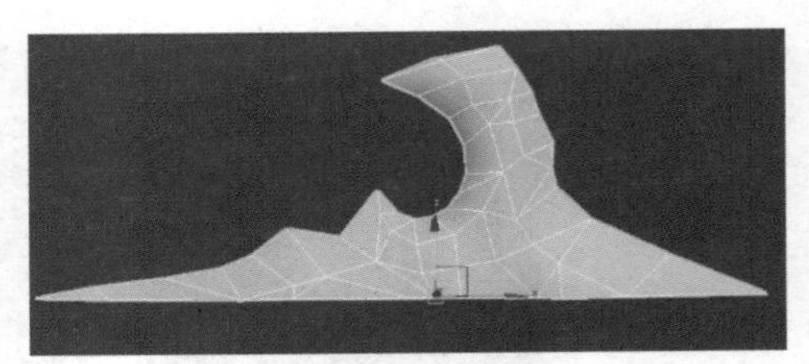
图2-162 调整坐标轴位置

在Z轴上镜像模型并连接在一起，得到如图2-163所示效果。再将模型在Y轴上镜像并连接在一起。用相同的方法将弓模型的其他组成部分拓扑出来，如图2-164所示效果。

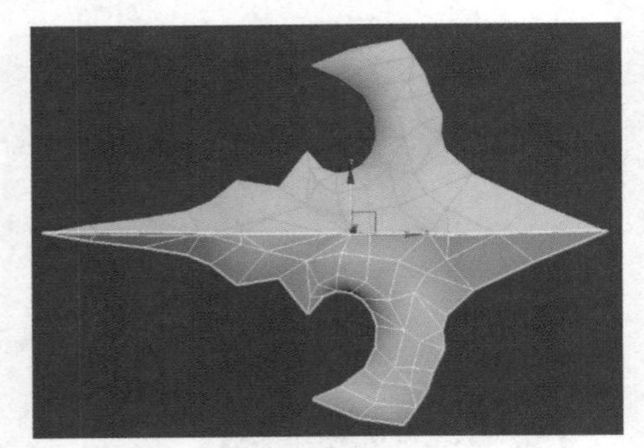
图2-163 镜像并连接模型

图2-164 完成低模制作

任务实施——制作弓模型的贴图

1. 完成弓模型的拆UV操作

步骤 01 选中如图2-165所示模型，进入面编辑层级，选中并删除模型的一半面，效果如图2-166所示。

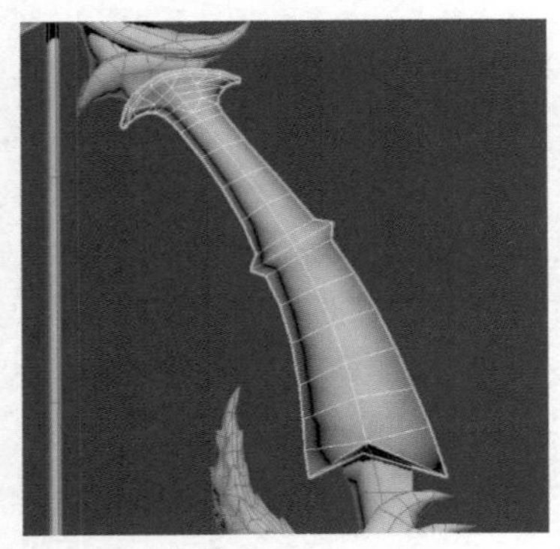
图2-165 选中模型

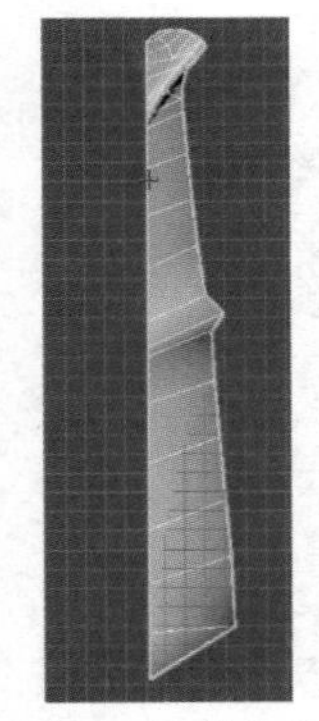
图2-166 删除面

步骤 02 为其添加Unwrap UVW修改器，如图2-167所示。单击Open UV Editor按钮，弹出Edit UVWs对话框，如图2-168所示。

步骤 03 将棋盘格贴图材质指定给模型，如图2-169所示。进入边编辑层级，选中如图2-170所示边，单击鼠标右键，在弹出的快捷菜单中选择Break命令。进入面编辑层级，拆分效果如图2-171所示。

图2-167 添加Unwrap UVW对话框

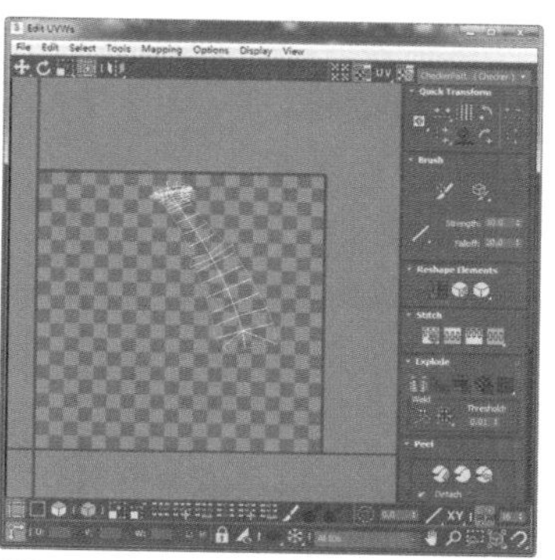

图2-168 Edit UVWs对话框

图2-169 指定棋盘格贴图

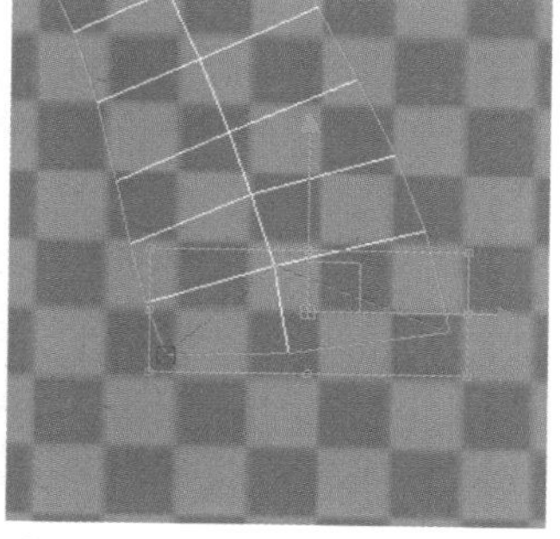
图2-170 选中要断开的边

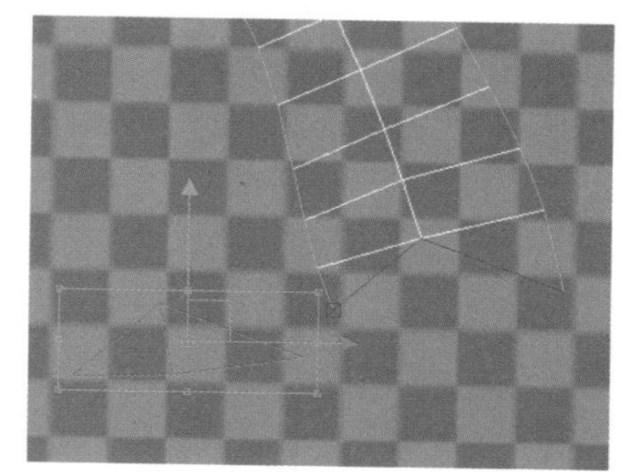
图2-171 拆分效果

步骤04 用相同的方式选中如图2-172所示边，执行Break命令将其断开。进入面编辑层级，拆分效果如图2-173所示。

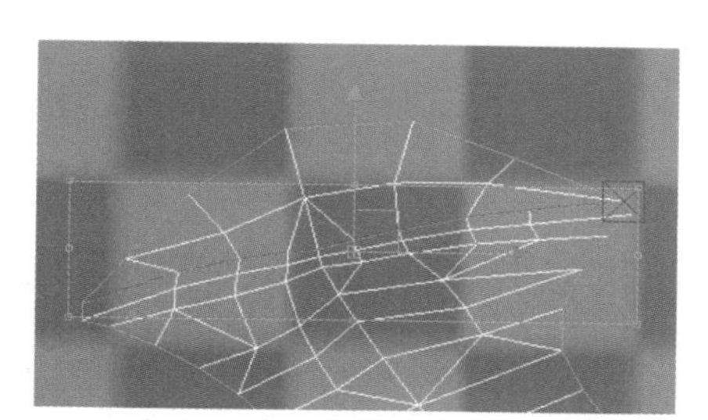
图2-172 选择边

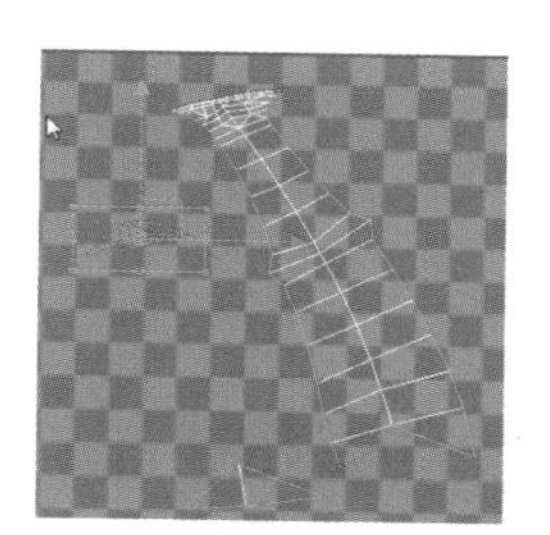
图2-173 拆分效果

步骤05 依次选中断开的3个UV，单击Relax Until Flat按钮，完成展开UV的操作，展开效果如图2-174所示。执行镜像操作，复制另一侧的模型，并通过附加和焊接的方式使其成为一个模型，效果如图2-175所示。

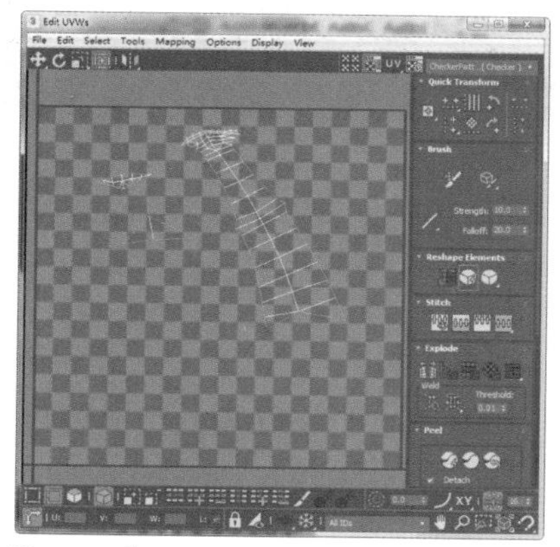

图2-174 展开UV

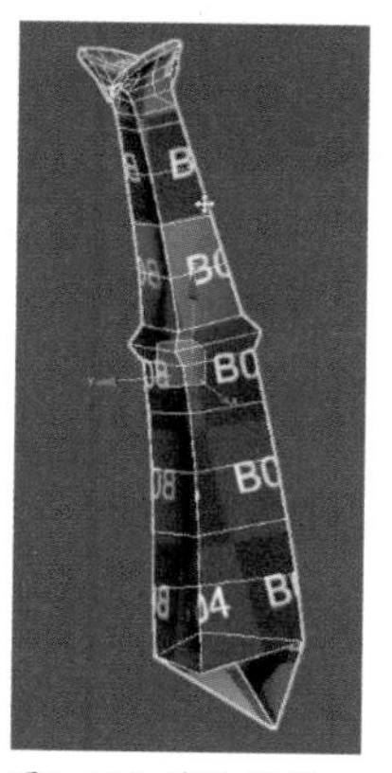
图2-175 镜像模型

提示：

在摆放UV的时候，注意要有一定的间距。这样有利于后期对UV的选择和移动操作。

步骤06 通过镜像操作复制下面的模型，镜像效果如图2-176所示。将模型转换为可编辑多边形后，与镜像的模型附加在一起，如图2-177所示。用相同的方法完成弓模型其他部分的展UV操作，并摆放整齐。

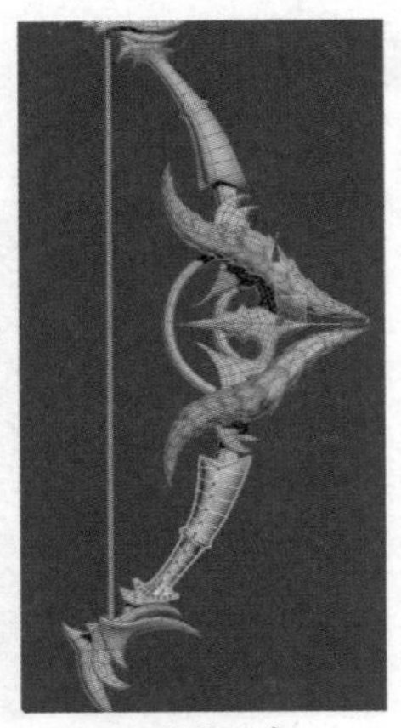

图2-176 镜像对象

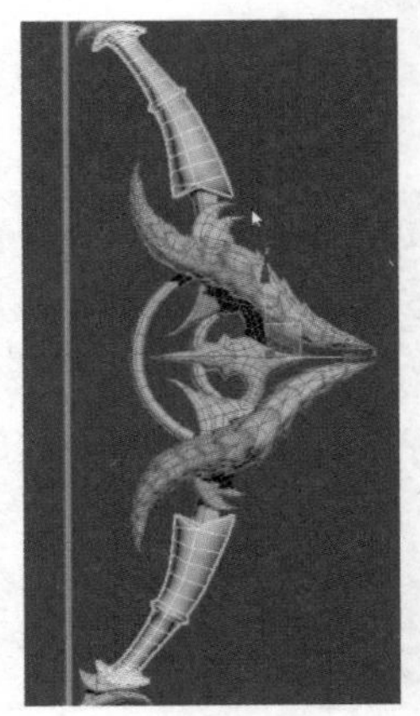

图2-177 附件对象

2. 使用Substance Painter烘焙

步骤01 新建一个名称为NAO的文件夹，用来保存法线贴图和AO贴图。选中3ds Max中已经展好UV的模型和ZBrush中的高模，分别将模型导出为OBJ格式文件，如图2-178所示。

步骤02 打开Substance Painter软件，按快捷组合键Ctrl+N，打开New project对话框，将低模导入，效果如图2-179所示。

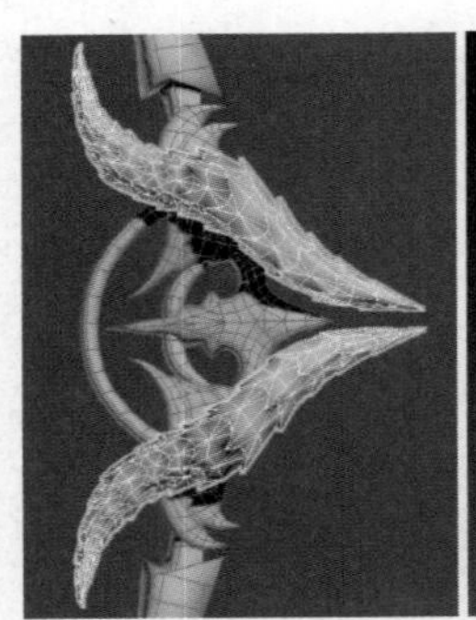

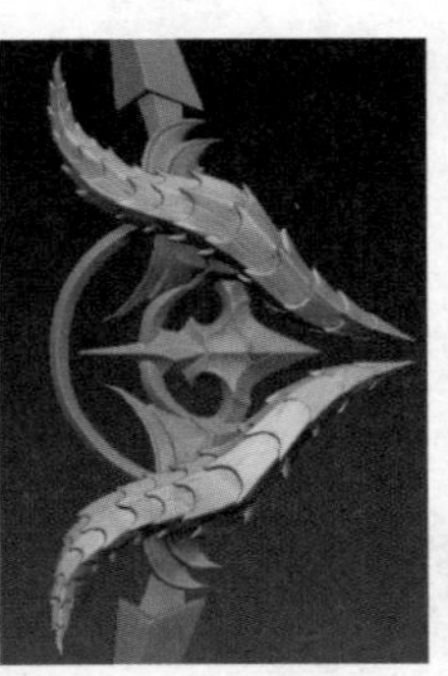

图2-178 导出低模和高模

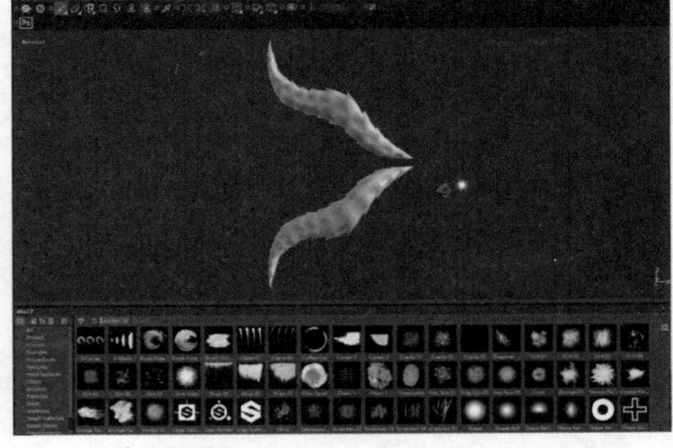

图2-179 导入低模

步骤03 单击TextureSet Settings面板上的Bake textures按钮，在弹出的Baking对话框中设置各项参数，如图2-180所示。单击Bake LOW_jiao_blinn1SG textures按钮开始烘焙。烘焙完成后，按快捷组合键Ctrl+Shift+E将法线贴图导出，法线贴图效果如图2-181所示。

提示：

在开始烘焙之前，为了避免烘焙过程中出现错误，3ds Max中导出的低模应采用一个光滑组。

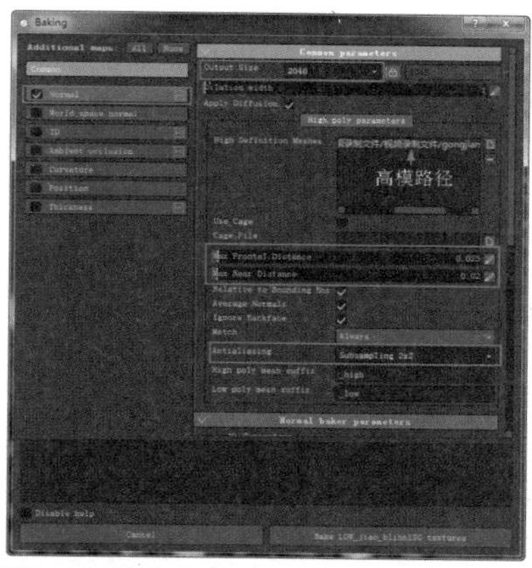

图2-180 烘焙法线贴图

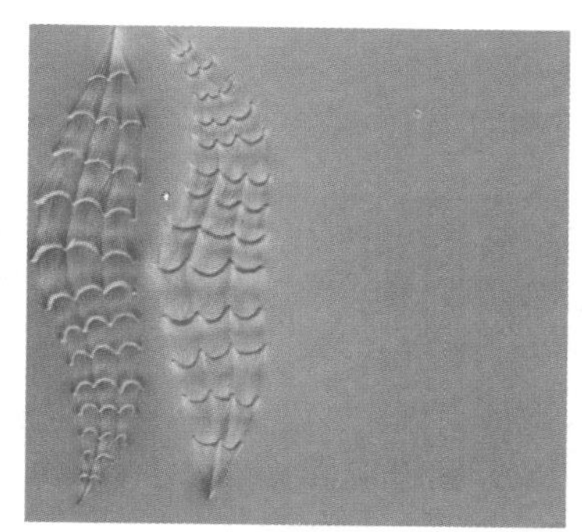
图2-181 法线贴图效果

步骤 04 设置Baking对话框中的各项参数，烘焙模型的AO贴图，如图2-182所示。导入AO贴图，效果如图2-183所示。

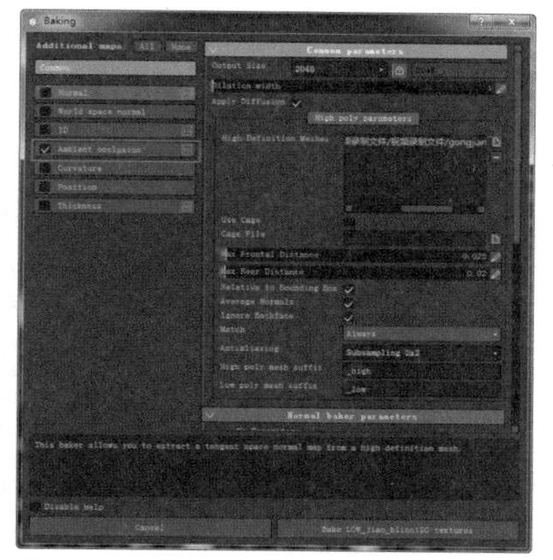

图2-182 烘焙AO贴图

图2-183 AO贴图效果

提示：

在使用Substance Painter烘焙过程中，有时会出现未响应的情况，此时不要做任何操作，稍等即可结束未响应状态。

步骤 05 用相同的方法将模型的其他部分法线贴图和AO贴图导出，并在Photoshop中完成贴图的拼贴效果，用项目一中的方法完成ID贴图的制作，完成后的效果如图2-184所示。

法线贴图

AO贴图

ID贴图

图2-184 完成贴图的制作

3. 使用Substance Painter绘制贴图

步骤01 在3ds Max中将所有模型展开UV并附加在一起，统一光滑组后导出为OBJ格式。将该文件在Substance Painter中打开，如图2-185所示。将法线贴图、AO贴图和ID贴图拖曳到Textures面板中，设置弹出的Import resources对话框，如图2-186所示。

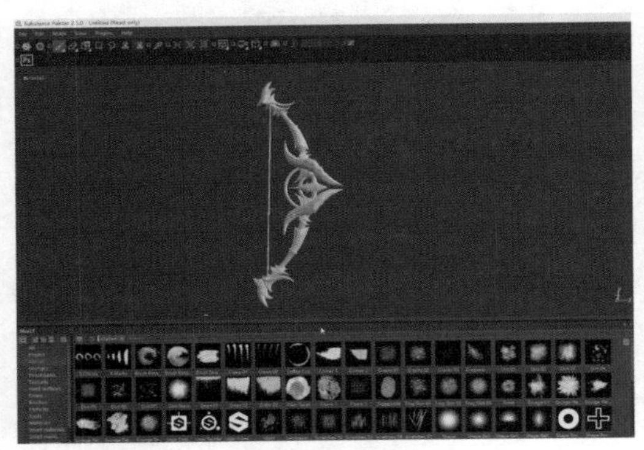

图2-185 Substance Painter软件界面

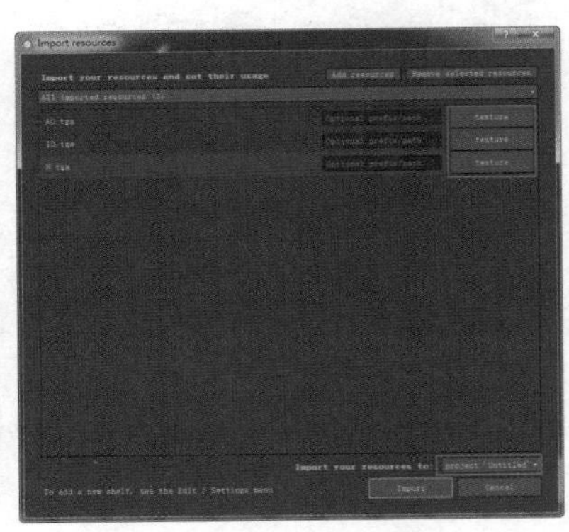

图2-186 新建文件

步骤02 单击Import按钮，导入效果如图2-187所示。分别将法线贴图、AO贴图和ID贴图拖曳到对应位置上，如图2-188所示。

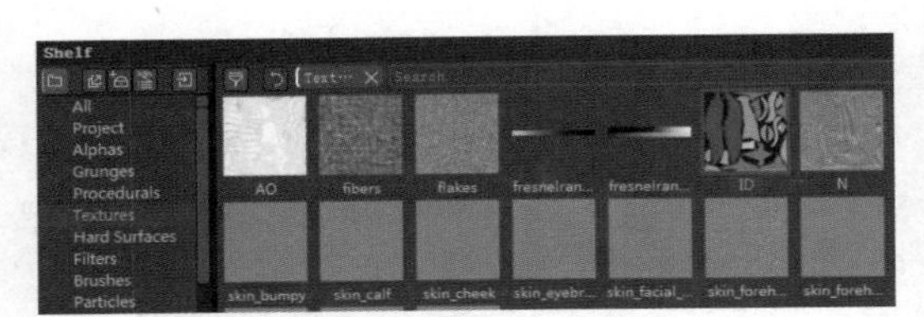

图2-187 导入贴图

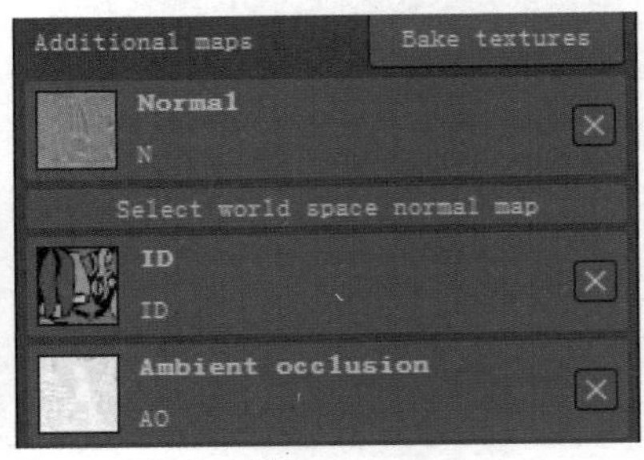

图2-188 指定贴图

步骤03 单击Bake textures按钮，继续烘焙模型的层法线和其他细节的贴图，设置Baking面板中各项参数，如图2-189所示。烘焙完成后的贴图将自动叠加在软件对应选项下，如图2-190所示。

图2-189 设置Baking面板

图2-190 烘焙贴图效果

步骤04 单击Shelf面板中的Smart materials选项，将Copper Red Bleached材质拖曳到Layers面板中，如图2-191所示。模型效果如图2-192所示。

图2-191 指定材质

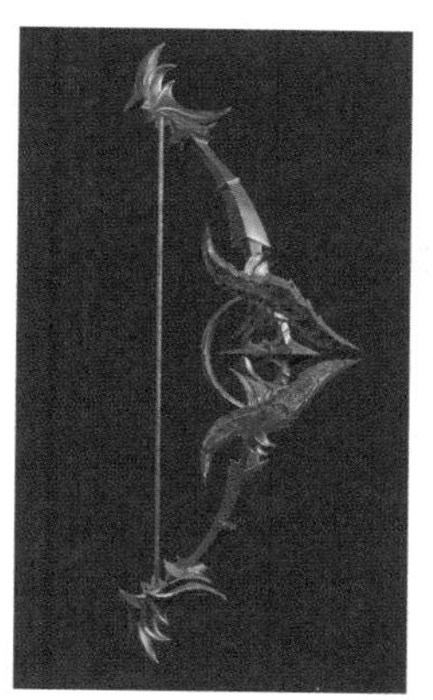
图2-192 材质效果

步骤05 在图层上单击鼠标右键，在弹出的快捷菜单中选择Add mask with color selection命令，如图2-193所示。单击Pick color按钮，在模型顶部位置单击，效果如图2-194所示。

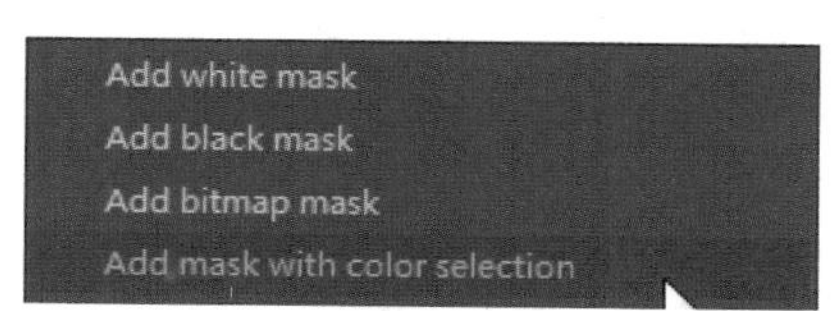

图2-193 选中添加颜色蒙版

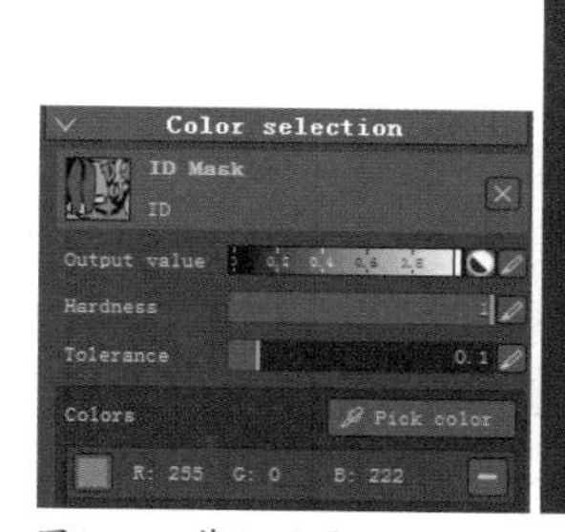

图2-194 蒙版效果

步骤06 在Layers图中打开材质分组，找到Base Metal层，修改其Base Color color数值，如图2-195所示。修改后的模型材质颜色如图2-196所示。

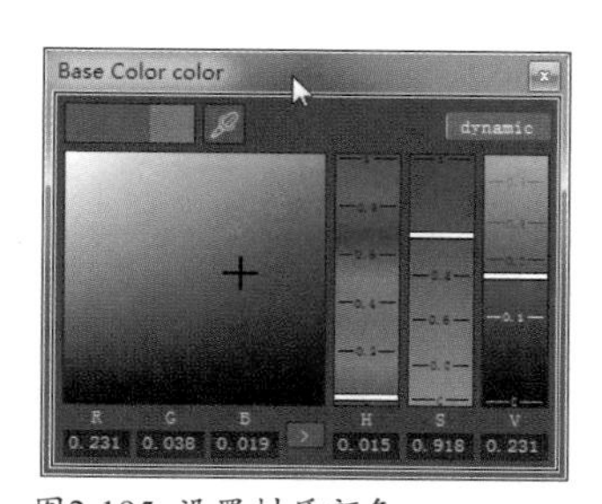

图2-195 设置材质颜色

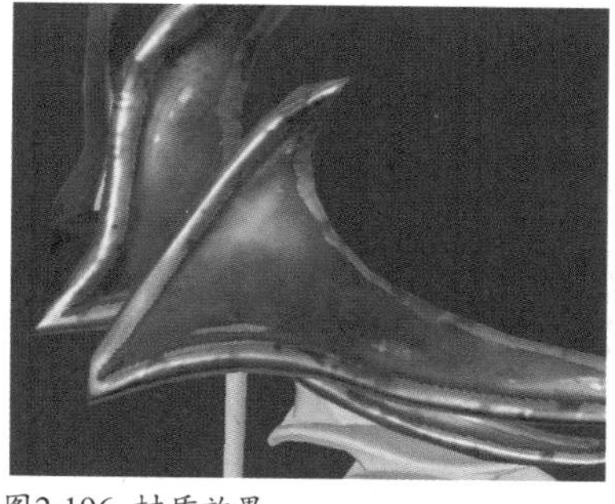
图2-196 材质效果

步骤07 在Edges Damages图层中单击鼠标右键，在弹出的快捷菜单中选择添加一个Paint图层，如图2-197所示。在Brushes面板中选中Dirt1笔刷，调底笔刷的透明度，在图层蒙版上涂抹绘制，弱化边缘的反光效果，完成后的效果如图2-198所示。

步骤08 单击Pick color按钮，拾取模型其他相同材质的位置，并通过添加Paint图层调整材质效果，如图2-199所示。将Smart materials选项下的Silver Armor材质拖入到Layers面板，如图2-200所示。

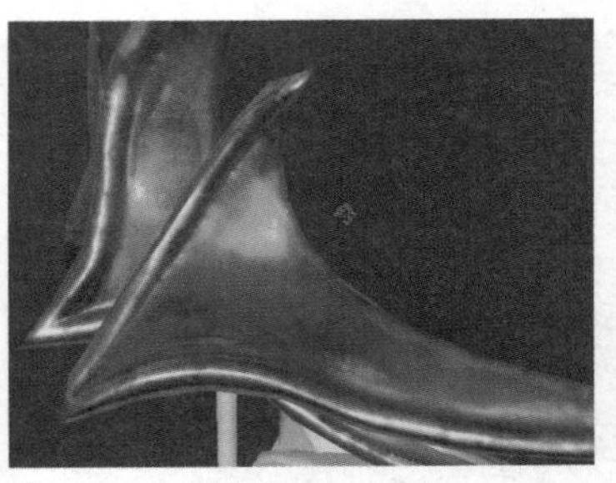

图2-198 绘制效果

图2-197 新建Paint图层

图2-199 指定材质

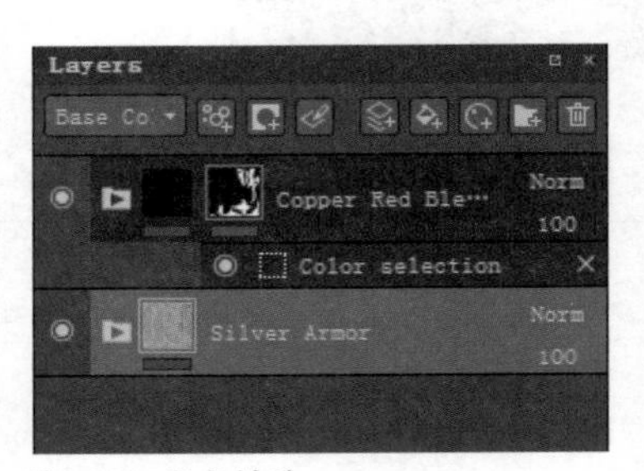

图2-200 指定材质

步骤09 添加颜色蒙版，拾取箭柄，材质效果如图2-201所示。将材质Steel Painted Clearcoat拖入Layers面板中，并拖动到最顶层，Layers面板如图2-202所示。

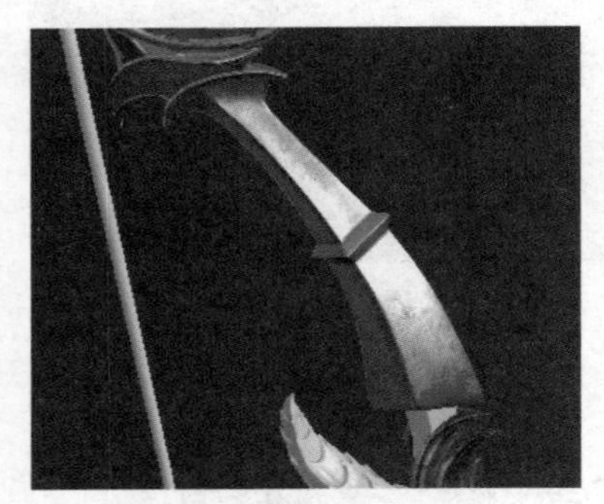

图2-201 箭柄材质效果

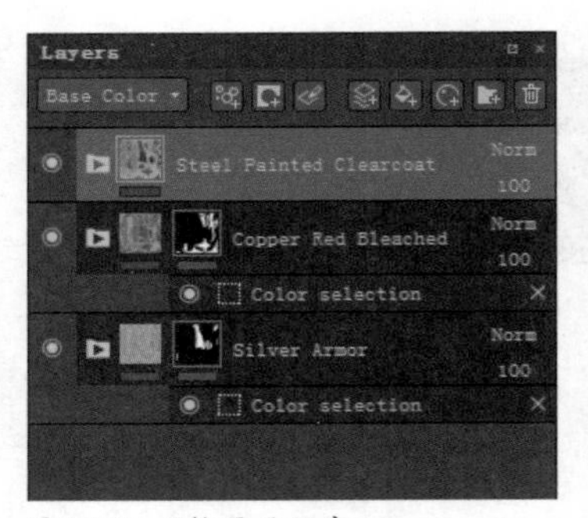

图2-202 调整图层顺序

步骤10 为图层添加黑色蒙版，单击选中蒙版层，单击顶部工具栏上的Polygon Fill按钮，如图2-203所示。在想要指定此材质的面上单击，效果如图2-204所示。

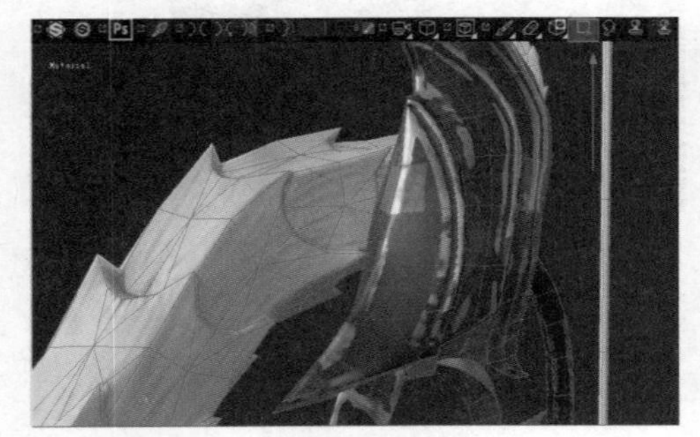

图2-203 激活Polygon Fill按钮

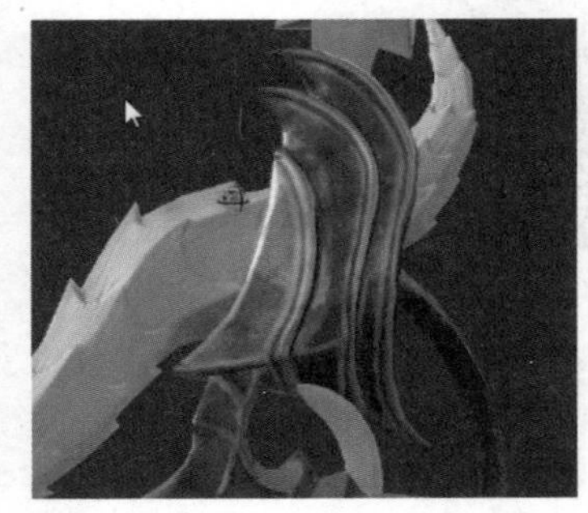

图2-204 填充效果

步骤 11 修改Metal图层的颜色值，如图2-205所示。材质效果如图2-206所示。用相同的方法指定箭柄底部的位置为如图2-207所示材质。

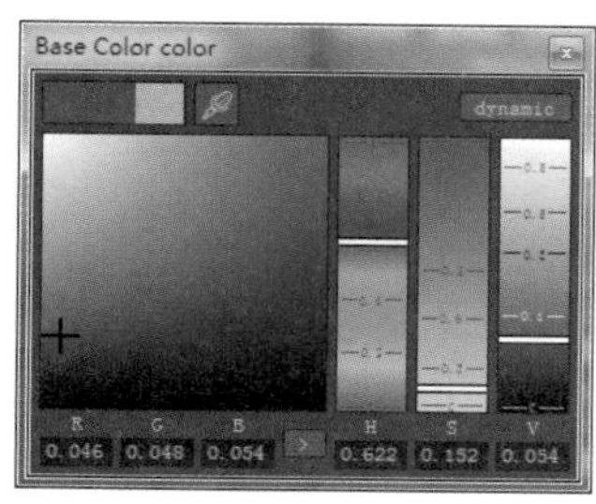

图2-205 修改材质颜色

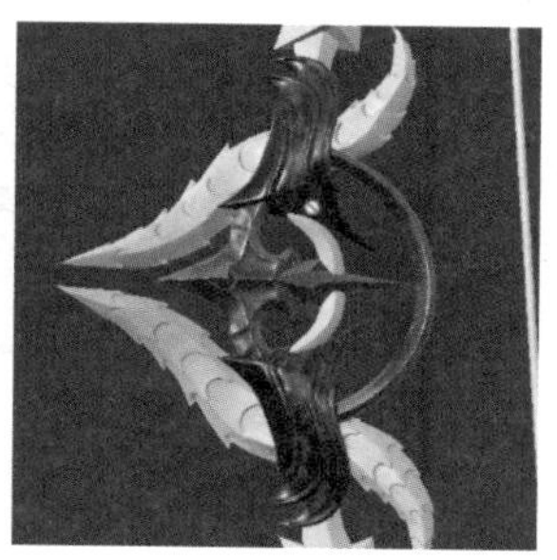
图2-206 材质效果

图2-207 效果材质

步骤 12 新建一个Fill图层，为其添加黑色蒙版后再添加颜色蒙版，单击Pick color按钮，拾取弓弦，Layers面板如图2-208所示。修改图层颜色效果如图2-209所示。调整材质的粗糙度和金属度，修改颜色的饱和度和明度，效果如图2-210所示。

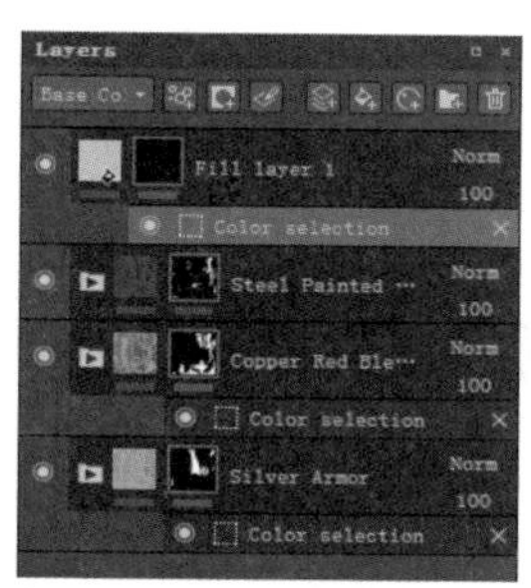

图2-208 新建Fill图层

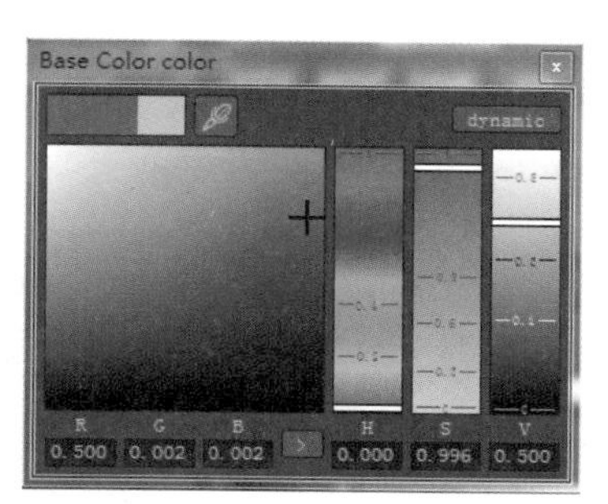

图2-209 修改图层颜色

图2-210 弓弦效果

步骤 13 用相同的方法，指定宝石的材质，效果如图2-211所示。新建一个名称为jiao的Floder，在该图层组中添加黑色蒙版后再添加颜色蒙版，如图2-212所示。单击Pick color按钮，拾取角模型，如图2-213所示。

图2-211 为宝石指定材质

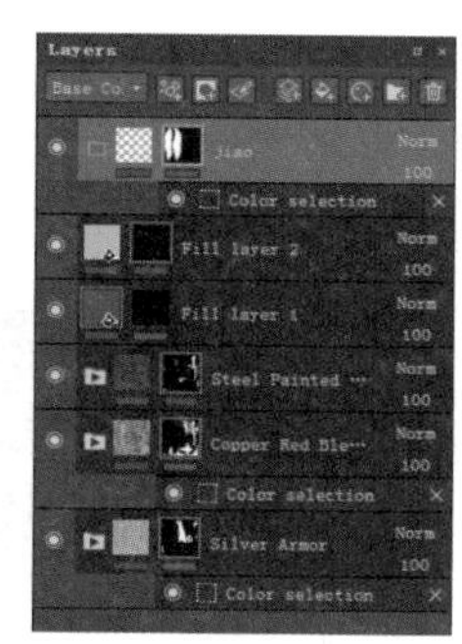

图2-212 新建图层

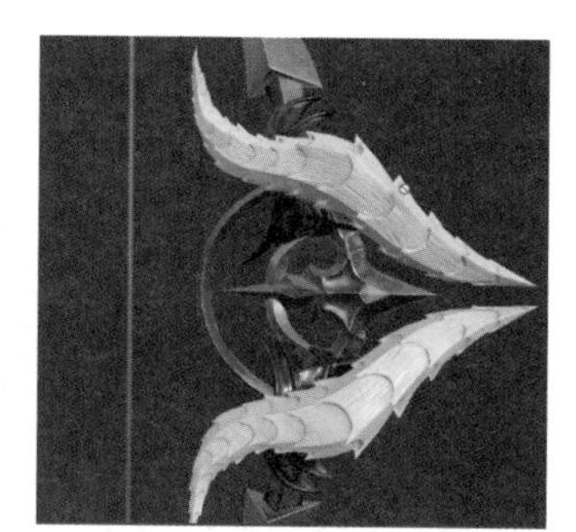
图2-213 ID拾取

步骤 14 将Shelf面板Materials选项中的Leather Medium Grain材质拖入图层组，如图2-214所示。修改后的材质颜色如图2-215所示。

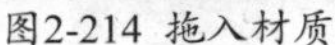
图2-214 拖入材质

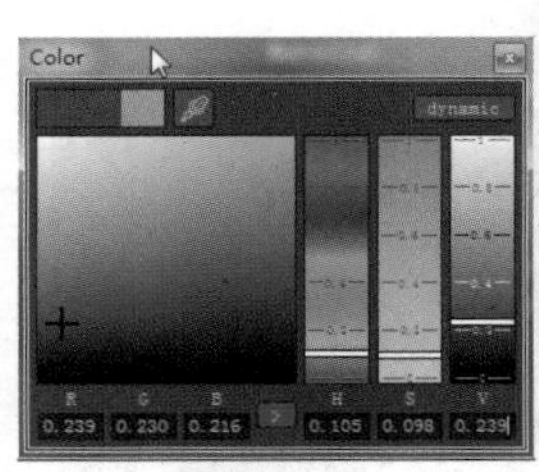

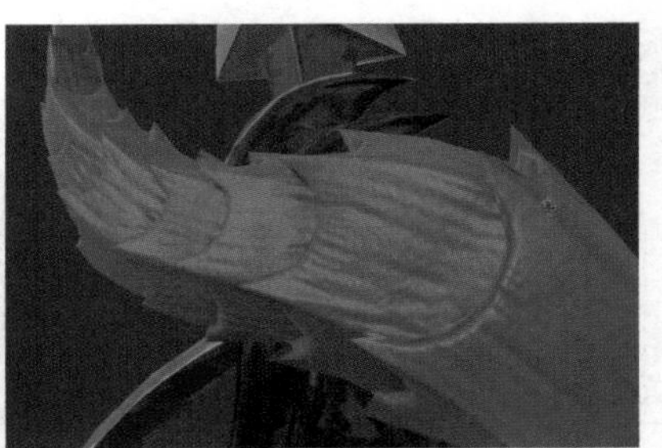
图2-215 修改材质颜色

步骤 15 新建一个Fill层，为其添加黑色蒙版。单击鼠标右键，选择Add generator选项，如图2-216所示。Layers面板如图2-217所示。

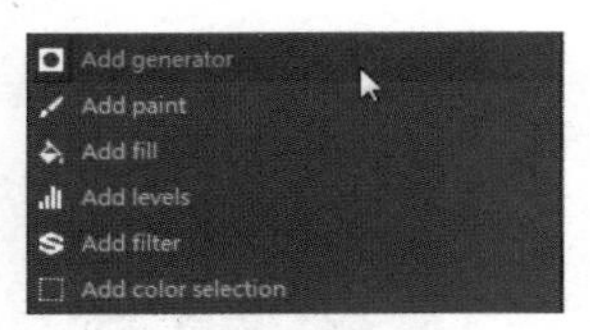

图2-216 选择选项

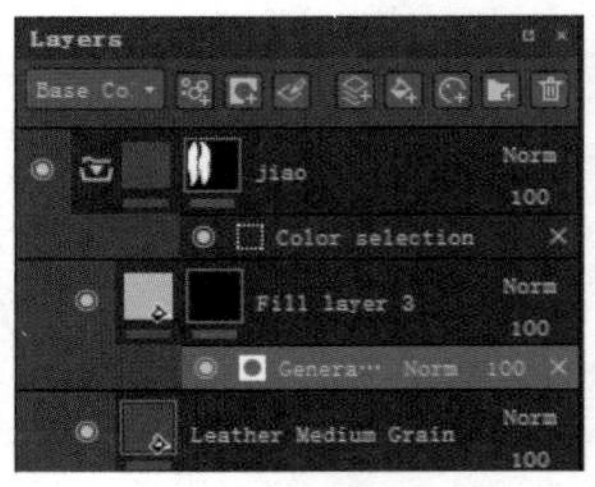

图2-217 Layers面板

步骤 16 单击Generator按钮，在弹出的面板中选择MG Dirt选项，如图2-218所示。修改图层颜色如图2-219所示。

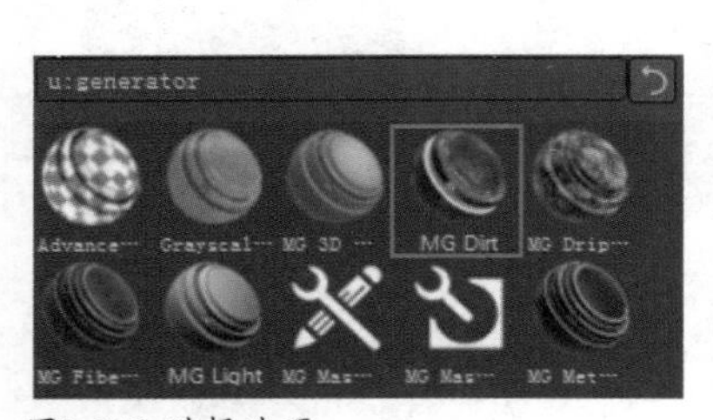

图2-218 选择选项

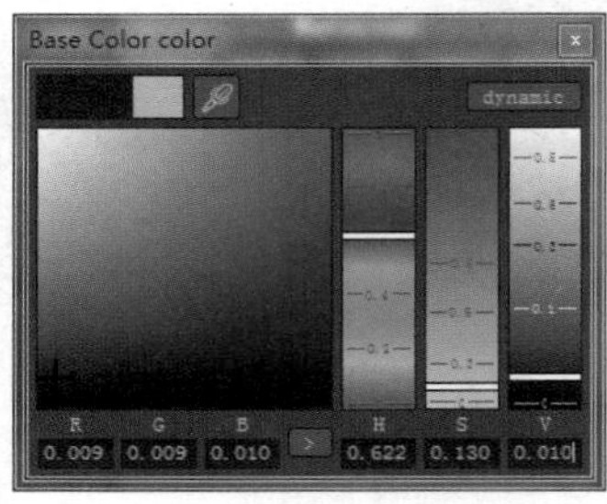

图2-219 修改颜色

步骤 17 新建一个Fill层，为其添加黑色蒙版后再添加Generator效果，如图2-220所示。选择添加MG Metal Edge Wear选项，如图2-221所示。修改图层填充的颜色如图2-222所示。

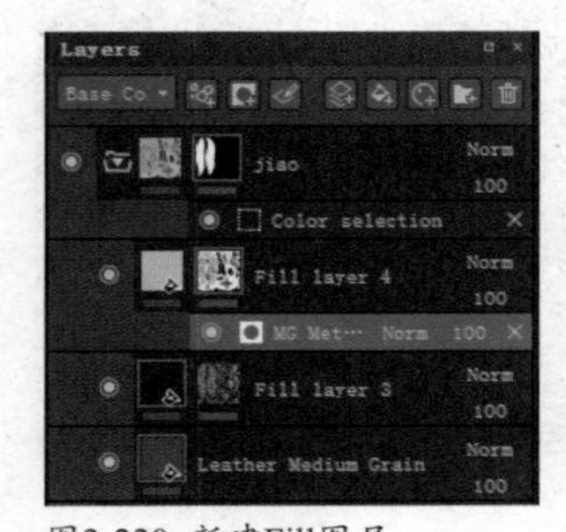

图2-220 新建Fill图层

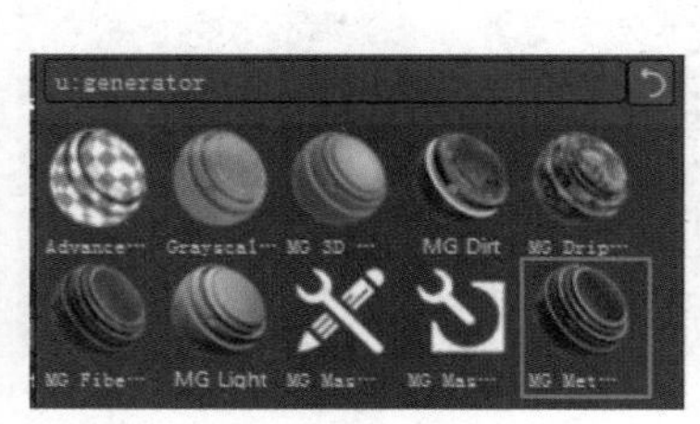

图2-221 选择选项

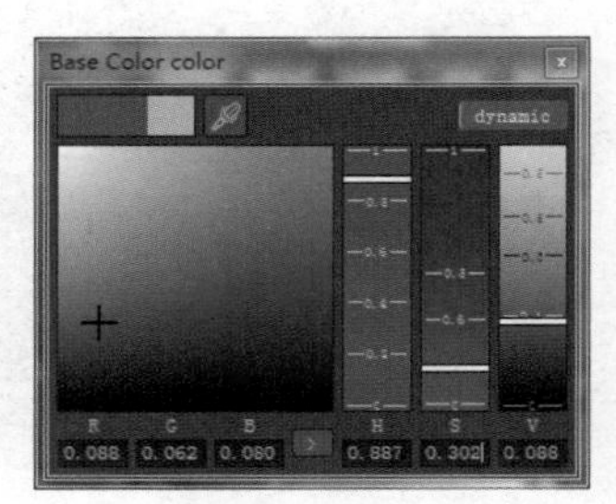

图2-222 修改图层颜色

步骤 18 修改Wear Level参数为0.17，降低蒙版的层级，如图2-223所示。修改图层的不透明度为70，如图2-224所示。材质效果如图2-225所示。

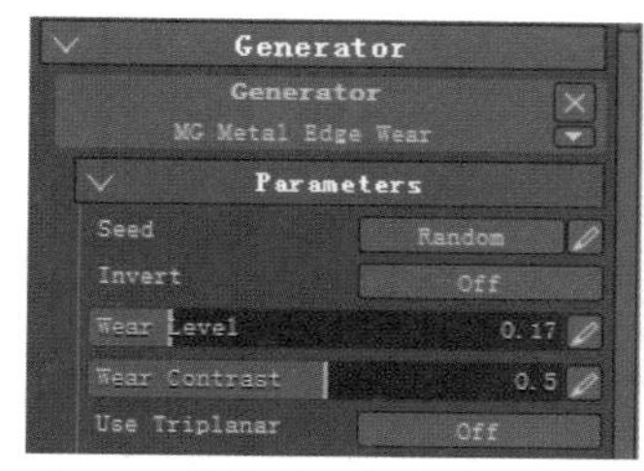

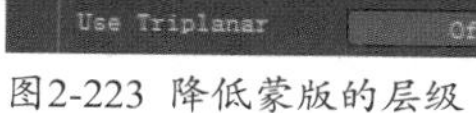
图2-223 降低蒙版的层级

图2-224 修改图层不透明度

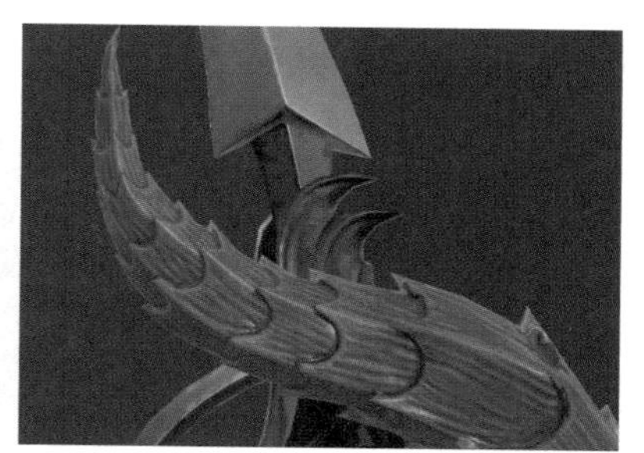

图2-225 材质效果

步骤19 为该图层再添加一个Paint图层，选择Dirt 1笔刷，使用黑色对材质进行涂抹，完成后的效果如图2-226所示。新建一个Fill图层，用相同的方法完成材质的纹理效果的制作，效果如图2-227所示。

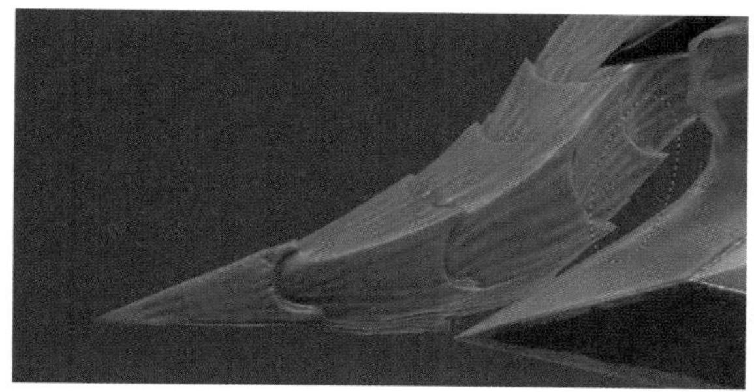

图2-226 绘制其他效果

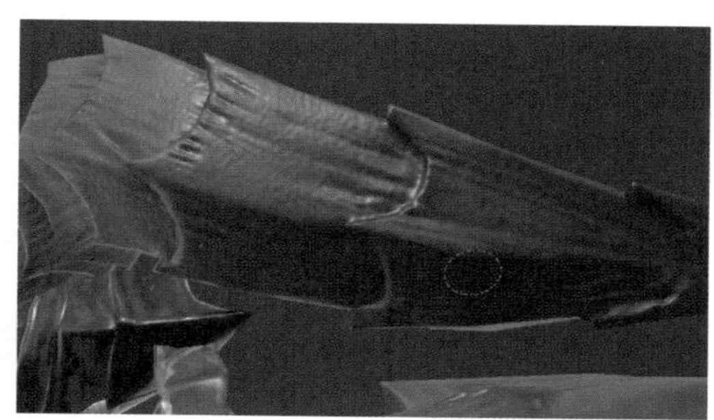

图2-227 新建Fill图层绘制纹理

提示：

在涂抹过程中，角的尖角位置和每节的位置处理的颜色可以较深一些。能够实现过渡自然的渐变效果即可。也可以切换绘制颜色为白色，增加材质的丰富感。

步骤20 按快捷组合键Ctrl+Shift+E，在弹出的Export document对话框中设置各项参数，如图2-228所示。单击Export按钮，稍等片刻，单击OK按钮，即可完成贴图导出，如图2-229所示。

图2-228 设置导出选项

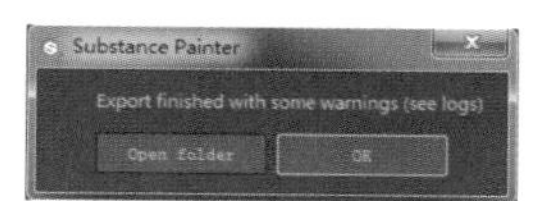

图2-229 导出贴图

步骤21 导出完成后，共获得BaseColor（底色贴图）、OcclusionRoughnessMetallic（三合一贴图）和ao_blinn1SG_Normal（法线贴图）三张贴图，贴图效果如图2-230所示。

图2-230 导出贴图

提示：

在选择导出模式为Unreal Engine 4（Packed）时，会将粗糙度、金属度和AO贴图作为一张贴图导出。在有特效需求时可以单独导出。

任务评价——材质种类清晰不失细节

在制作模型贴图时，由于种类很多，为了便于区别，贴图材质要分清楚，金属是金属，皮革是皮革，不要出现材质不易分辨的情况，如图2-231所示可以清晰地分辨出金属材质、锈迹和污渍的材质。

图2-231 材质种类清晰

对于贴图的要求，不同的项目，要求也不同，但总体来说，贴图整体要干净整齐，不失细节，如图2-232所示。同时贴图不能做脏，以免影响整个模型的显示效果。

细节丰富

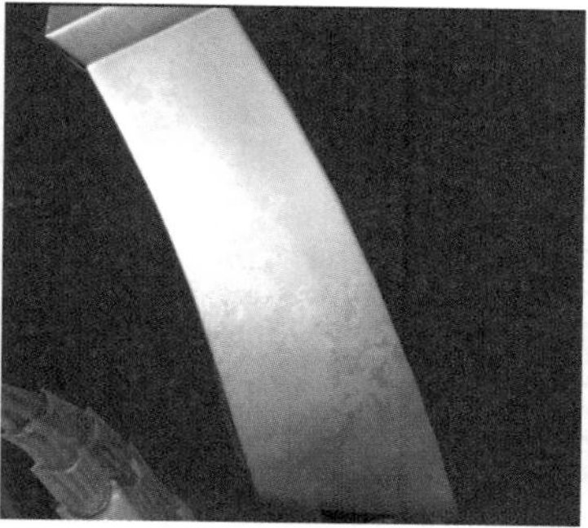
细节不够

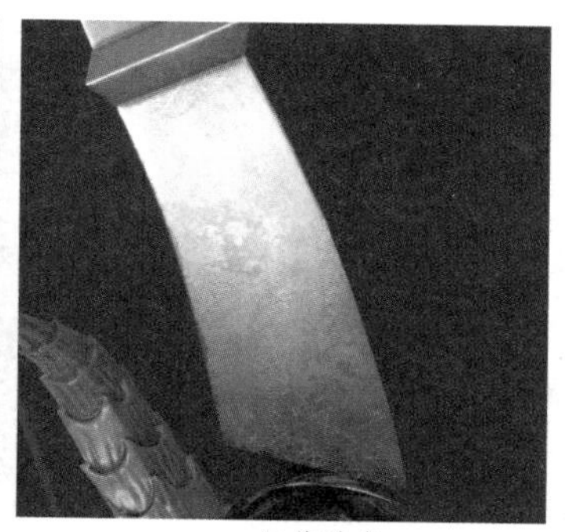
细节过多

图2-232 贴图细节

任务拓展——绘制长矛武器贴图

本任务根据前面所学内容，使用Photoshop为长矛武器模型绘制贴图，绘制底色贴图、法线贴图、ID贴图和高光贴图，完成后的效果如图2-233所示。长矛武器模型贴图效果如图2-234所示。

颜色贴图

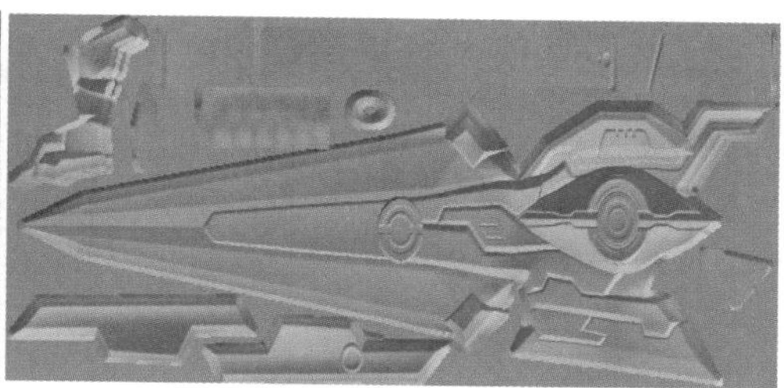
法线贴图

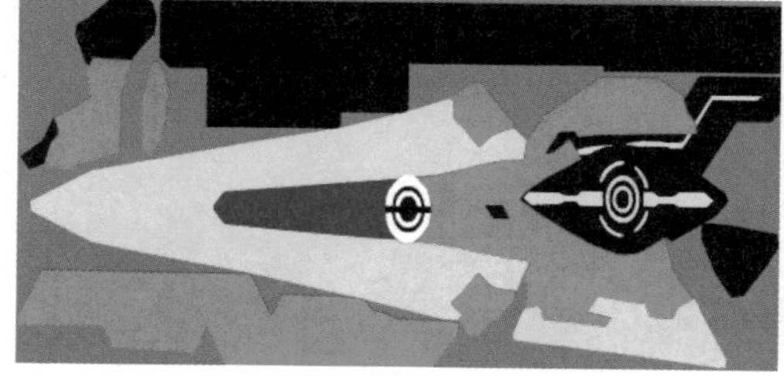
ID贴图

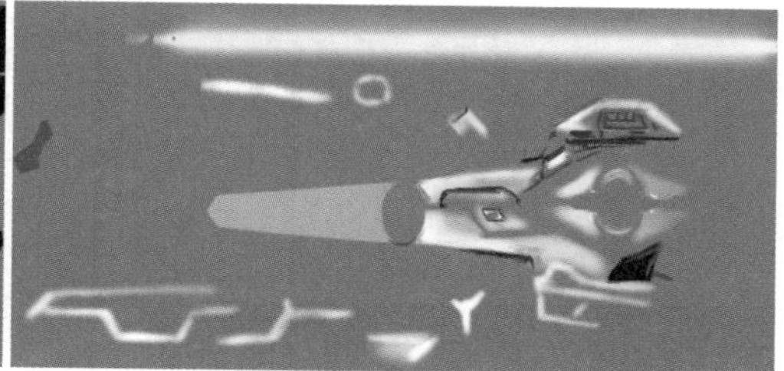
高光贴图

图2-233 贴图效果

图2-234 长矛武器模型贴图效果

PROJECT

游戏角色——漫画同人模型设计

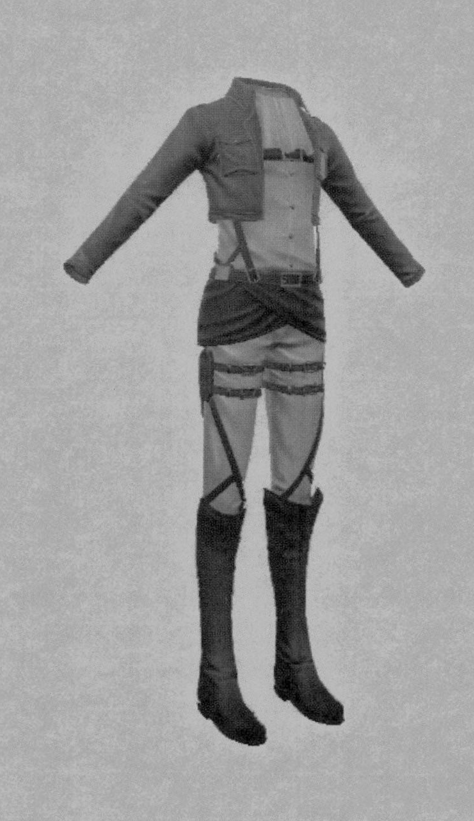

本项目将设计一款如图3-1所示漫画同人模型。通过制作模型，帮助读者掌握次世代模型从无到有的全过程。在本项目制作中，读者要掌握使用3ds Max建模、使用ZBrush雕刻模型、使用TopoGun创建低模以及综合xNormal和CrazyBump完成低模模型贴图绘制的方法和技巧。

通过本项目的学习，培养读者求实创新、精益求精的精神，关注用户体验，彰显人文精神。

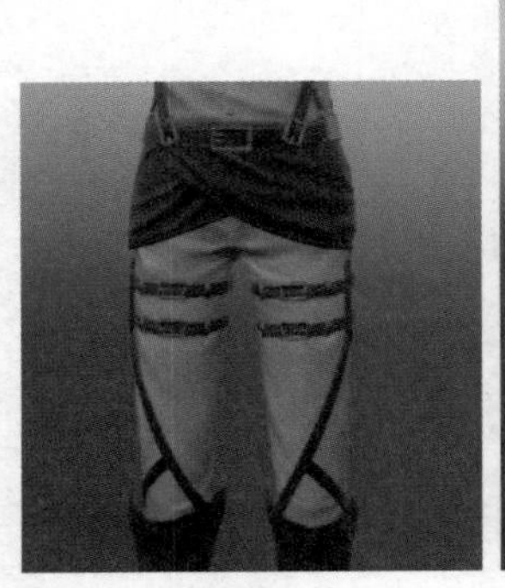
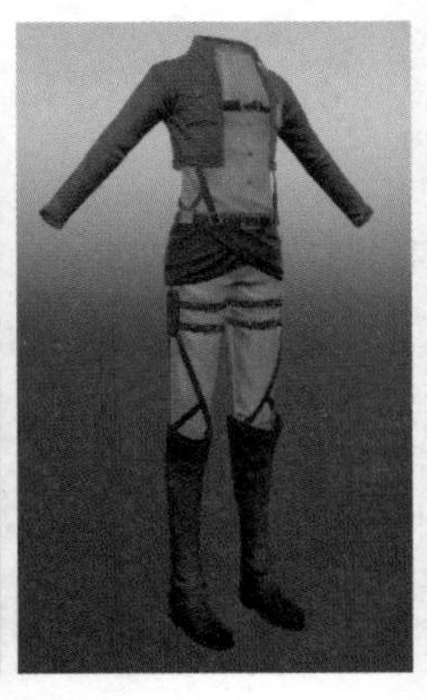

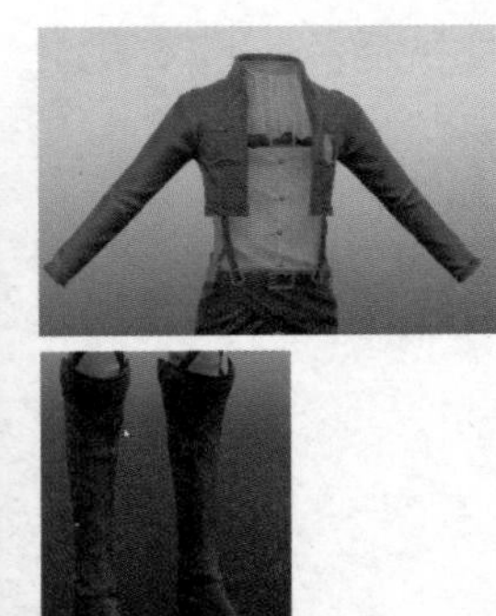

图3-1 同人模型设计

本项目使用到的软件很多，为了便于读者学习，将制作步骤、完成内容和使用软件以表格的方式列出来，详见表3-1所示。

表 3-1 项目工作流程及使用软件

步骤	完成内容	使用软件
1	大形的制作	3ds Max
2	雕刻制作高模	ZBrush
3	拓补制作低模	TopoGun
4	低模拆分 UV	xNormal
5	烘焙法线 AO	CrazyBump
6	ID 贴图	Photoshop
7	贴图软件制作贴图	Marmoset Toolbag

根据研发组的要求，下发设计工作单，对模型分类、模型精度、UV、法线AO和贴图等制作项目提出详细的制作要求。设计人员根据工作单要求在规定的时间内完成模型的设计制作，工作单内容如表3-2所示。

表 3-2 北京造物者科技有限公司工作单

工 作 单										
项目名	人物——漫画同人模型							供应商：		
分 类	任务名称	开始日期	提交日期	中模	高模	低模	UV	法线 AO	贴图	工时小计
次世代	漫画同人模型				4 天	1 天	1 天	0.5 天	2.5 天	
备注:	注意事项	头发面数控制在 500 个三角面内 身体控制在 6000 个三角面内								
	制作规范	1. 模型上的细节一定要工整，不要歪歪扭扭、大小不一 2. 模型在网格中心并在地平线上 3. 不要有废点废面，布线工整合理，横平竖直，不要有除结构线外的多余布线 4. 参照参考图制作，注意模型比例问题								
	贴图规范	身体贴图尺寸为 2048px × 2048px								

任务一 漫画同人服装模型设计

本任务使用3ds Max软件完成漫画同人服装模型的设计制作。由于项目并没有要求制作高模模型，因此本任务中采用了低模烘低模的方式制作模型，模型的最终效果如图3-2所示。

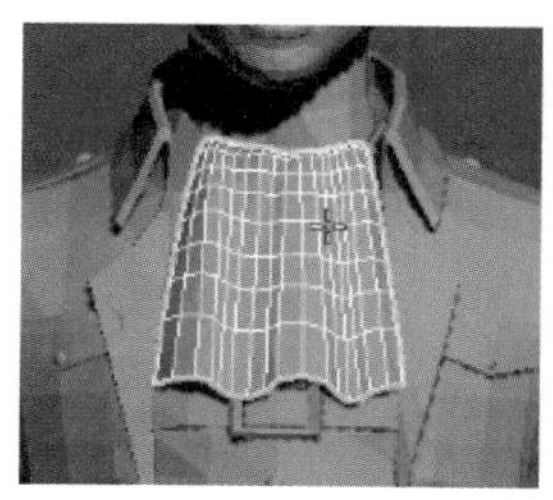
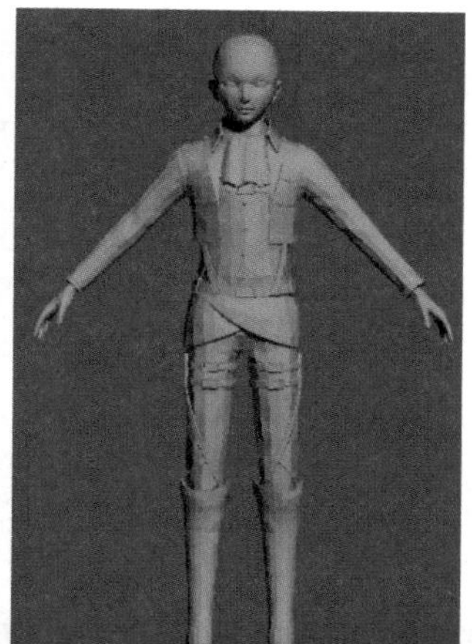
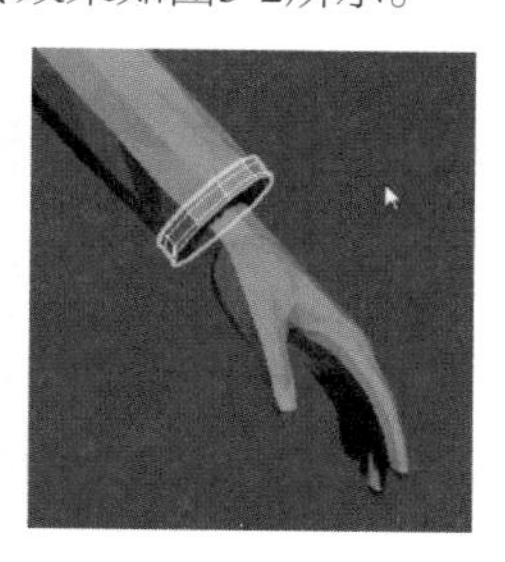

图3-2 漫画同人模型

源 文 件	源文件 \ 项目三 \ 漫画同人模型.MAX
素　　材	素材 \ 项目三 \
演示视频	视频 \ 项目三 \ 制作漫画同人模型.MP4
主要技术	分离网格、可编辑多边形、梳理布线、Shell 修改器

任务分析——同人模型基本结构

在开始制作模型之前，可以先通过不同的渠道找到一些模型的参考图，参考图最好有多重风格和不同的角度，有利于分析模型的结构，如图3-3所示为在互联网上找到的几张模型的参考图。

图3-3 参考图

原画中显示人物上半身有外套、领巾和打底衫三大部分组成，下半身则由皮带、跨带、皮裙、裤子、长筒靴、腿上皮带组成，手臂上有臂章，后背有徽章，如图3-4所示。

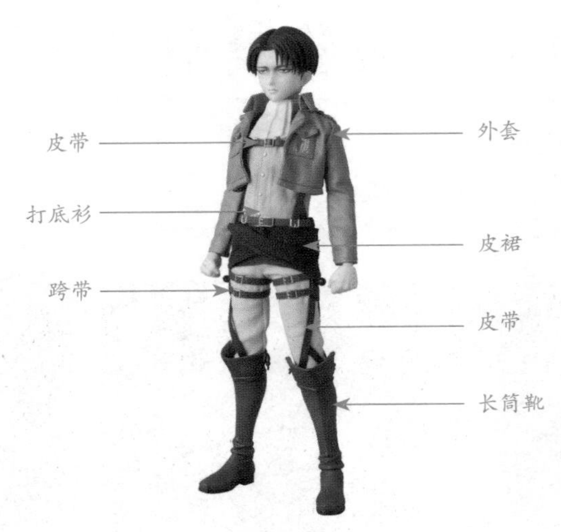

图3-4 分析原画

在开始设计制作模型前，需要先将裸模导入软件，如图3-5所示。裸模一般是由甲方提供的，通常是不能修改的。因为裸模一般都已经绑定了骨骼和动作，并且与后面的工作有关，如果裸模被修改了，可能会严重影响后面的工作。

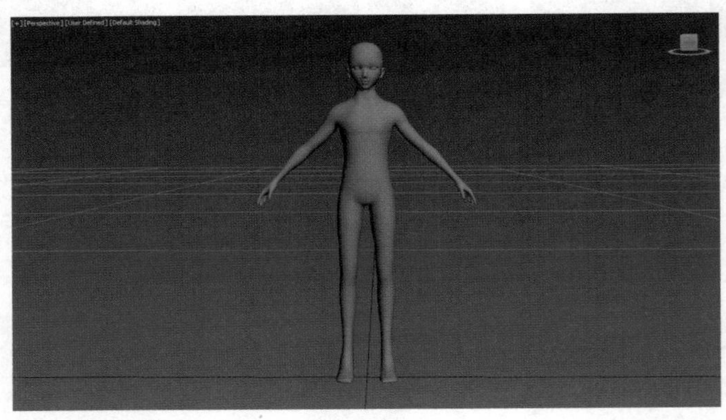

图3-5 导入裸模

提示：

该项目中裸模采用一种标准姿势，设计师以裸模为参考设计制作服装模型。人物制作与道具制作不同。衣服穿在裸模上，必须贴合裸模的皮肤。

制作完成的模型应分为几部分，方便模型替换，便于游戏中人物作为皮肤使用。例如头发、五官、妆容、服装。

知识链接——梳理布线与坐标系

1. 梳理布线

为了获得更好的效果，通常会对完成的模型布线进行梳理，将多余的三角边改成四角边。便于以后的雕刻操作。使用Cut命令创建连接线，如图3-6所示。按Backspace键，将多余的线删除，如图3-7所示。

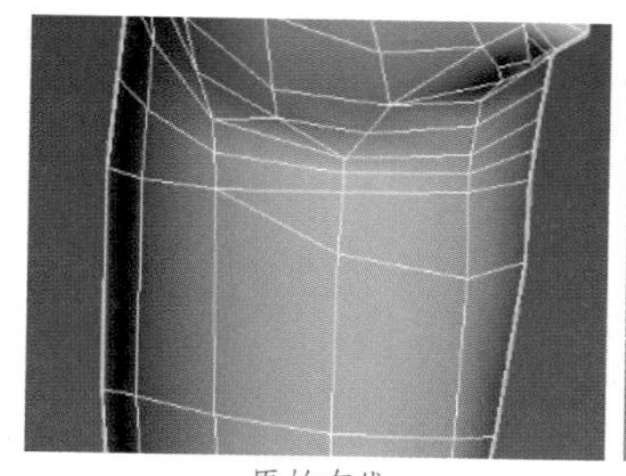

原始布线

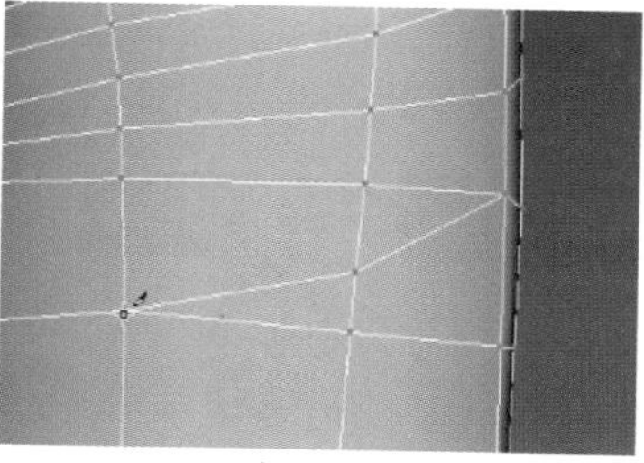

添加线

图3-6 梳理布线

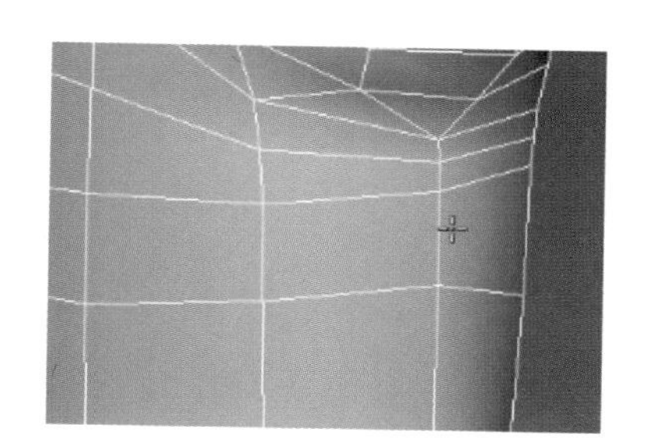

图3-7 删除布线

尽量不要通过拖动调整线的位置，而是通过快速加线的方式增加线。选中线，单击工具栏上的Toggle Ribbon按钮，单击Modeling→Edit→Swift Loop按钮，如图3-8所示。在模型相对均分的位置增加一条线，如图3-9所示。

图3-8 选择快速加线

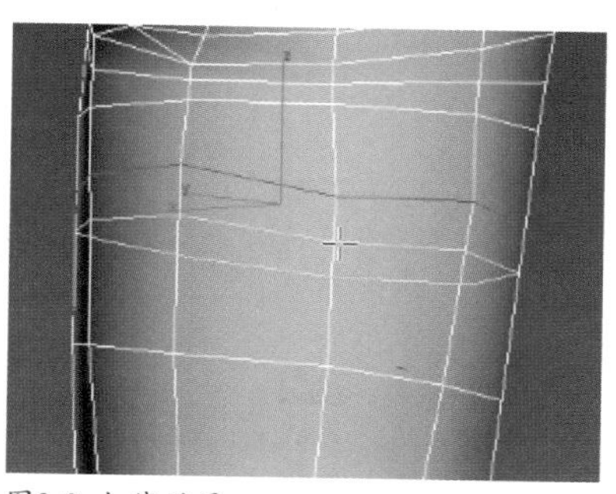

图3-9 加线效果

提示：

模型的布线尽量为等分状态，不要出现疏密不同的情况。在一些关节或衣物堆积的位置，布线可以稍微密一些。

在梳理膝盖等位置的布线时，如图3-10所示。尽量不删除结构线，只删除造成三角面的线。

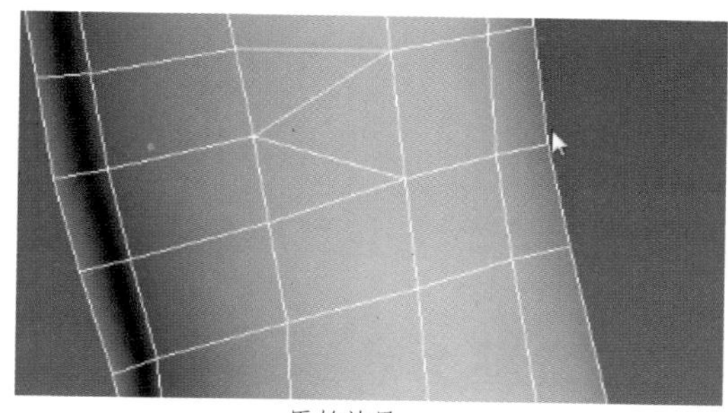

原始效果

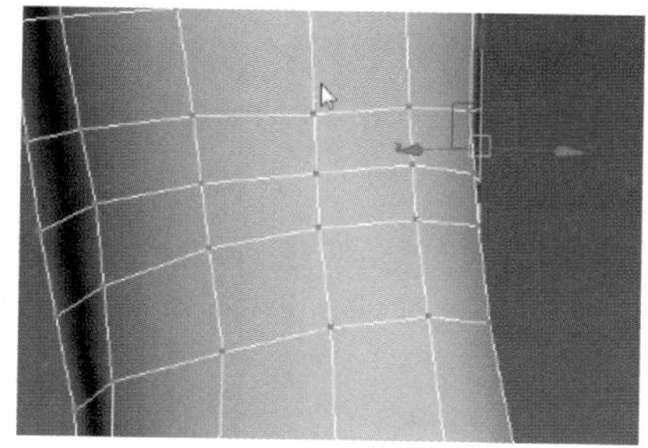

梳理后效果

图3-10 梳理布线

2. 坐标系

在编辑网格时，常常需要选择不同的坐标系。读者可以在3ds Max工具栏如图3-11所示选择合适的坐标系。3ds Max为用户提供了View、Screen、World、Parent、Local、Gimbal、Grid、Working、Local Aligned和Pick共10种坐标系。

- View

该坐标系为默认坐标系，使用该坐标系，所有正交视口中的*X*、*Y*和*Z*轴都相同。使用该坐标系移动对象时，会相对于视口空间移动对象。

*X*轴始终朝右，*Y*轴始终朝上，*Z*轴始终垂直于屏幕，如图3-12所示。

图3-11 选择坐标系

- Screen

该坐标系将活动视口屏幕用作坐标系。*X*轴为水平方向，正面朝右；*Y*轴为垂直方向，正面朝上；*Z*轴为深度方向，正向指向用户。如图3-13所示。

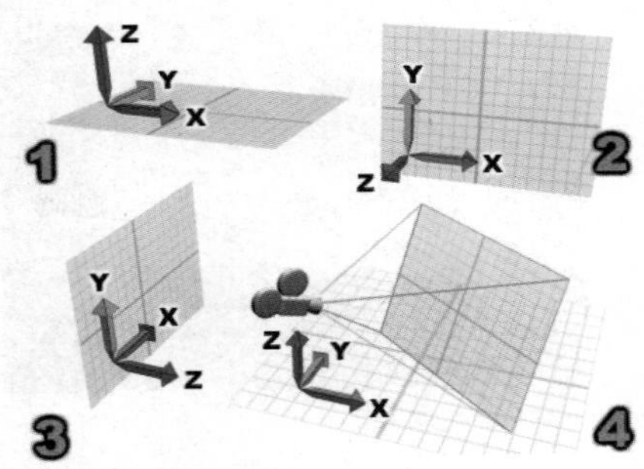

图3-12 View（视图）坐标系

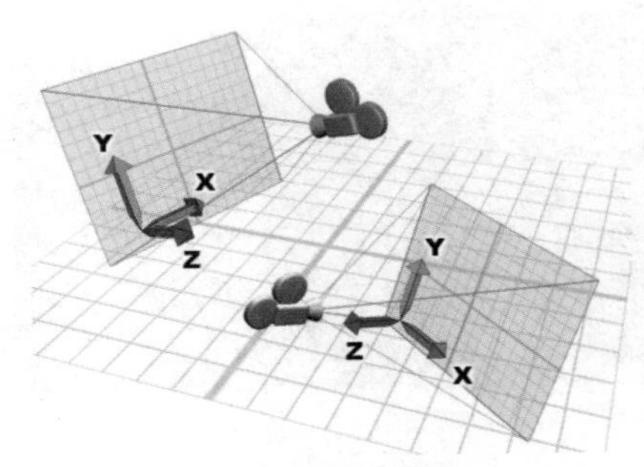

图3-13 Screen（屏幕）坐标系

Screen模式下的坐标系始终相对于观察点。该模式取决于其方向的活动视口，非活动视口中的三轴架上的 *X*、*Y* 和 *Z* 标签将显示活动视口的方向。激活该三轴架所在的视口时，三轴架上的标签会发生变化。

- World

读者可以在每个视口的左下角看到世界坐标轴，其中*X*轴为红色、*Y*轴为绿色、*Z*轴为蓝色。使用世界坐标系，从正面看，*X*轴朝右，*Z*轴朝上，*Y*轴指向背离用户的方向，如图3-14所示。

- Parent

该坐标系将使用选定对象的父对象的坐标系。如果对象未链接到特定对象，则其为世界坐标系的子对象，其父坐标系与世界坐标系相同，如图3-15所示。

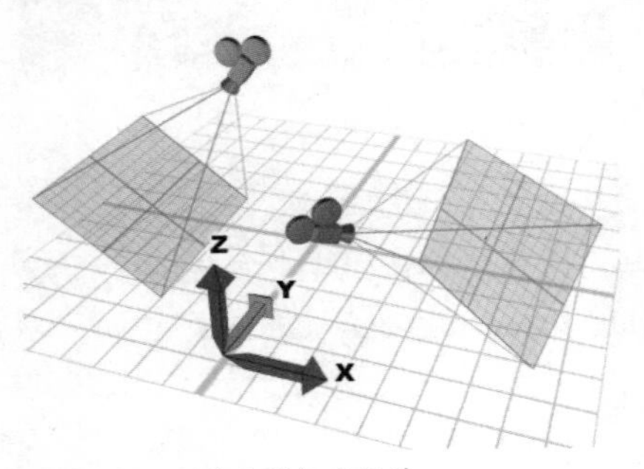

图3-14 World（世界）坐标系

图3-15 Parent（父对象）坐标系

- Local

该坐标系为局部坐标系，使用选定对象的坐标系。对象的局部坐标系由其轴点支撑。使用层次命令面板上的选项，可以相对于对象调整局部坐标系的位置和方向，如图3-16所示。

- Gimbal

该坐标系为万向坐标系，与局部坐标系类似，但其3个旋转轴相互之间不一定垂直。

- Grid

该坐标系为栅格坐标系，使用活动栅格的坐标系，如图3-17所示。

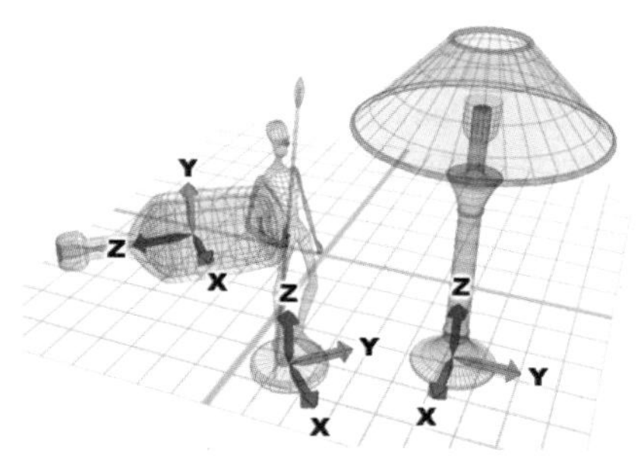

图3-16 Local（局部）坐标系

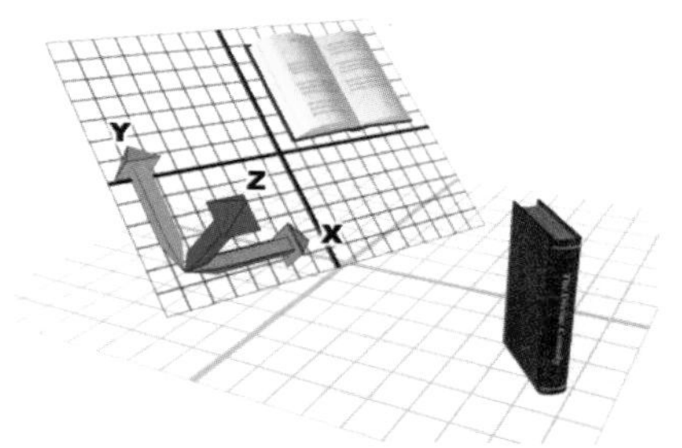

图3-17 Grid（栅格）坐标系

- Working

该坐标系为工作轴坐标系，用户可以随时使用坐标系，无论工作轴是否处于活动状态。

- Local Aligned

该坐标系为局部对齐坐标系。在可编辑网格或多边形中使用子对象时，局部坐标系仅考虑*Z*轴，这会导致沿*X*和*Y*轴的变换不可预测。局部对齐坐标系则是使用选定对象的坐标系来计算*X*和*Y*轴以及*Z*轴。当同时调整具有不同面的多个子对象时，非常方便。

- Pick

该坐标系为拾取坐标系。使用场景中另一个对象的坐标系，如图3-18所示。选择拾取后，单击要使用其坐标系的对象，对象的名称即出现在坐标系列表中，如图3-19所示。

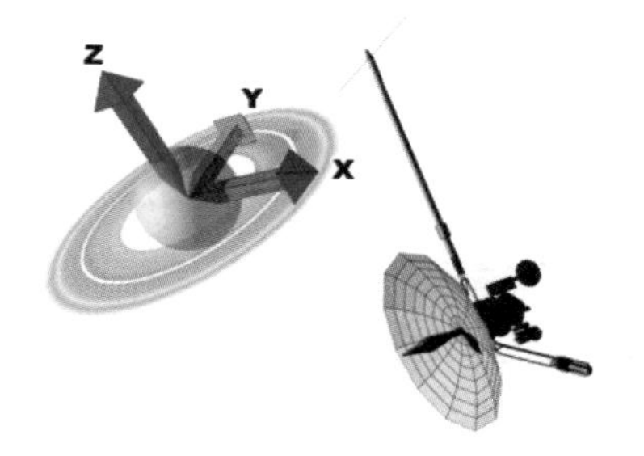

图3-18 拾取坐标系

图3-19 拾取后的坐标系

任务实施——制作漫画同人服装模型

1. 确定模型的基本尺寸

步骤 01 在3ds Max 2017中将裸模打开，效果如图3-20所示。按快捷组合键Alt+W，最大显示预览视口，按F4键，取消线框显示，效果如图3-21所示。

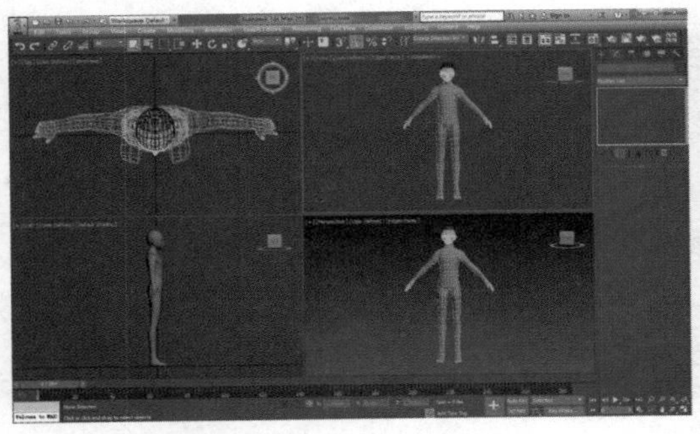

图3-20 打开裸模文件

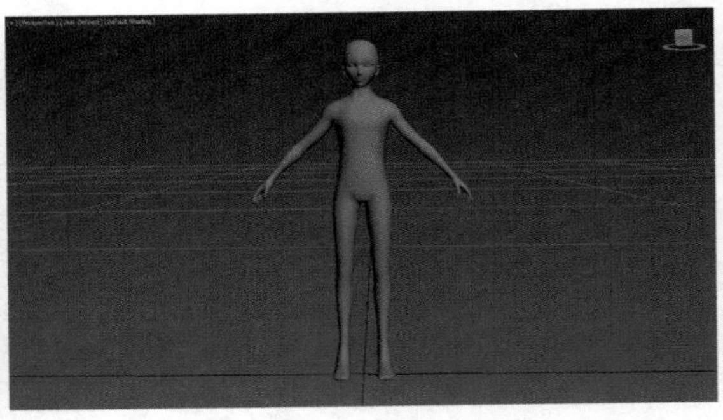

图3-21 取消线框显示

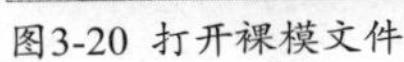选中模型躯干，单击鼠标右键，在弹出的快捷菜单中选择Convert To:→Conver to Editable Poly命令，将模型转换为可编辑多边形，如图3-22所示。按F4键，打开线框图显示，选择编辑Polygon模式，如图3-23所示。

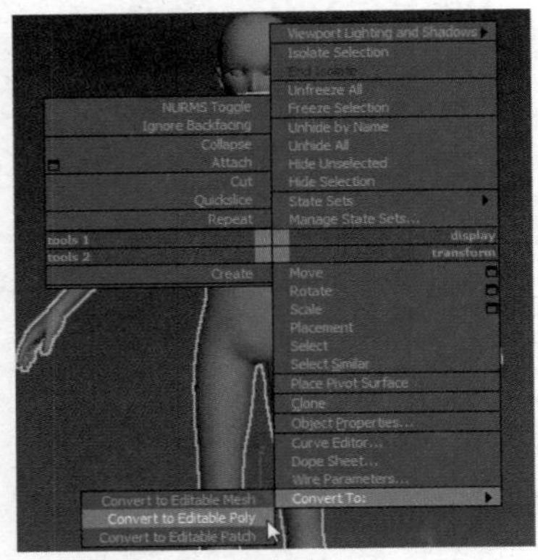

图3-22 转换为可编辑多边形

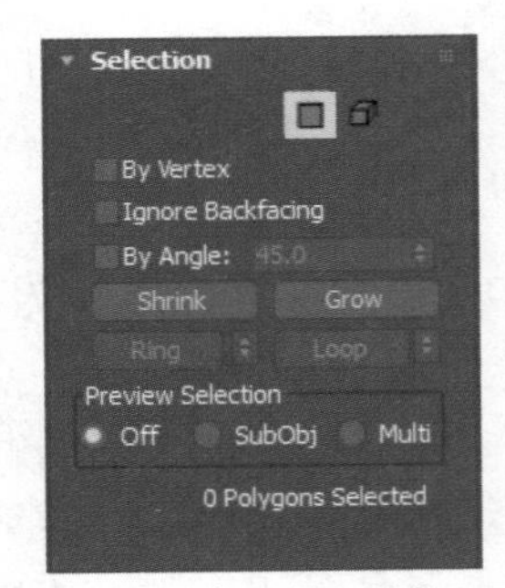

图3-23 选择编辑面模式

步骤03 使用矩形选框工具，配合Ctrl键选择如图3-24所示面。单击Edit Geometry选项下的Detach按钮，弹出的Detach对话框，设置如图3-25所示。单击OK按钮。

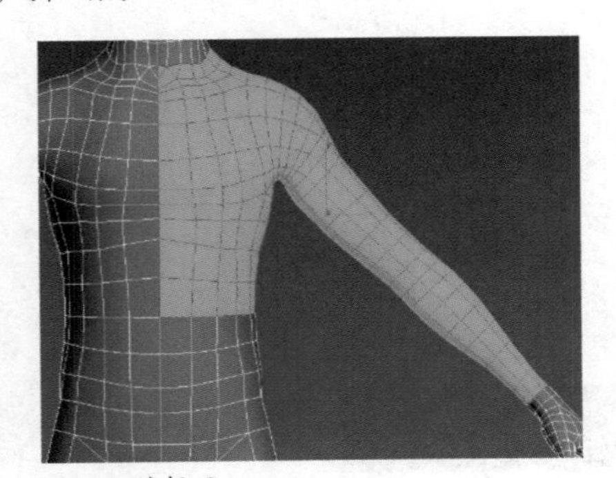

图3-24 选择面

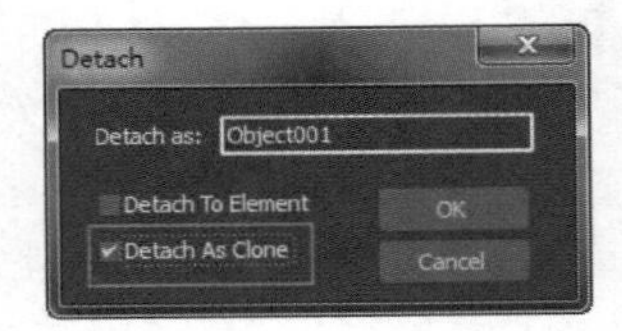

图3-25 分离面

步骤04 选择分离出来的模型，单击鼠标右键，在弹出的快捷菜单中选择Convert To:→Conver to Editable Poly命令，将模型转换为可编辑多边形，如图3-26所示，选择点编辑模式，拖动选中所有顶点，在按Alt键的同时单击鼠标右键，在弹出的快捷菜单中选择Local坐标轴，如图3-27所示。

提示：

在进行可编辑多边形操作时，可以使用键盘上的1～5数字键在编辑层级上快速切换，实现对不同对象的编辑。

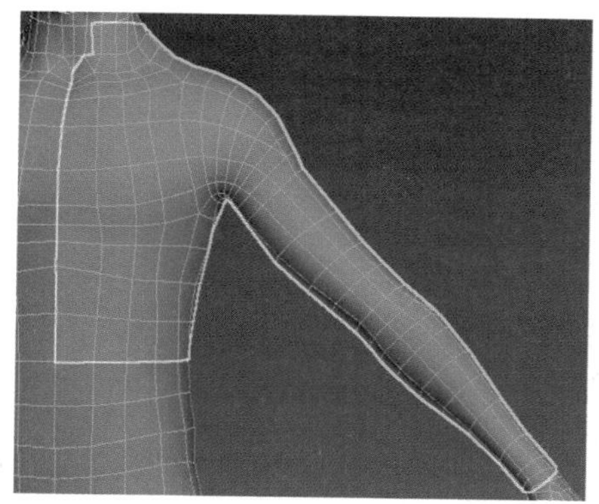
图3-26 转换可编辑多边形

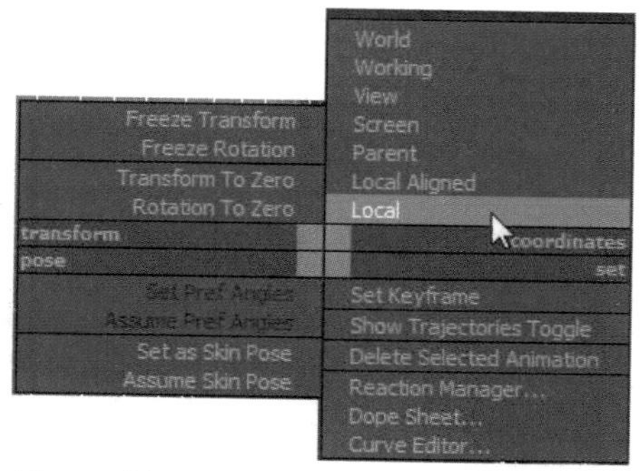

图3-27 选择坐标轴

步骤 05 使用移动工具，拖动扩大模型，效果如图3-28所示。选择边级别，在按Ctrl键的同时双击线条，选中肩部的线条，如图3-29所示。按快捷组合键Ctrl+Backspace删除线条，效果如图3-30所示。

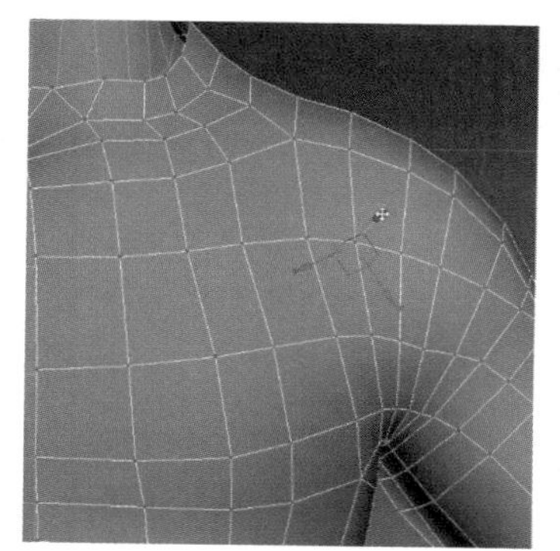
图3-28 调整中心点

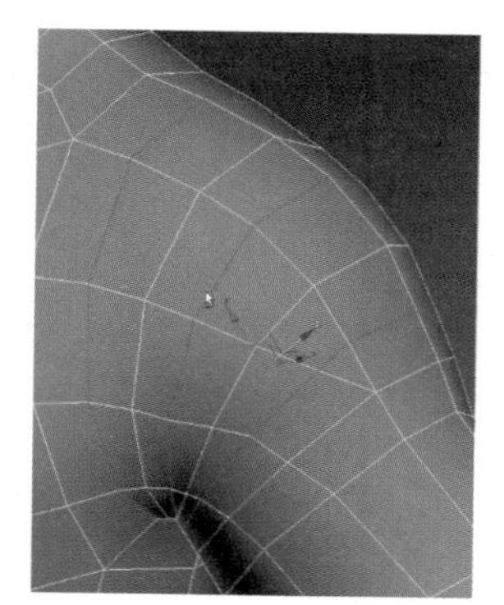
图3-29 选择网格

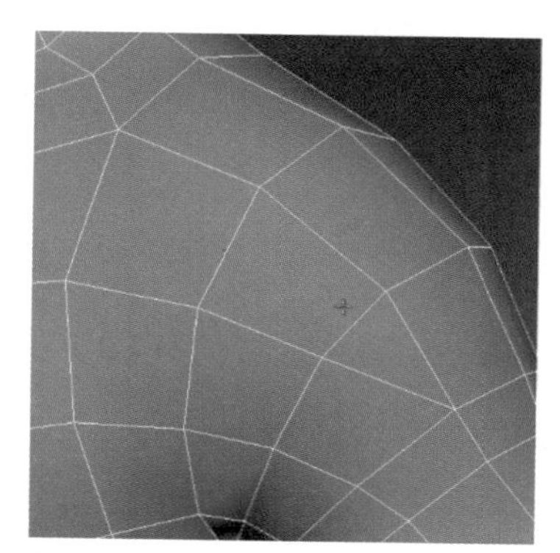
图3-30 删除网格

提示：

当前的工作只是为了制作模型的大致轮廓，要尽量控制模型的面数，使模型的布线较为工整。尽量让模型的布线保持标准的“井”字布线，以保证后期在ZBrush中雕刻时，完成平滑的模型表面。

步骤 06 选择线编辑级别，选中人物腋下线条，如图3-31所示。单击鼠标右键，在弹出的快捷菜单中选择Collapse命令，塌陷效果如图3-32所示。用相同的方法将另外两条线也塌陷，效果如图3-33所示。

图3-31 选中线

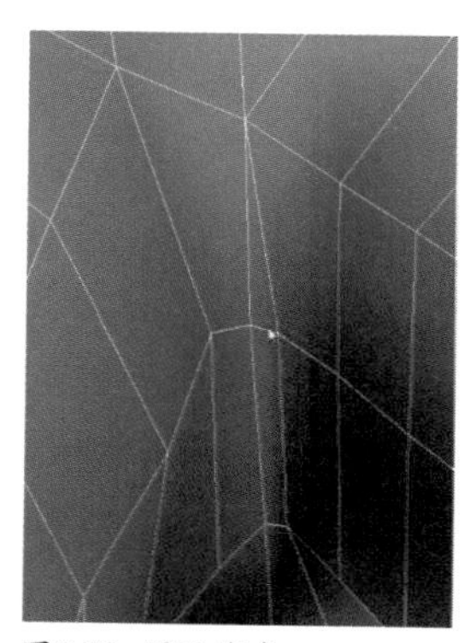
图3-32 塌陷线条

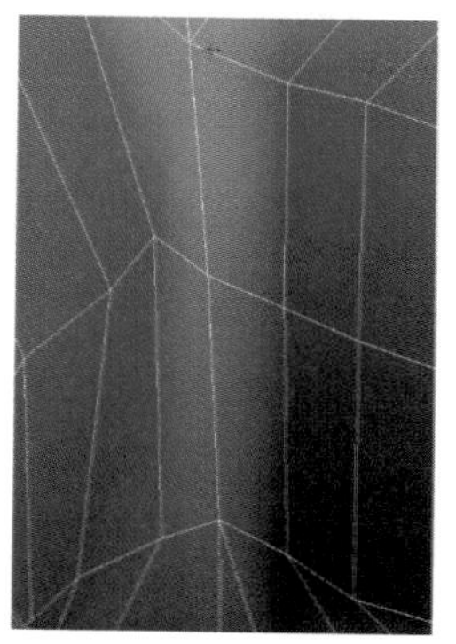
图3-33 另外两条线的塌陷效果

提示：

在对外套模型进行放大操作时，要时刻关注模型之间的距离，使外套与人体之间保持恰当的距离，因为内部还有一层衣服。

步骤07 选中模型背部顶部的线条并将其删除，如图3-34所示。用相同的方法，梳理其他部位的布线。

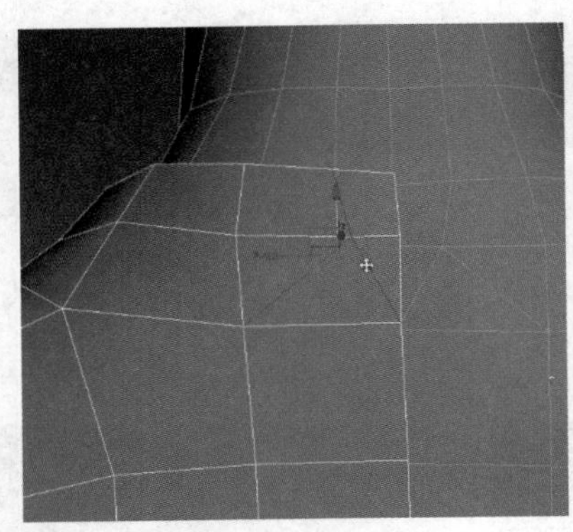

图3-34 梳理布线

提示：

在删除线条时，如果只按下Backspace键，则当前线条将会被删除，但对应的顶点会保留下来。如果要彻底删除顶点和线条，则需要在按Ctrl键的同时按Backspace键。

步骤08 选择点编辑层级，拖动选中最底部的顶点，如图3-35所示。使用Select and Uniform Scale工具在Y轴上由上向下拖动，将顶点压平，效果如图3-36所示。

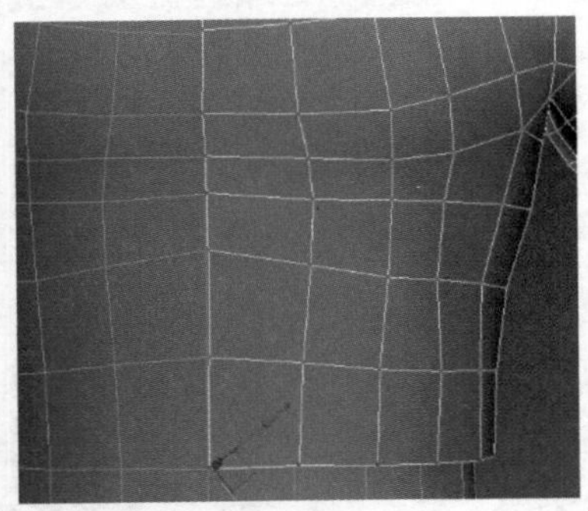

图3-35 选中顶点

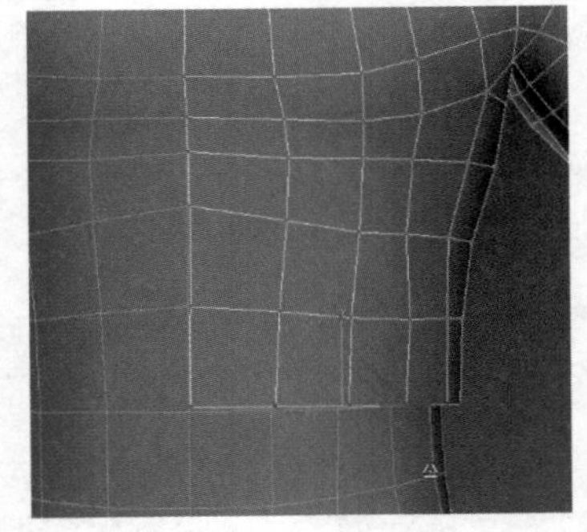

图3-36 压平顶点

小技巧：

选中顶点后，要养成旋转一圈查看是否全部选中顶点的习惯。避免出现漏选、多选和错选的情况。

步骤09 用相同的方法压平其他顶点，并拖动调整线条，完成后的效果如图3-37所示。继续删除并塌陷领口部分的线，完成后的效果如图3-38所示。

提示：

如果需要调整线条的位置，需要先将坐标改回世界坐标。在按Ctrl键的同时单击鼠标右键，在快捷菜单中选择坐标。

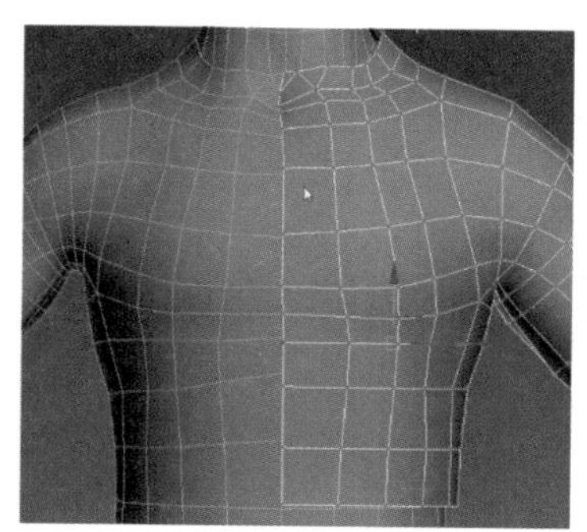

图3-37 调整布线

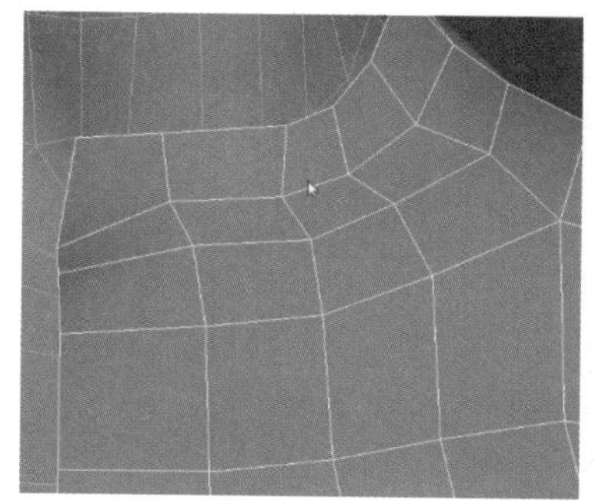

图3-38 删除并塌陷

步骤 10 进入面编辑层级，拖动选中的面，如图3-39所示。按Delete键将选中的面删除，删除效果如图3-40所示。

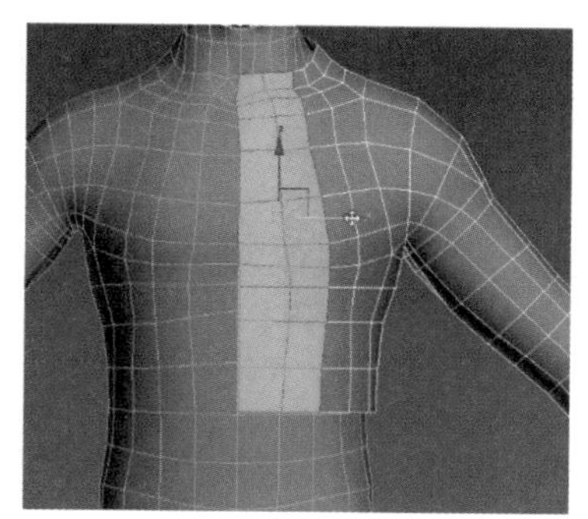

图3-39 选中面

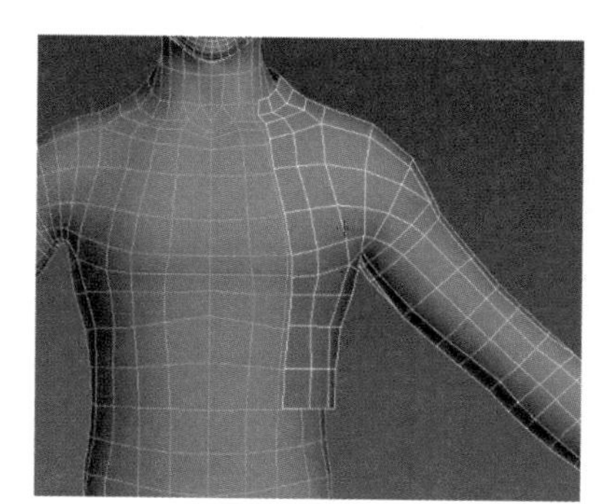

图3-40 删除面

步骤 11 进入边编辑级别，选中最外侧的边将其压平，效果如图3-41所示。拖动顶部顶点，调整布线效果，如图3-42所示。

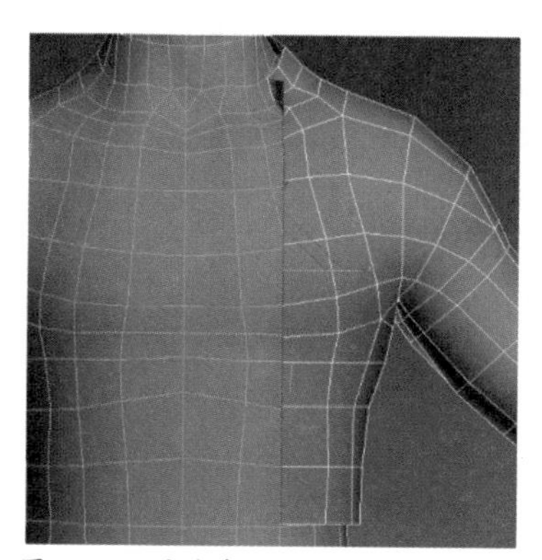

图3-41 压平边线

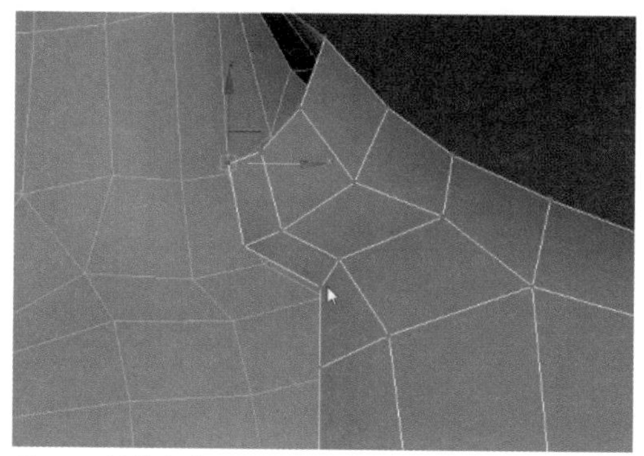

图3-42 调整布线

步骤 12 选中底部的边线，拖动其调整到如图3-43所示位置。继续通过拖动顶点调整布线，完成后的效果如图3-44所示。

步骤 13 进入边层级模式，拖动底部边线向外移动，调整后模型的效果如图3-45所示。单击鼠标右键，在弹出的快捷菜单中选择Cut选项，在顶点和边线间创建布线，如图3-46所示。

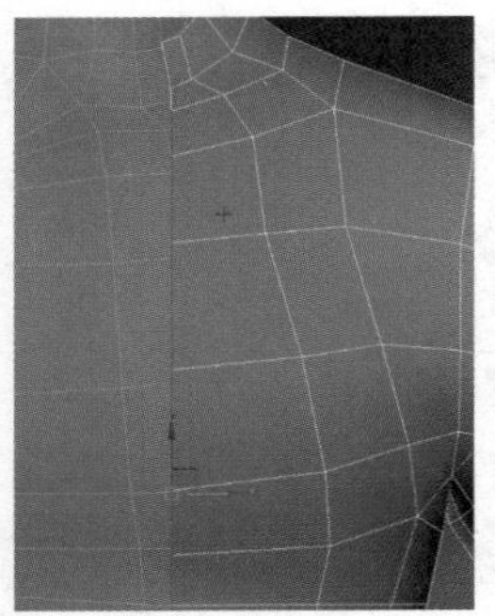

图3-43 调整边线位置

图3-44 调整布线

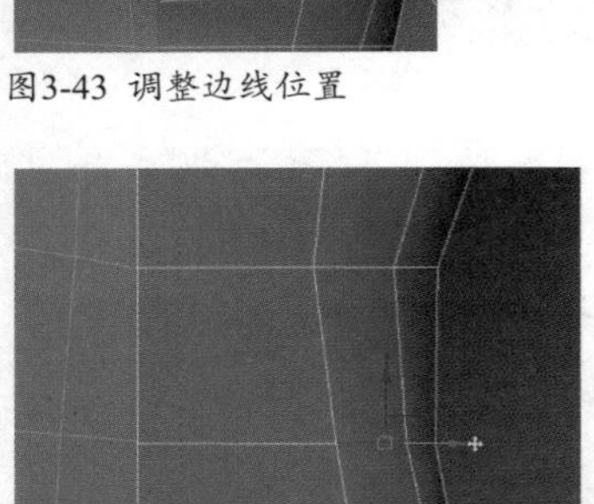

图3-45 调整边线

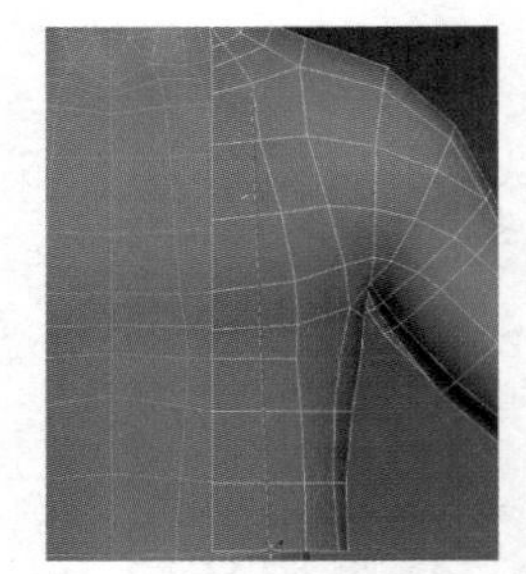

图3-46 切割模型

步骤 14 将弯曲的边线选中并删除，效果如图3-47所示。用相同的方法对弯曲的布线进行调整，完成后的效果如图3-48所示。

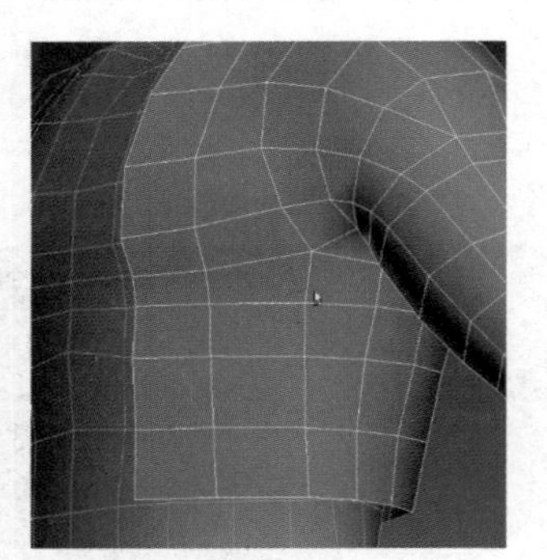

图3-47 删除布线

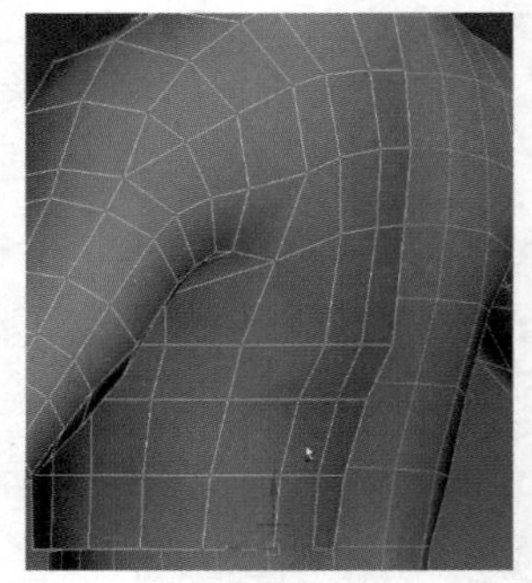

图3-48 调整布线

步骤 15 按F4键隐藏网格。按M键，打开材质编辑器，选中一个材质球，单击Assign Material to Selection按钮，将材质赋予外套。单击Diffuse后面的色块，设置各项参数，如图3-49所示。模型效果如图3-50所示。

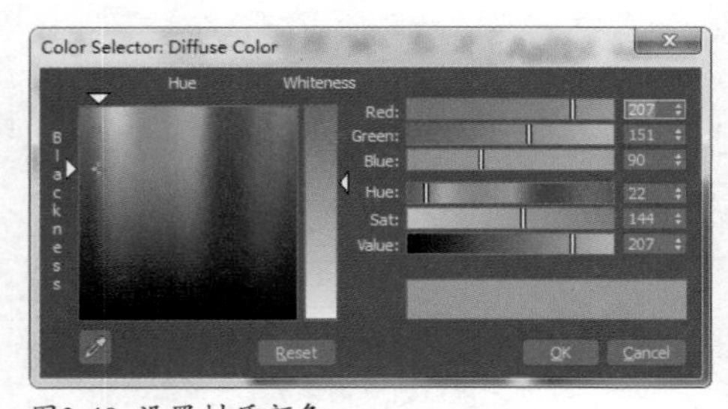

图3-49 设置材质颜色

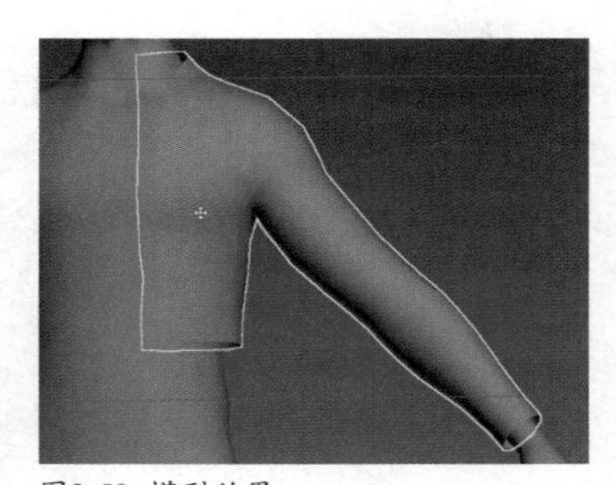

图3-50 模型效果

提示：

在材质球上单击鼠标右键，可以选择材质球显示的数量。本案例中采用了6×4的材质球数量。

步骤 15 单击工具栏上的Mirror按钮，设置各项参数，如图3-51所示。单击OK按钮，完成镜像效果，如图3-52所示。

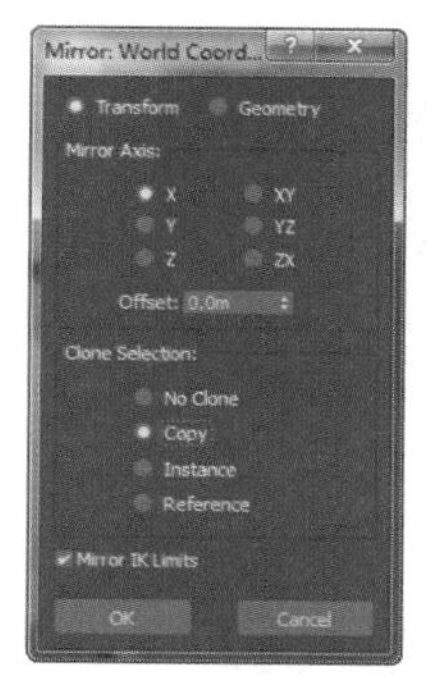

图3-51 镜像设置

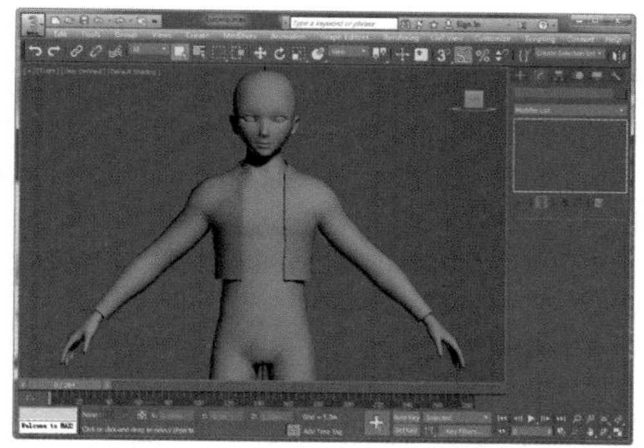
图3-52 镜像效果

2. 制作打底衫、裤子和腰带

步骤 01 选择躯干模型，按快捷组合键Alt+Q，孤立躯干模型，效果如图3-53所示。 进入面编辑级别，拖动选中的面，如图3-54所示。

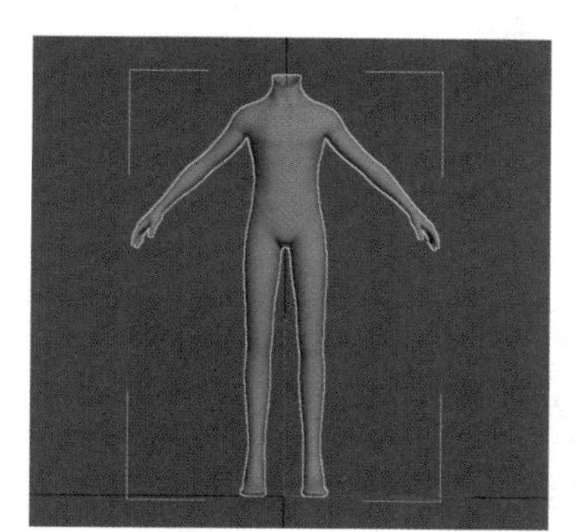
图3-53 孤立躯干

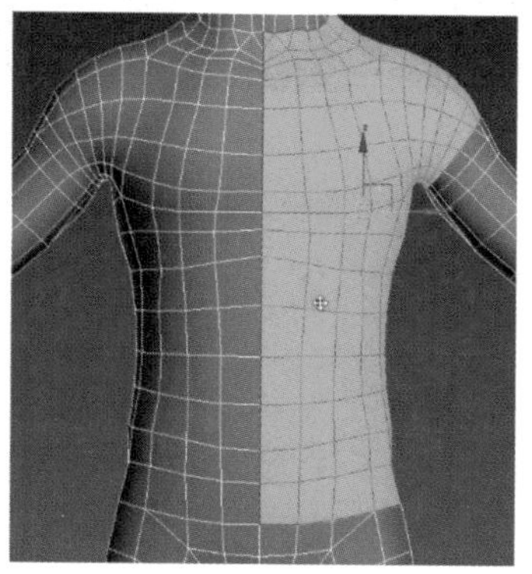
图3-54 选中面

步骤 02 单击Edit Geometry选项下的Detach按钮，将面分离出来。单击鼠标右键，在弹出的菜单中选择Convert To: → Convert to Editable Poly命令，如图3-55所示。使用等比例缩放工具缩放模型，效果如图3-56所示。

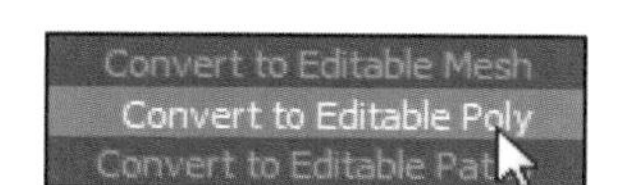

图3-55 转换可编辑多边形

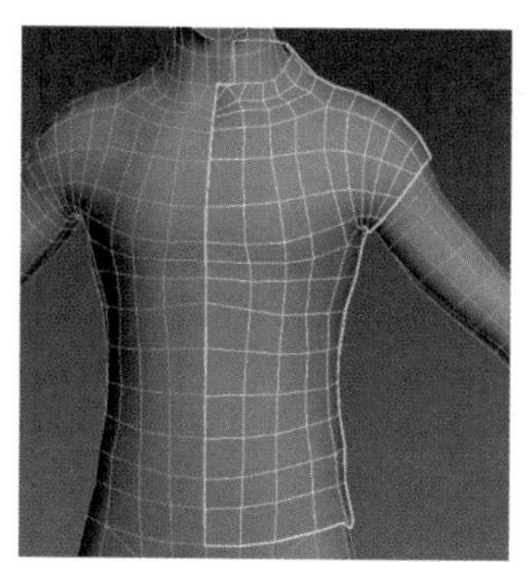
图3-56 缩放模型

步骤03 单击操作界面下面的Isolate Selection Toggle按钮，退出孤立，如图3-57所示。观察由于缩放的问题，外套和打底衫出现了穿透效果，如图3-58所示。

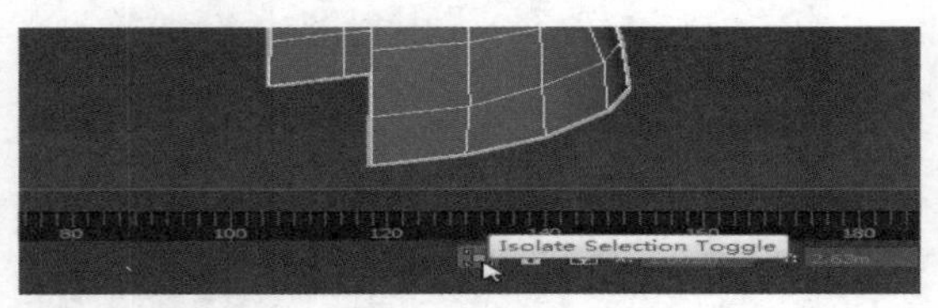

图3-57 退出孤立

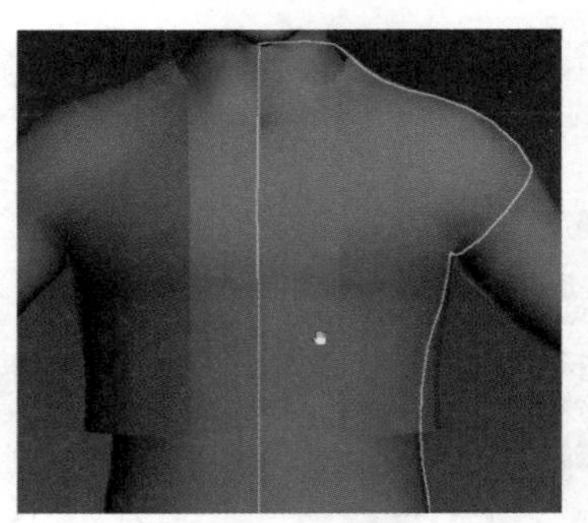

图3-58 穿透效果

步骤04 选中外套模型，进入面编辑层级，拖动调整，解决穿透问题，如图3-59所示。

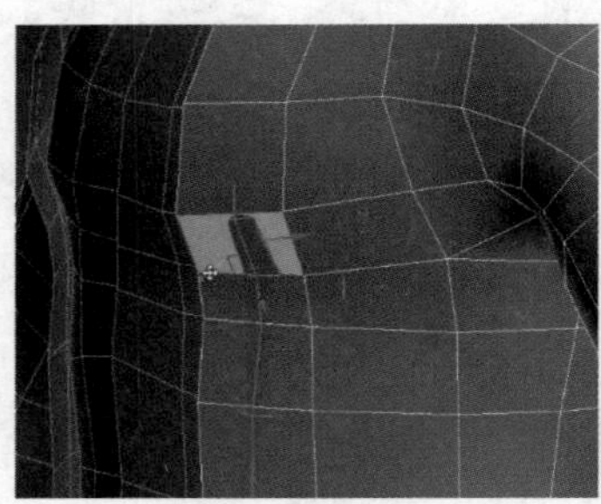

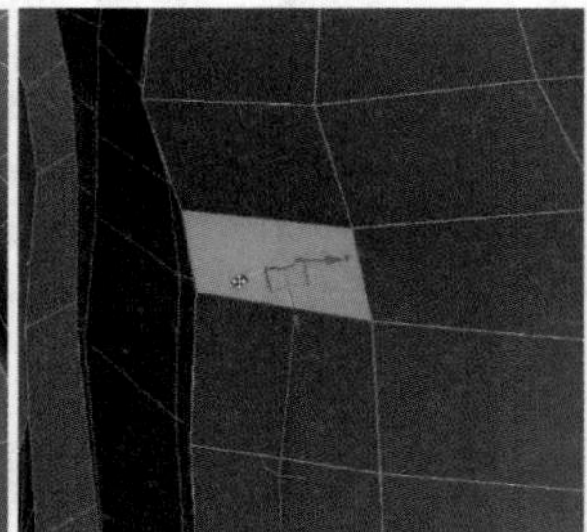

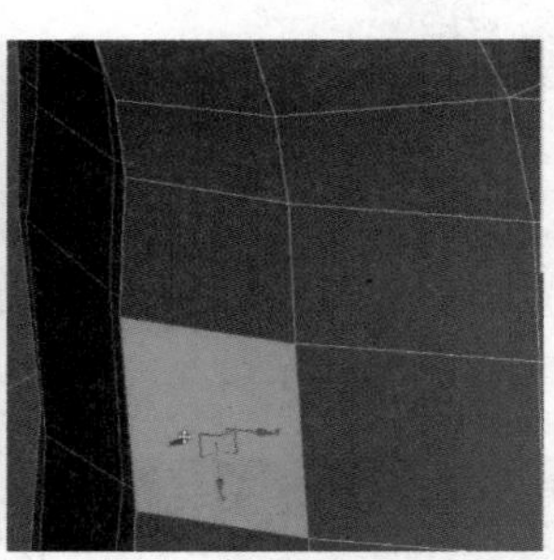

图3-59 调整面解决穿透问题

步骤05 打开材质编辑器，设置漫反射颜色，如图3-60所示。将材质指定给模型，效果如图3-61所示。

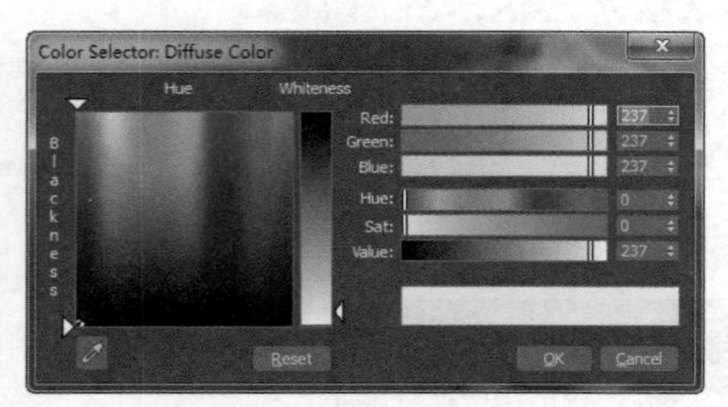

图3-60 设置材质颜色

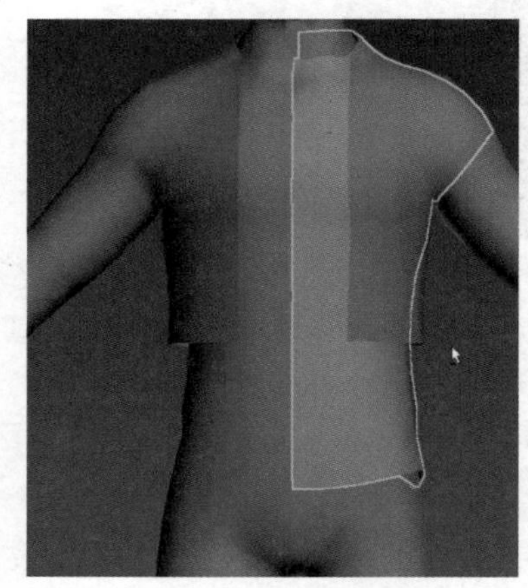

图3-61 材质效果

步骤06 使用镜像工具镜像出另一侧模型，镜像效果如图3-62所示。用相同的方法制作出裤子和腰带模型，完成后的效果如图3-63所示。

提示：

在操作过程中，要避免由于误操作而移动模型的位置。如果出现操作错误，要及时按快捷组合键Ctrl+Z，后撤一步。

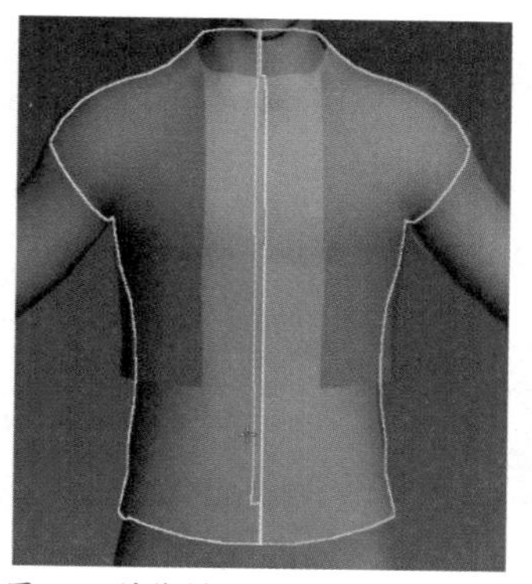
图3-62 镜像模型

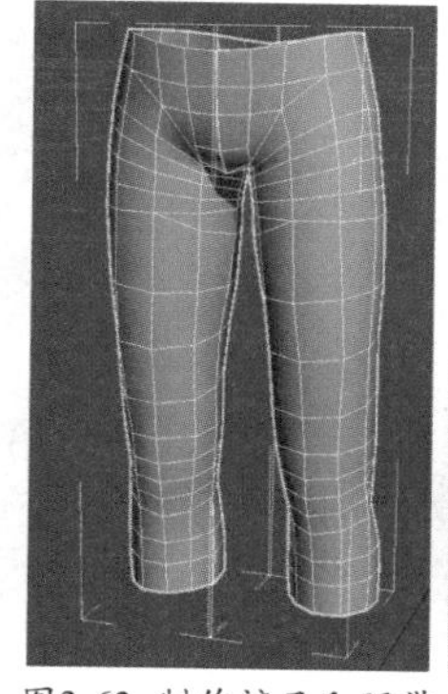
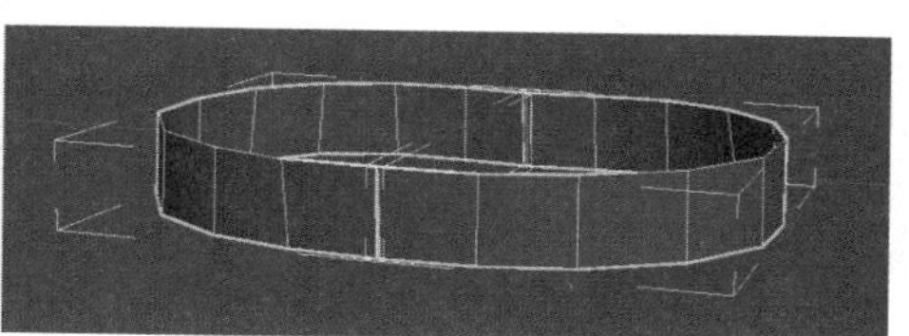
图3-63 制作裤子和腰带

3. 制作靴子、皮裙和装饰

步骤 01 选择裸模，按快捷组合键Alt+Q孤立模型。进入面编辑层级，拖动选中如图3-64所示面。单击Detach按钮，将面分离出来，并将其转换为可编辑多边形，进入点编辑层级，更改坐标轴，使用等比例缩放工具缩放模型，缩放效果如图3-65所示。

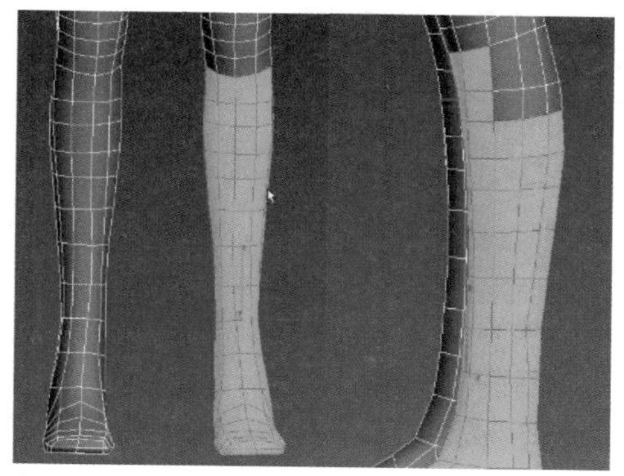
图3-64 选中靴子面

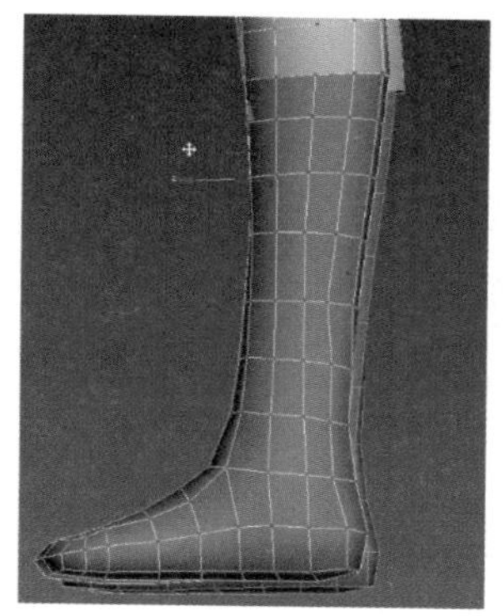
图3-65 缩放靴子

步骤 02 选中靴子模型，将其孤立。进入边编辑层级，选中两边向外移动，修改完成后的效果如图3-66所示。选中底部线条继续向外拖动，将裤子模型遮盖，解决模型穿透问题，完成后的效果如图3-67所示。

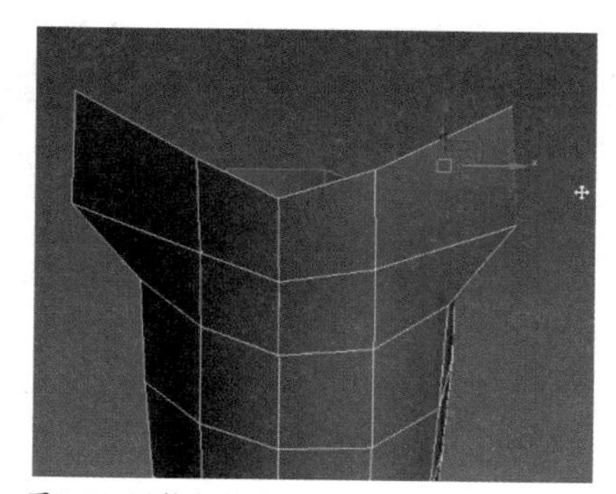
图3-66 调整靴子边

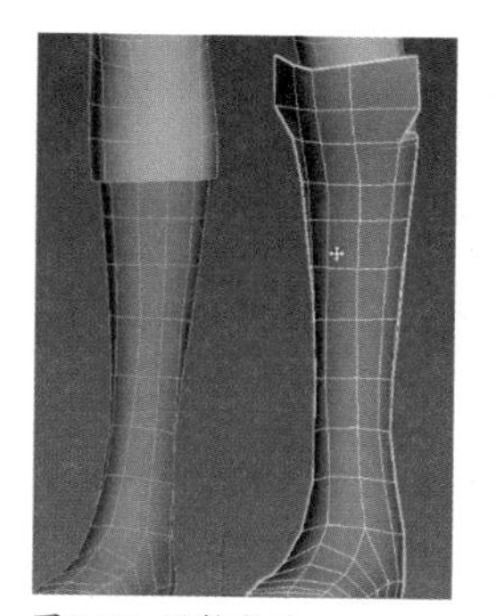
图3-67 调整靴子

步骤 03 切换到顶点编辑层级，选中如图3-68所示顶点，向外移动，得到如图3-69所示效果。用相同的方法调整另一侧的顶点，完成后的效果如图3-70所示。

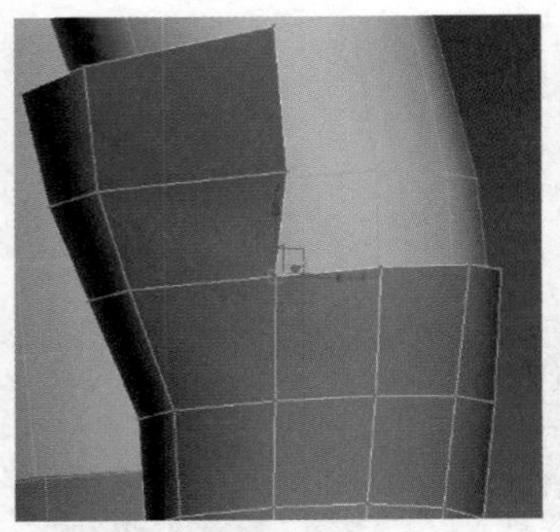

图3-68 选中顶点

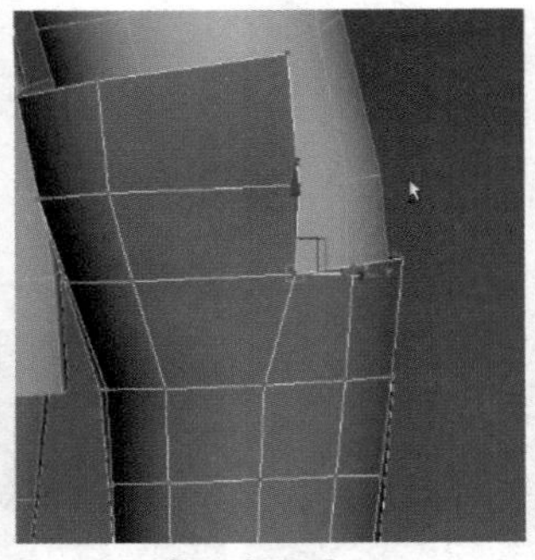

图3-69 调整顶点位置

图3-70 调整另一侧顶点

步骤 04 打开材质编辑器，选中一个材质球，设置漫反射颜色如图3-71所示。将设置好的材质指定给靴子，效果如图3-72所示。

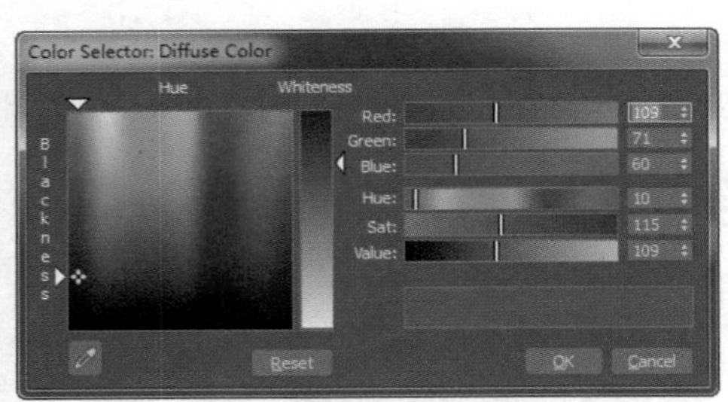

图3-71 设置漫反射颜色

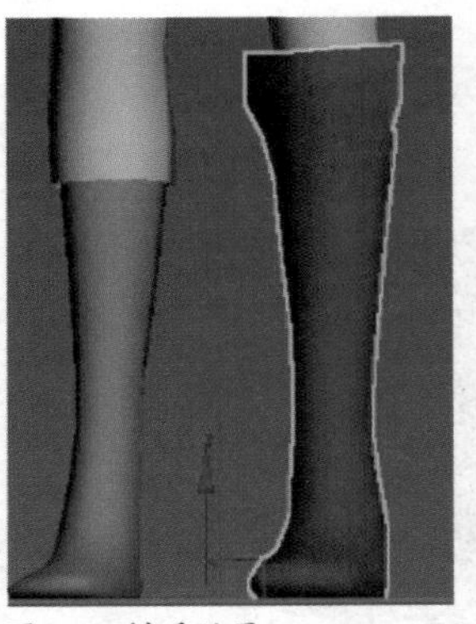

图3-72 材质效果

步骤 05 按B键，进入底视口。进入顶点编辑层级，拖动调整靴子的顶点，调整后的效果如图3-73所示。进入面编辑层级，依次单击选中靴子底的面，效果如图3-74所示。

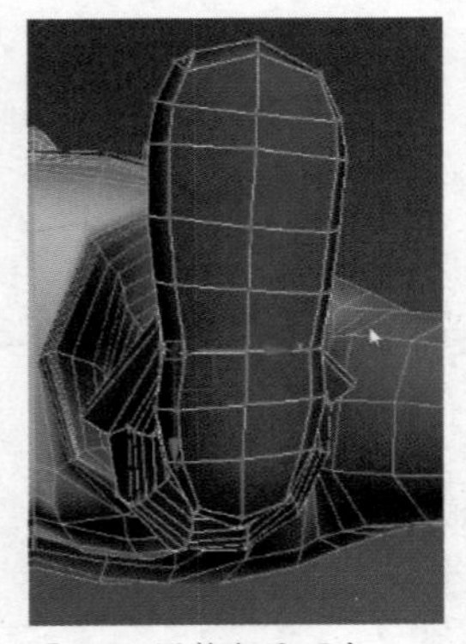

图3-73 调整靴子顶点

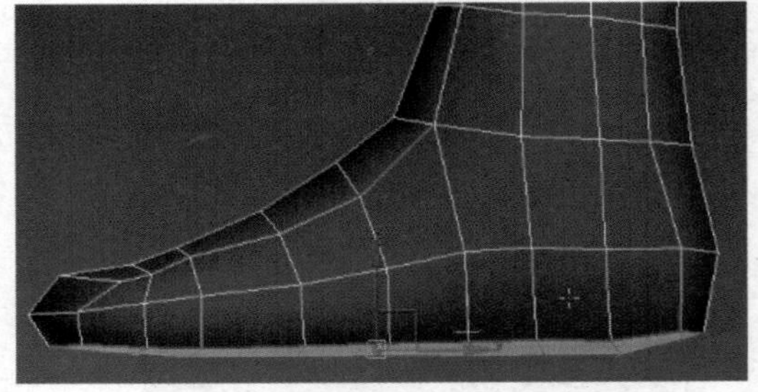

图3-74 选中靴子底的面

步骤 06 使用等比例缩放工具将底面挤平，效果如图3-75所示。进入点编辑层级，选择顶点向上移动，完成后的效果如图3-76所示。

步骤 07 进入面编辑层级，选中靴子底部的面，如图3-77所示。单击Detach按钮，分离面。将分离的面转换为可编辑多边形。进入顶点编辑层级，选中所有顶点向下移动，如图3-78所示。

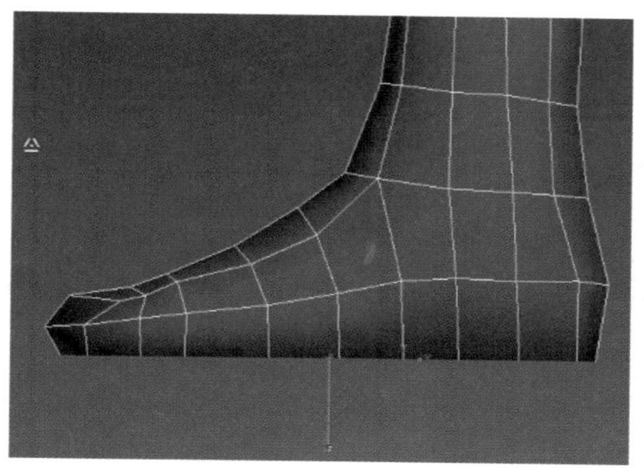

图3-75 压平面

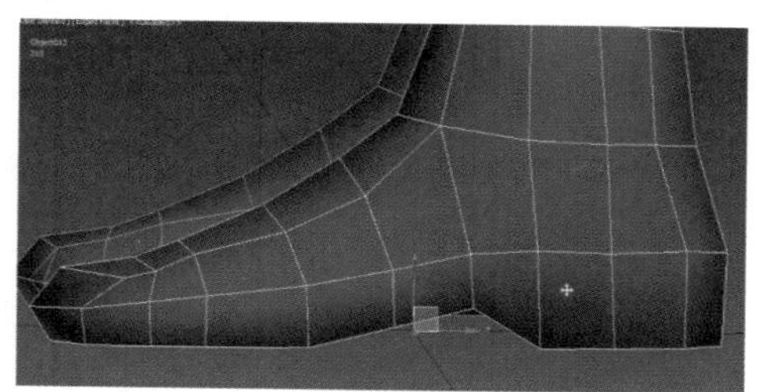

图3-76 调整顶点

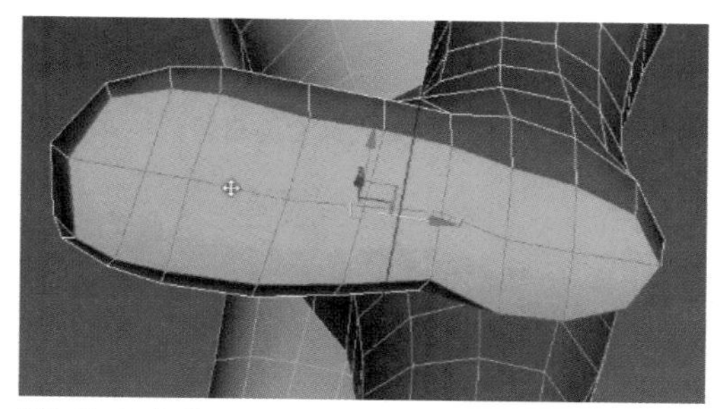

图3-77 选中面

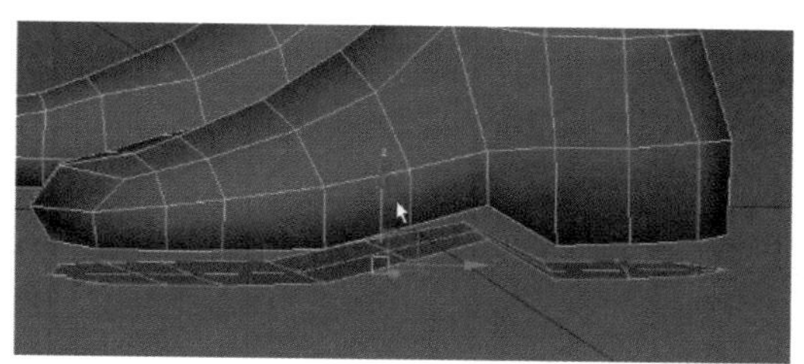

图3-78 移动面

步骤 08 为对象添加一个Shell修改器，得到如图3-79所示效果。将对象转换为可编辑多边形，进入顶点编辑层级，依次调整顶点的位置，效果如图3-80所示。

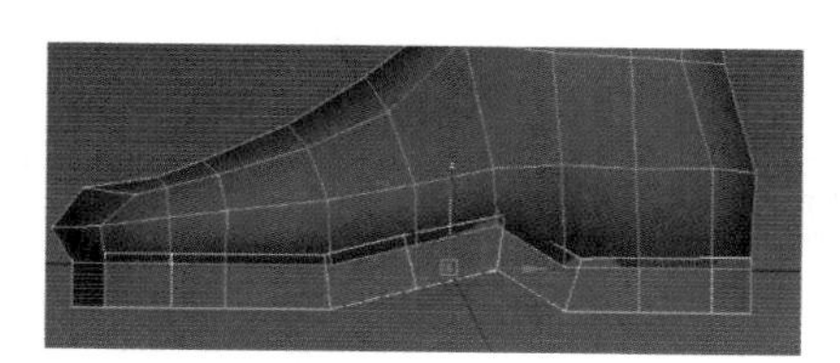

图3-79 添加修改器

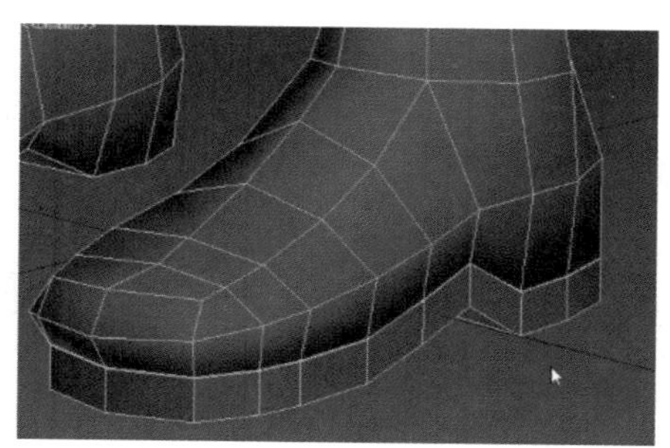

图3-80 调整模型轮廓

步骤 09 进入边编辑层级，选中顶部的边，单击Chamfer按钮，拖动，为鞋底添加倒角效果，如图3-81所示。镜像靴子模型，效果如图3-82所示。

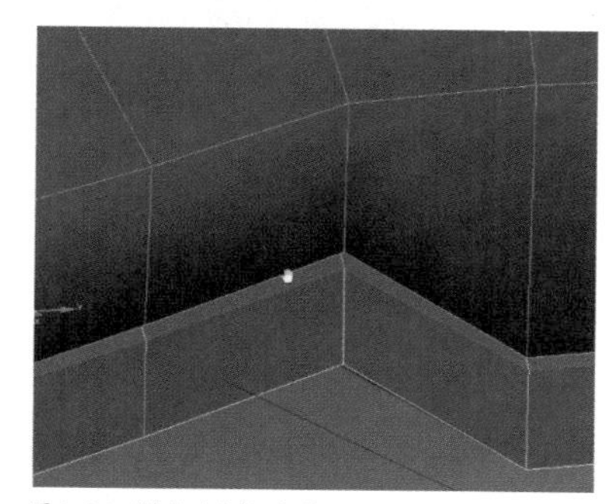

图3-81 增加倒角效果

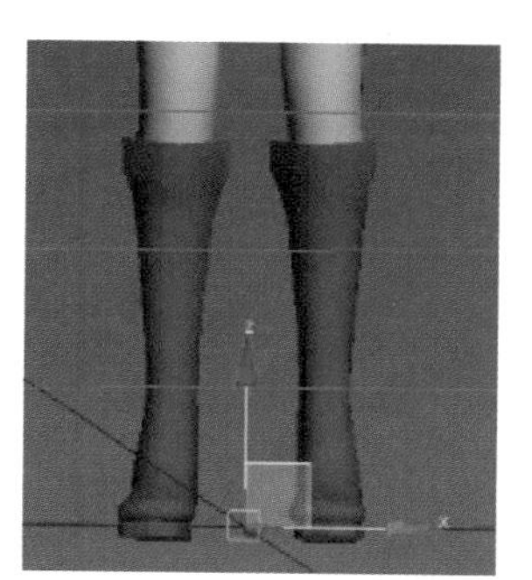

图3-82 镜像效果

步骤10 用相同的方法完成皮裙、皮带和领子的制作，完成后的效果如图3-83所示线。

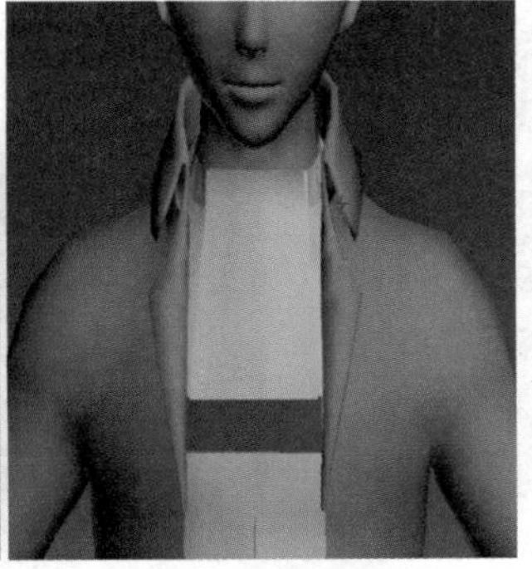

图3-83 制作其他模型

提示：

由于模型胸部皮带的后部被衣服遮盖，因此不必将所有皮带模型都制作出来。只需要制作前半部分的皮带即可。

4. 制作模型其他细节部分

步骤01 使用Box创建皮带扣，并复制调整多个，完成后的效果如图3-84所示。进入编辑模式，在外套底部位置通过快速加线的方式增加一条线，效果如图3-85所示

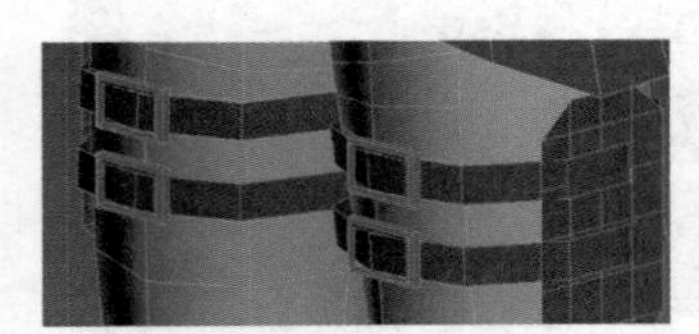

图3-84 制作皮带扣

图3-85 快速加线

步骤02 进入面编辑层级，选中衣服包边的面，单击Detach按钮，将其分离为单独对象，如图3-86所示。进入顶点编辑层级，拖动选中所有顶点，修改坐标并向Z轴拖曳，效果如图3-87所示。

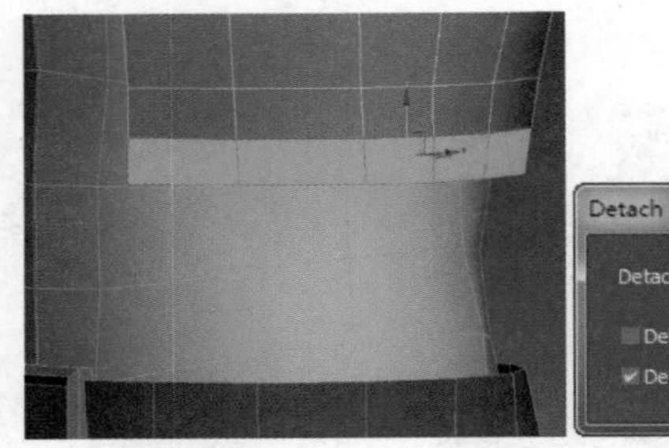

图3-86 分离模型

图3-87 增加厚度

步骤03 进入边编辑层级，选中最左侧的边，向右侧拖曳，效果如图3-88所示。将其转换为可编辑多边形，并添加Shell修改器，效果如图3-89所示。

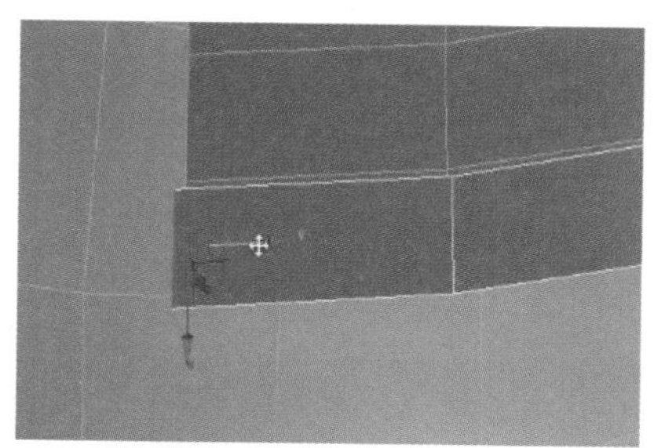

图3-88 调整边线

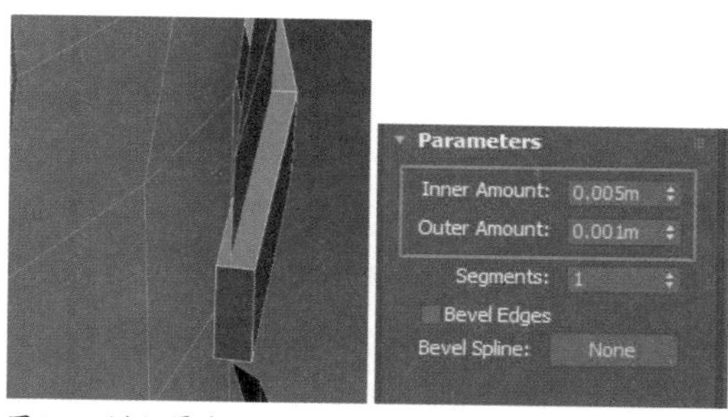

图3-89 增加厚度

步骤04 孤立显示包边模型，将其转换为可编辑多边形，进入面编辑层级，选中并删除后部的面，如图3-90所示。退出孤立，镜像模型，效果如图3-91所示。

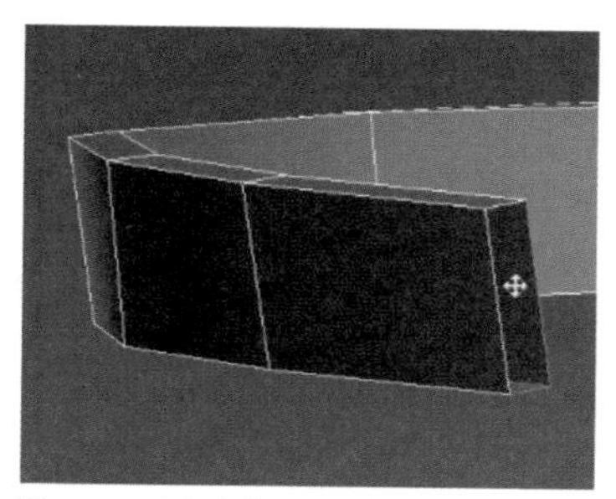

图3-90 删除多余面

图3-91 镜像对象

步骤05 孤立包边对象，效果如图3-92所示。进入点编辑层级，选中镜像对象相接的点，使用等比例缩放工具将其压平，效果如图3-93所示。用同样的方法压平另一侧顶点。单击Attach按钮，将两个模型连接在一起，如图3-94所示。

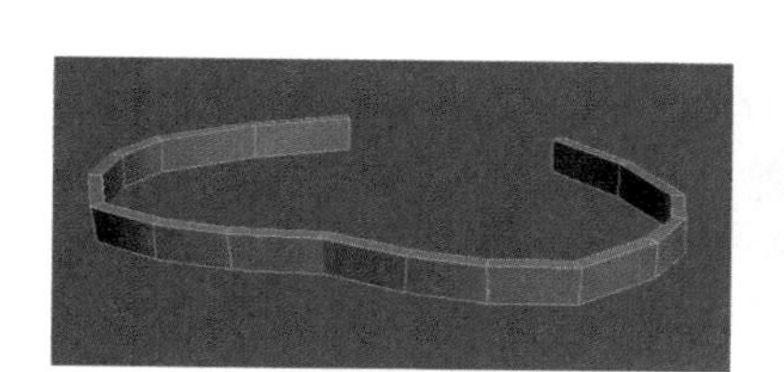

图3-92 孤立对象

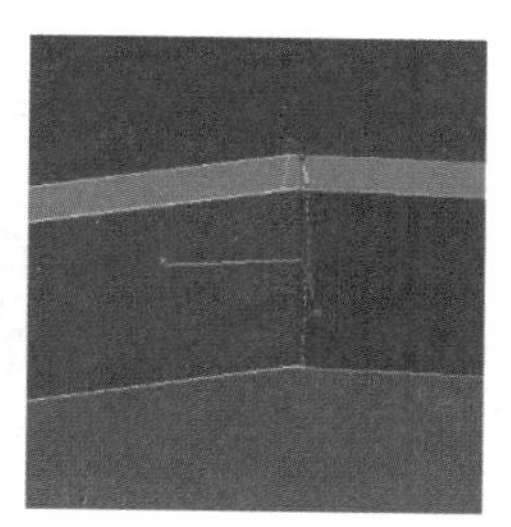

图3-93 压平顶点

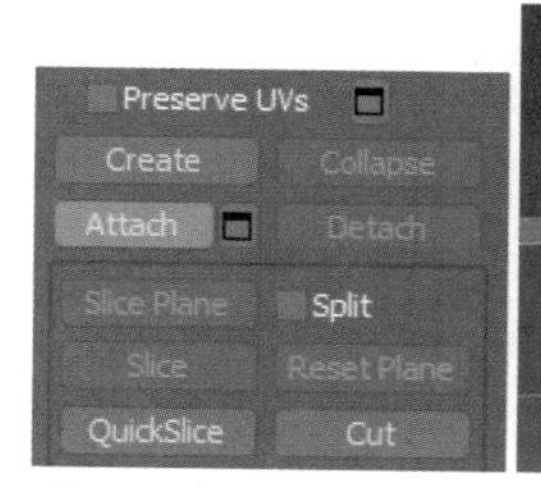

图3-94 连接模型

步骤06 拖动选中顶点，使用等比例缩放工具将其压平，效果如图3-95所示。单击鼠标右键，单击Weld选项前的按钮，设置各项参数，如图3-96所示。单击OK按钮，即可完成焊接的操作，完成后的效果如图3-97所示。

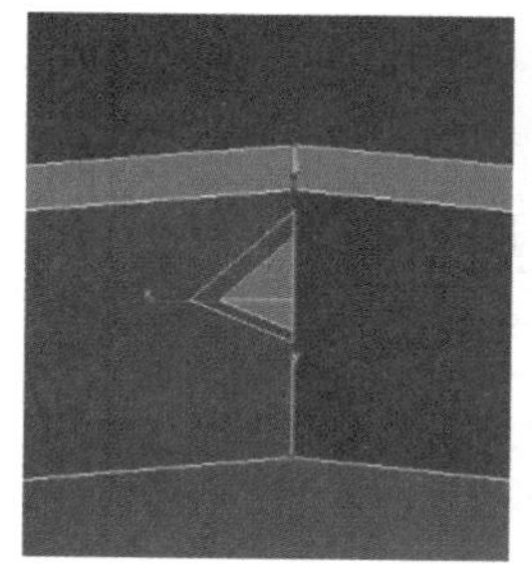

图3-95 压平顶点

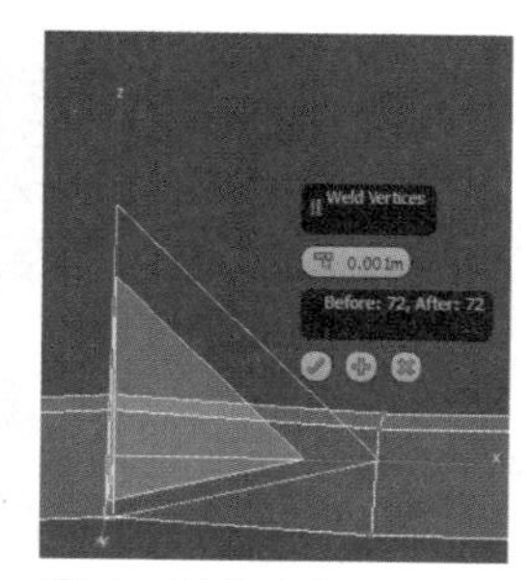

图3-96 焊接顶点

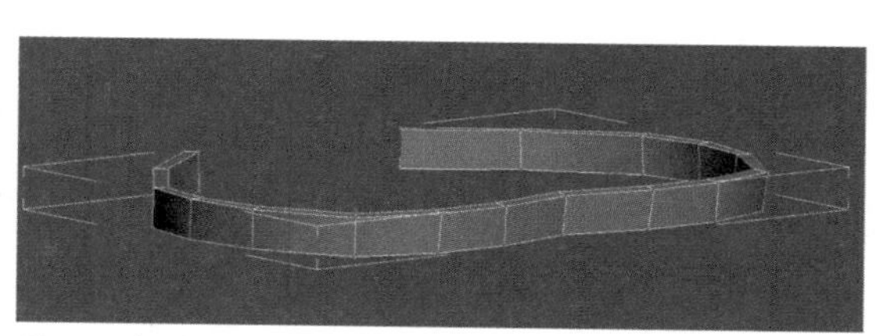

图3-97 焊接效果

小技巧：

焊接完成后，可以通过拖动各个顶点的位置，检查顶点是否都焊接在一起，避免出现漏操作，影响后续的操作。

步骤07 使用快速加线的方式，为衣服包边添加线，添加效果如图3-98所示。进入面编辑层级，将新加的面选中，如图3-99所示。

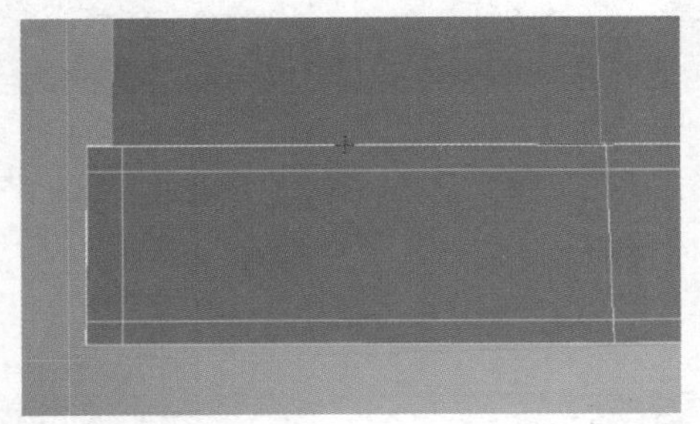

图3-98 加线效果

图3-99 选中面

提示：

在进行加边操作时，要尽量观察参考图片中边的比例。如果添加得过小，效果不明显；过大则又与实际物品不同，影响最终效果。

步骤08 单击鼠标右键，单击快捷菜单Extrude选项前的图标，设置挤出参数值，如图3-100所示。单击OK按钮，效果如图3-101所示。

图3-100 设置挤出参数

图3-101 挤出效果

步骤09 进入边编辑层级，双击选中内侧线并向内拖动，增加包边的倒角效果，如图3-102所示。用同样的方法选中两侧的线，向内拖动，完成效果如图3-103所示。

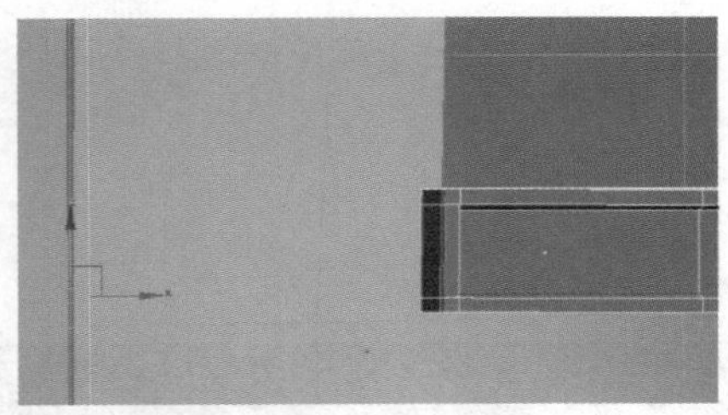

图3-102 增加横向倒角

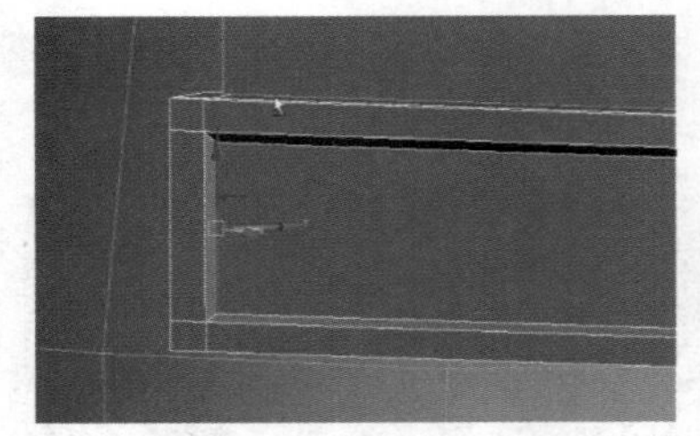

图3-103 增加纵向倒角

提示：

在制作模型时，要尽量地贴合裸模。模型的厚度也可以稍微厚一点，例如腰带一类的模型，可以制作得厚一点。因为在ZBrush中可以很容易将模型改薄，改厚就不太容易。

步骤 10 用相同的方法，制作其他皮带模型效果，如图3-104所示。在视口中创建一个圆柱形，并调整其大小和位置如图3-105所示。

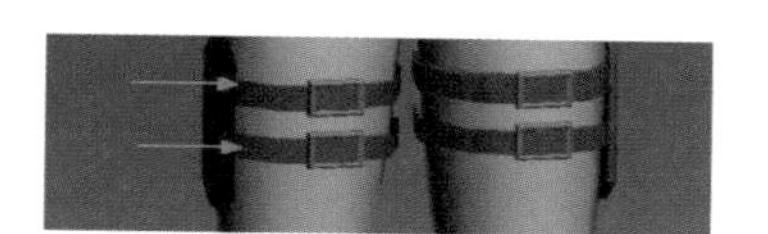

图3-104 制作其他皮带效果

图3-105 创建圆柱体

步骤 11 将圆柱体旋转90°，设置其Cap Segments数值为2，如图3-106所示。并将其转换为可编辑多边形。进入顶点编辑层级，旋转并移动顶点，得到如图3-107所示效果。

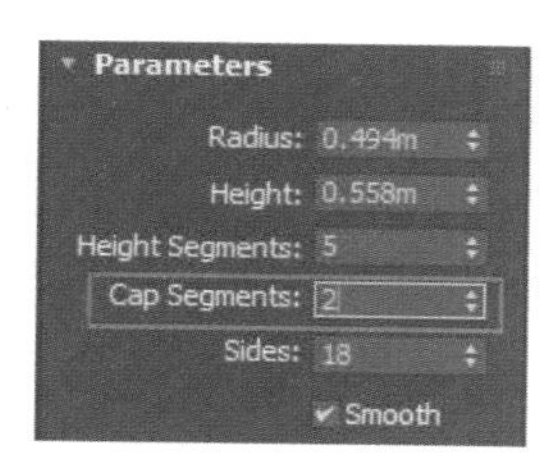

图3-106 修改参数

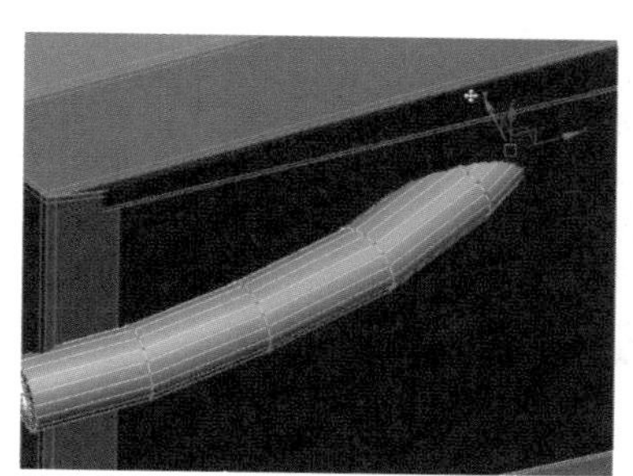

图3-107 调整模型

步骤 12 在按Shift键的同时拖动复制圆柱体，效果如图3-108所示。在视口中创建一个Sphere模型，使用等比例缩放工具调整到如图3-109所示大小。

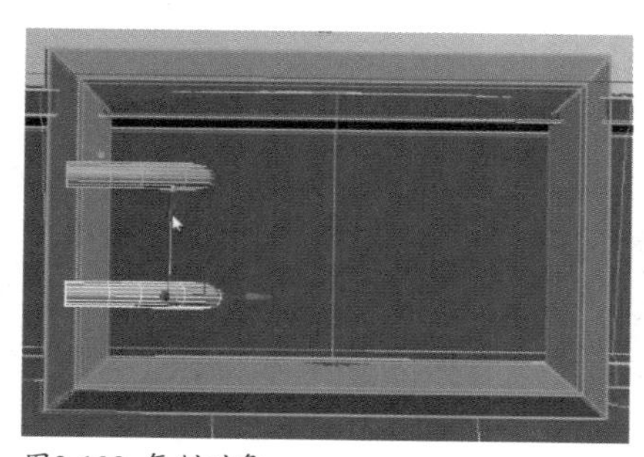

图3-108 复制对象

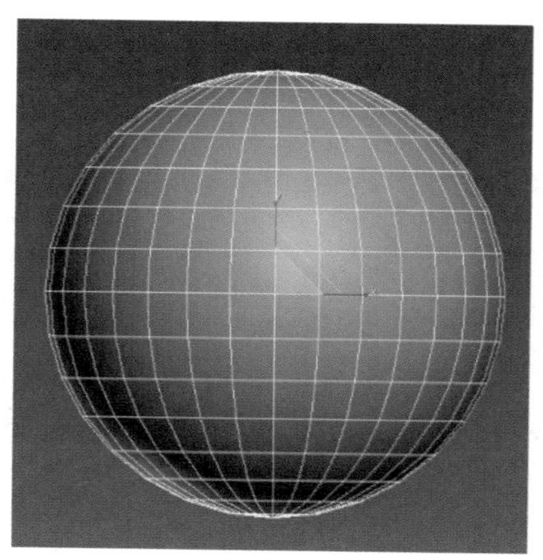

图3-109 创建球

步骤 13 将球模型转换为可编辑多边形，进入面编辑层级，选中并删除一半面，效果如图3-110所示。使用等比例缩放工具挤压模型，效果如图3-111所示。移动模型到如图3-112所示位置，完成一个扣子的制作。

图3-110 删除面

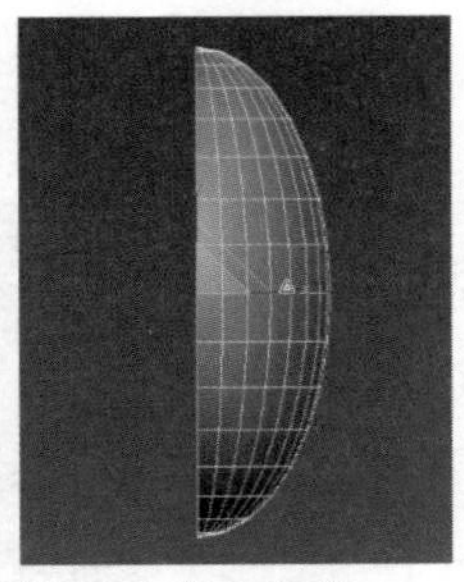
图3-111 挤压模型

图3-112 移动位置

步骤14 在按Shift键的同时，拖动复制出多个扣子，效果如图3-113所示。在视口中创建一个Plane对象，旋转缩放到如图3-114所示位置。复制一个Plane对象，通过加线并调整顶点得到如图3-115所示效果。

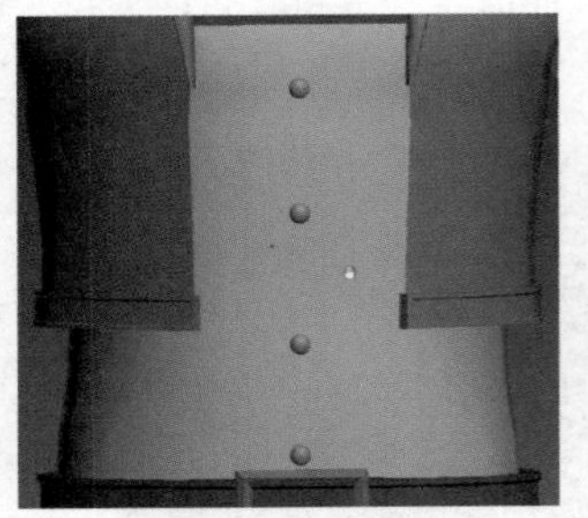
图3-113 复制对象

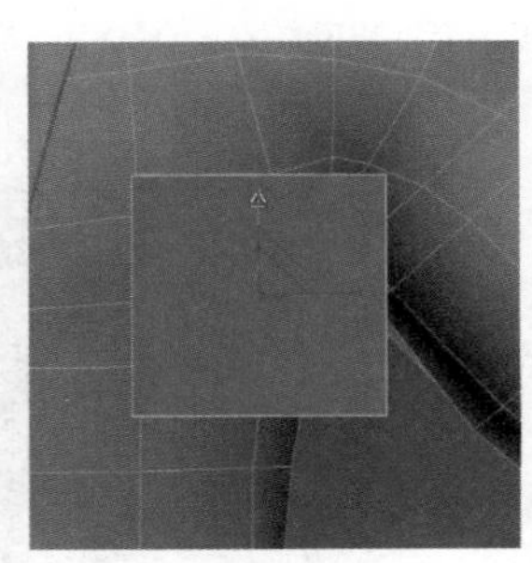
图3-114 创建Plane

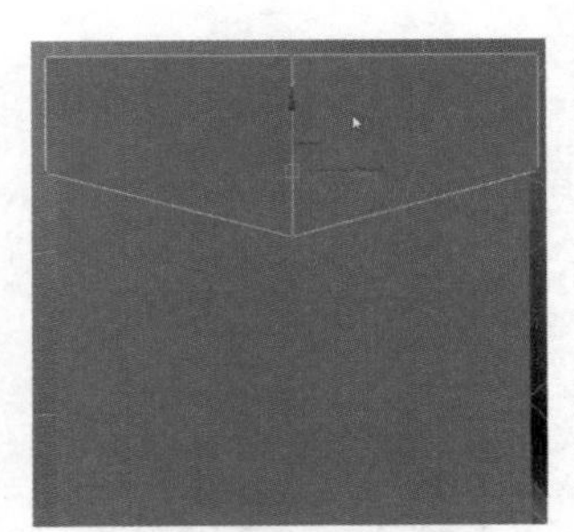
图3-115 制作兜盖

提示：

在制作衣服兜模型时，兜盖的厚度要比兜体厚一些。并且兜模型要与衣服模型尽量贴合。以保证模型效果的一致性。

步骤15 旋转并移动对象到如图3-116所示位置。为Plane添加Shell修改器，为面增加厚度，效果如图3-117所示。将对象转换为可编辑多边形，通过调整顶点和边，使其贴合外套模型轮廓，完成后的效果如图3-118所示。

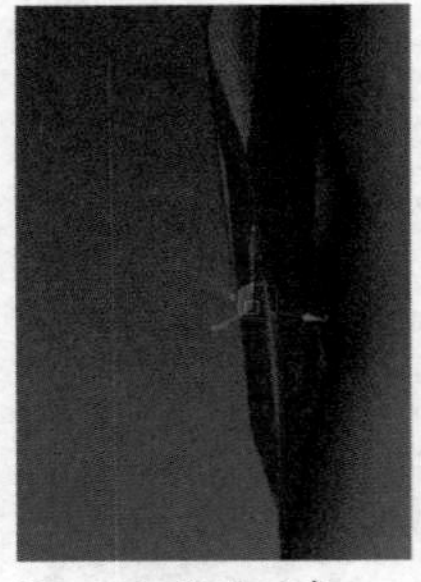
图3-116 移动对象

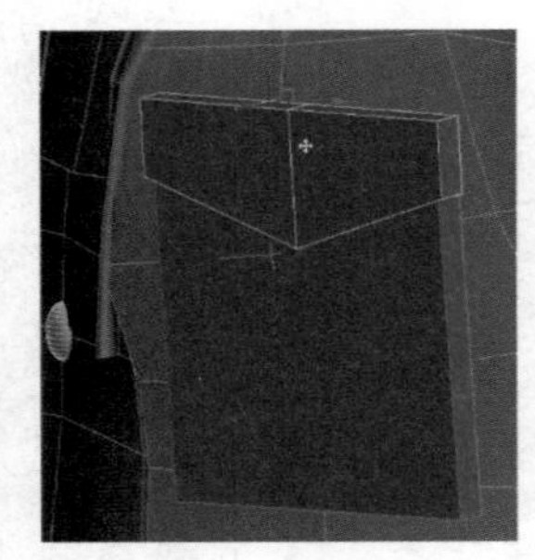
图3-117 增加厚度

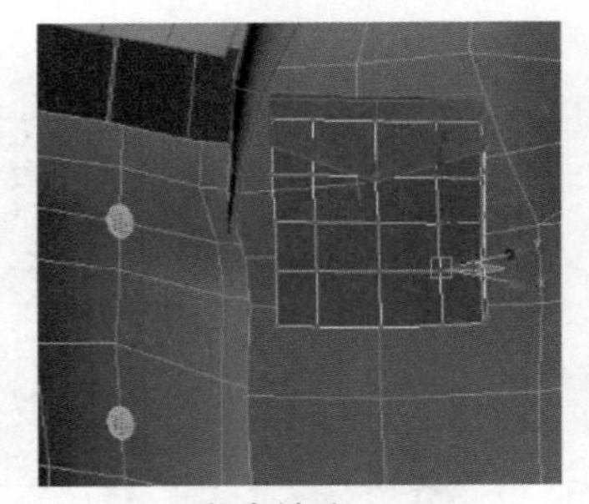
图3-118 编辑兜模型

步骤16 复制扣子模型到兜盖上，完成后的效果如图3-119所示。单击打开Hierarchy选项卡，单击Affect Pivot Only按钮，如图3-120所示。

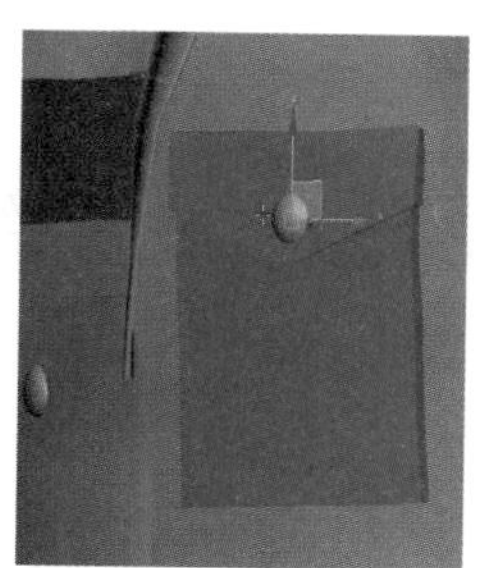

图3-119 复制扣子

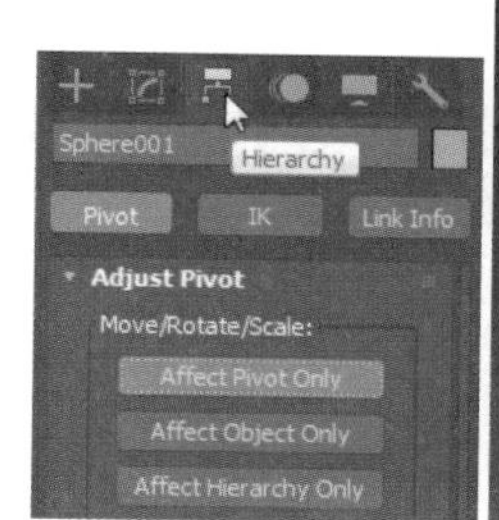

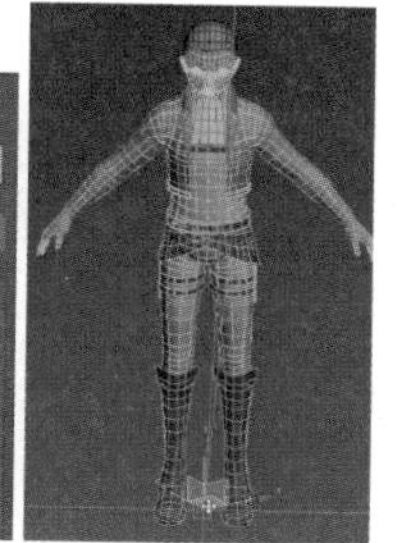

图3-120 调整坐标

步骤17 激活工具栏上的三维锁定按钮，分别将兜、兜盖和扣子的中心点对齐原点，镜像兜对象，效果如图3-121所示。模型效果如图3-122所示。

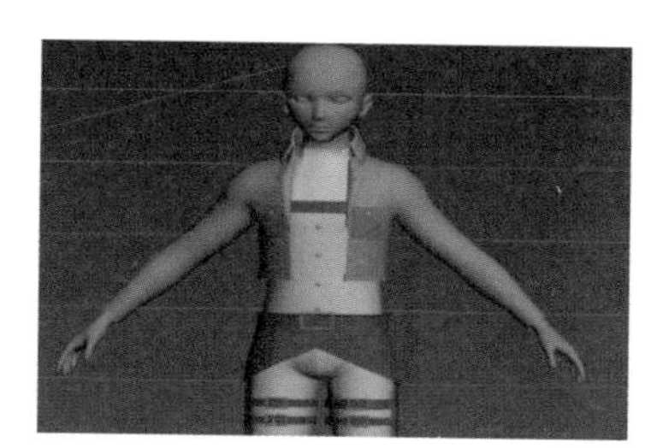

图3-121 镜像对象

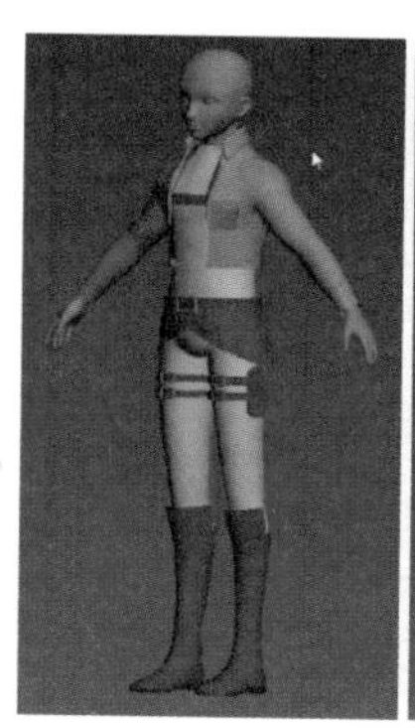

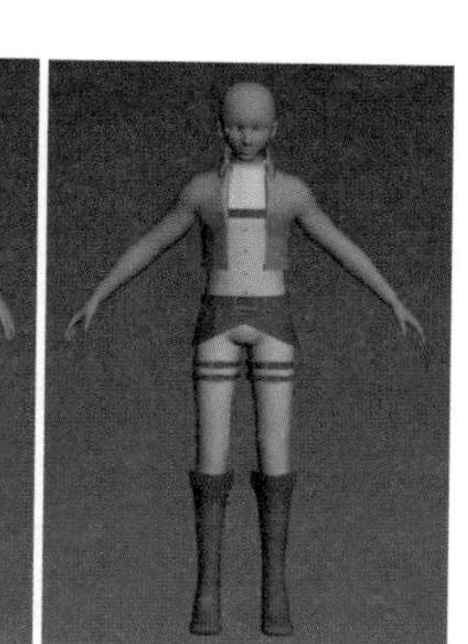

图3-122 模型效果

步骤18 用相同的方法，分别制作其他细节部分，模型完成后的最终效果如图3-123所示。

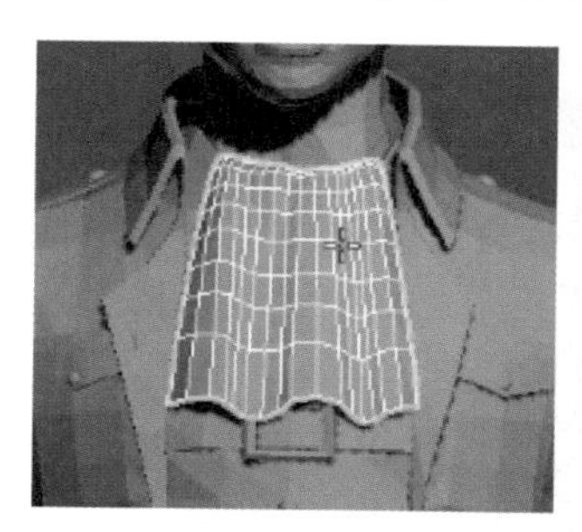

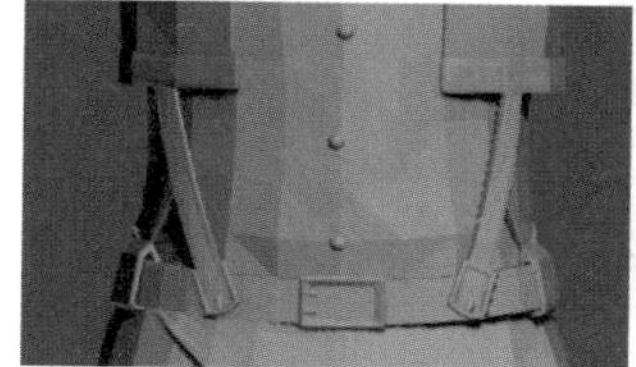

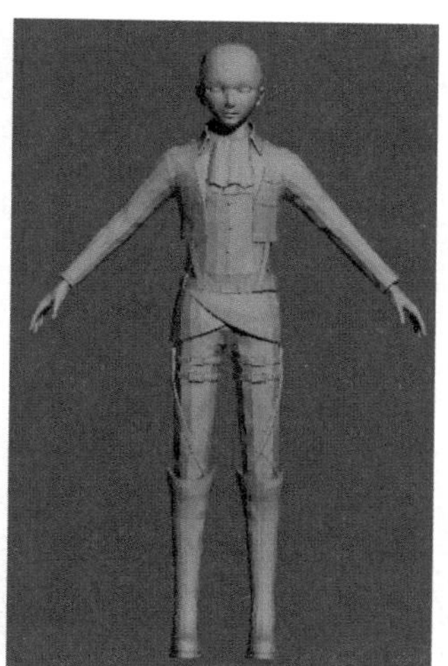

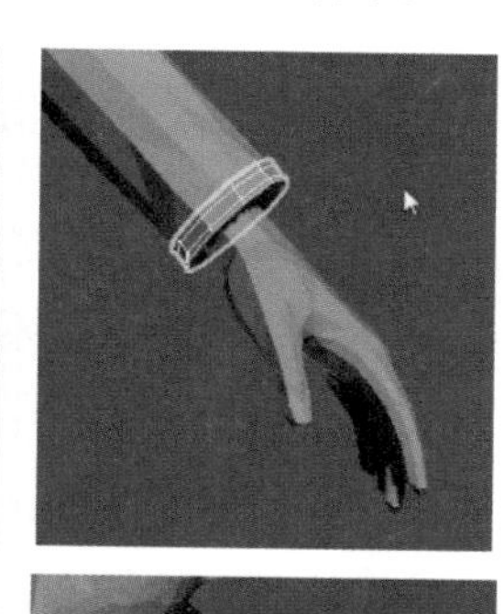

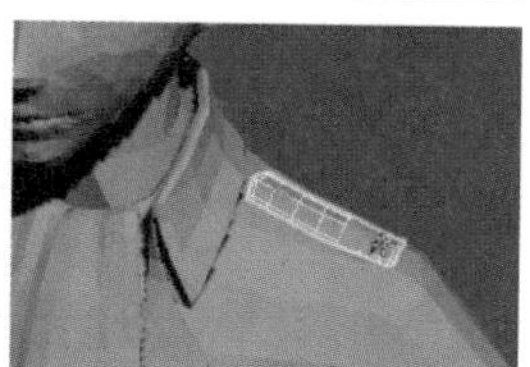

图3-123 最终效果

任务评价——模型的命名及规范

人物模型通常较为复杂，但一般的游戏引擎是以三角形数来统计模型大小的，也就是说，只以三角形的数量计算模型大小，关于人物角色的面数要求如表3-3所示。

表 3-3 人物角色模型面数要求

	面 数
主角	1. 武器面数（1500 以内） 2. 头发（500 左右） 3. 脸部（1000 左右） 4. 上半身（3500 左右） 5. 下半身（1500 左右） 6. 翅膀（500 左右） 7. 头饰或头盔（500 左右） 8. 肩甲（与上半身装备一起 3500 面左右） 9. 武器（1500 左右）

通常情况下，为了便于多人共同完成一个项目，对于模型的命名有一定的规范。以本项目为例，命名规则如表3-4所示。

表 3-4 模型命名规范

类 别	命 名
战士	ZS
法师	FS
弓箭手	GS
牧师	MS
法师 50 级男	FS50_nan
	肩甲 FS50_jianjia_nan 上身装备 FS50_shangshen_nan 下身装备 FS50_xiashen_nan 脸部 lian_nan 武器 FS50_wuqi 翅膀 FS50_chibang_nan
法师 50 级女	FS50_nv
	头发加头饰（头盔） FS50_toushi_nv 肩甲 FS50_jianjia_nv 上身装备 FS50_shangshen_nv 下身装备 FS50_xiashen_nv 脸部 lian_nv 武器 FS50_wuqi 翅膀 FS50_chibang_nv

任务拓展——设计制作弓箭手模型

根据本任务所讲内容，读者举一反三，完成一个弓箭手模型的制作。如图3-124所示。具体制作要求如下。

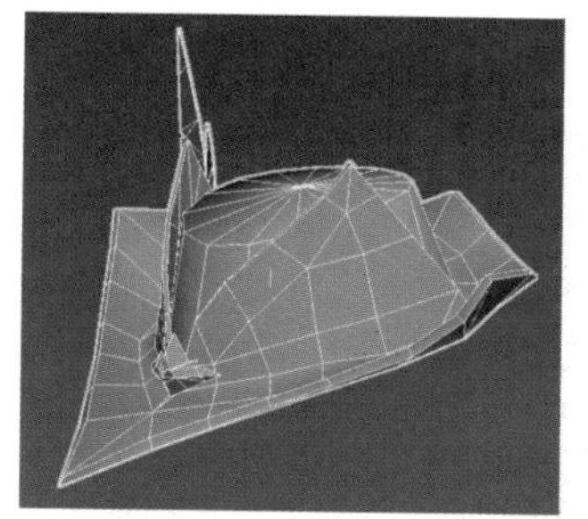
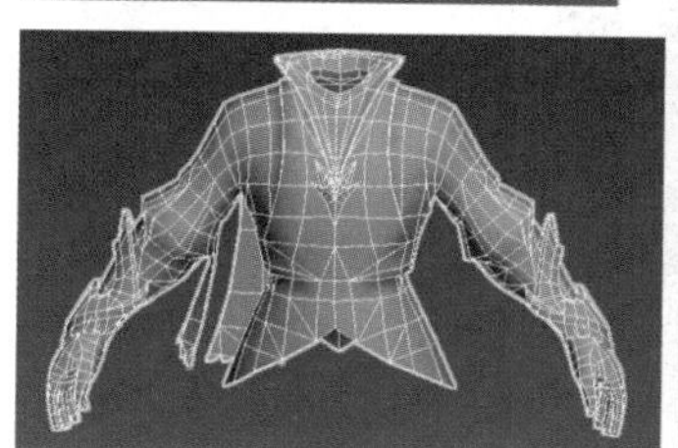
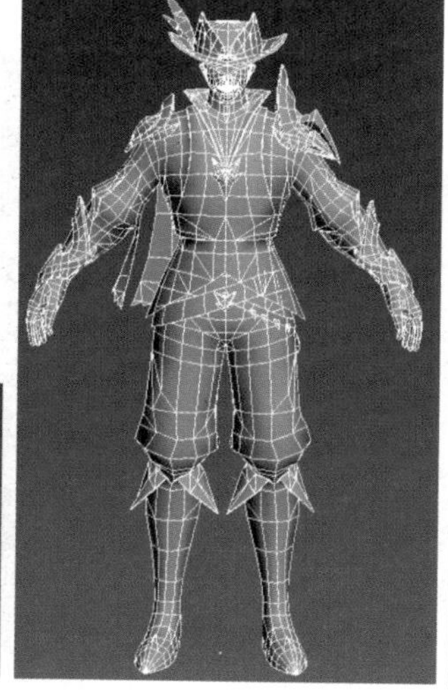
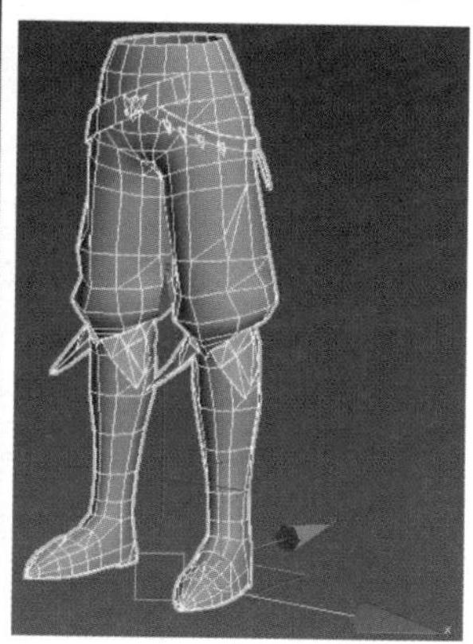

图3-124 弓箭手模型

（1）弓箭手模型要分为头、上身、下身三部分，以便游戏中随时更改皮肤。

（2）模型重心放置在原点正中位置。

（3）装备与皮肤需要分开做，遮挡的部分需要删除，以节省面数。装备和身体部分衔接处布线一致，点和点吸附一起。

（4）不支持双面，不支持透贴，如图3-125所示。双面的部分需要复制，镂空复杂，需与甲方沟通解决方案，如图3-126所示。

图3-125 不支持双面和透贴

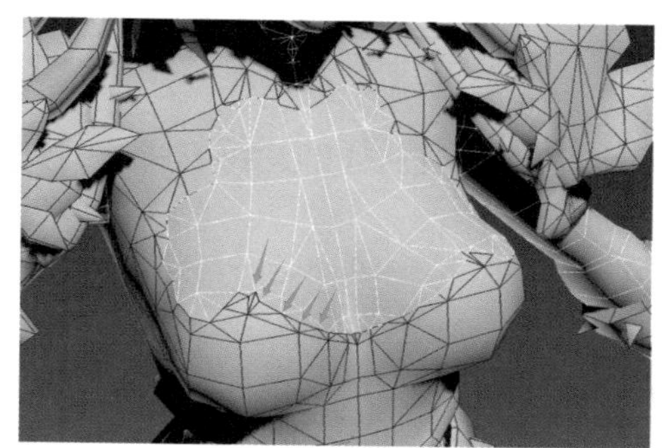

图3-126 镂空解决方案

（5）模型大部分采用手自然张开45° 站姿，当胳膊本体或者衣物较宽大时，可以使用T型站姿。

任务二 在ZBrush中雕刻模型

在3ds Max中完成模型的大形制作后，接下来将使用ZBrush软件雕刻制作高模，充分展示模型的各个细节。然后再通过TopoGun完成模型低模的制作，为烘焙贴图做好准备。使用ZBrush雕刻完成的高模效果如图3-127所示。

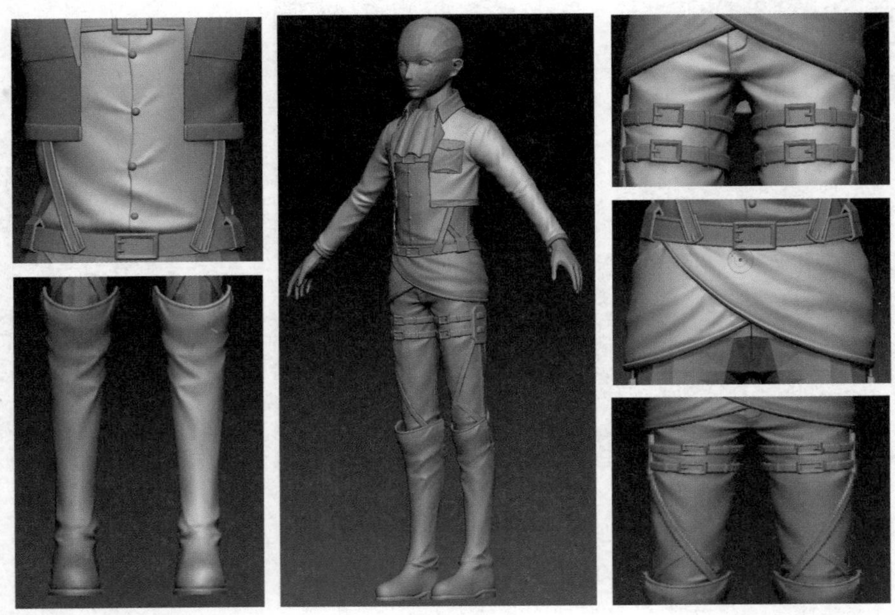

图3-127 雕刻高模效果

源 文 件	源文件 \ 项目三 \ 漫画同人高模.OBJ
素 材	素材 \ 项目三 \
演示视频	视频 \ 项目三 \ 设计制作高模和低模.MP4
主要技术	ZBrush 的雕刻高模、减面优化操作、TopoGun 制作低模

任务分析——在ZBrush中雕刻模型

将3ds Max模型导入ZBrush后，会添加细分操作。在导入ZBrush前，可以先在3ds Max中使用TurboSmooth修改器，观察细分效果。

选中并孤立皮带模型，如图3-128所示。在Modify面板中找到TurboSmooth修改器，添加修改器后的模型变得光滑，效果如图3-129所示。

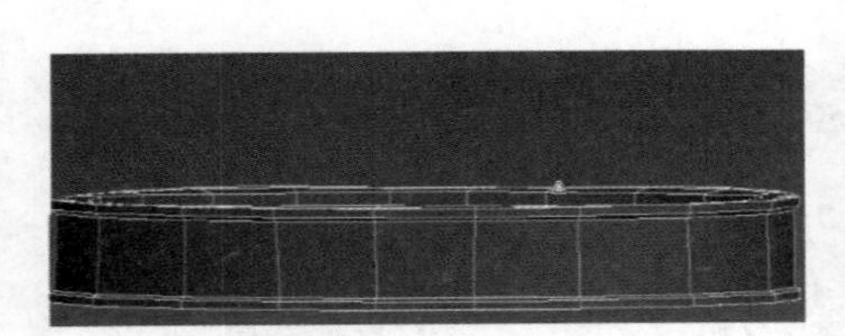

图3-128 皮带模型

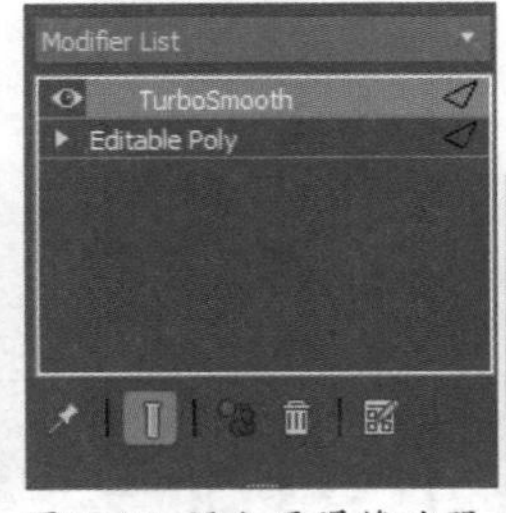

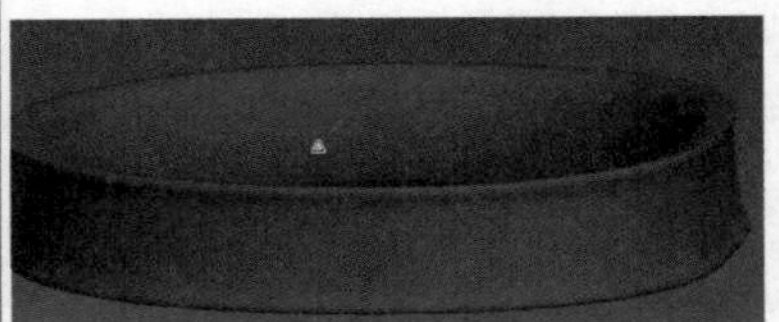

图3-129 添加平滑修改器

提示：

当将模型导入ZBrush时，也要对网格进行细分操作。每增加一次细分，模型的面数将增加4倍。

为了避免模型细化后形状发生变化，可以对模型进行卡线操作。删除TurboSmooth修改器。单击Toggle Ribbon按钮，鼠标单击Modeling→Edit→Swift Loop按钮，如图3-130所示。

分别在模型轮廓线的两侧加两条线，卡住轮廓线，添加卡线效果如图3-131所示。再次添加TurboSmooth修改器，效果如图3-132所示。

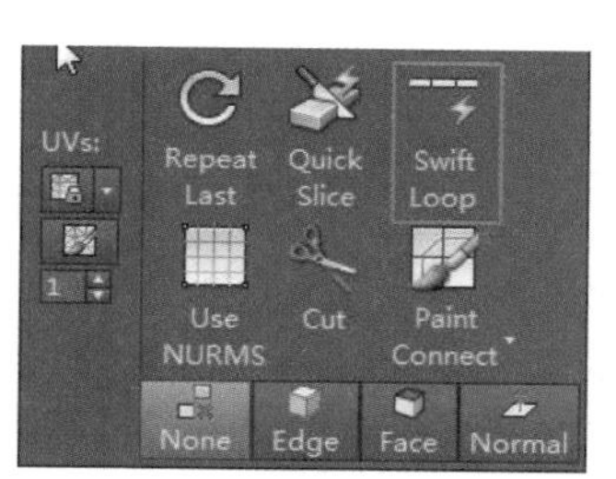

图3-130 选择命令

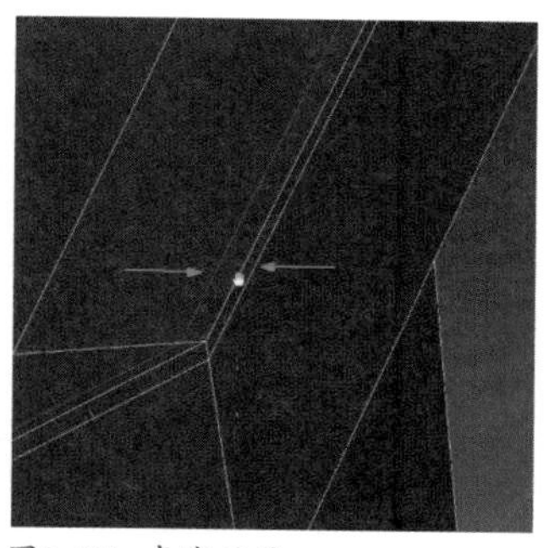
图3-131 卡线效果

图3-132 细分效果

小技巧：

卡线离轮廓线越远，添加细分后模型效果越平滑；离轮廓线越近，则细分效果越硬朗。

用相同的方法，完成其他卡线操作，如图3-133所示。添加TurboSmooth修改器后，面数虽然增加了，但模型还保持着原始形态，如图3-134所示。

图3-133 添加卡线

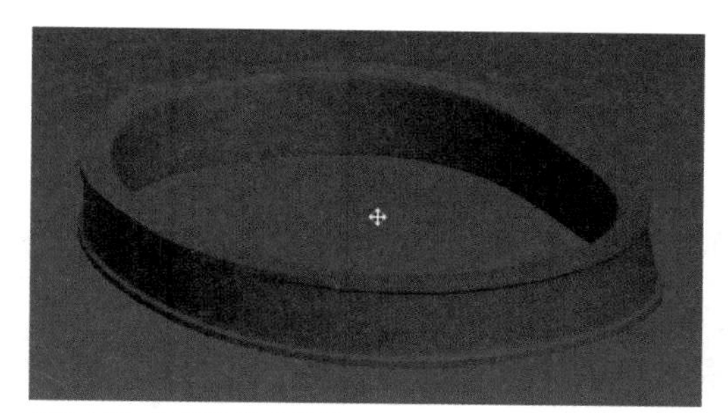
图3-134 卡线操作后效果

知识链接——导入并镜像模型

为了便于管理各种文件，在导入ZBrush之前，需要建立一个文件夹，用来保存一个项目的所有文件和素材。为了避免在制作过程中出现各种问题，文件夹的名称不要使用中文，而是尽可能使用英文或者拼音。

提示：

由于项目文件很多，体积也很大，为了方便管理和使用，文件夹不要放在桌面上或者C盘中，尽量放在磁盘空间较大的盘符中。

拖动选中整个模型，如图3-135所示。单击3ds Max软件界面左上角图标，在弹出的菜单中选择Export→Export Selected命令，如图3-136所示。

选择导出到新建的文件夹，文件格式设置为OBJ格式，如图3-137所示。单击Save按钮。依次单击Export按钮和DONE按钮，完成模型的导出。打开文件夹查看导出文件，如图3-138所示。将MTL格式文件删除，只保留OBJ格式文件。

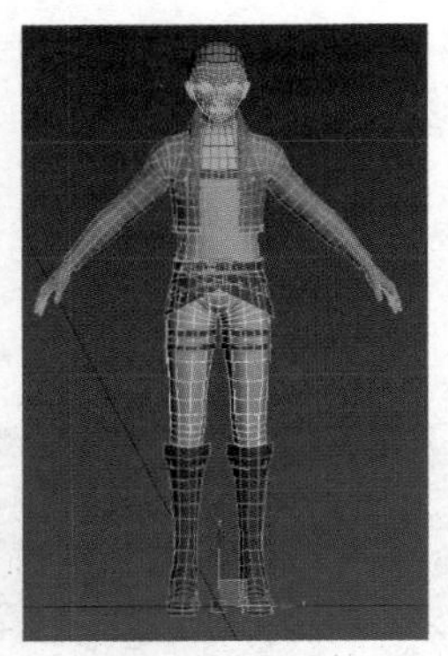

图3-135 选中模型

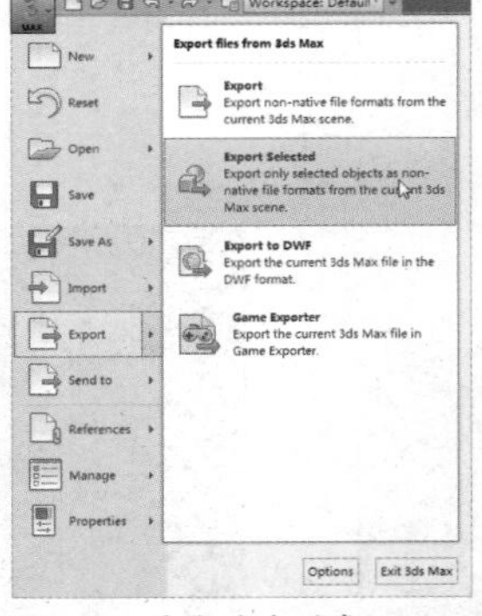

图3-136 导出选中对象

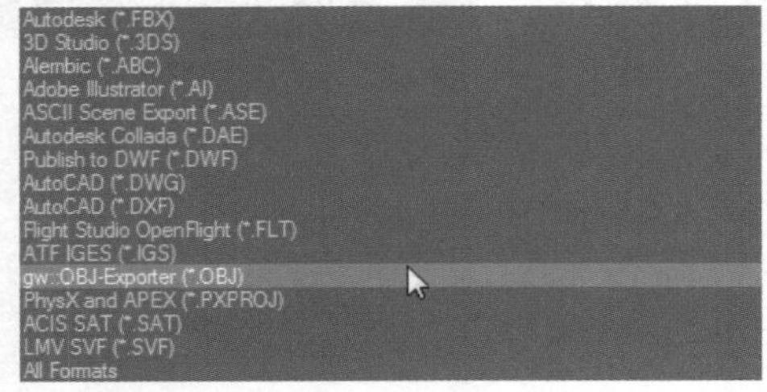

图3-137 选择OBJ格式

图3-138 查看导出文件

用相同的方法，依次导出lian、naodai、shenti等模型文件，并将非OBJ格式文件删除。打开ZBrush软件，软件界面如图3-139所示。执行Preferences→Init ZBrush命令，将软件初始化，如图3-140所示。

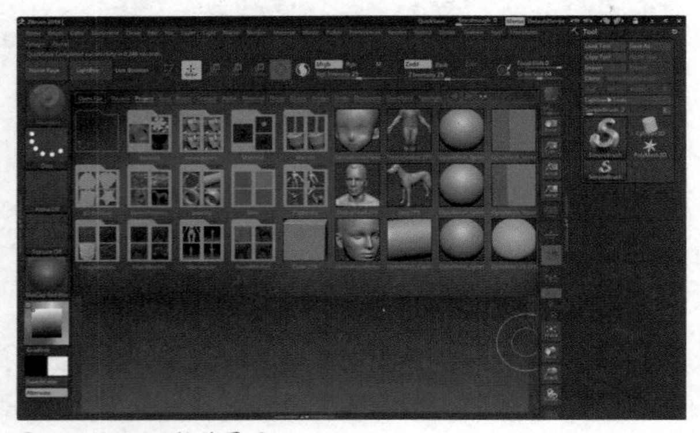

图3-139 ZBrush软件界面

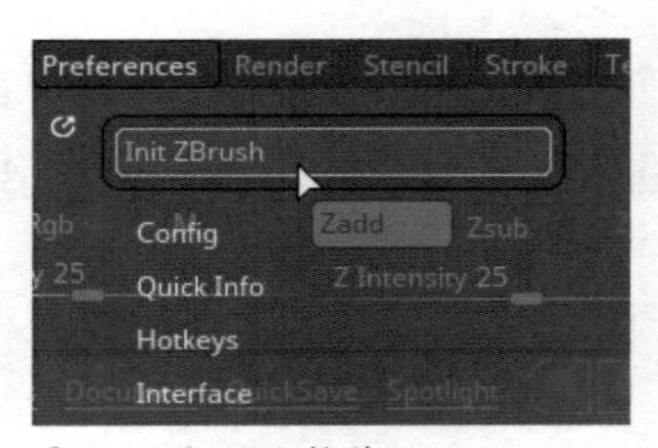

图3-140 初始化软件

提示：

为了避免在操作中出现问题，建议使用英文版的软件。

在工作区右上角位置排列着修改用户界面颜色和用户界面布局的功能按钮，如图3-141所示。

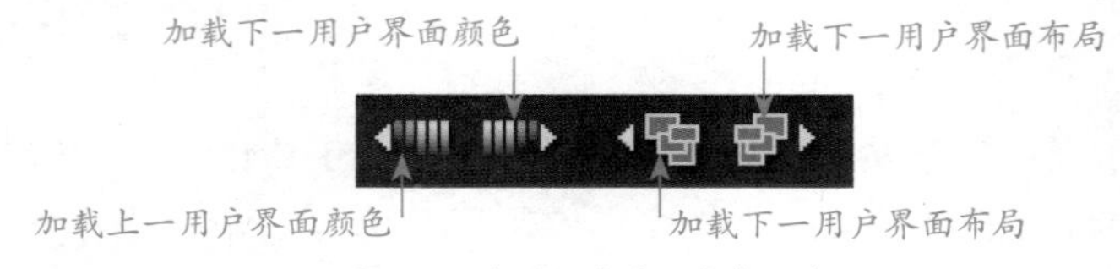

图3-141 修改用户界面颜色和布局

单击不同的按钮，可以实现对软件界面的颜色和布局的修改。读者可以选择个人比较喜欢的界面颜色，如图3-142所示。选择符合个人操作习惯的界面布局方式，如图3-143所示。

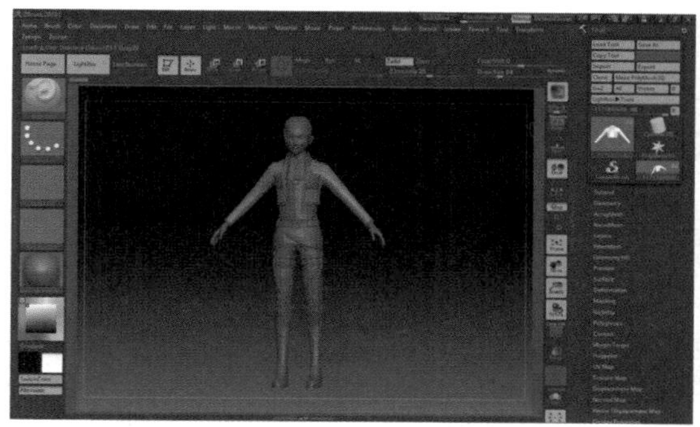

图3-142 设置界面颜色

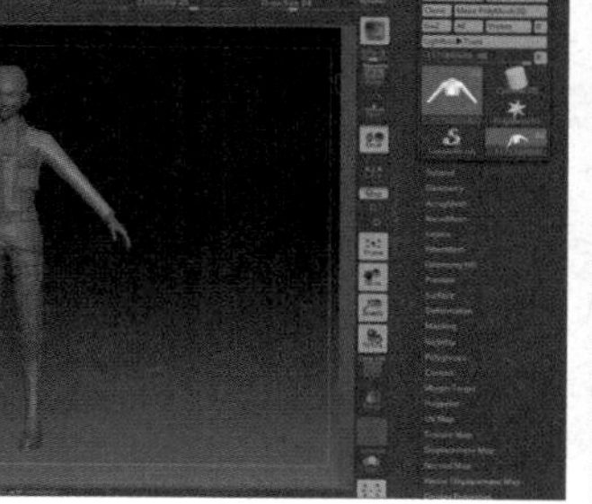

图3-143 设置界面布局

提示：

在ZBrush中，按快捷组合键Ctrl+Z可以实现返回上一步的操作。按快捷组合键Ctrl+Shift+Z可以实现返回下一步的操作。

单击Import按钮，选择一个OBJ文件，即可将3D模型导入。多次使用Import功能，依次将模型的各部分导入到ZBrush中，如图3-144所示。通过Subtool图层观察和管理模型，如图3-145所示。

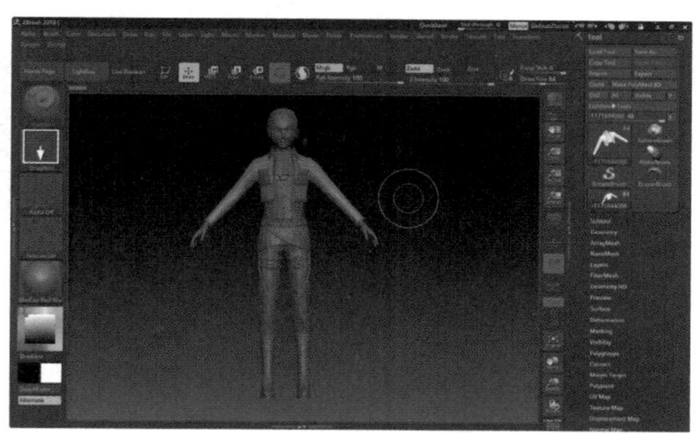

图3-144 导入模型

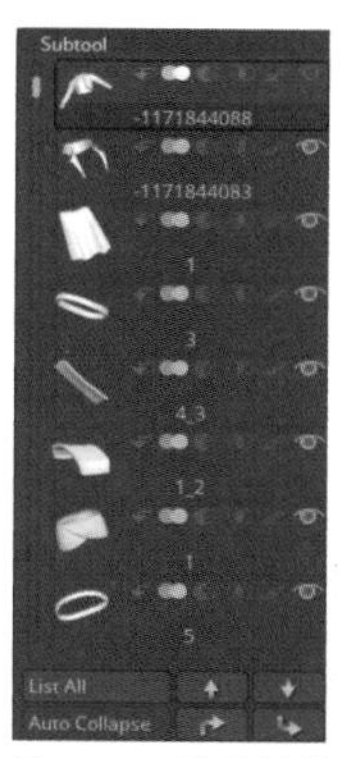

图3-145 图层结构

提示：

按Alt键+鼠标左键可以快速选中并移动模型。先按Alt键+鼠标中键，再松开Alt键，水平拖动，即可缩放模型。

提示：

单击右侧Solo按钮，即可将选中模型孤立编辑。如果只是单击激活了Solo按钮上分的Dynamic文字，则只有当移动或缩放操作时，模型才会孤立显示。

ZTL格式是ZBrush软件生成的格式。读者可以通过单击Load Tool按钮，选择导入一个ZTL格式文件后，单击Edit按钮或者按T键，进入编辑模式后，对模型进行再次编辑操作。

提示：

如果导入ZTL文件后，没有进入编辑模式，则会出现反复导入模型的情况。读者可以通过按快捷组合键Ctrl+N刷新系统，重新导入。

导入模型后，可以将模型的层级面数降到最低，将光标放置在一侧的顶点位置，观察另一侧是否在对称的顶点上。如图3-146所示模型两边不对称。

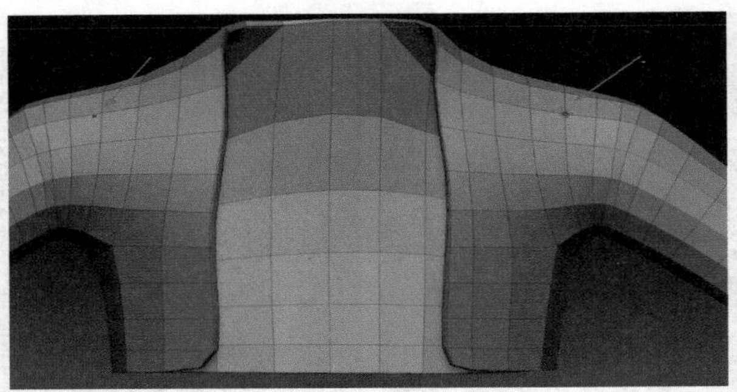

图3-146 检查模型是否对称

不对称的模型是不符合制作规范的。在ZBrush中可以通过镜像的方式，解决模型不对称的情况。选中模型，单击右侧的Geometry→Modify Topology→Mirror And Weld命令，即可完成镜像操作，如图3-147所示。

提示：

在ZBrush中只能进行左侧到右侧的镜像操作，并且镜像对象不能带有层级。

当模型带有层级时，ZBrush软件不允许使用Geometry下的Mirror命令。读者可以单击Zplugin菜单，选择SubTool Master→Mirror命令，如图3-148所示。在弹出的对话框中选择镜像轴后，单击OK按钮，即可完成镜像操作，如图3-149所示。

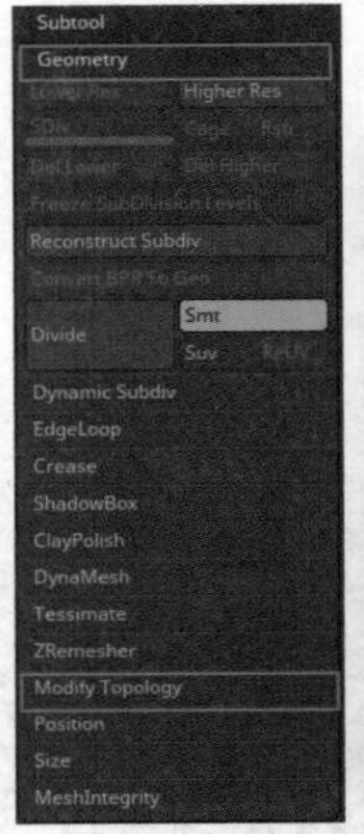

图3-147 镜像模型

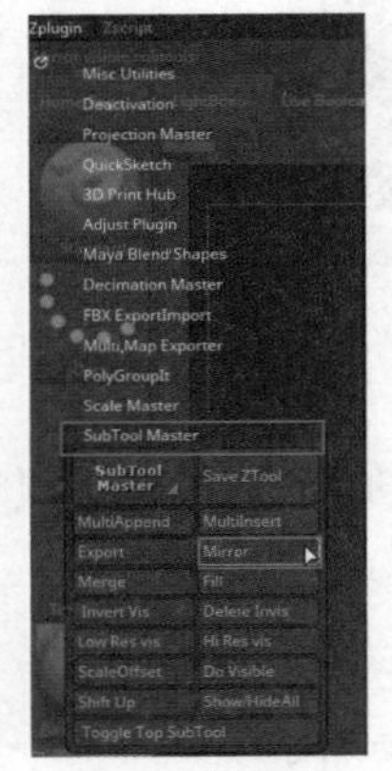

图3-148 选择Mirror选项

图3-149 设置镜像轴

任务实施——设计制作高模和低模

1. 雕刻人物模型大形

步骤01 单击左侧材质球，在弹出的对话框中选择BasicMaterial材质，更改模型材质，以便于观察，模型效果如图3-150所示。

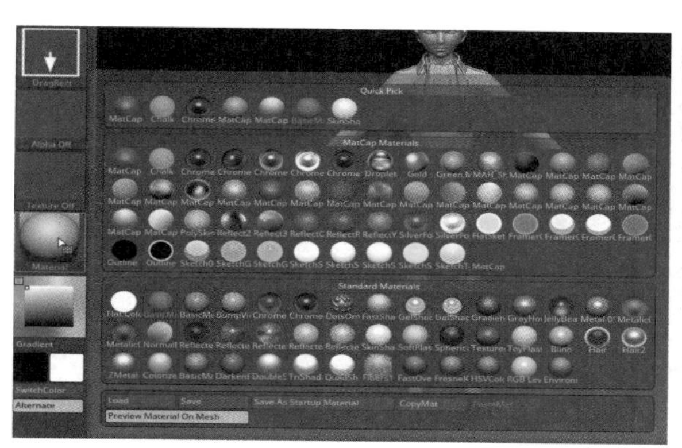

图3-150 更改材模型材质

提示：

按快捷组合键Shift+F可以快速显示线框。再次按快捷组合键Shift+F将隐藏线框。

步骤02 在按Alt键的同时在腰带上单击鼠标左键，选中腰带，如图3-151所示。单击左侧的Delete按钮，在弹出的对话框中单击OK按钮，删除腰带，效果如图3-152所示。

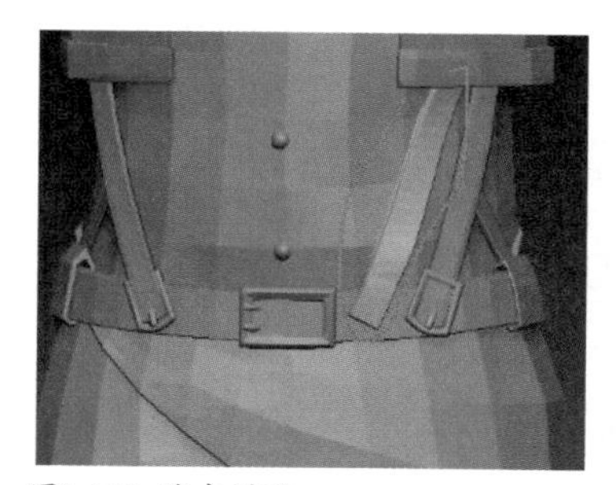

图3-151 选中模型

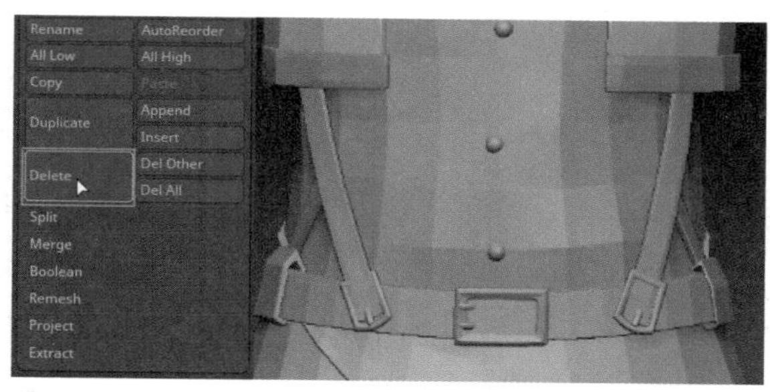

图3-152 删除模型

提示：

添加细分层级的快捷组合键是Ctrl+D；减少细分层级的快捷组合键是Shift+D。按D键将升层级。

步骤03 将模型增加3级细分，并孤立显示上衣，效果如图3-153所示。选择Standard笔刷，单击Stroke菜单，激活LazyMouse选项，设置参数如图3-154所示。

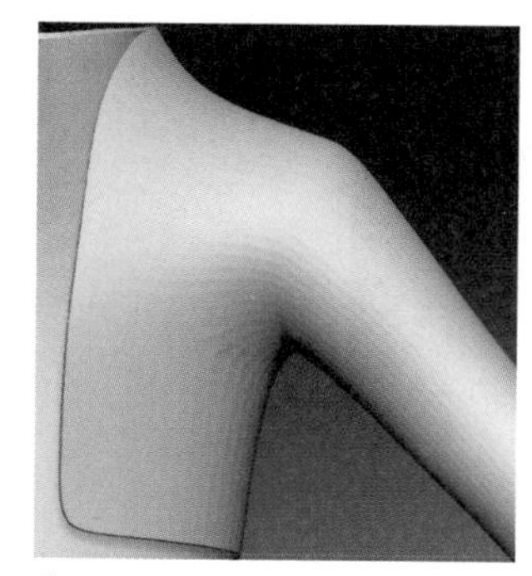

图3-153 孤立细分

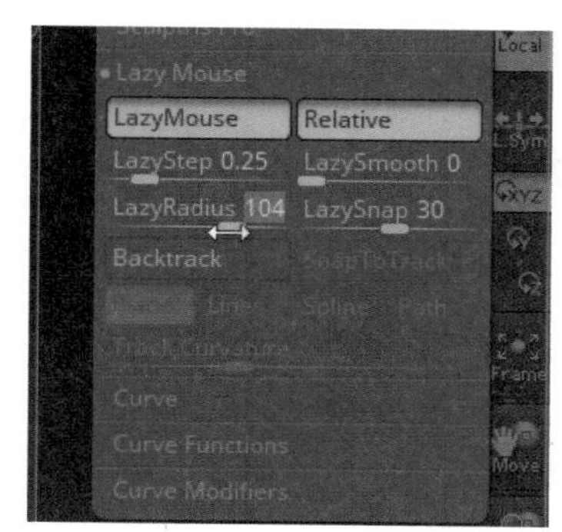

图3-154 设置参数

步骤04 按X键，打开对称雕刻功能。在按Alt键的同时，在袖子与衣身相接的位置雕刻，雕刻效果如图3-155所示。

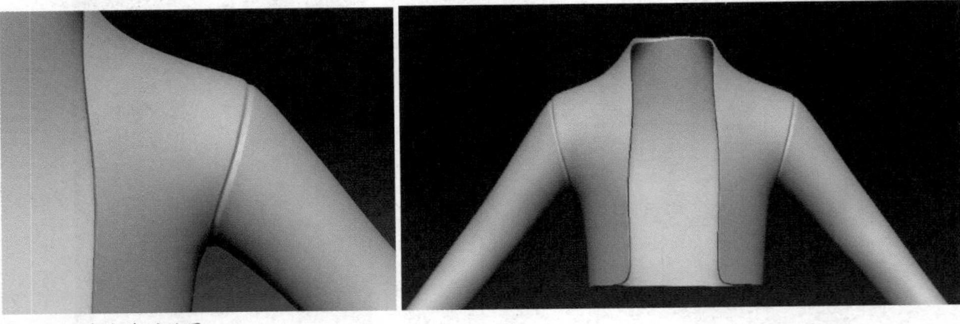

图3-155 对称雕刻效果

提示：

读者也可以单击Transform菜单，激活Activate Symmetry按钮，实现对称雕刻效果。同时可以在下面选择不同的对称轴。

步骤05 继续沿着衣服的接口处雕刻背面，效果如图3-156所示。松开Alt键，使用Standard笔刷在接口的两侧雕刻，增加模型的立体感，完成后的效果如图3-157所示。

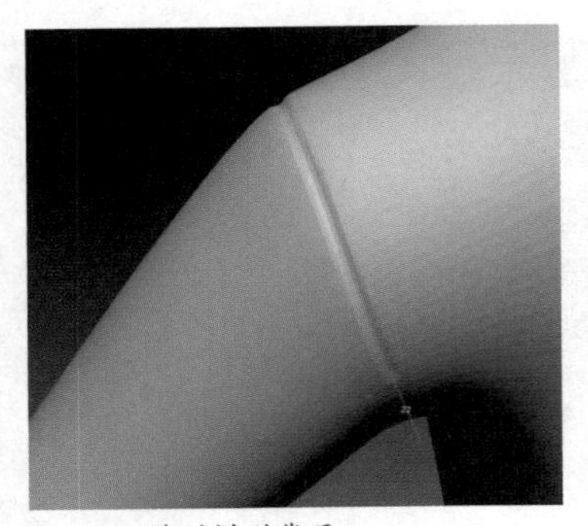

图3-156 雕刻模型背面

图3-157 雕刻两侧立体感

小技巧：

在雕刻过程中可以使用Move笔刷随时调整雕刻的形状，以获得满意的效果。同时要随时查看参考图，以确认雕刻得是否正确。

步骤06 按快捷组合键Ctrl+D，增加细分，使用Smooth笔刷处理雕刻效果，如图3-158所示。使用Pinch笔刷，设置强度为21，对缝隙进行雕刻，完成后的效果如图3-159所示。

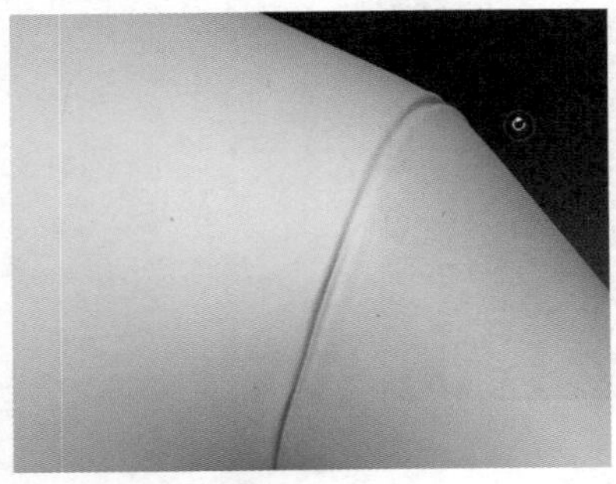

图3-158 平滑雕刻效果

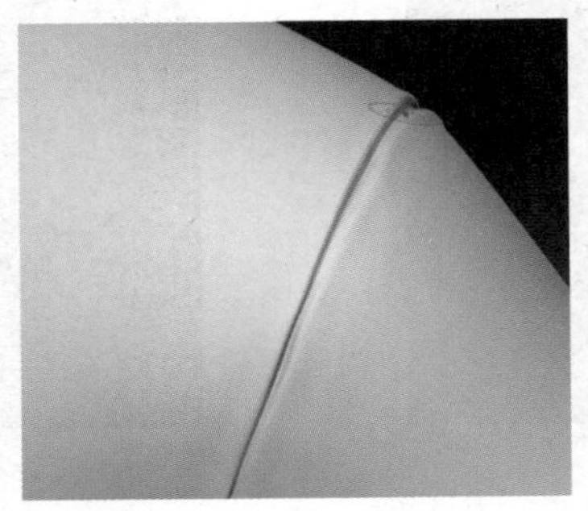

图3-159 捏挤雕刻效果

提示：

Pinch笔刷允许设计师沿模型表面制作真实的坚硬边缘细节，它能够加入任何形式的坚硬边缘。在制作衣服纹理或皮肤皱纹时非常有用。

小技巧：

使用Pinch笔刷，笔刷下的顶点将沿模型的表面捏挤。Brushmod滑杆的正值将使顶点向表面外方面捏挤，负值将向内捏挤。Z Intensity控制捏挤笔刷效果的作用。

步骤07 用相同的方法对其他位置进行雕刻，完成后的效果如图3-160所示。用相同的方法雕刻衣服的侧边，完成后的效果如图3-161所示。

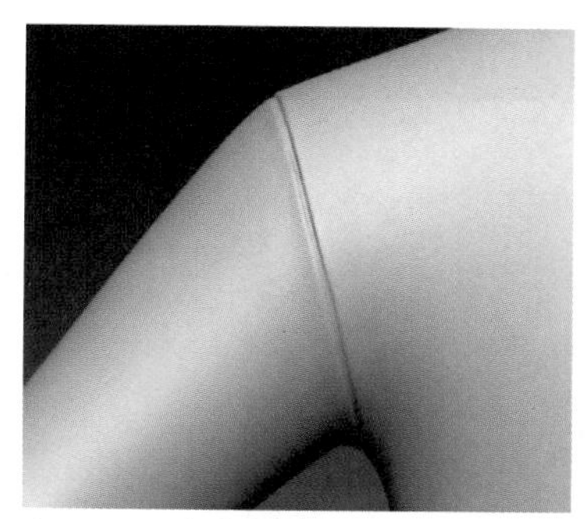

图3-160 完成背面雕刻

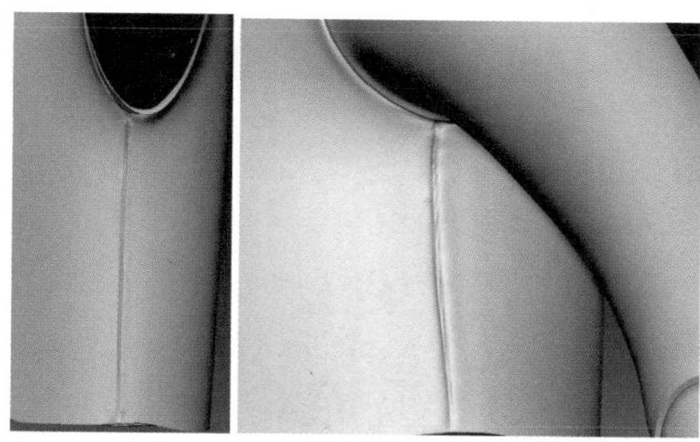

图3-161 完成衣服侧面雕刻

小技巧：

按快捷组合键Alt+Shift，拖动选中的模型，没有被选中的将被隐藏。再次按快捷组合键Ctrl+Shift，在空白处拖曳即可反向选择。按快捷组合键Ctrl+Shift，在空白处单击即可取消所有隐藏。

步骤08 依次选中模型，按下快捷组合键Ctrl+D，增加模型细分，观察模型效果，解决穿帮的问题，完成后的效果如图3-162所示。

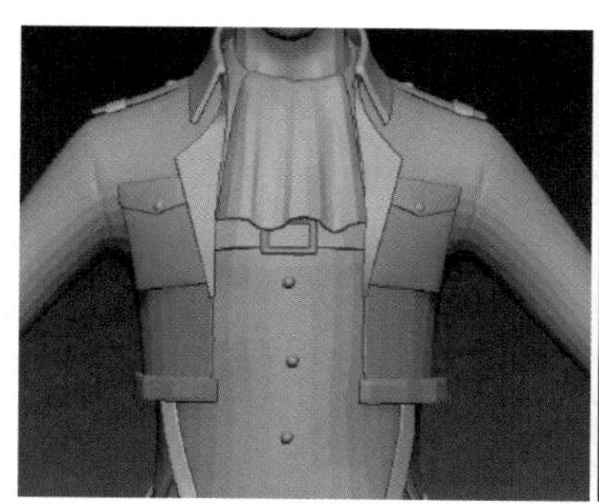

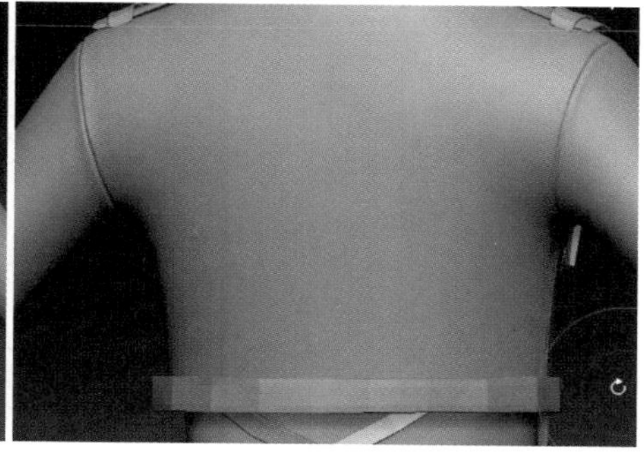

图3-162 细分解决穿帮

提示：

在雕刻过程中，如果模型出现了穿帮的问题，可以在按Alt键的同时，使用Move笔刷对模型进行调整，向外或向内移动模型，解决穿帮问题。

小技巧：

通常情况下，是在“高细分”状态下查看模型效果，在“低细分”状态下调整模型。

步骤09 将打底衫孤立，选择Standard笔刷，在按Alt键的同时，单击模型，再按下Shift键向下拖曳，保存创建垂直的雕刻效果。松开Shift键，多次按数字1键，重复效果如图3-163所示。

步骤 10 使用Standard笔刷，正向雕刻，并使用Smooth笔刷处理边缘，效果如图3-164所示。

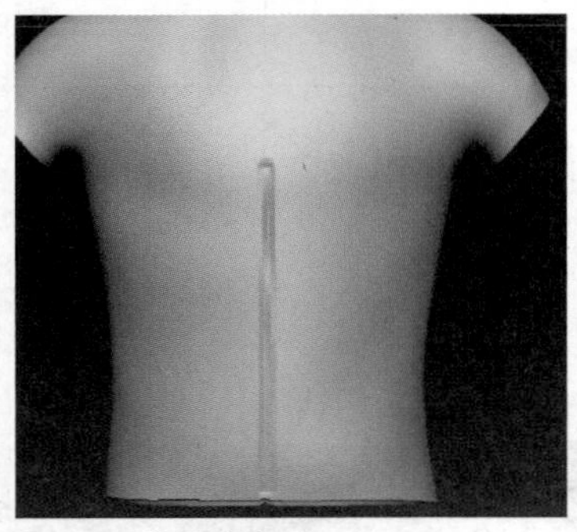

图3-163 雕刻效果

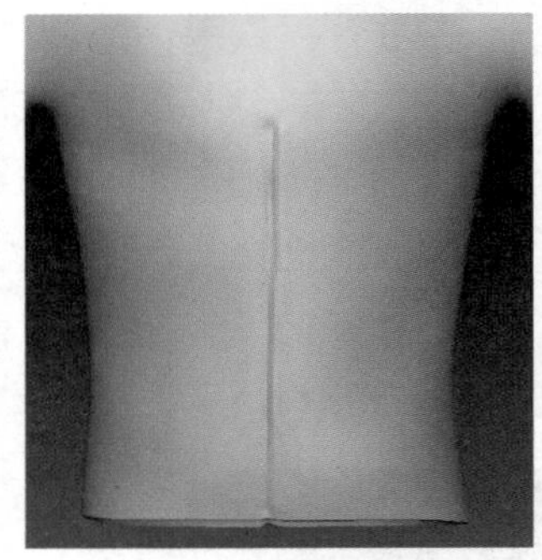

图3-164 雕刻、平滑效果

步骤 11 在按Alt键的同时，在空白处拖动鼠标，如图3-165所示。使用Move笔刷移动雕刻边缘，形成压边效果，如图3-166所示。

图3-165 创建遮罩

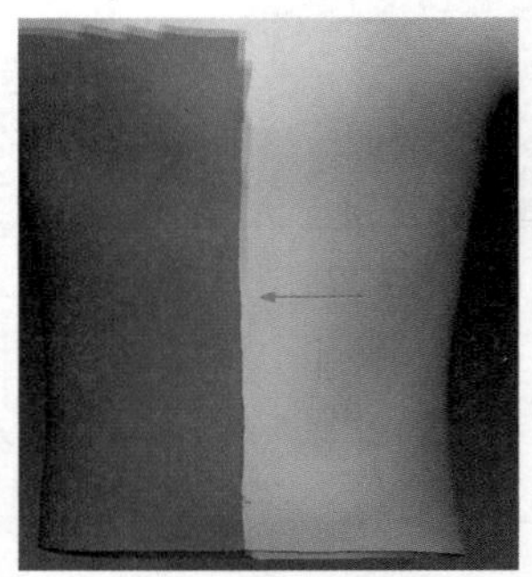

图3-166 移动雕刻

步骤 12 在按Ctrl键的同时在空白处拖动鼠标，取消遮罩，增加细分后，使用Smooth笔刷处理后，效果如图3-167所示。使用DamStandard笔刷雕刻，增加压边的立体感，使用Smooth笔刷平滑边缘，完成后的效果如图3-168所示。

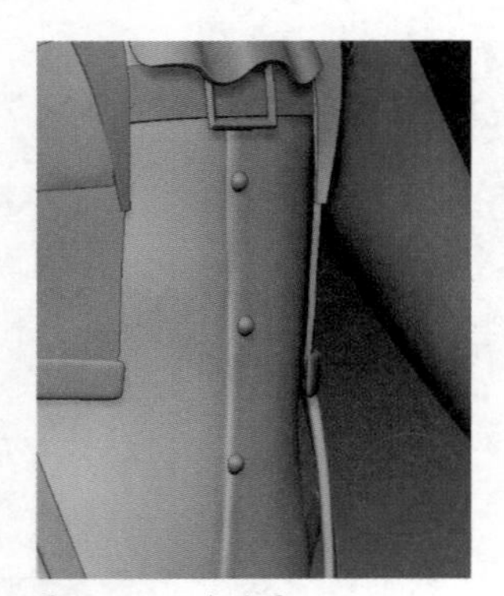

图3-167 压边效果

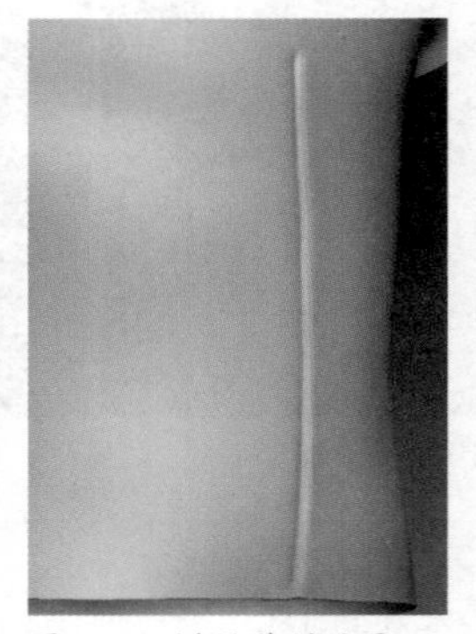

图3-168 增强雕刻效果

小技巧：

在展开UV时，选中展开后的面片对象会出现一个黄色的框。读者只需将该框的面朝向与物体的朝向一致即可。

2. 雕刻任务模型细节

步骤 01 选择ClayBuildup笔刷，单击Brush菜单，激活Auto Masking选项下的BackfaceMask选项，如图3-169所示。单击Stroke选项，激活Lazy Mouse选项下的LazyMouse选项，如图3-170所示。

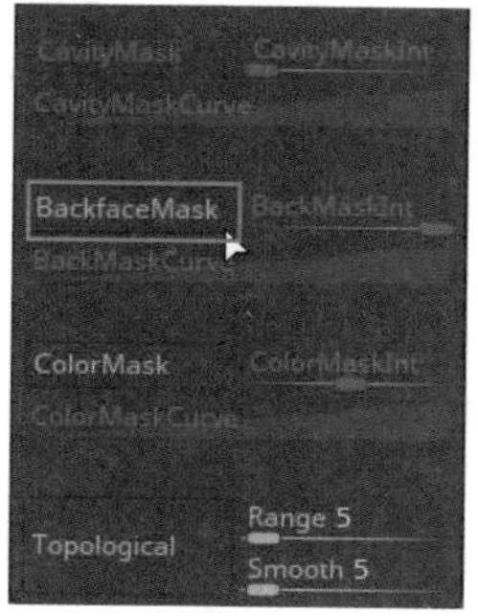

图3-169 设置笔刷

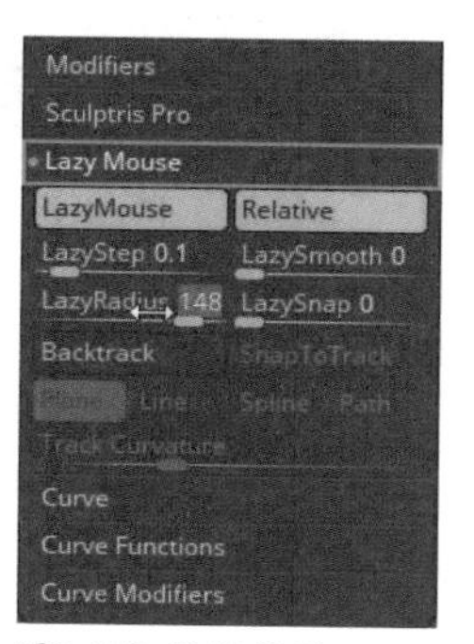

图3-170 设置笔刷

步骤 02 沿着皮带的边缘拖动雕刻，如图3-171所示。按数字1键，重复雕刻。使用DamStandard笔刷雕刻立体感，使用Move笔刷和Smooth笔刷对包边进修饰。完成后的效果如图3-172所示。

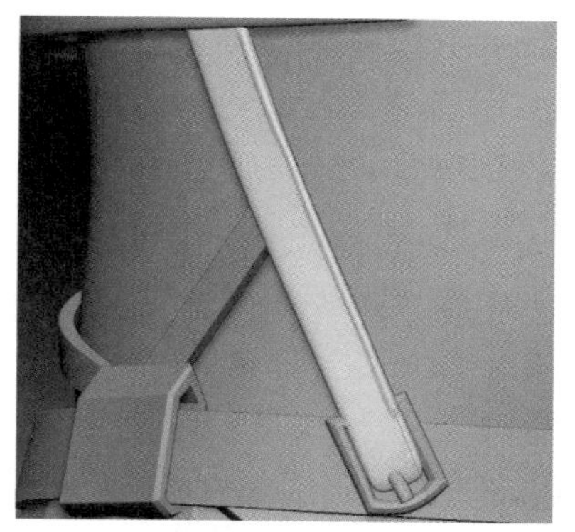
图3-171 雕刻包边效果

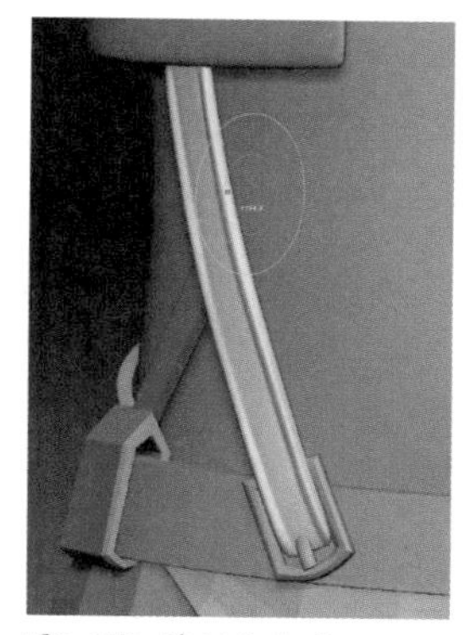
图3-172 雕刻立体感

步骤 03 用相同的方法，雕刻打底衫两侧的轧线，完成后的效果如图3-173所示。

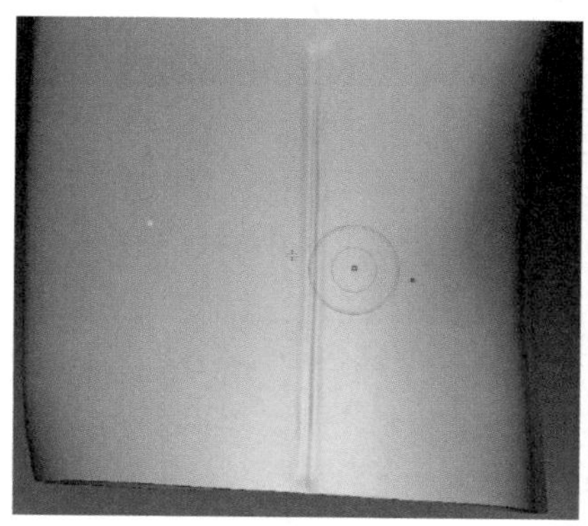
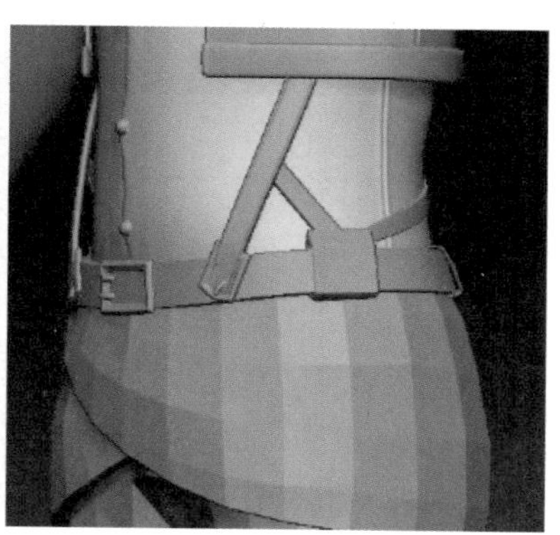
图3-173 雕刻打底衫轧线

小技巧：

在雕刻模型时，一些被遮挡不会显示的位置可以不进行任何操作。例如打底衫上部的轧线被外套遮盖，因此只雕刻下部即可。

步骤04 将兜盖孤立显示，升高模型的层级，打开BackfaceMask选项，使用Standard笔刷雕刻出如图3-174所示效果。使用DamStandard笔刷，雕刻边缘效果，增加立体感，完成效果如图3-175所示。

图3-174 雕刻兜盖

图3-175 完成效果

提示：

对同一个模型进行雕刻时，要使用相同的笔刷。例如兜盖和兜身，都应该使用相关大小的笔刷雕刻，以获得正确的显示效果。

小技巧：

在雕刻过程中，可以通过不断调整显示的角度，实现对模型不同位置的雕刻操作。如果出现打结的情况，要及时使用Smooth笔刷处理。

步骤05 用相同的方法，雕刻出兜身的包边效果，完成后的效果如图3-176所示。用相同的方法，雕刻胸前皮带模型的包边效果，完成后的效果如图3-177所示。

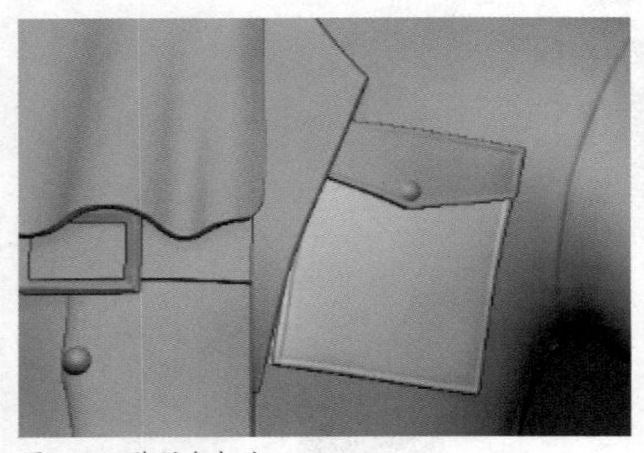

图3-176 雕刻兜包边

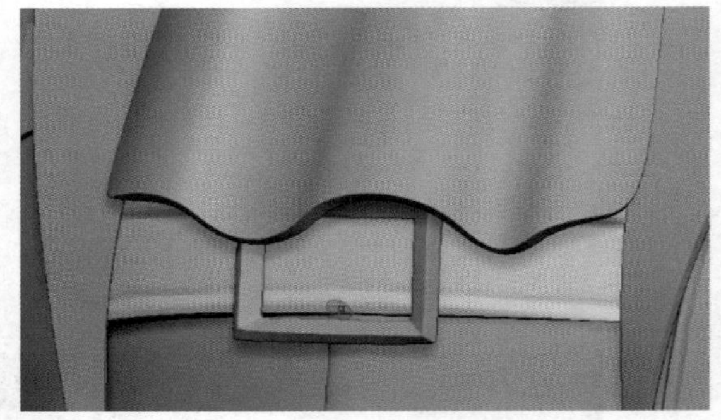

图3-177 雕刻皮带包边

小技巧：

在雕刻模型时，要均匀对模型的各部分依次雕刻，逐步丰富模型。不要只针对局部进行精细雕刻，而忽略模型的其他部分。

步骤06 选中肩花模型，升级细分，按*X*键，打开对称绘制，如图3-178所示。单击Transform菜单下的Activate Symmetry按钮，以*Z*轴对称，如图3-179所示。

提示：

不同模型的对称轴可能不同，为了获得满意的雕刻效果，需要修改对称轴的方向。激活Local Symmetry按钮，可以准确地在模型上雕刻。

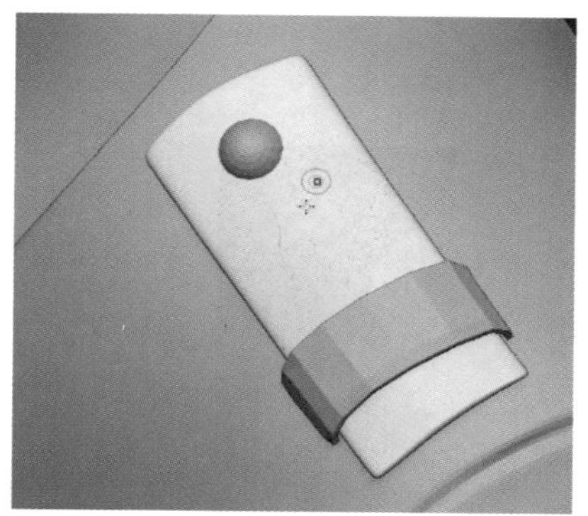

图3-178 打开对称绘制

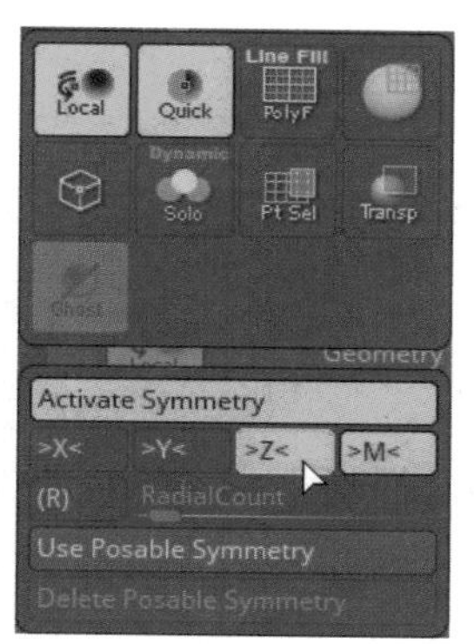

图3-179 设置对称轴

步骤 07 单击激活工作区右侧的Local Symmetry按钮，选择局部对称模式，如图3-180所示。在按Alt键的同时单击模型，即可完成对称轴的设置，如图3-181所示。

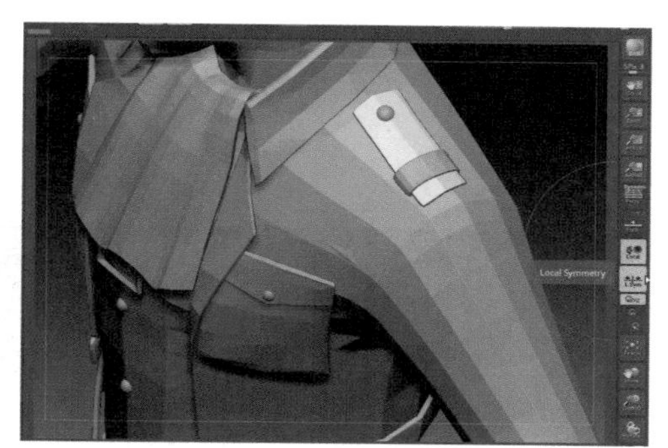

图3-180 局部对称

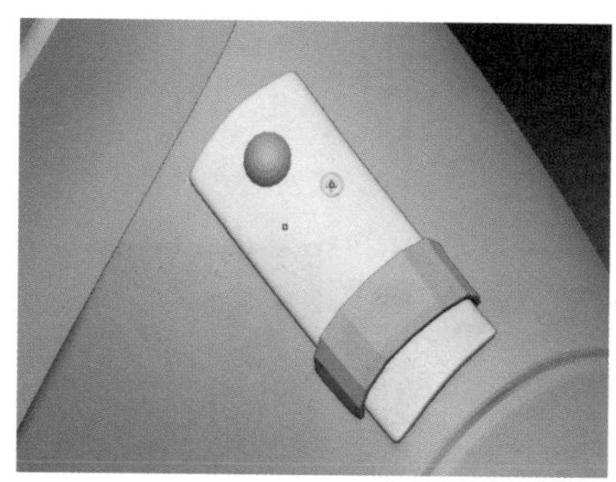

图3-181 调整对称轴效果

步骤 08 用相同的方法，雕刻肩花的包边效果，完成后的效果如图3-182所示。选中领巾模型，降低其细分，使用Standard笔刷雕刻褶皱效果，增加模型的立体感，使用Smooth笔刷平滑模型，完成后的效果如图3-183所示。

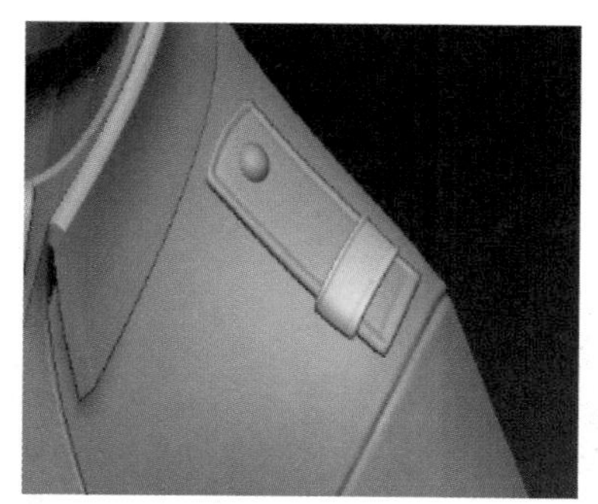

图3-182 雕刻包边

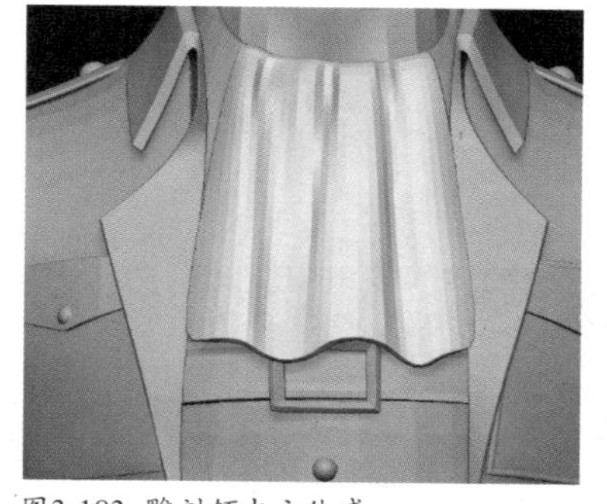

图3-183 雕刻领巾立体感

小技巧：

在使用笔刷进行连续雕刻时，笔刷的起始位置是上一次雕刻结束的位置。为了避免这种情况，读者可以反向雕刻。

提示：

读者除可以通过单击鼠标右键设置笔刷大小外，也可以按{键和}键实现快速调整笔刷大小的操作。

步骤09 选中外套模型，降低其层级，使用Standard笔刷和Smooth笔刷，配合Alt键，雕刻出如图3-184所示效果。

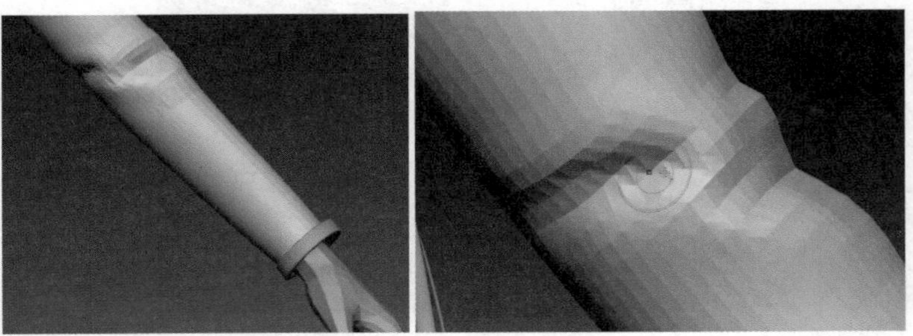

图3-184 雕刻手肘

提示：

最常见的褶皱效果有“Z字型”“S型”“V字形”和“Y字型”。设计师可以通过在模型不同的位置选择雕刻不同的褶皱效果。

步骤10 一边增加细化层级一边雕刻，使用Move笔刷调整雕刻效果，完成后的效果如图3-185所示。用相同的方法，完成腋下褶皱的雕刻，效果如图3-186所示。

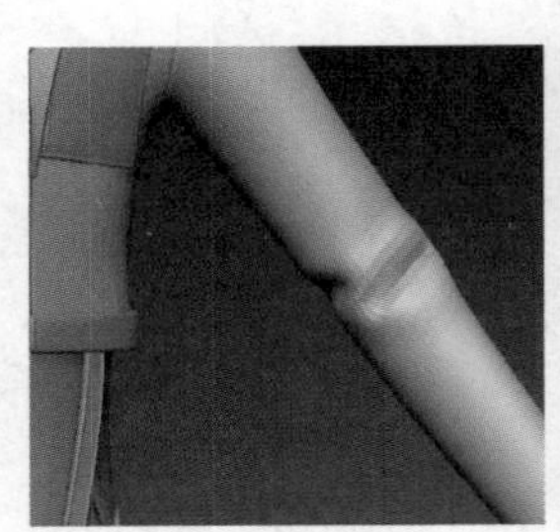

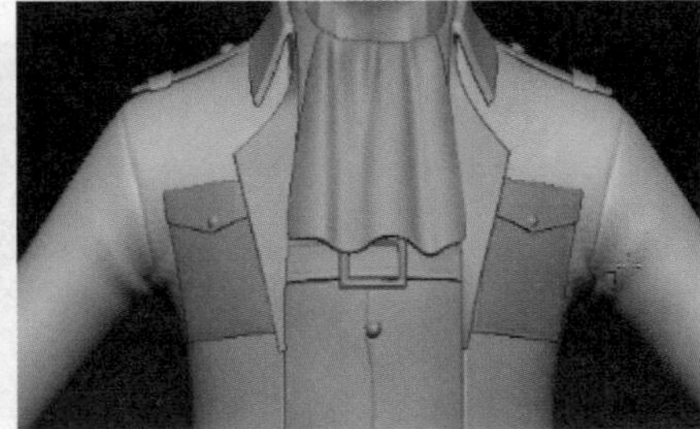

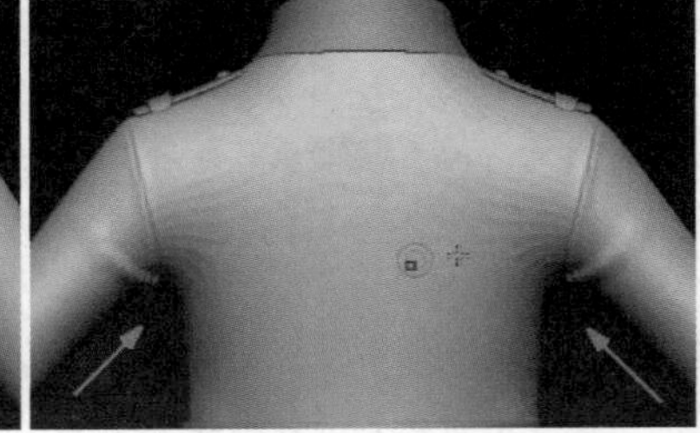

图3-185 细化雕刻效果　　图3-186 雕刻腋下效果

步骤11 用相同的方法，完成模型其他位置褶皱效果的雕刻，效果如图3-187所示。

提示：

在制作过程中要多观察参考图，通过不断地调整笔刷强度实现逼真的褶皱效果。多使用Smooth笔刷优化雕刻效果。

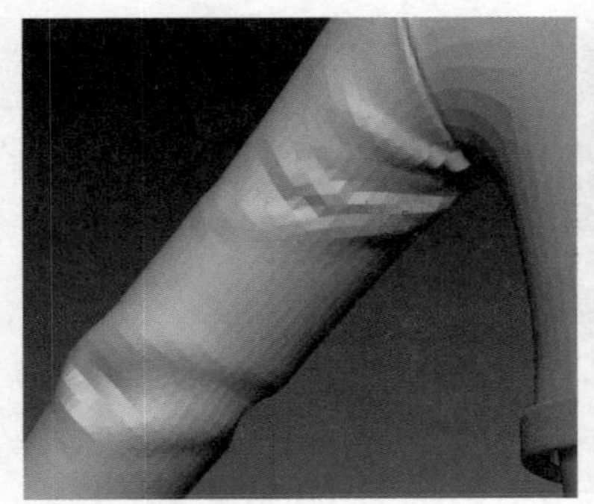

手臂背面

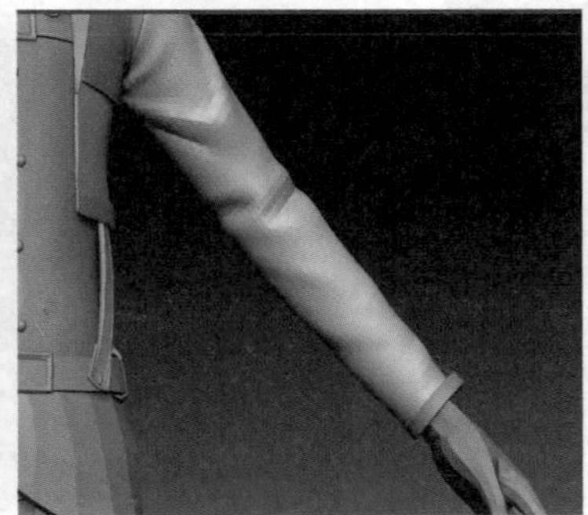

手臂正面

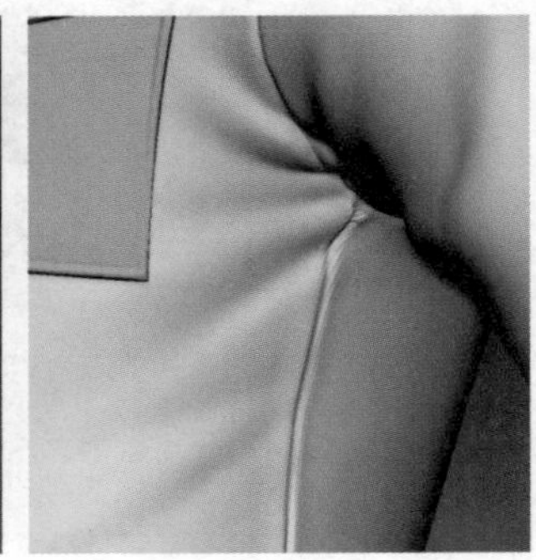

腋下

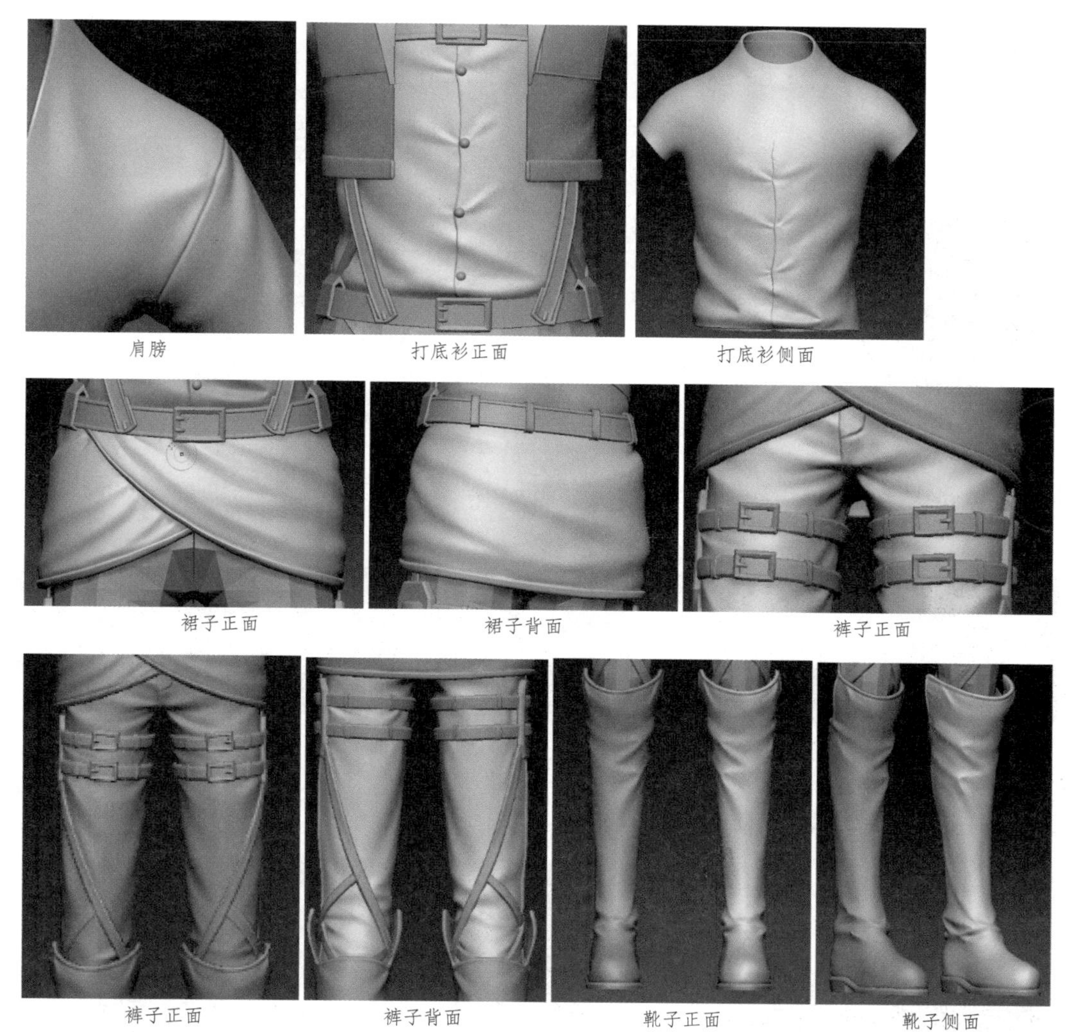

图3-187 雕刻模型其他位置褶皱效果

3. 制作同人模型低模

步骤 01 选中上衣模型并孤立显示，效果如图3-188所示。单击Zplugin菜单，激活Decimation Master选项下的Freeze borders选项，如图3-189所示。

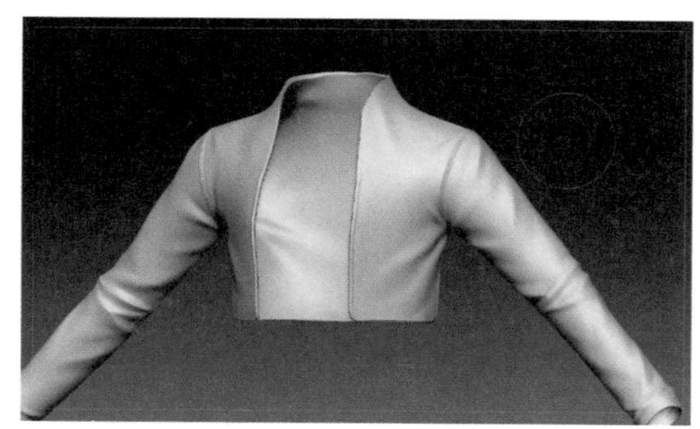
图3-188 孤立显示模型

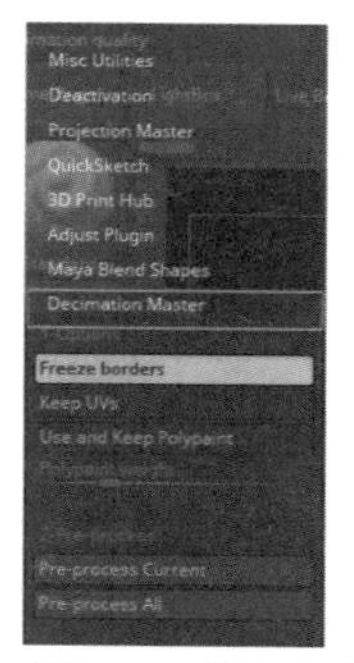

图3-189 激活选项

提示：

在3-Decimate选项中，20% of decimation中的20%指的是将当前模型的面减少到20%。并不是减少20%。

步骤02 修改3-Decimate选项为50% of decimation，如图3-190所示。单击2-Pre-process选项下的Pre-process Current选项，如图3-191所示。

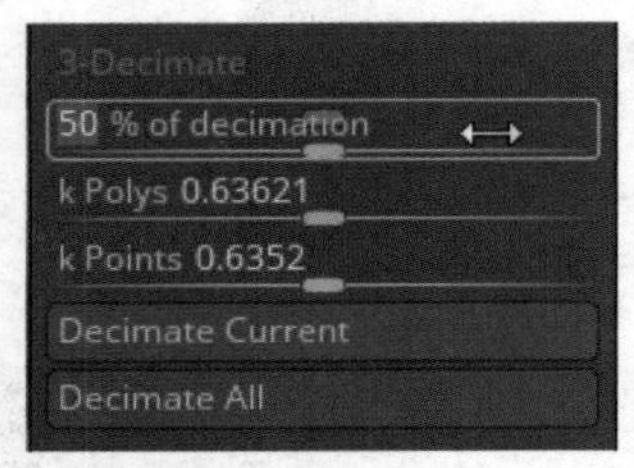

图3-190 设置减面比例

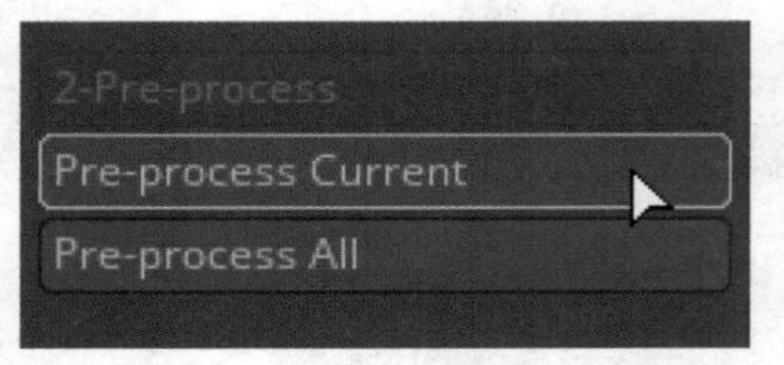

图3-191 单击Pre-process Current选项

步骤03 ZBrush软件左上角位置出现计算提示，如图3-192所示。在右上角显示当前模型的面数和全部模型的总面数，如图3-193所示。

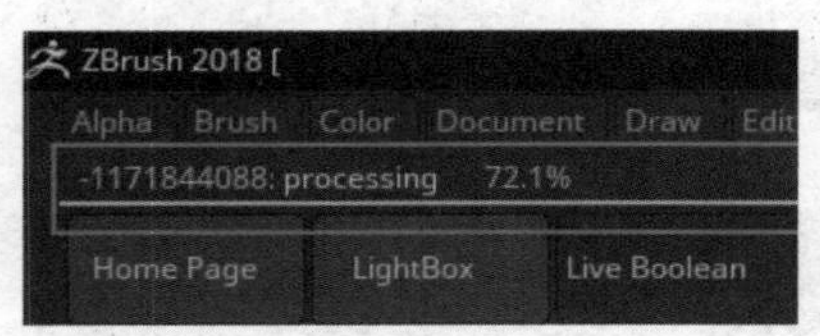

图3-192 减面计算

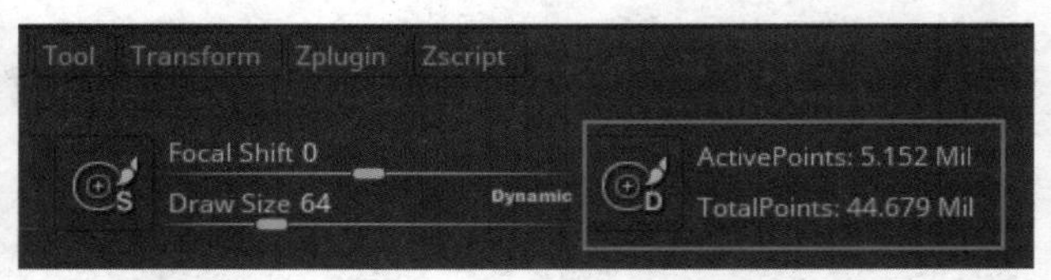

图3-193 减面效果

步骤04 单击Decimate Current选项，确认减面操作。如图3-194所示。按快捷组合键Sifht+F，打开线框图，观察减面效果，效果如图3-195所示。

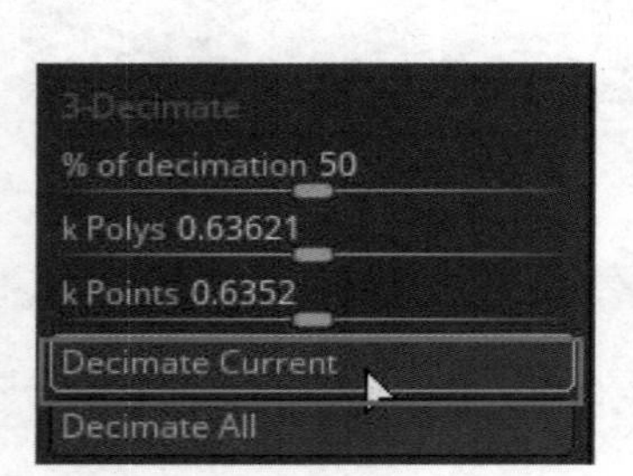

图3-194 确认减面

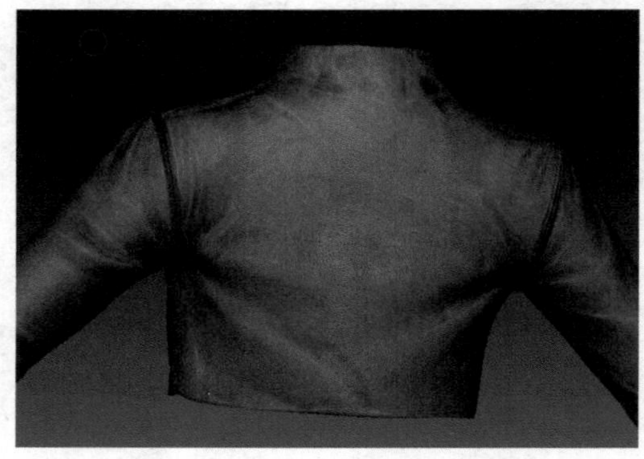

图3-195 观察减面效果

提示：

减面的主要目的是便于将模型导入其他软件内进行拓扑等操作。将面降低到最低的情况，又要保持最少的损失。

步骤05 减面操作后，模型的面会自动变为三角面，如图3-196所示。多次对模型进行减面操作，直到上衣的面在六十万左右即可。用相同的方法，依次对其他模型进行减面操作，如图3-197所示。

提示：

每一次开始减面操作之前，都要对模型进行保存。以避免由于系统或硬件的问题造成死机，丢失重要数据。

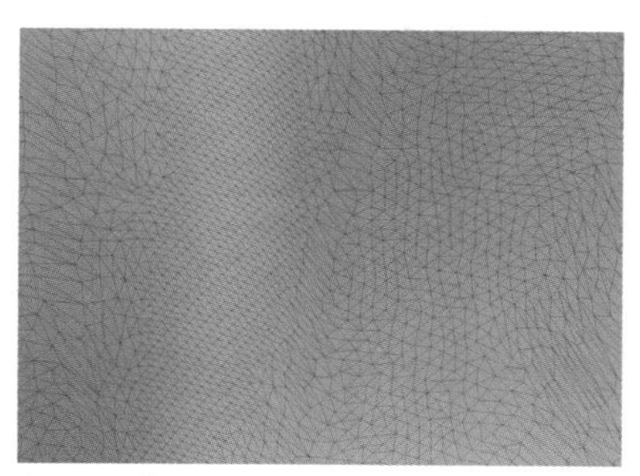

图3-196 减面效果

图3-197 其他模型减面

步骤06 在按Shift键的同时单击靴子图层右侧的眼睛图标，隐藏其他层，同时将鞋跟图层打开，如图3-198所示。单击Merge选项下的MergeVisible选项，即可将两个图层合并，如图3-199所示。

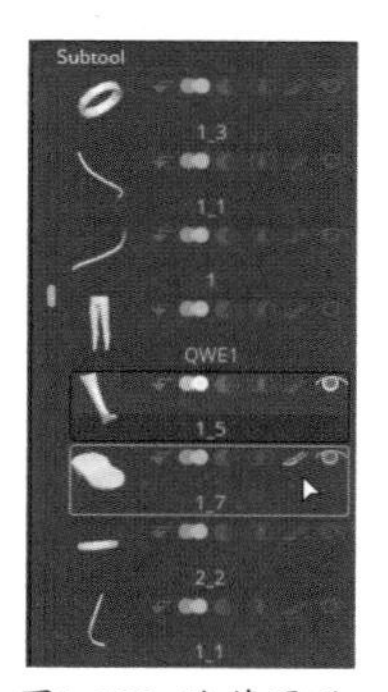

图3-198 隐藏图层

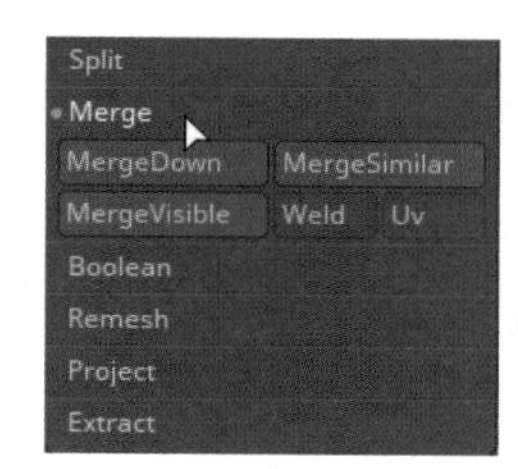

图3-199 合并图层

步骤07 单击Append选项，将新建的模型添加到场景中。读者即可在图层中找到新添加的模型图层，如图3-200所示。单击Export按钮，选择导出位置，将模型保存为xuezi.obj文件，如图3-201所示。单击“保存”按钮，即可完成模型的导出。

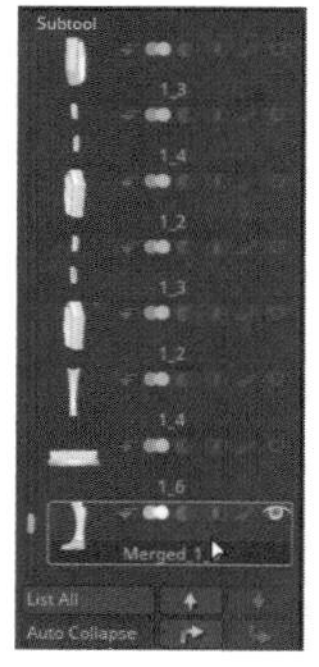

图3-200 添加到图层

图3-201 导出模型

步骤08 用相同的方法将模型的其他部分导出为OBJ格式文件，如图3-202所示。启动TopoGun软件，软件界面如图3-203所示。

图3-202 导入模型

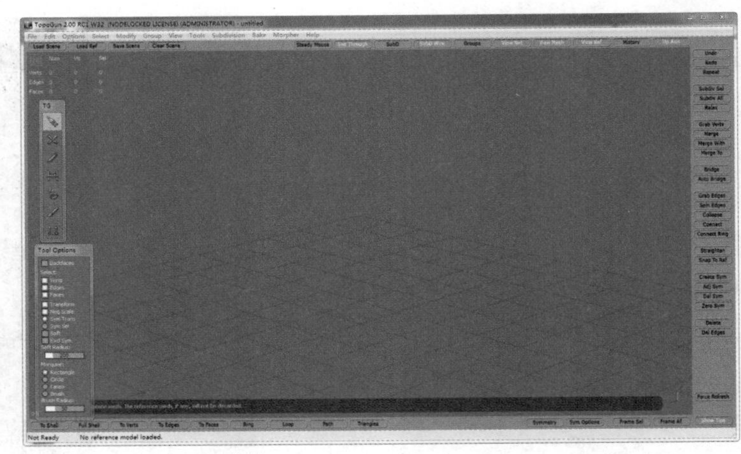
图3-203 启动TopoGun软件

步骤 09 单击左上角的Load Ref按钮，选择将shangyi.obj文件导入，效果如图3-204所示。单击TG面板上的SimpleCreate工具，在上衣的肩膀处依次单击创建布线，如图3-205所示。

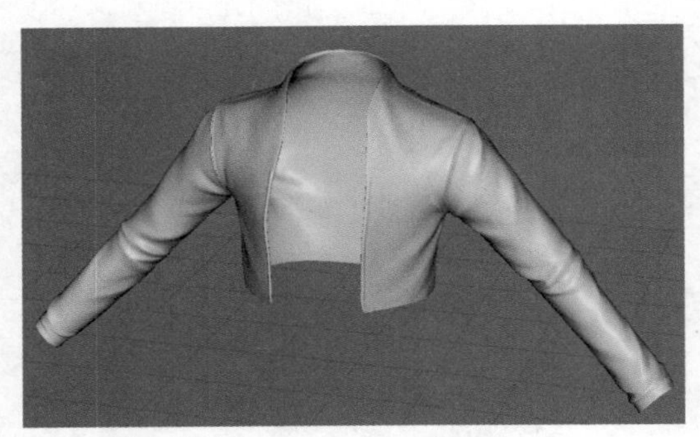
图3-204 导入模型

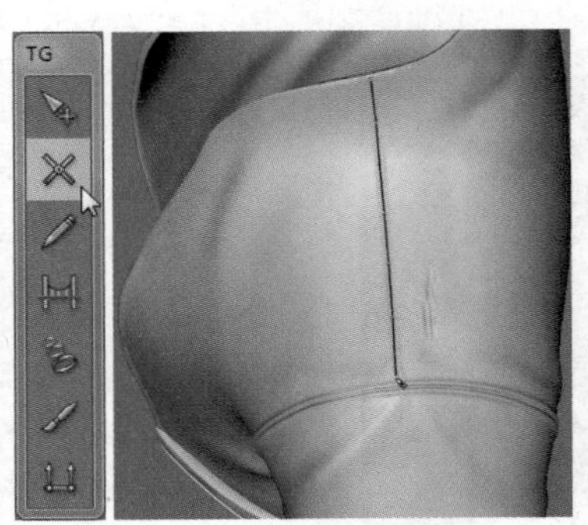

图3-205 使用SimpleCreate工具

提示：

创建布线时，锚点不要太多，卡住模型结构即可。用户可以使用SimpleEdit工具选中绘制的锚点，调整绘制线条的位置。

步骤 10 使用SimapleCreate工具沿着上衣的结构创建布线，如图3-206所示。

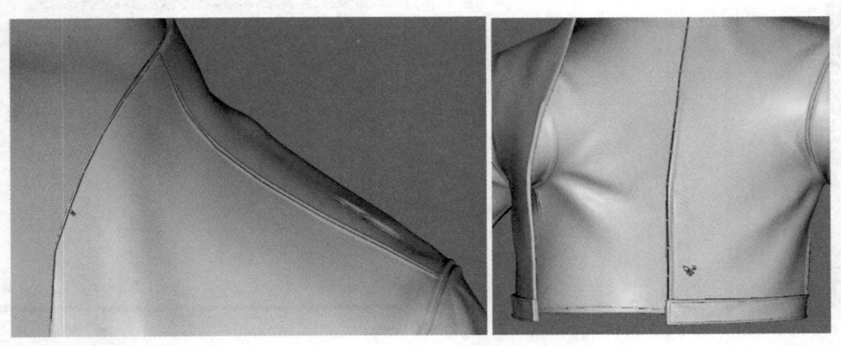
图3-206 创建布线

步骤 11 用相同的方法，将包边的结构拓出来，如图3-207所示。使用Bridge工具将线条桥连在一起，效果如图3-208所示。

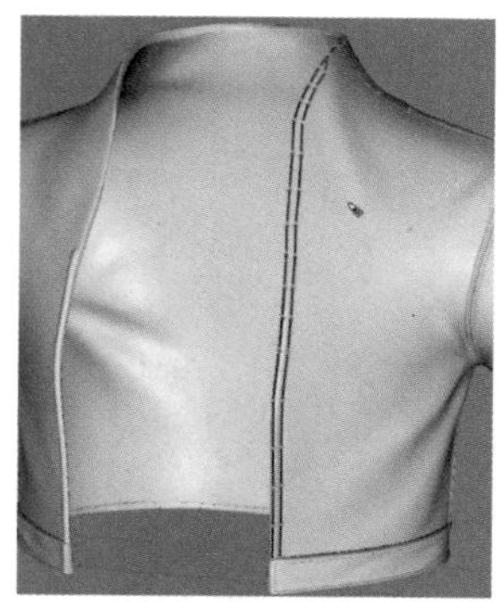

图3-207 绘制包边布线

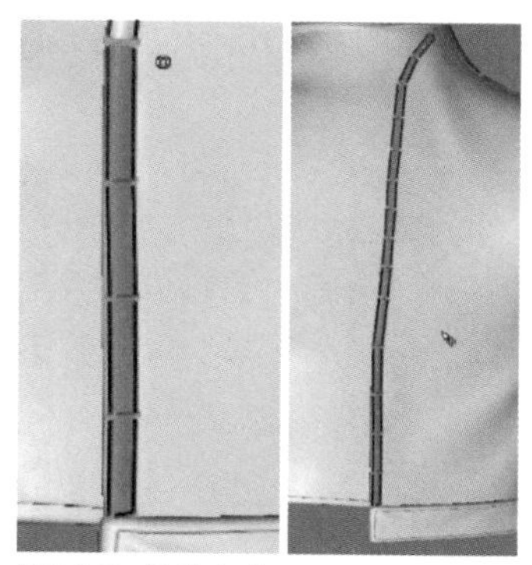

图3-208 桥连布线

小技巧：

在布线的过程中，选中锚点按Delete键可将其删除。在按Ctrl键的同时分别单击两个断开的锚点，即可实现连接。

步骤 12 用相同的方法，在上衣的下部布线，如图3-209所示。继续以下部顶点为参考创建布线，并使用Bridge工具将线连接，效果如图3-210所示。

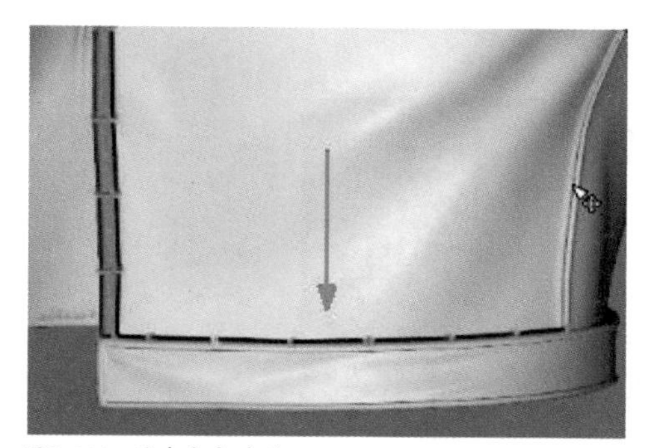

图3-209 创建底部布线

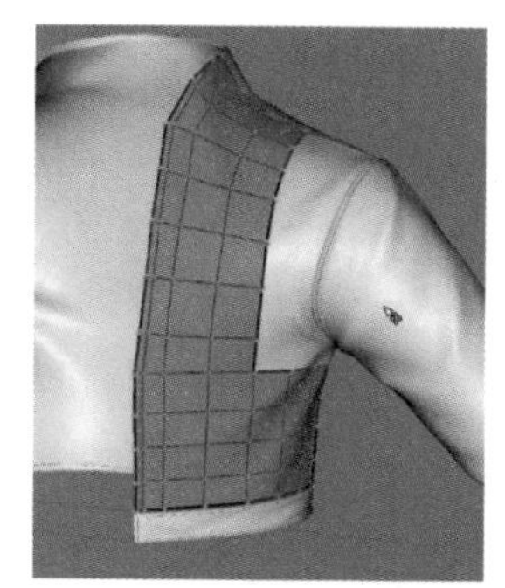

图3-210 创建衣服前面布线

步骤 13 在肩膀的位置创建布线，并在连接处布3个锚点，如图3-211所示。使用Bridge工具完成桥连操作，效果如图3-212所示。

图3-211 为肩部布线

图3-212 桥连布线

提示：

在拓扑过程中，读者可以随时单击顶部的View Ref按钮，将高模隐藏，只显示拓扑的低模，观察制作效果。再次单击View Ref按钮即可显示高模。

步骤 14 用相同的方法完成如图3-213所示的布线。单击TG面板上的Tubes按钮，在模型手臂位置由上向下拖曳，创建如图3-214所示效果。

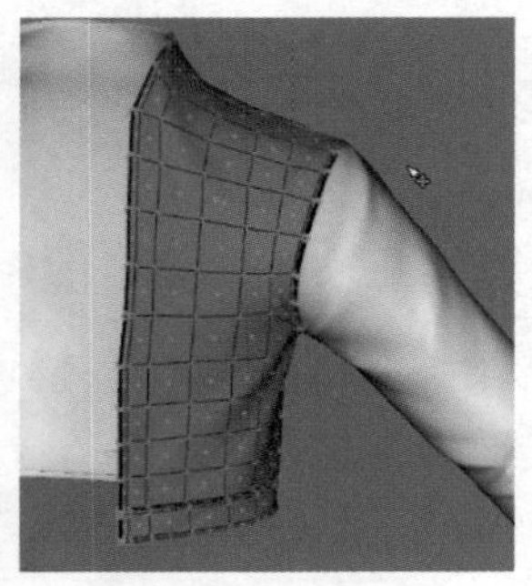

图3-213 为肩部布线

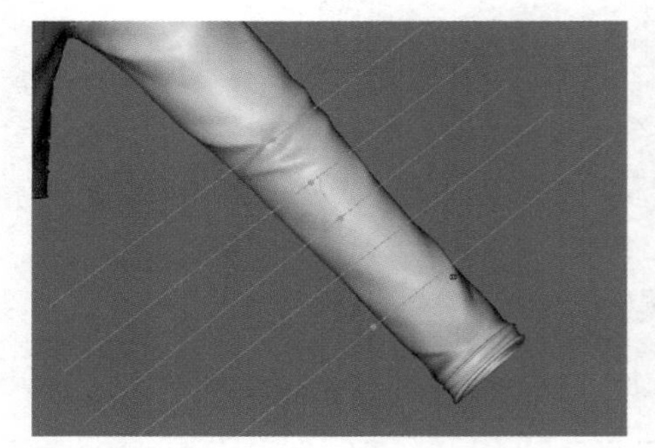

图3-214 使用Tubes工具

提示：

需要注意，袖子接口处的三条线无论在什么角度和位置，都以平行线的形式存在。以便于后期添加骨骼，制作动画。

步骤 15 单击鼠标右键，即可完成袖子的布线操作，如图3-215所示。用相同的方法制作袖子其他部分的布线，完成后的效果如图3-216所示。

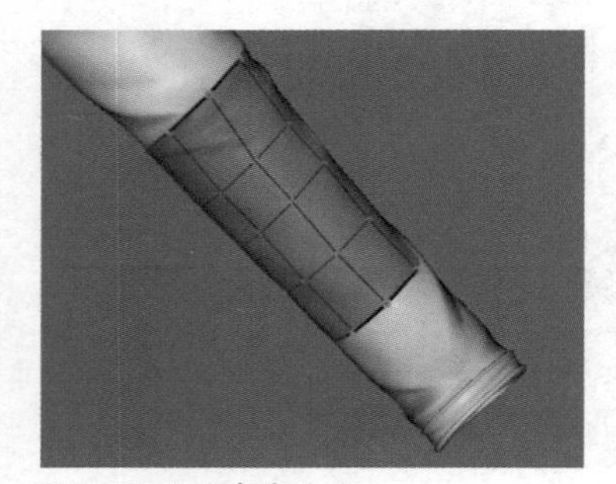

图3-215 袖子布线效果

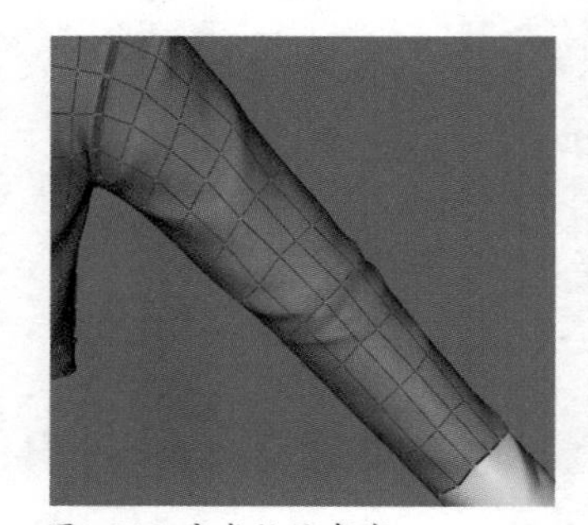

图3-216 完成袖子布线

步骤 16 单击TG面板上的Brush按钮，在Tool Options面板中激活Keep Brd选项和Relax选项，如图3-217所示。对袖子布线进行松弛操作，如图3-218所示。

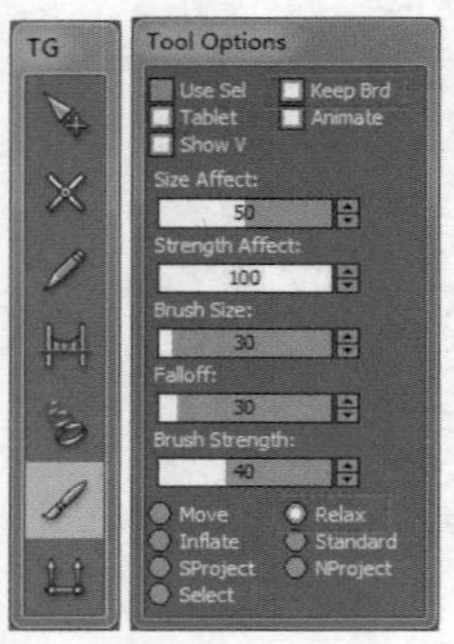

图3-217 使用Brush工具

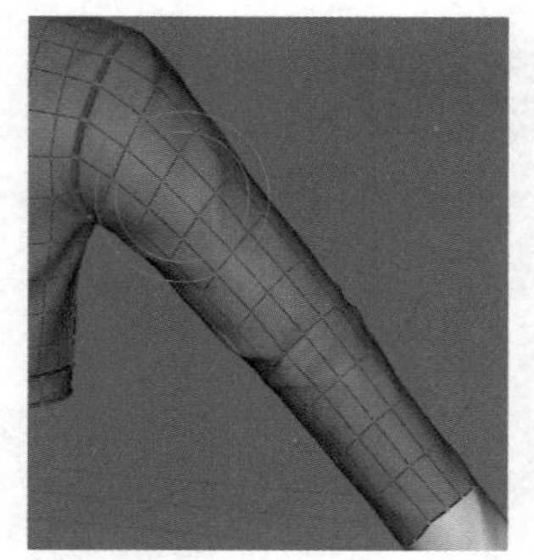

图3-218 松弛布线

步骤 17 沿着上衣后部中线位置创建线条，如图3-219所示。沿着中心向两侧扩散式地布线，完成后的效果如图3-220所示。用相同的方法完成背部包边的布线，效果如图3-221所示。

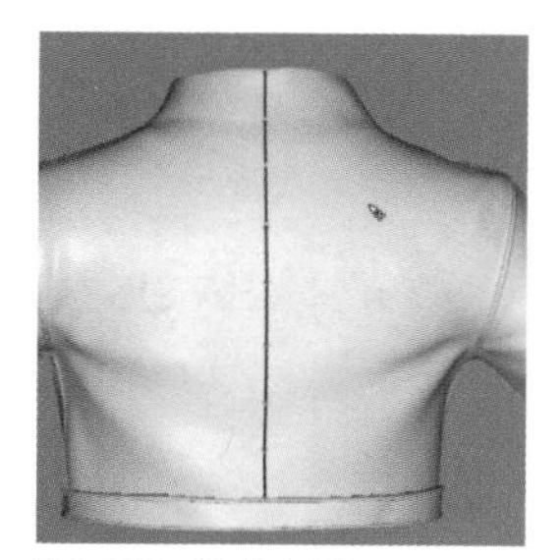

图3-219 创建中线

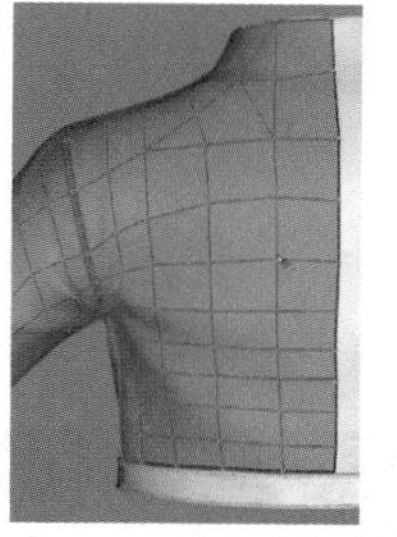

图3-220 创建背部布线

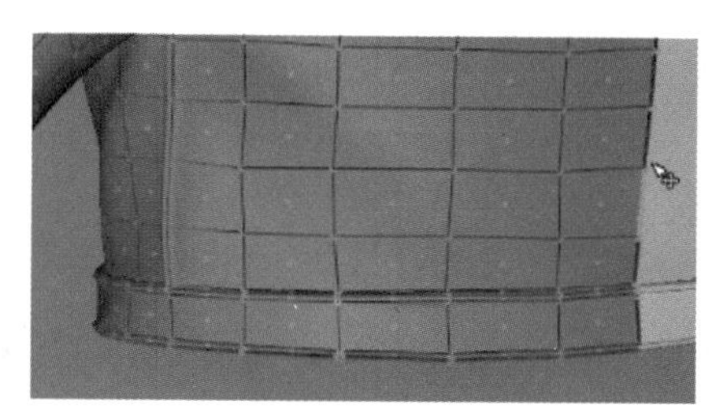

图3-221 背部包边布线

提示：

用相同的方法完成其他模型的布线，执行File→Save Scene As命令，将模型导出为OBJ格式，以供后面烘焙使用。

任务评价——模型卡边制作的要求

不同游戏风格对于模型的卡边也有一定的要求。在本任务中，要求模型的卡边制作得看起来要比原画更加厚重些，如图3-222所示中展示了不同材质的卡边效果。

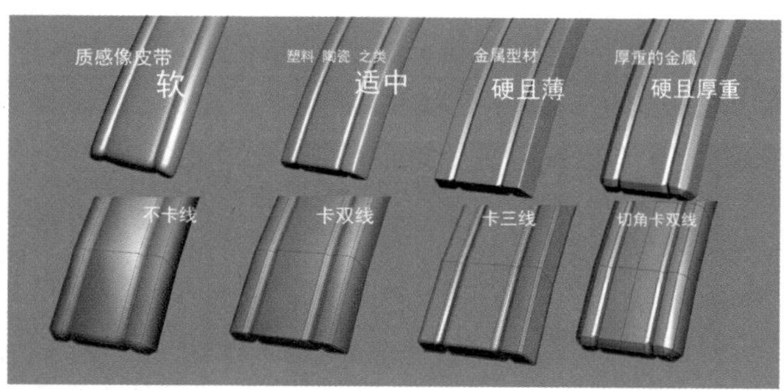

图3-222 卡边体现

在检查卡边效果时，可以先给模型指定如图3-223所示材质，倒角卡边大小要适当，边缘要有流畅的高光体现物体的结构。红箭头部分要注意。

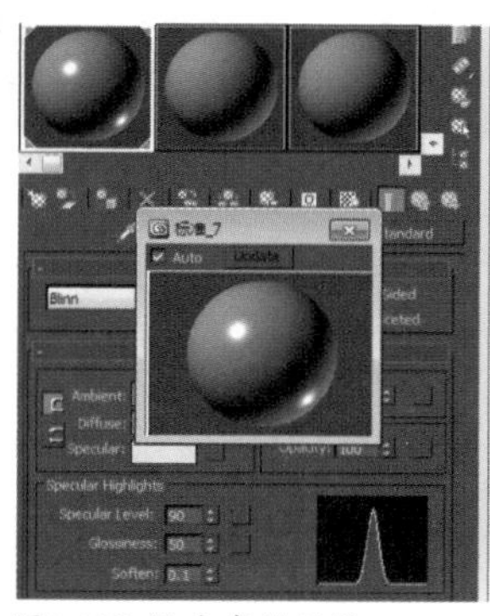

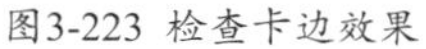

图3-223 检查卡边效果

提示：

不管是否金属，需要表现厚重感的部分都要做出倒角，模型尽量不要出现小于或等于90°垂直面，衣服布料要有厚度且有点变化，不能过于硬直。

任务拓展——完成弓箭手模型的雕刻

通过本任务的学习，读者能够掌握使用ZBrush完成模型雕刻的方法和技巧。接下来通过雕刻如图3-224所示弓箭手模型，进一步熟悉ZBrush的使用。

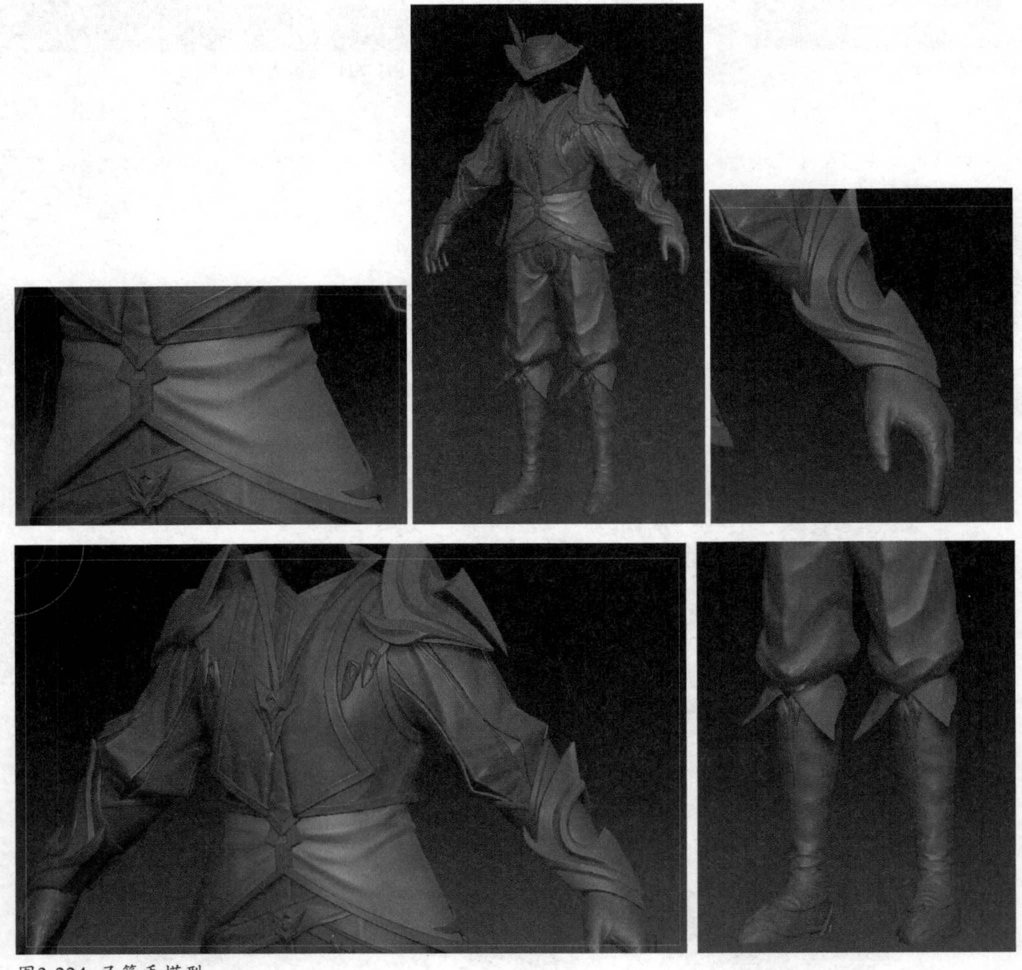

图3-224 弓箭手模型

任务三 绘制漫画同人模型贴图

制作完成同人模型的高模和低模后，再通过烘焙的方式完成UV贴图和AO贴图的制作。接下来，使用Photoshop绘制贴图后，在Marmoset Toolbag 中完成最终的贴图效果。本任务中将综合使用多个软件和插件完成漫画同人模型的贴图工作，完成后的效果如图3-225所示。

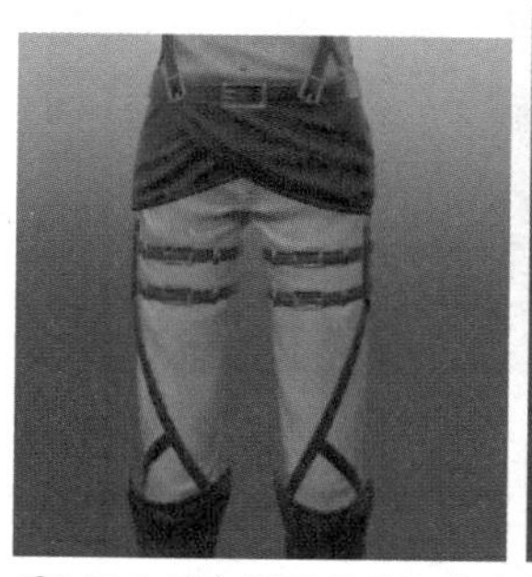
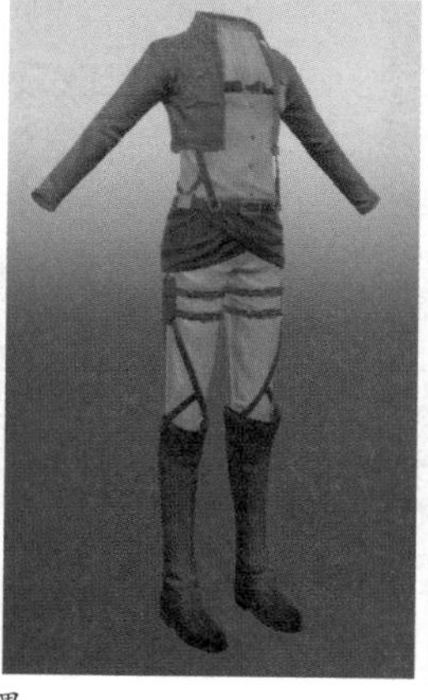

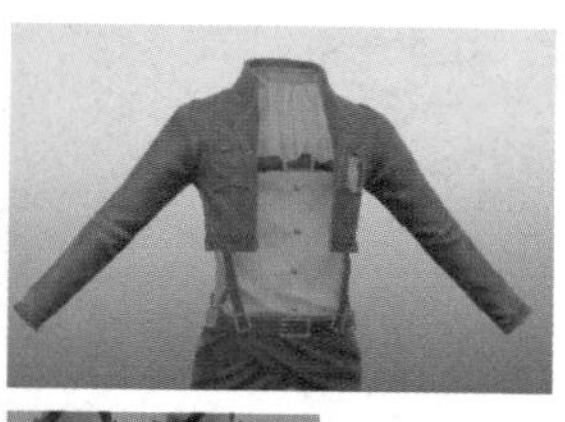

图3-225 同人模型贴图完成效果

源文件	源文件\项目三\pao.spp
素材	素材\项目三\
演示视频	视频\项目三\漫画同人模型贴图绘制.MP4
主要技术	使用 Substance Painter 绘制贴图

任务分析——漫画同人模型贴图绘制

在本任务中，主要完成同人模型贴图的制作。首选要在3ds Max中完成模型贴图的展开UV操作，获得模型的UV贴图，如图3-226所示。然后将高模和低模导入xNormal软件中，将模型的贴图法线烘焙出来，xNormal工作界面如图3-227所示。

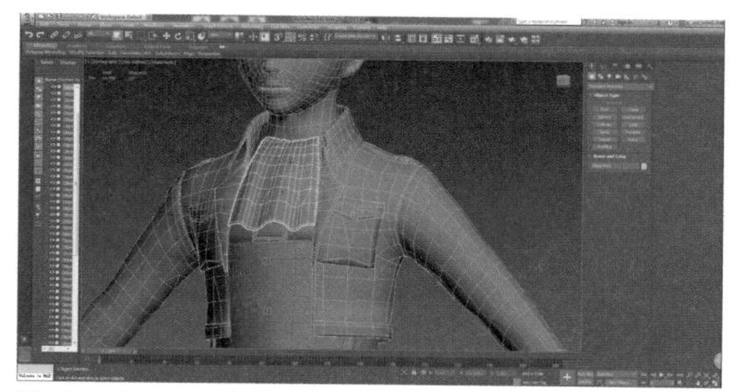

图3-226 在3ds Max中展开UV

图3-227 xNormal工作界面

将模型在Marmoset Toolbag软件中渲染，工作界面如图3-228所示。通过CrazyBump软件对贴图的法线进行调整，工作界面如图3-229所示。

图3-228 Marmoset Toolbag工作界面

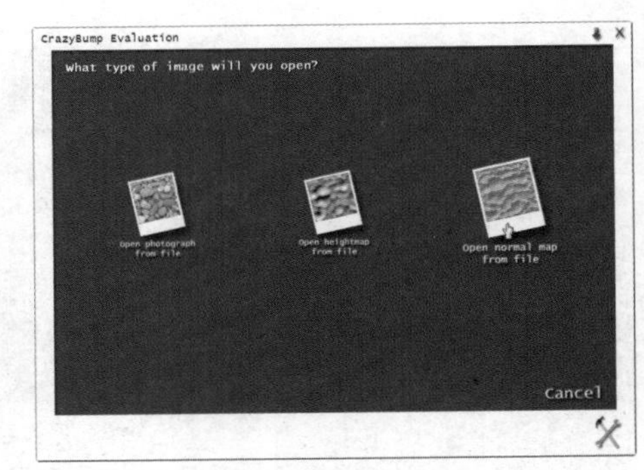

图3-229 CrazyBump工作界面

使用Photoshop完成模型贴图的绘制，工作界面如图3-230所示。

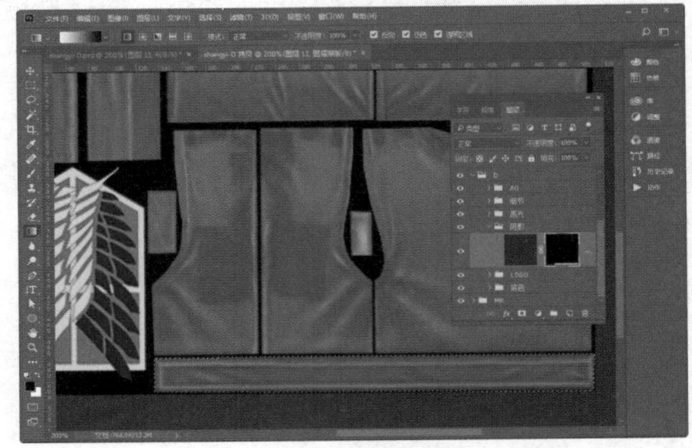

图3-230 Photoshop工作界面

知识链接——烘焙法线和检查法线

在开始贴图之前先要对法线贴图进行烘焙和检查，以确保最终的贴图效果。可以使用xNormal软件快速烘焙法线并在Photoshop中检查法线。

1. 使用xNormal烘焙法线

xNormal是一款非常方便快捷而且效果好的烘焙法线高光的软件。读者在安装xNormal前要将杀毒软件关闭，在安装的过程中如果出现阻止安装的弹出窗口，选择运行一次。

xNormal安装完成后，桌面上出现其快捷图标，如图3-231所示。双击快捷图标即可启动xNormal软件，软件界面如图3-232所示。

图3-231 启动图标

图3-232 软件启动界面

提示：

在进入xNormal烘焙法线之前，读者需要先准备好低模和中间模型，而且要将低模分配好UV，以便快速完成法线的烘焙。

打开xNormal，单击软件界面右侧的High definition meshes按钮，软件界面效果如图3-233所示。在出现的选项中单击鼠标右键，在弹出的快捷菜单中选择Add meshes命令，如图3-234所示。

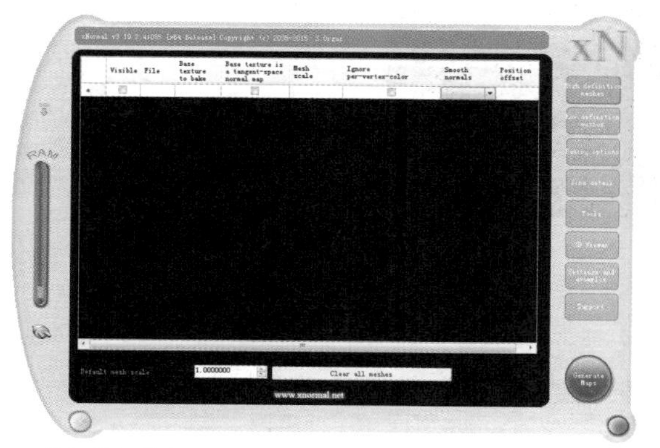

图3-233 单击High definition meshes按钮

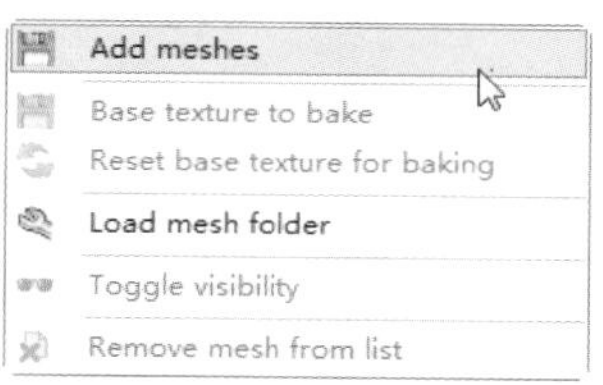

图3-234 选择Add meshes选项

选择高模文件，界面效果如图3-235所示。单击软件界面右侧的Low definition meshes按钮，选择添加低模，界面效果如图3-236所示。

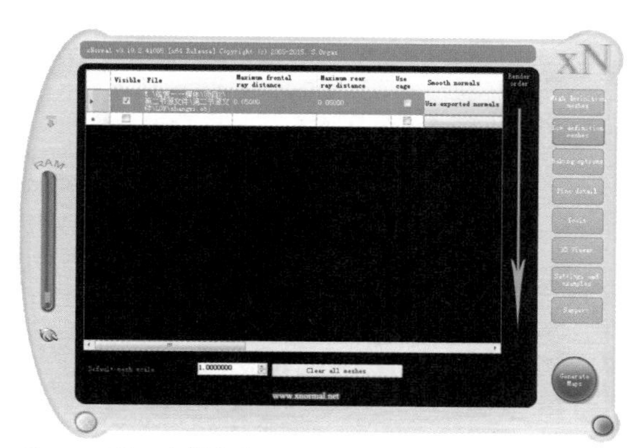

图3-235 导入高模文件

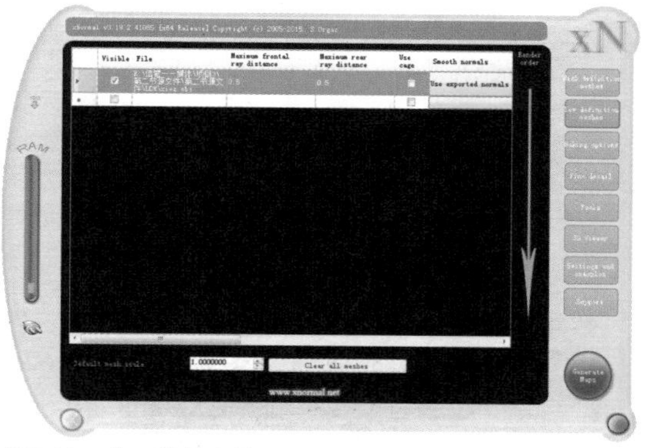

图3-236 导入低模文件

提示：

在低模的Smooth normals选项中有三种选项，Use exported normals可以识别三维软件中指定的模型的软硬边，Average normals会将所有的法线软化，Harden normals会将法线硬边化，一般此处会选择Use exported normals。

Maximum frontal和Rear ray distance 可以决定低模读取超过自身范围多少的高模的信息，这个数值稍微大一点可以获得更多的高模细节，但是该数值过小或者过大都会出错，Use cage可以在三维软件中编辑导出低模的cage文件在xNormal中使用，能得到比较精确的烘焙。

单击Baking options按钮，面板中各项参数的功能如图3-237所示。面板中的参数分别代表不同的作用。

图3-237 烘焙参数设置

Edge padding代表贴图超过UV边界多少个像素，通常是由贴图的尺寸决定的，一般不宜过大，贴图稍微超出UV边界一点可以避免一些错误的黑边出现。

Bucket size是xNormal在烘焙贴图过程中渲染方框的大小，通常设置其为512。也可以保持默认不做修改。

Renderer可以设置两种模式，Default bucket renderer是CPU渲染，速度比较慢，optix/CUDA renderer是GPU渲染，速度很快但比较容易出错。

在Antialising是贴图抗锯齿效果，设置得太高则烘焙速度会很慢。一般设置为1x或者2x就可以了。

提示：

如果贴图是2048像素又想要达到好的抗锯齿效果，可以先烘焙4096抗锯齿为1的贴图，然后用Photoshop改图片大小至2048，会比直接在xNormal中开高抗锯齿烘焙2048的贴图要快。

单击右下角的Generate maps按钮，弹出Preview面板，如图3-238所示。开始烘焙法线，烘焙完成后，单击工具栏上的Close按钮关闭窗口即可，如图3-239所示。

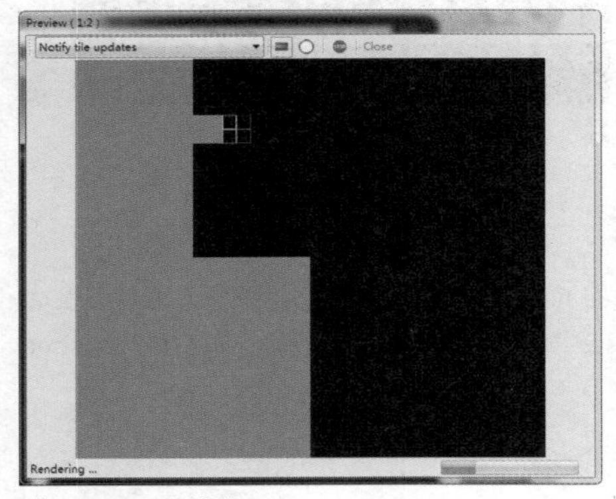

图3-238 开始烘焙

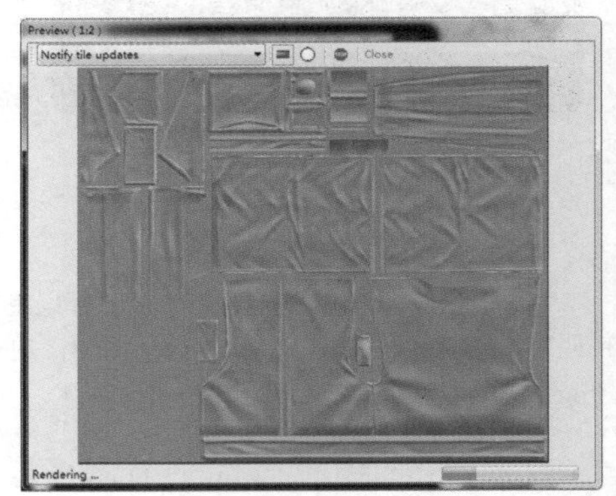

图3-239 完成烘焙

2. 检查UV和法线

为了保证UV和法线的正确性，可以在Photoshop中检查。将UV贴图和法线贴图打开。在按住Shift键和Alt键的同时，将UV贴图拖到法线贴图中，观察是否对齐，如图3-240所示。

如果UV贴图和法线贴图完全对齐，则为正确的贴图。如果没有对齐，则是错误的贴图，需要重新制作。

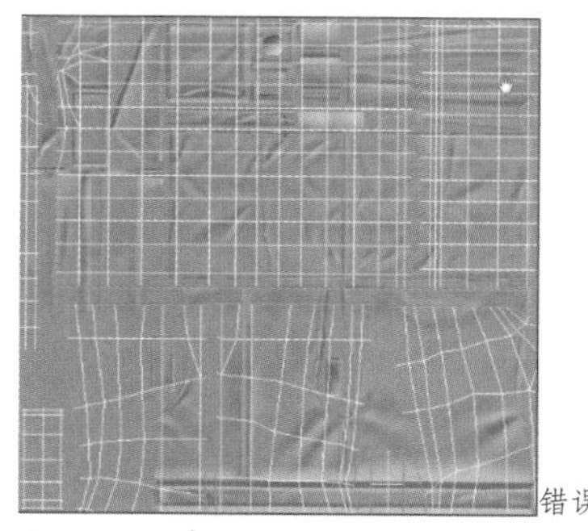

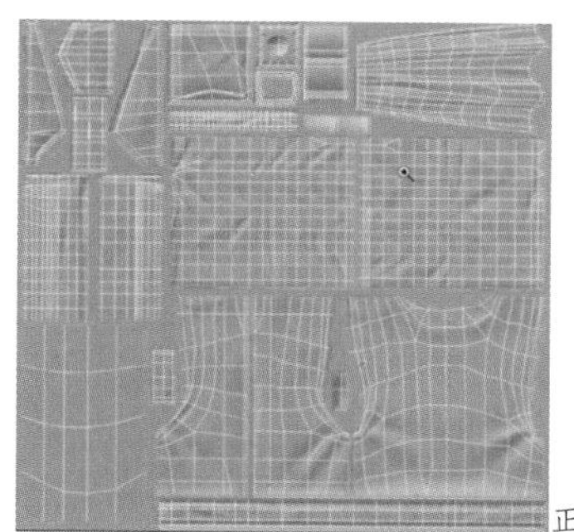

图3-240 检查UV和法线

任务实施——绘制漫画同人模型贴图

1. 展开UV和烘焙贴图

步骤 01 将拓扑完成的简模导入3ds Max，效果如图3-241所示。使用项目一中展开UV的方法完成模型的展开UV操作，上衣和配件的展开UV效果如图3-242所示。

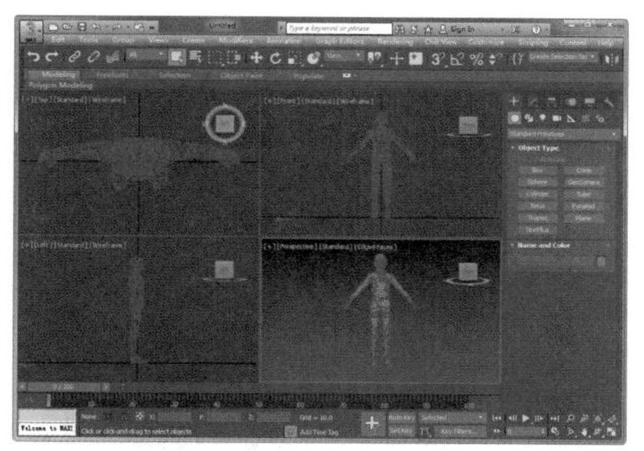

图3-241 导入模型

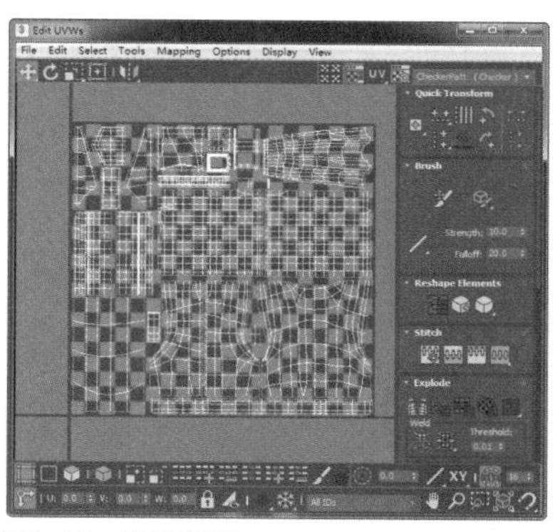

图3-242 展开模型UV

提示：

UV的切线通常是按衣服轧线的位置切开。绿色线条位置就是UV切口的位置，并且要将切线尽可能地隐藏在看不到的位置。

步骤 02 进入面编辑模式，选中面并分离出一个面，用来实现标志贴图，如图3-243所示。将上衣和配件合在一起使用一张贴图，下半身和配件合在一起，使用一张贴图，鞋子一张贴图。如图3-244所示。

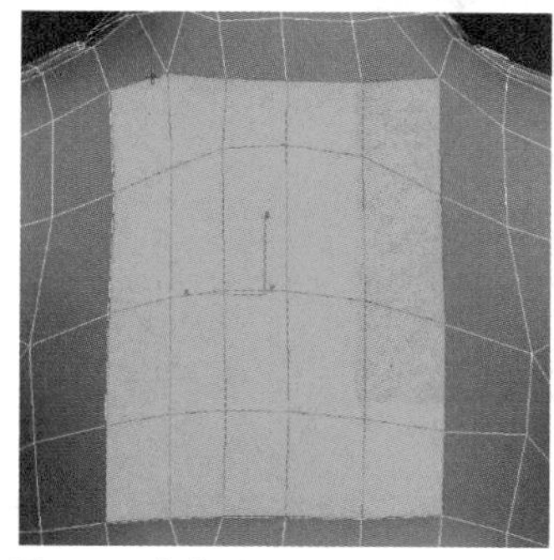

图3-243 分离面

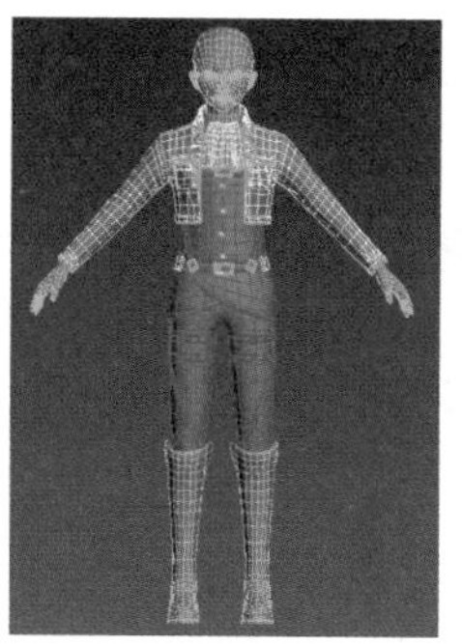

图3-244 组合模型

提示：

合并模型的主要目的是检查模型UV所在贴图的位置。由于模型并不完全对称，因此该模型UV为全部展开，并不是对称展开的。

步骤02 分别将上衣的高模和低模导出为OBJ格式文件，启动xNormal软件，软件界面如图3-245所示。单击右侧High definition meshes按钮，在弹出的顶部菜单中单击鼠标右键，在弹出的菜单中选择Add meshes选项，将高模选中并导入，如图3-246所示。

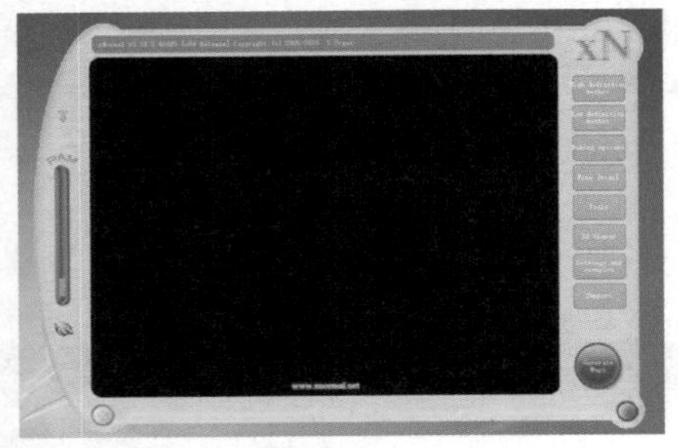

图3-245 启动xNormal软件

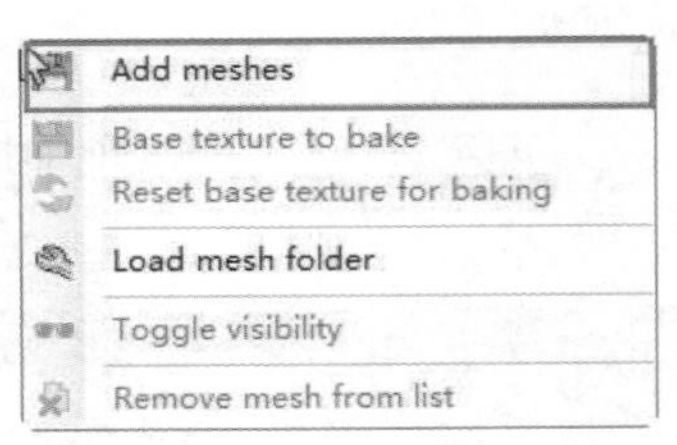

图3-246 导入高模

步骤03 单击右侧Low definition meshes按钮，在弹出的顶部菜单中单击鼠标右键，选择Add meshes选项，将低模选中并导入，选择如图3-247所示。勾选Normal map选项，设置各项参数，如图3-248所示。

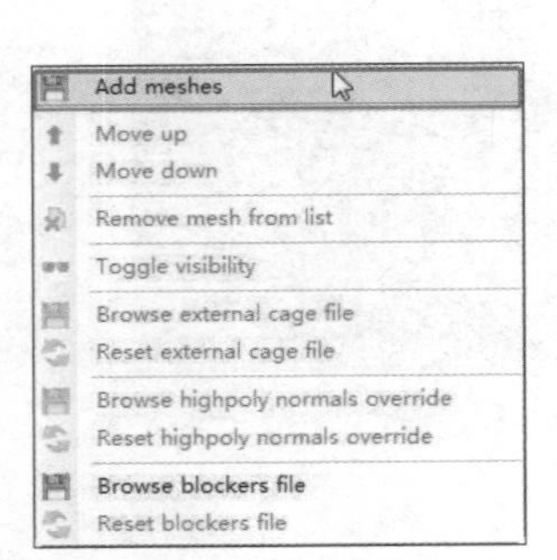

图3-247 导入低模

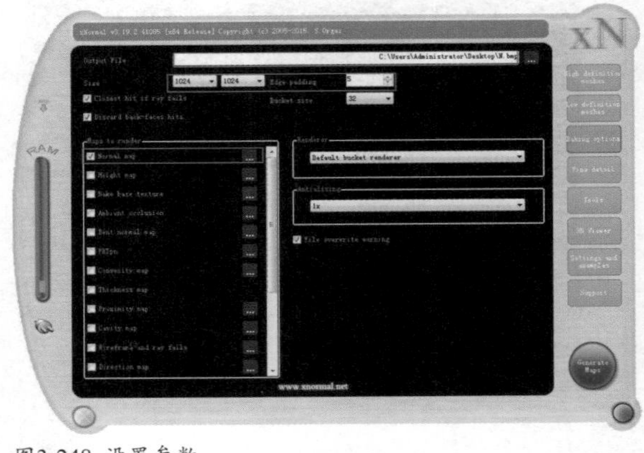

图3-248 设置参数

步骤04 单击Generate Maps按钮，开始烘焙操作，完成后的效果如图3-249所示。在3ds Max中导出UV的线框贴图，如图3-250所示。

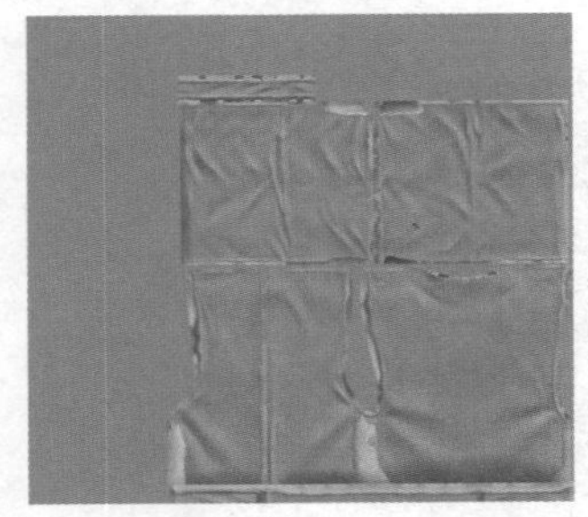

图3-249 烘焙效果

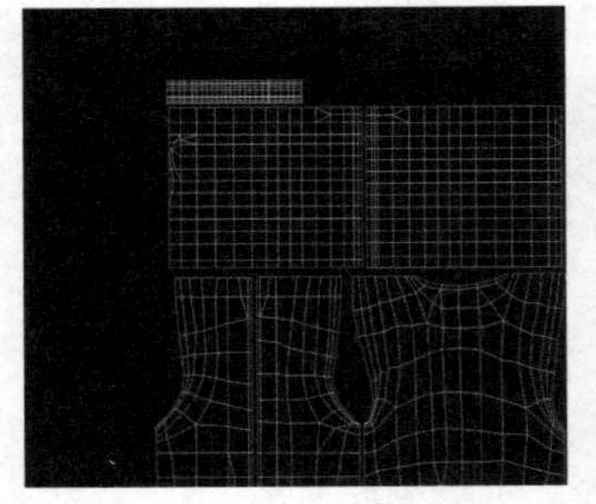

图3-250 导出UV线框图

步骤05 在Photoshop中将两张图片打开，合并，效果如图3-251所示。观察图片，显示为红色的位置是法线坏了，表示法线与高模信息不匹配。在3ds Max中观察UV效果，如图3-252所示。

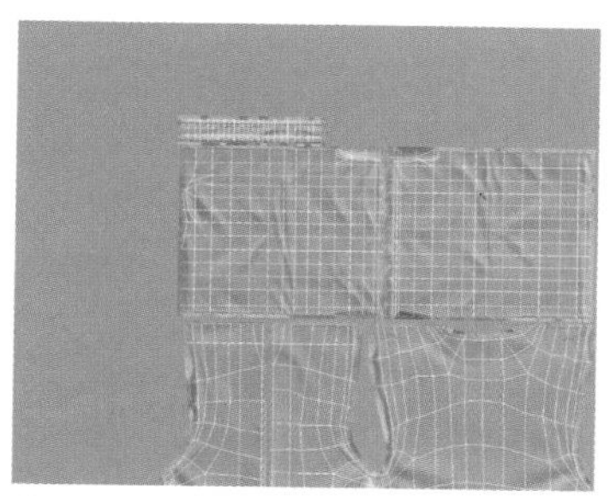

图3-251 观察烘焙

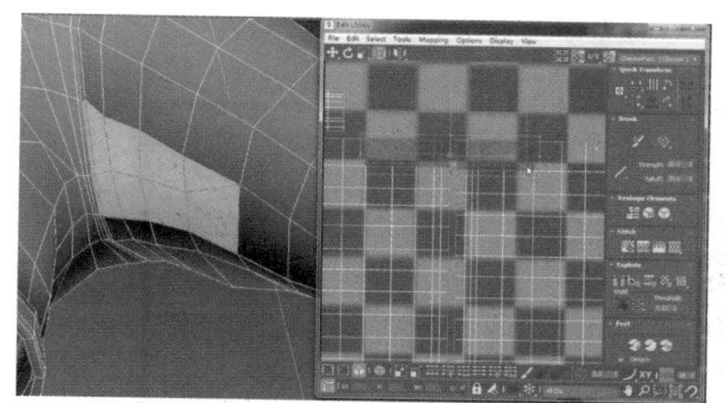

图3-252 观察UV

提示：

在法线出现错误时，可以先检查低模与高模的匹配程度，然后再检查烘焙的默认包裹值，默认的0.5一般过大，建议修改到0.2以下。

步骤06 在xNormal中，降低导入低模选项中的包裹值为0.05，如图3-253所示。再次烘焙后得到正确的法线效果，如图3-254所示。

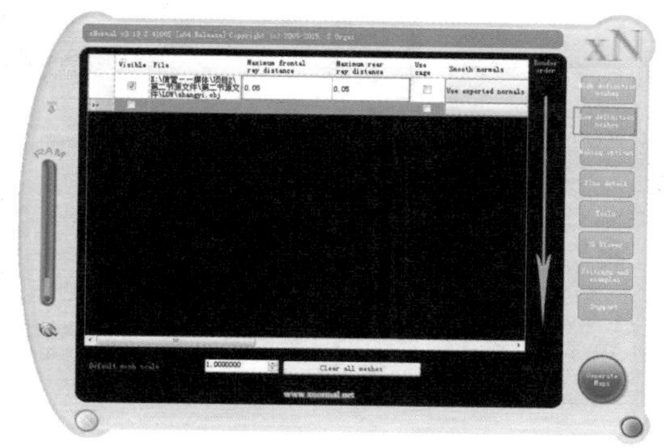

图3-253 修改包裹值

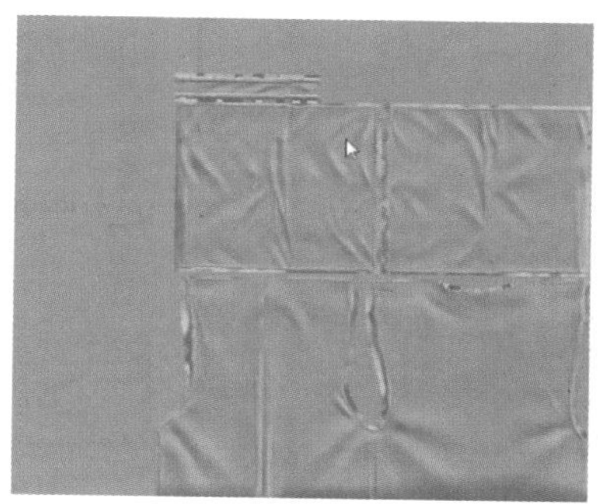

图3-254 烘焙效果

步骤07 用相同的方法，完成其他几个模型的烘焙，在Photoshop中拼合，并保存为tga格式。用相同的方法完成其他两张贴图的制作，完成后的效果如图3-255所示。

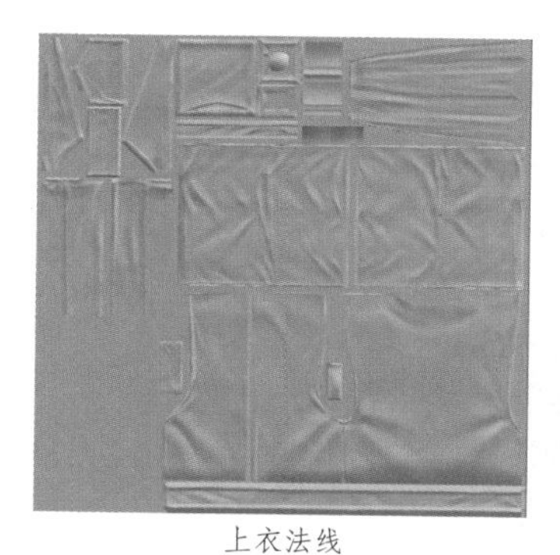

上衣法线

裤子法线

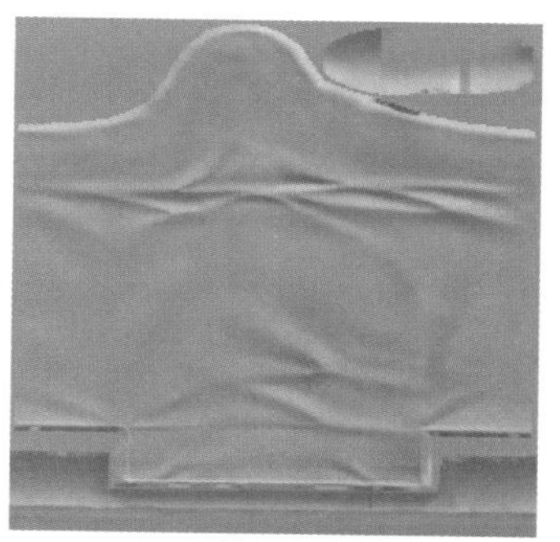

靴子法线

图3-255 烘焙法线贴图

提示：

在拼合法线图时，要注意保证每一个法线的原始位置都不能发生变化。否则贴图也会受到影响。

步骤08 用同样的方法，将上衣的高模和低模分别导入xNormal。单击Baking options按钮，勾选Ambient occlusion选项，如图3-256所示。单击Generate Maps按钮，开始烘焙AO操作，完成后的效果如图3-257所示。

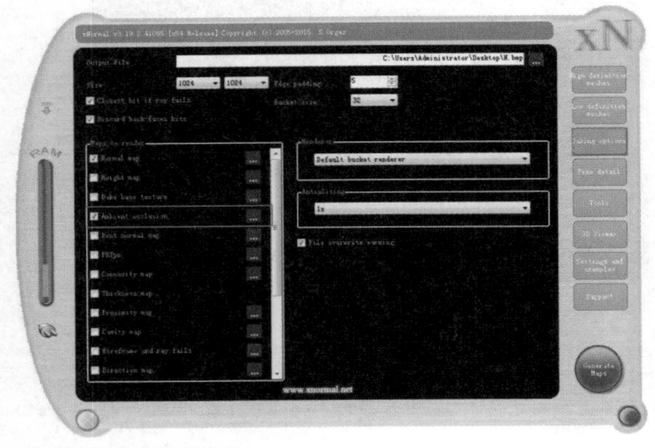

图3-256 准备烘焙AO

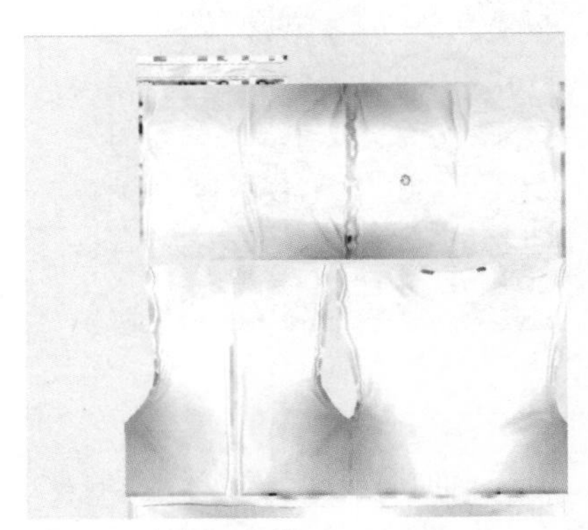

图3-257 完成AO效果

步骤09 用相同的方法，完成其他几个模型的AO烘焙，在Photoshop中拼合，效果如图3-258所示。完成其他两张AO的制作，完成后的效果如图3-259所示。

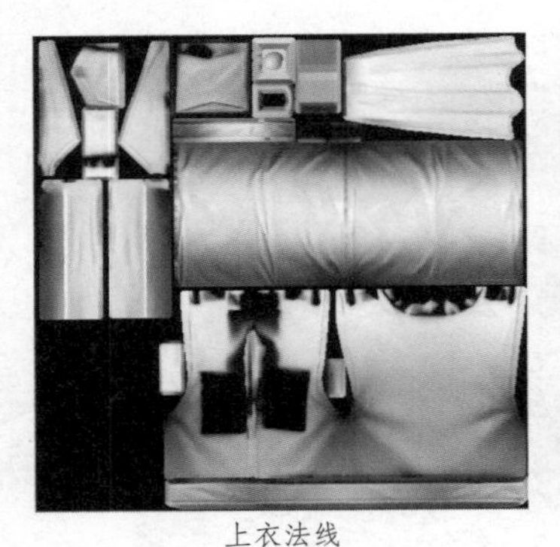

上衣法线

图3-258 烘焙AO贴图

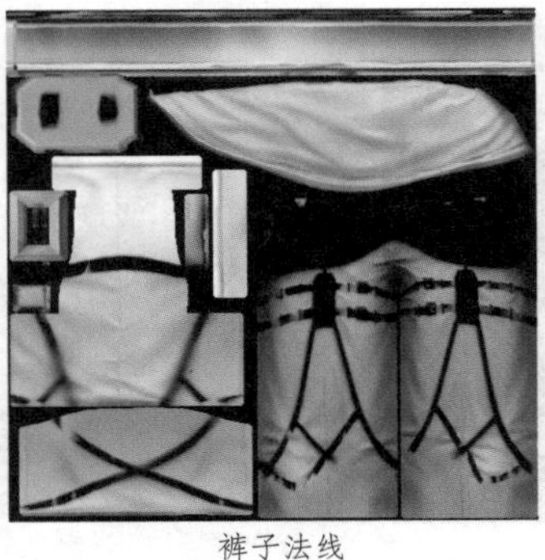

裤子法线

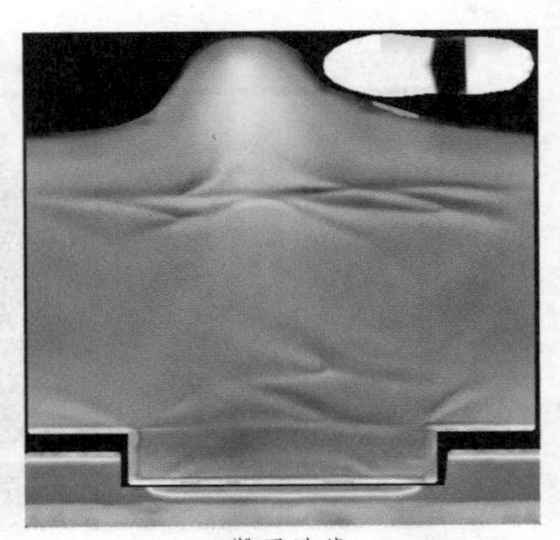

靴子法线

图3-259 其他两张AO贴图效果

提示：

读者可以分开烘焙法线贴图和AO贴图，也可以在xNormal中一次性完成法线贴图和AO贴图的烘焙操作。

2. 制作UV填充

步骤01 在3ds Max中将模型组合成3部分，并分别导出为OBJ文件。打开Marmoset Toolbag软件，软件界面如图3-260所示。分别将3个文件拖入软件，效果如图3-261所示。

图3-260 打开Marmoset Toolbag软件

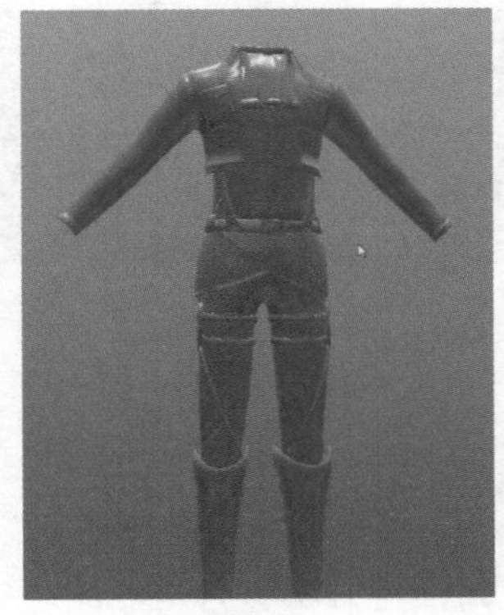

图3-261 拖入模型

步骤02 单击左上角Sky选项，单击Presets按钮，更换背景环境，如图3-262所示。单击Mode选项，选择Blurred Sky选项，设置参数如图3-263所示。

图3-262 更改背景环境

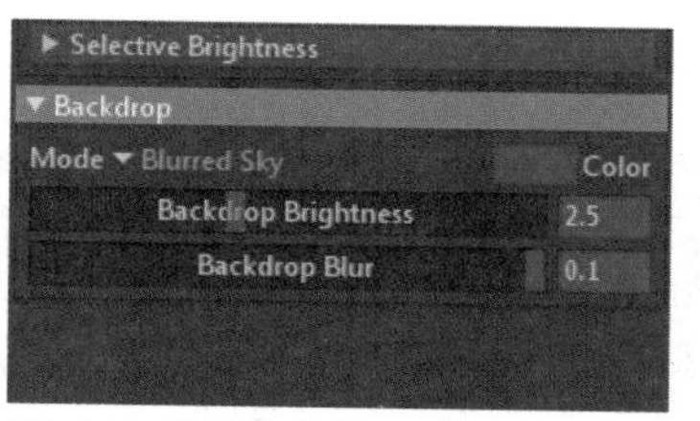

图3-263 设置背景参数

提示：

为了保证能够获得满意的贴图效果，在使用套索工具勾选UV时，一定要注意绿色线条的范围。而且不能将其他的UV对象选中。

步骤03 单击Done按钮，背景效果如图3-264所示。依次选中右上角的材质球，按Delete键将其删除，只保留默认材质，如图3-265所示。

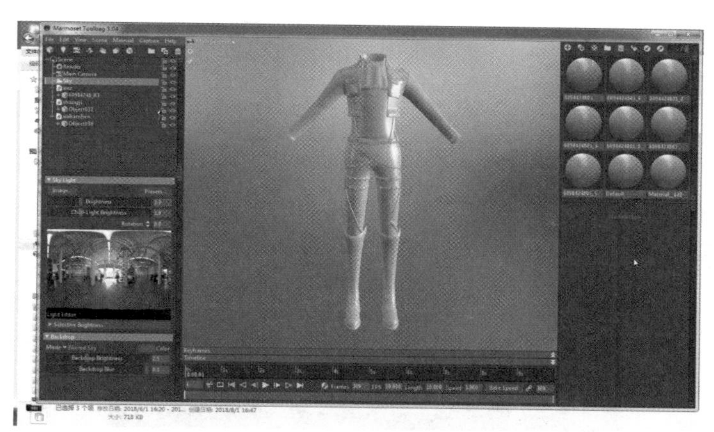

图3-264 更改背景效果

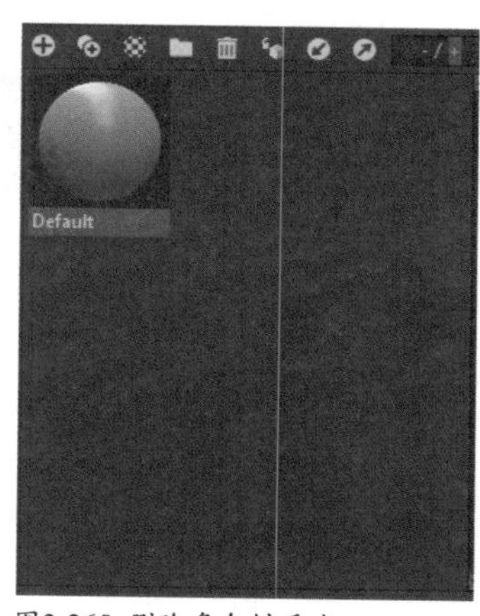

图3-265 删除多余材质球

步骤04 依次选中3个模型，将左侧Mesh选项下的Cull Back Faces选项取消，打开背面显示，如图3-266所示。将材质球拖动到上衣模型上，单击Create a newmaterial按钮，新建2个材质球，分别拖到裤子和靴子模型上，如图3-267所示。

步骤05 选中一个材质球，将上衣的法线贴图拖到Suface选项下，如图3-268所示。模型效果如图3-269所示。

提示：

如果法线出现了翻转，读者可以在Photoshop中将法线贴图打开，按快捷组合键Ctrl+I，将绿色通道反转，即可解决法线翻转的问题。

小技巧：

按快捷键Shift+鼠标右键，可以快速转动环境光，便于设计师观察模型的完成情况，发现问题，及时修改。

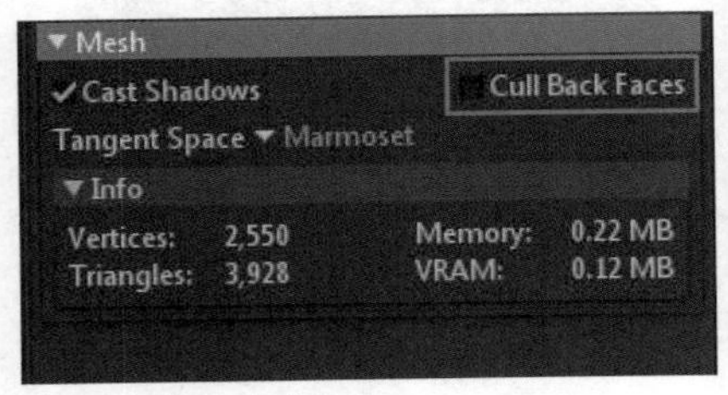

图3-266 打开背面显示

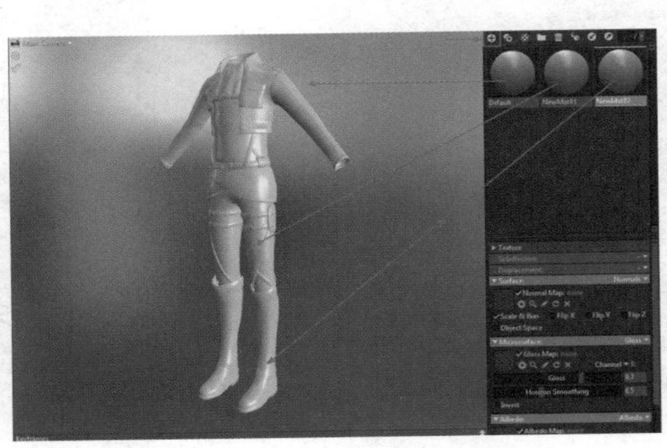

图3-267 为模型指定材质

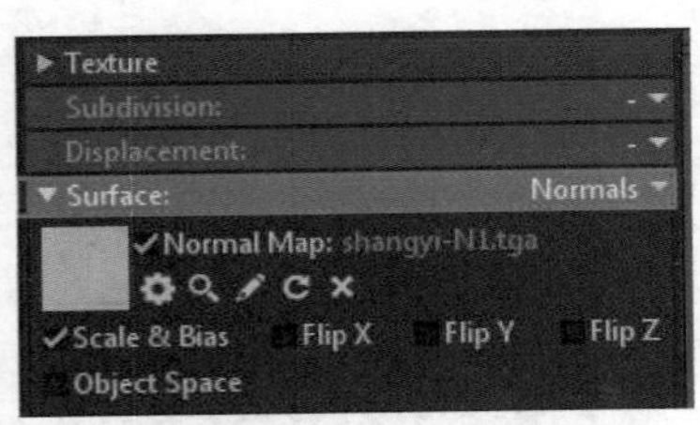

图3-268 添加法线贴图

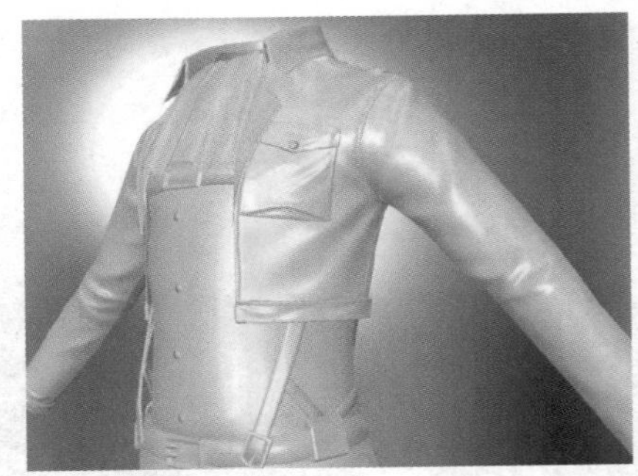

图3-269 法线贴图效果

步骤06 用相同的方法，将法线贴图指定给模型，完成后的效果如图3-270所示。启动Crazybump软件，单击左下角Open按钮，如图3-271所示。

图3-270 预览效果

图3-271 Crazybump启动界面

步骤07 在弹出的对话框中单击open normal map from file选项，如图3-272所示。将上衣的的法线贴图打开，效果如图3-273所示。

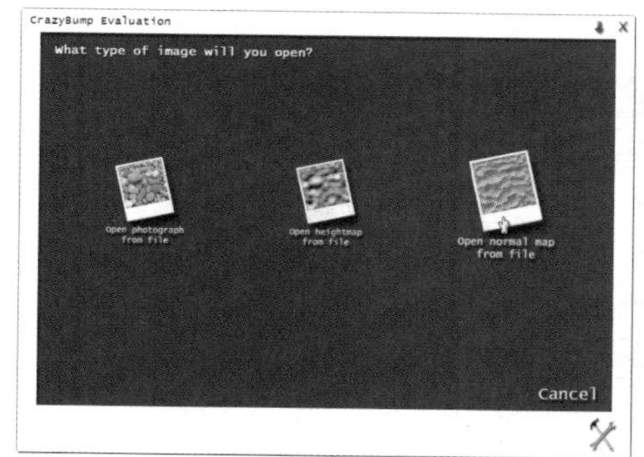

图3-272 选择打开法线贴图

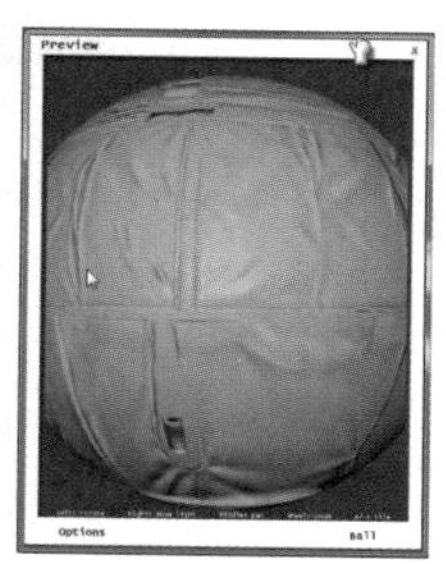

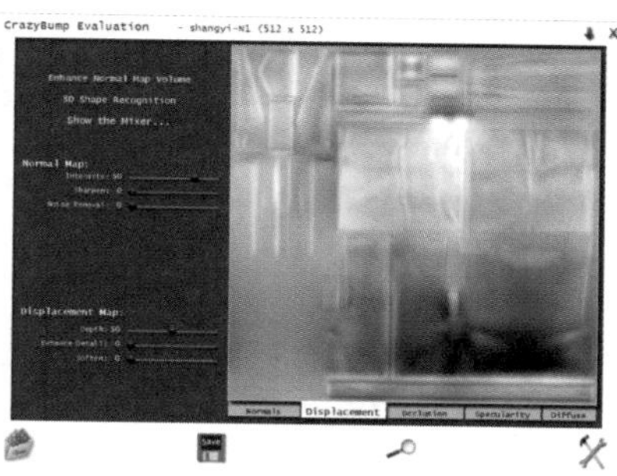

图3-273 打开上衣法线贴图

步骤 08 选择底部Displacement标签、设置左侧的各项参数，得到如图3-274所示效果。用相同的方法调整Occlusion标签状态的图，效果如图3-275所示。

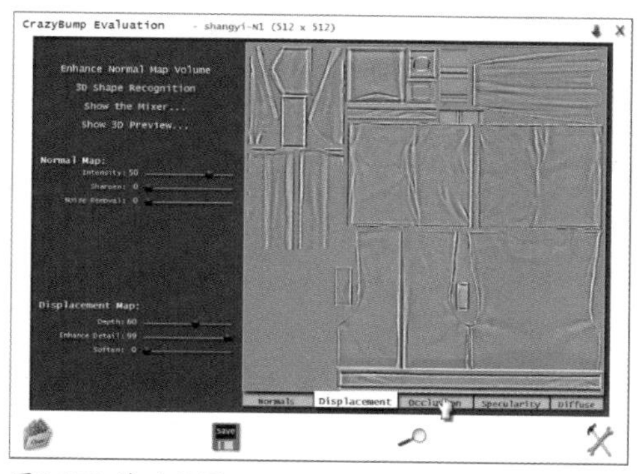

图3-274 修改贴图

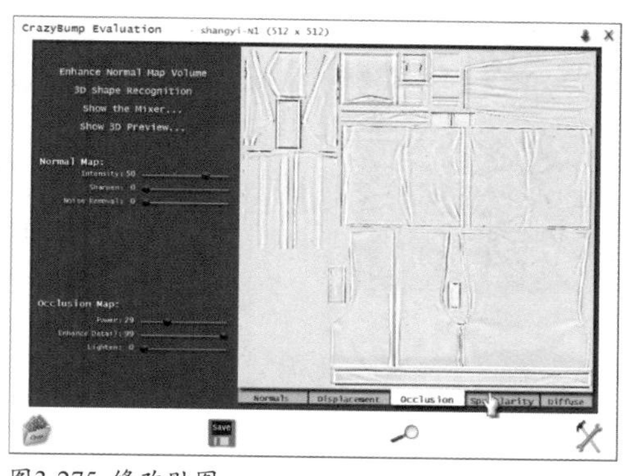

图3-275 修改贴图

步骤 09 对Specularity标签图片和Diffuse标签图片进行调整，完成后的效果如图3-276所示。

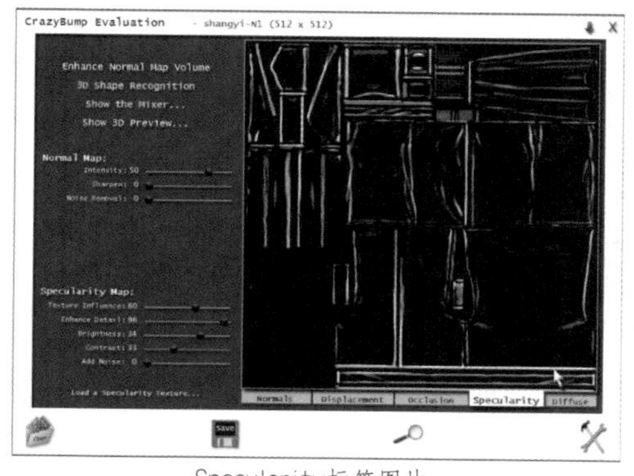

Specularity标签图片

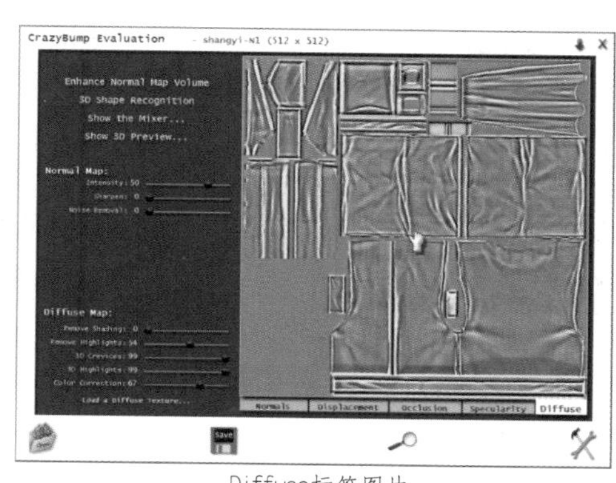

Diffuse标签图片

图3-276 修改贴图

步骤 10 单击工作界面下面的Save图标，在弹出的快捷菜单中选择Save Displacement to File命令，如图3-277所示。选择导出为TGA格式，单击Save按钮保存4张贴图。

步骤 11 在Photoshop中将上衣的法线贴图打开，效果如图3-278所示。双击“图层”面板上的背景图层，将其转换为图层0，新建图层组，修改其名称为N，将图层0拖到图层组N中，如图3-279所示。再次新建一个图层组D和图层组MR，调整顺序如图3-280所示。

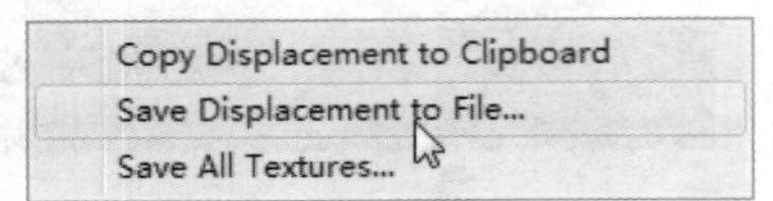

图3-277 导出贴图

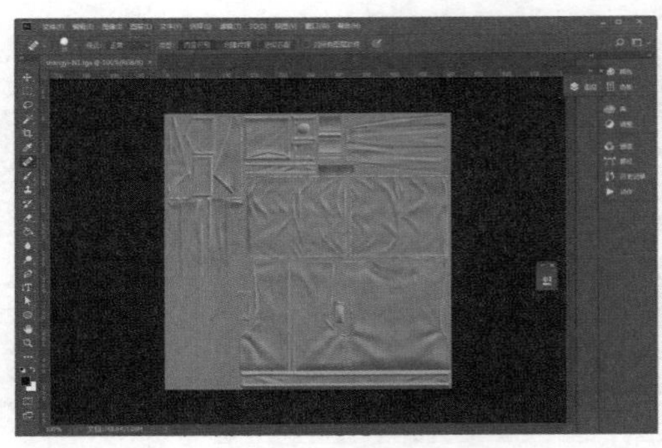

图3-278 在Photoshop中打开贴图

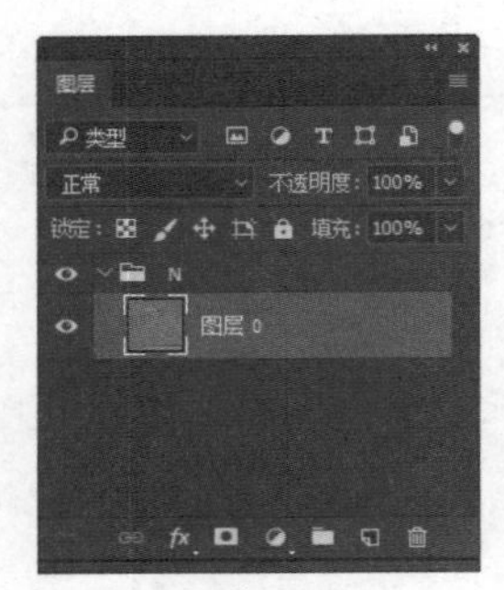

图3-279 新建图层组

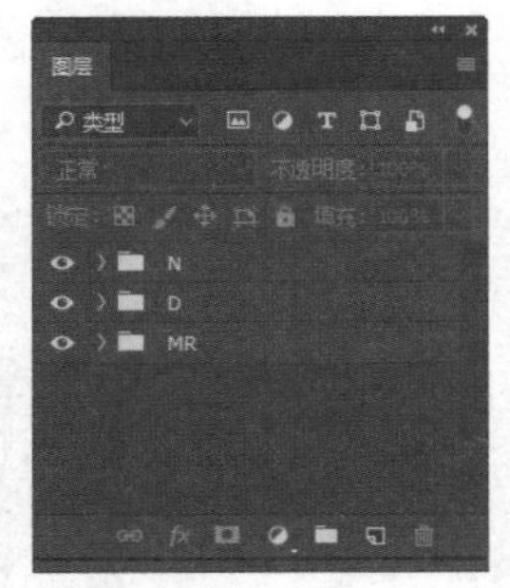

图3-280 新建图层组

步骤12 在D图层组下新建名称为“底色”“阴影”“高光”“细节”和AO的图层组，如图3-281所示。在MR图层组下新建名称为M和R的图层组，如图3-282所示。

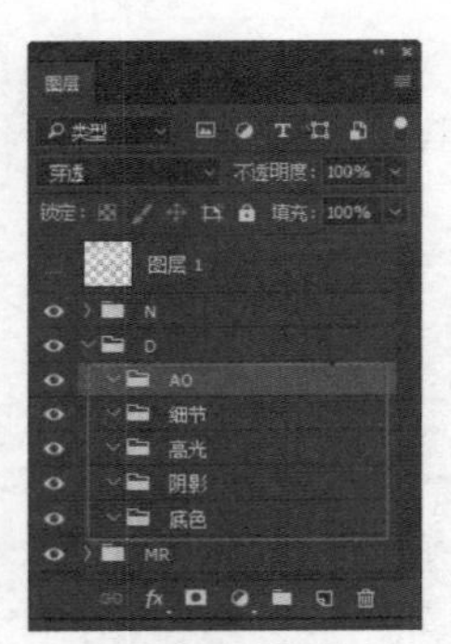

图3-281 新建图层组

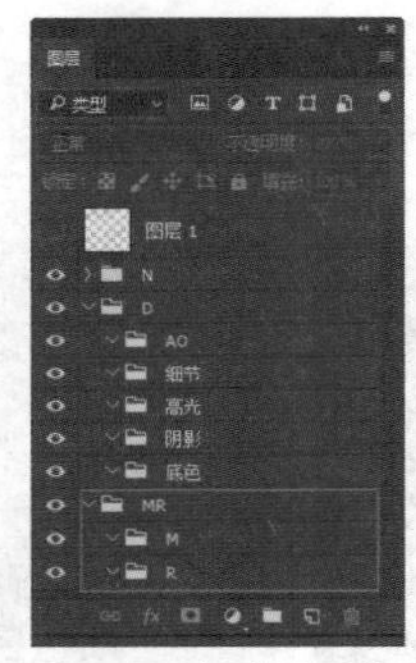

图3-282 新建图层组

提示：

不同的图层组中将保存不同的贴图。M图层组保存贴图的金属度。R图层组保存金属贴图的粗糙度。

3. 创建ID贴图

步骤01 将UV线框拖入Photoshop并覆盖在对应图层上，修改图层名称为UV，效果如图3-283所示。新建图层2，使用套索工具沿着UV线框的轮廓创建如图3-284所示选区。

提示：

在创建选区时，一定要沿着UV的轮廓勾选。可以稍微宽一点，但不能少选。特别是绿色线条以内的部分，要全部选择到。

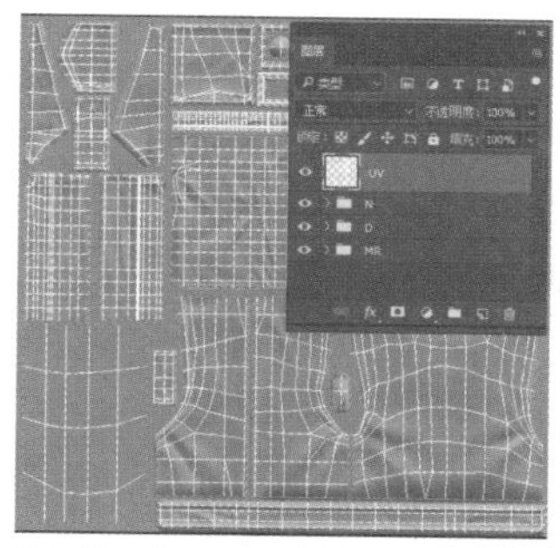

图3-283 拖入UV贴图

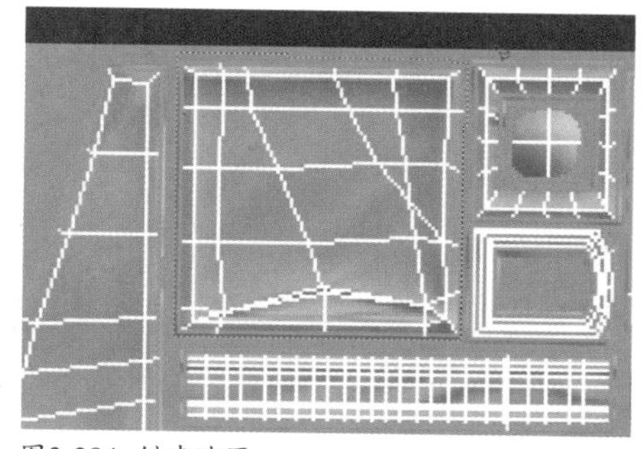

图3-284 创建选区

步骤02 使用黑色在图层2中填充选区，填充效果如图3-285所示。用相同的方法完成其他部分的填充，效果如图3-286所示。

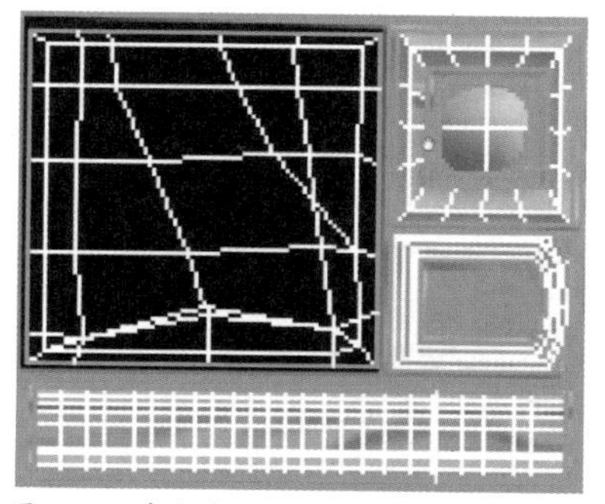

图3-285 填充选区

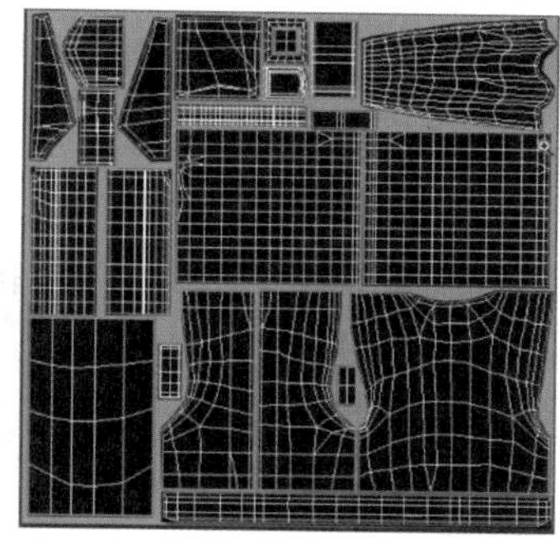

图3-286 完成其他位置的填充

步骤03 在“底色”图层组下新建一个纯色填充，设置填充颜色为RGB（165，95，43），效果如图3-287所示。选中纯色图层右侧的蒙版，使用黑色填充，图层效果如图3-288所示。

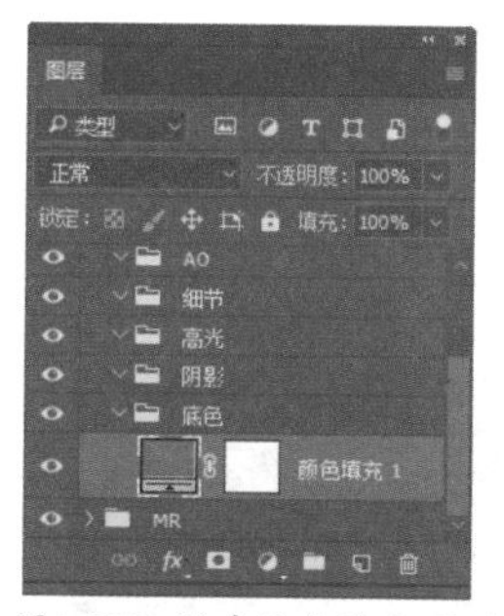

图3-287 创建纯色填充图层

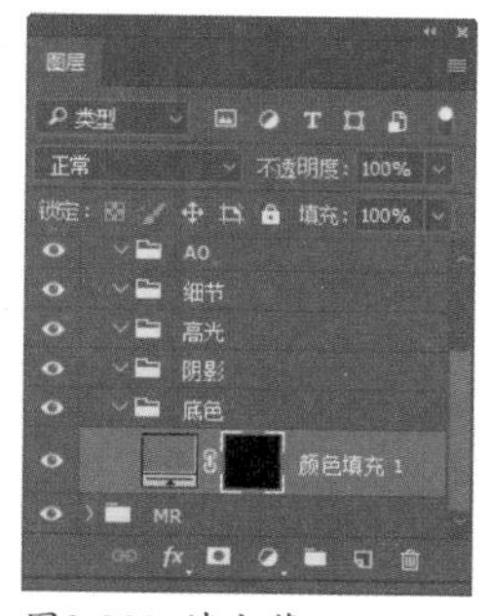

图3-288 填充蒙版

步骤04 使用魔棒工具选择图层2中的黑色区域，使用白色填充选区，图层效果如图3-289所示。在纯色图层下新建一个图层，填充黑色，效果如图3-290所示。

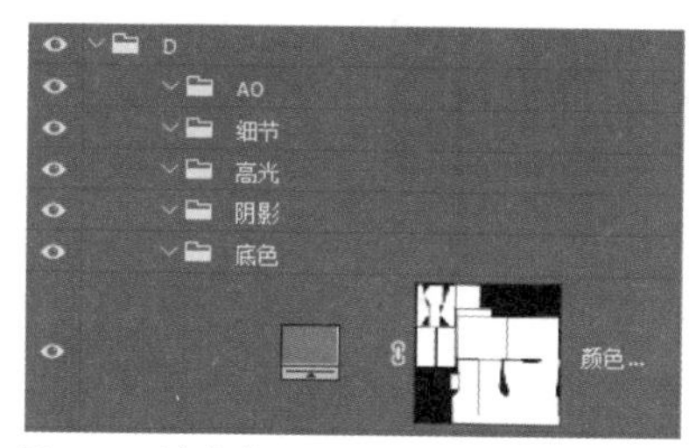

图3-289 填充蒙版

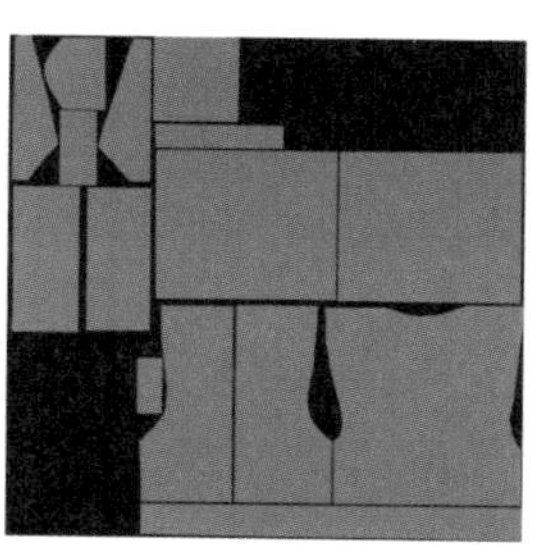

图3-290 修改蒙版

步骤05 将文件保存为shangyi-D.psd文件，如图3-291所示。返回Marmoset Toolbag软件，将法线指定给材质球并应用到模型上，效果如图3-292所示。

图3-291 保存贴图文件

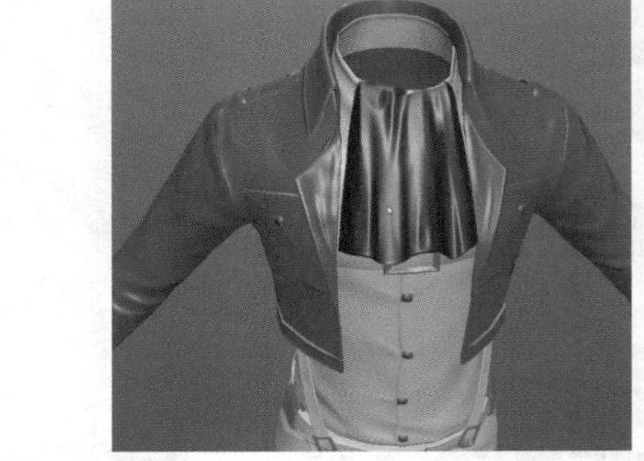

图3-292 指定材质

步骤06 用相同的方法，选择贴图中金属部分，并填充颜色，贴图效果如图3-293所示。用相同的方法将领巾部分勾选出来，并填充如图3-294所示颜色。

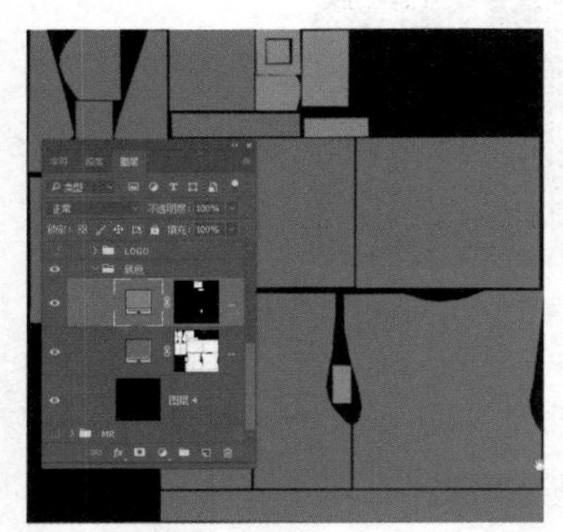

图3-293 填充金属部分

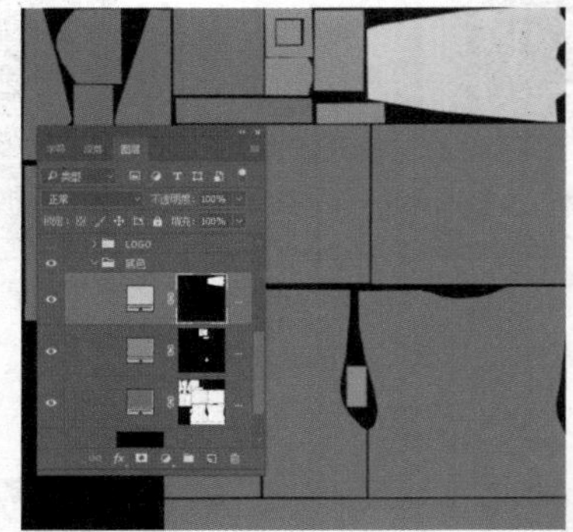

图3-294 填充领巾

步骤07 在Marmoset Toolbag中观察金属和领巾材质效果，如图3-295所示。用相同的方法完成下半身贴图的绘制，完成后的效果如图3-296所示。

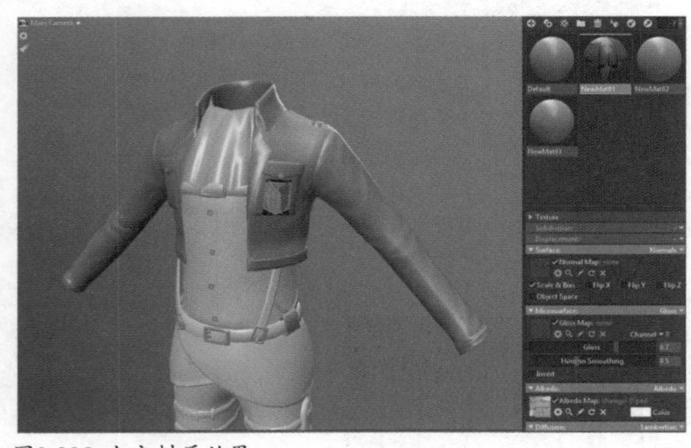

图3-295 上衣材质效果

图3-296 下半身底色贴图

步骤08 用相同的方法制作靴子底色效果，贴图完成后的效果如图3-297所示。材质指定效果如图3-298所示。

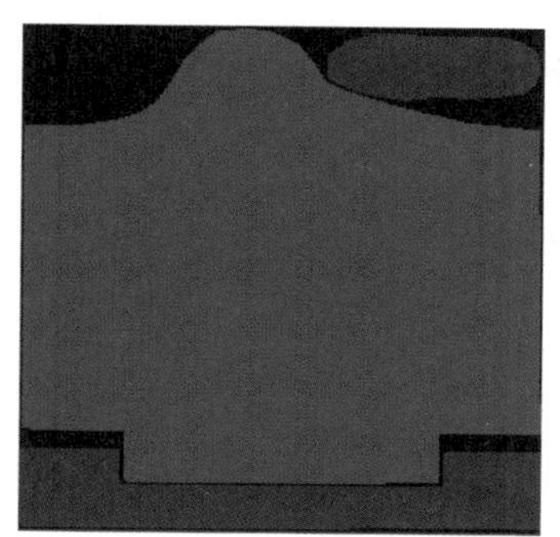

图3-297 靴子底色贴图

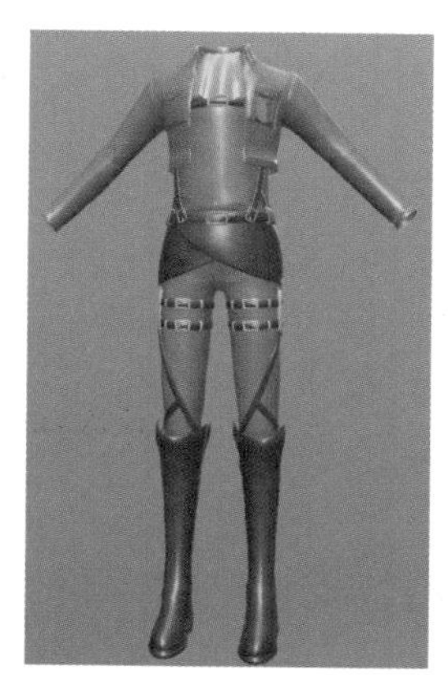

图3-298 材质效果

提示：

为了避免制作过程中系统或者硬件出现问题，造成文件丢失，建议读者在制作时每隔一段时间就要保存一次文件。

步骤09 在“阴影”组下新建一个图层，使用灰色填充，并为其添加一个黑色蒙版，如图3-299所示。创建如图3-300所示选区。

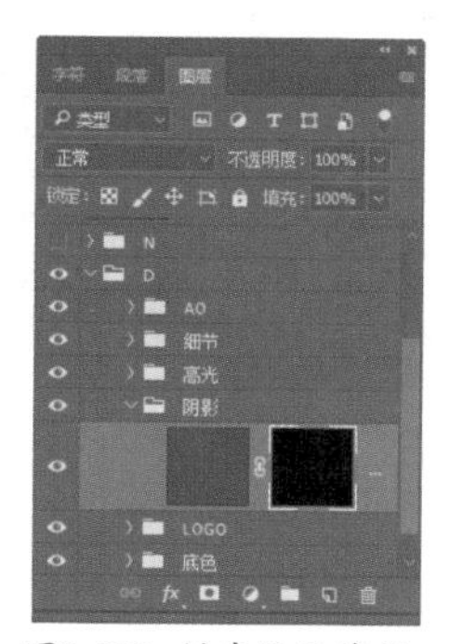

图3-299 创建图层蒙版

图3-300 创建选区

步骤10 使用“渐变工具”在阴影图层蒙版中由下向上创建渐变白色到黑色的蒙版，效果如图3-301所示。用相同的方法，一次为其他贴图添加阴影效果，如图3-302所示。

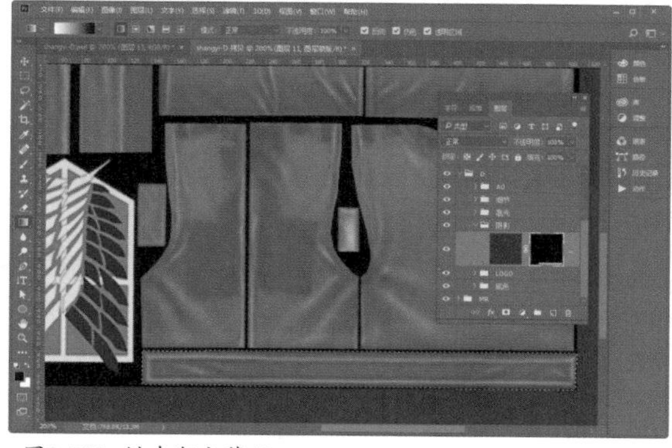

图3-301 创建渐变蒙版

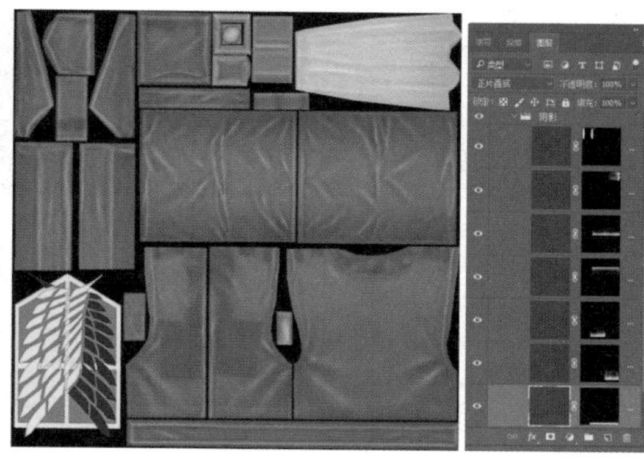

图3-302 制作其他贴图的阴影效果

步骤11 将N图层组中的图层复制一个，执行“图像→调整→去色”命令将图像去色。再次执行“图像→调整→色阶”命令，在“色阶”对话框中调整各项参数，如图3-303所示。将该图层拖曳到

“高光”图层组中，修改该图层“图层混合模式”为“叠加”，效果如图3-304所示。

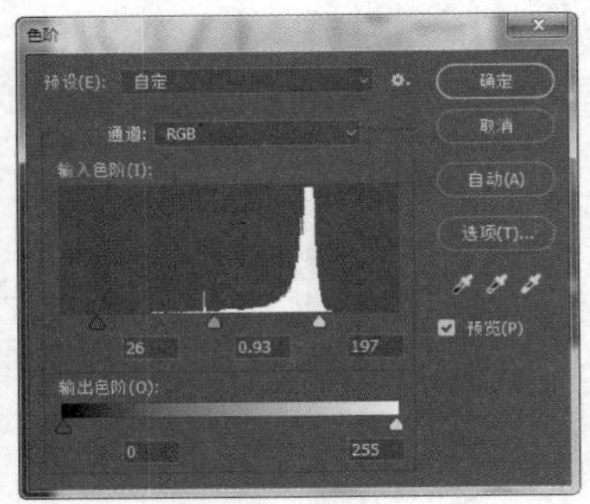

图3-303 调整色阶

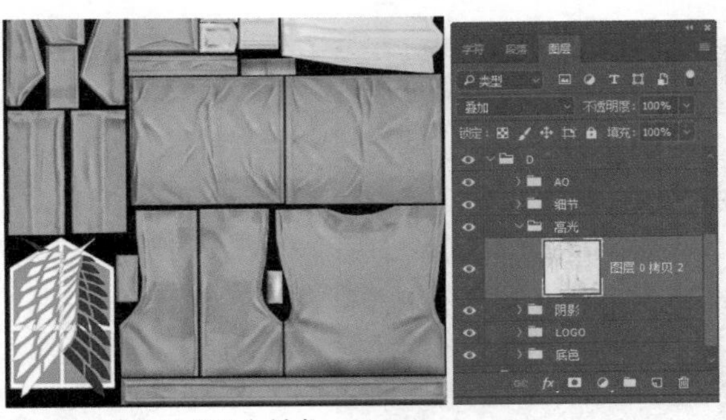

图3-304 修改图层混合模式

步骤 12 为图层添加一个黑色的图层蒙版，设置前景色为白色，使用画笔工具在蒙版上绘制，得到如图3-305所示的高光效果。用相同的方法，绘制其他高光效果，并修改“高光”图层组不透明度为15%，完成贴图后的效果如图3-306所示。

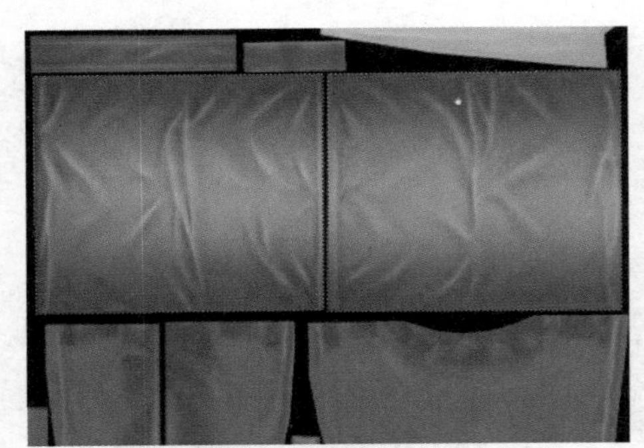

图3-305 绘制蒙版实现高光效果

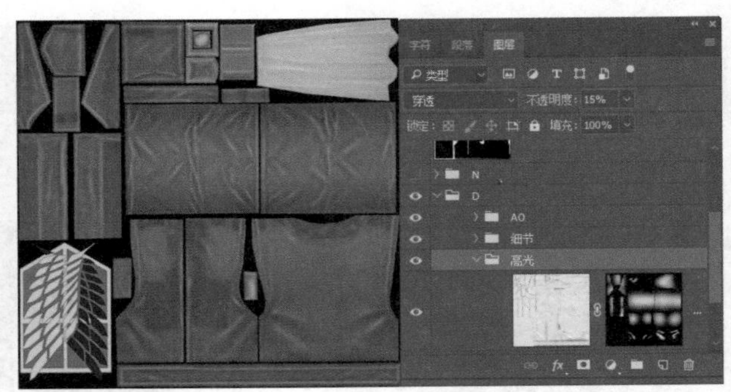

图3-306 完成高光绘制

步骤 13 用相同的方法，完成下身贴图和靴子贴图的效果，如图3-307所示。

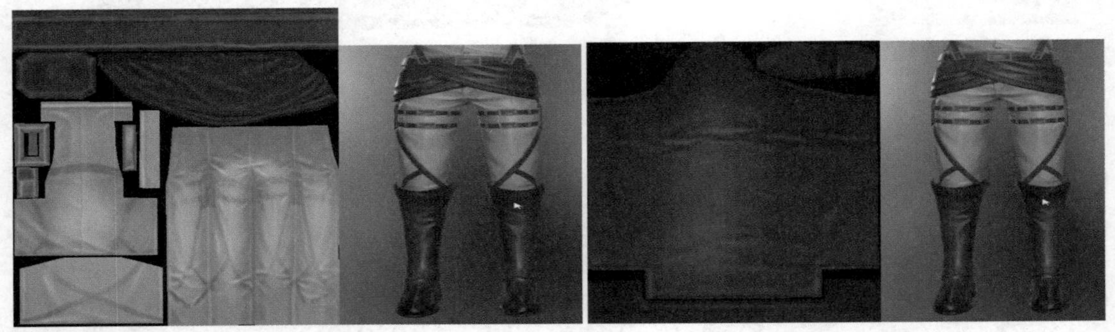

图3-307 下身和靴子贴图

步骤 14 打开上衣贴图，在“通道”面板中新建一个填充颜色为白色的Alpha 通道，将标志和扣子四周选中并将其填充为黑色，如图3-308所示。执行“文件→另存为”命令，将其保存为tga格式文件。并将该贴图指定给模型，标志贴图效果如图3-309所示。

提示：

创建贴图时，通道中黑色部分将显示为透明效果，而白色部分将显示为不透明。灰色则可以实现半透明效果。

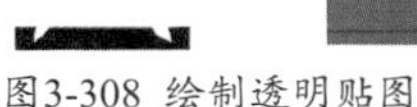

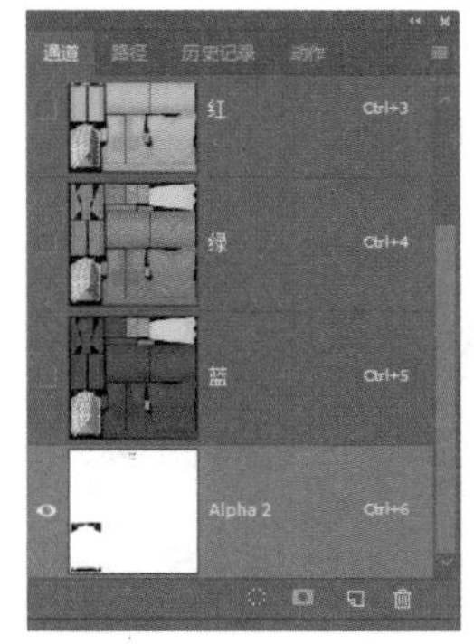

图3-308 绘制透明贴图

图3-309 透明贴图效果

步骤 15 在M图层组下新建一个图层，将贴图全部选中，并填充为灰色，如图3-310所示。将文件保存为tga格式，并应用到Microsuface选项下，如图3-311所示。

图3-310 填充图层

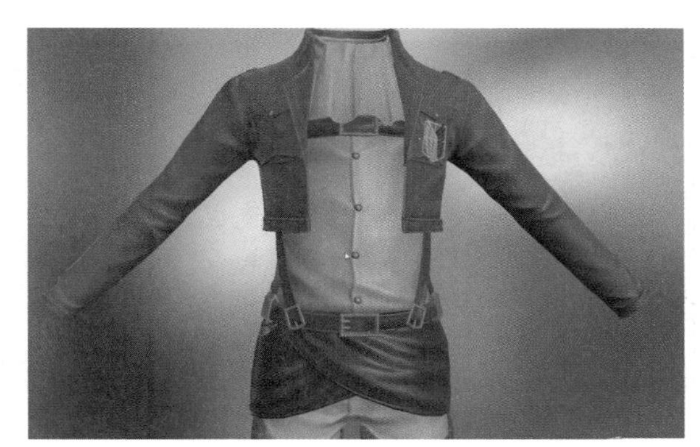

图3-311 添加金属质感效果

提示：

在绘制贴图的金属质感时，通常是采用黑色和白色来完成。越靠近白色就是金属，越靠近黑色就是非金属。

步骤 16 用相同的方法，完成下身贴图和靴子贴图金属质感的添加，完成贴图后的效果如图3-312所示。

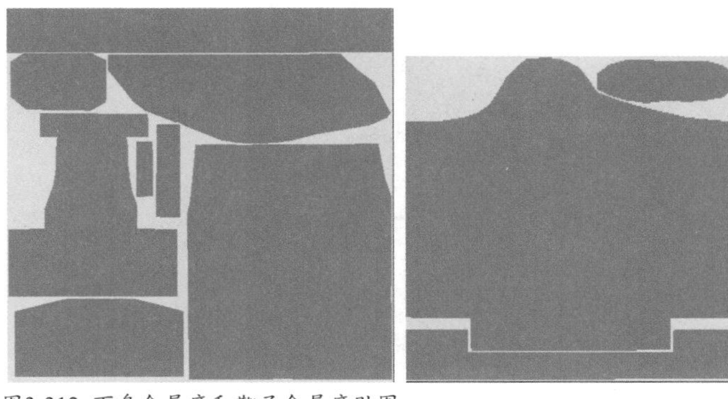

图3-312 下身金属度和靴子金属度贴图

步骤 17 将D图层组复制到R图层组下，如图3-313所示。将复制的D图层组合并为一个图层，并执行“去色”操作，完成后的效果如图3-314所示。

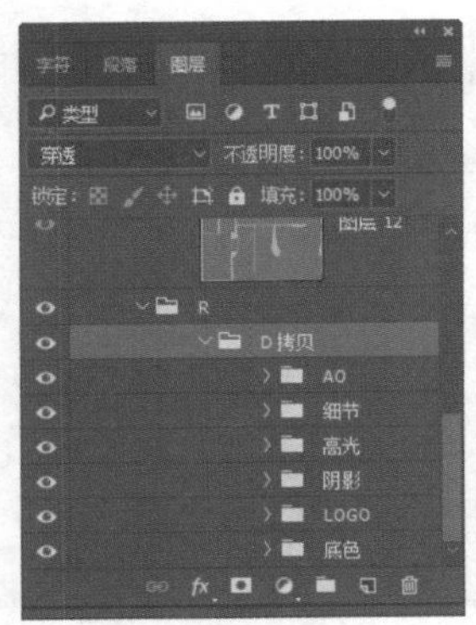

图3-313 复制图层组

图3-314 合并图层并去色

步骤 18 使用选择工具将相同材质的贴图选中，如图3-315所示。添加一个色阶调整图层，调整各项参数如图3-316所示。贴图效果如图3-317所示。

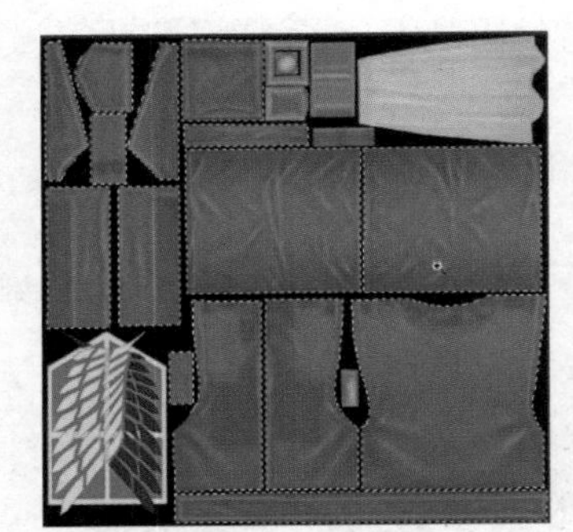

图3-315 选中相同材质

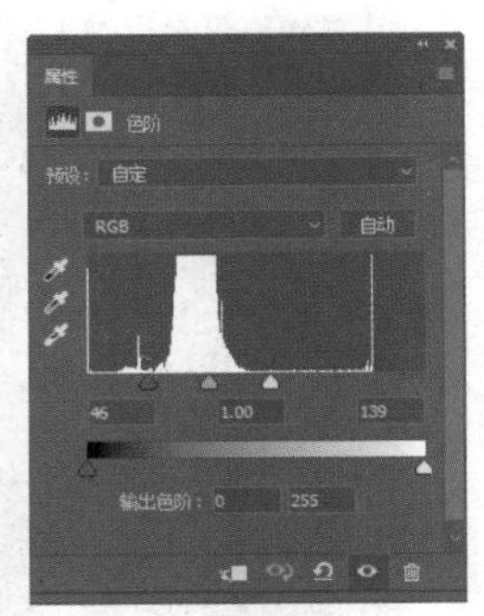

图3-316 调整色阶

图3-317 调整后的贴图效果

提示：

在创建粗糙度贴图时，白色表示反光高，黑色表示反光底。根据材质的不同决定粗糙贴图的颜色。

步骤 19 用相同的方法，完成其他材质的粗糙度贴图制作，效果如图3-318所示。再次新建一个"反相"调整图层，如图3-319所示。

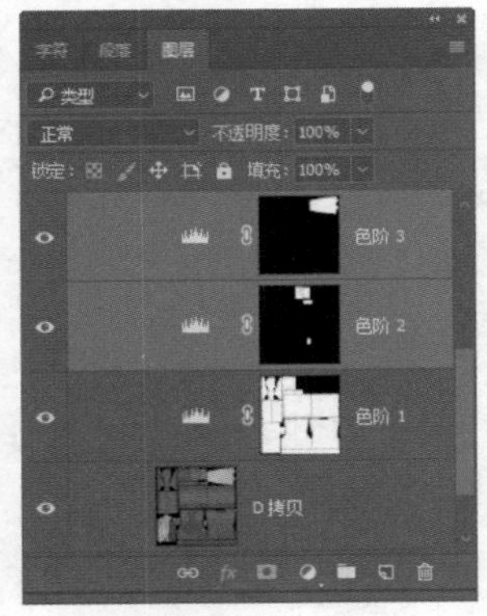

图3-318 创建其他贴图

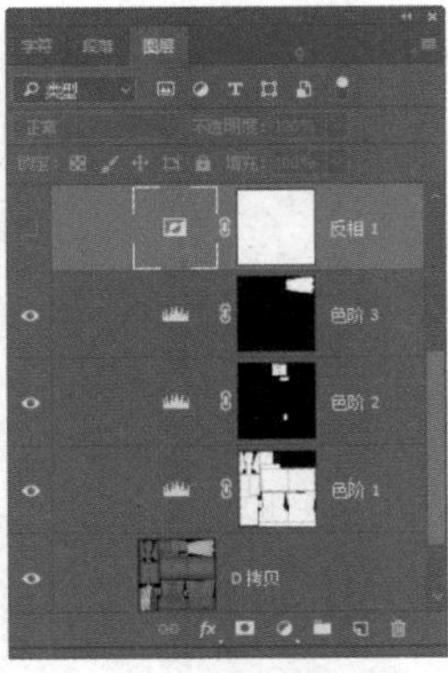

图3-319 创建反相调整图层

提示：

在预览材质时，需要勾选反相选项，贴图才能正确显示。因此，在实际绘制贴图时，为贴图添加反相图层，使贴图能够符合游戏引擎的需求。预览只是显示效果，并不是最终的贴图文件。

步骤 20 用相同的方法，为下身贴图和靴子贴图添加粗糙度，完成后的效果如图3-320所示。新建一个“反相”调整图层，如图3-321所示。

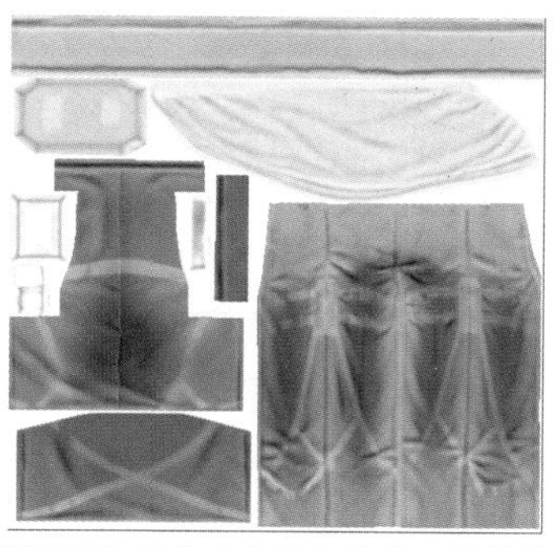
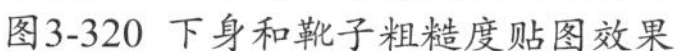
图3-320 下身和靴子粗糙度贴图效果

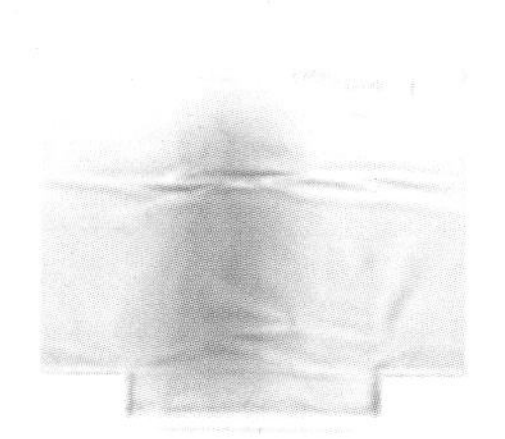
图3-321 反相贴图

提示：

本任务中的模型是一款手游中使用的模型，分辨率不高。在制作贴图时，只需要能区分材质即可，不必绘制太多的细节。

步骤 21 将贴图保存为tga格式，并将其贴到Reflectivity选项下，完成贴图粗糙度的添加，模型贴图效果如图3-322所示。

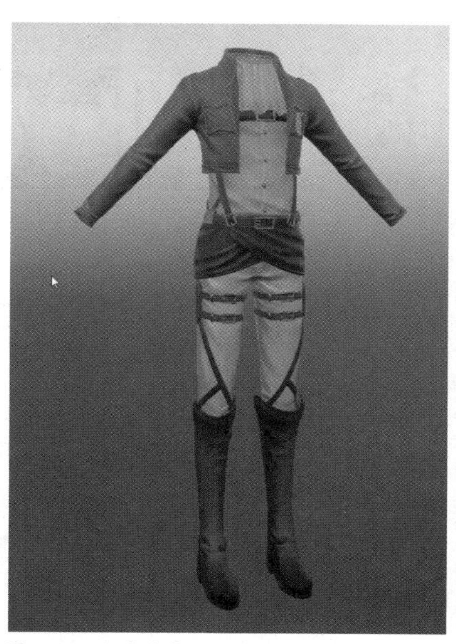
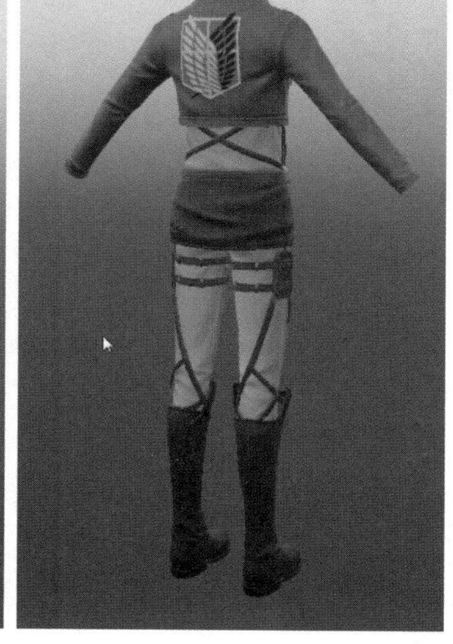
图3-322 贴图效果

任务评价——漫画同人模型贴图规范

本任务使用多个软件完成同人模型的贴图绘制，关于贴图的规范如下。

（1）UV利用率要高，UV分布合理，避免浪费，能打直尽量打直，UV与UV之间间隔6~8个像素。

（2）输出的DDS格式基础贴图，存在两种输出形式，一个不带alpha通道（8.8.8），如图3-323所示。一个带alpha通道（8.8.8.8），生成MIPmap，如图3-324所示。

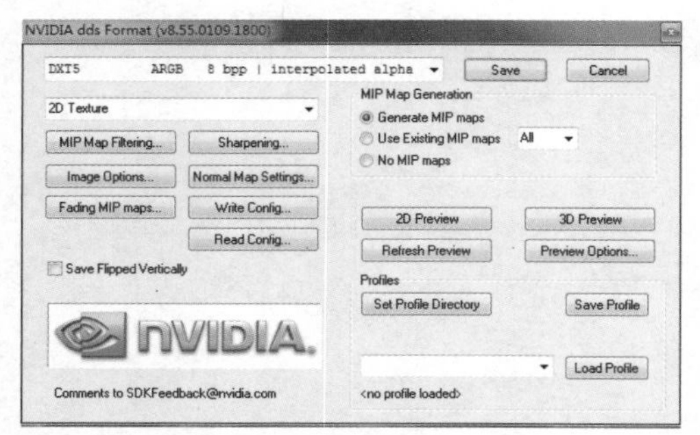

图3-323 无alpha通道DDS

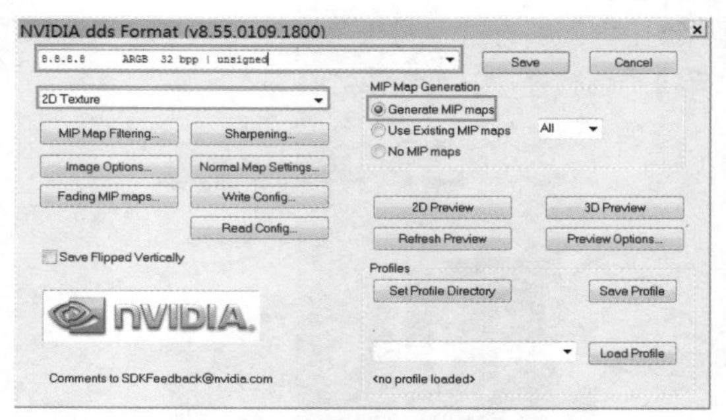

图3-324 有Alpha通道DDS

任务拓展——绘制弓箭手模型贴图

本任务中将根据前面所学内容，为弓箭手模型绘制贴图。由于模型比较复杂，贴图采用了分开绘制的方式。每张贴图都包括颜色贴图、法线贴图、金属度贴图和光泽度贴图，完成后的肩甲模型贴图效果如图3-325所示。弓箭手模型贴图效果如图3-326所示。

颜色贴图

法线贴图

金属度贴图

光泽度贴图

图3-325 肩甲贴图效果

图3-326 弓箭手模型贴图效果

PROJECT 4

游戏角色——女法师角色模型设计

本项目将设计一款如图4-1所示的女性角色模型。通过对本项目的学习，读者应掌握女性角色模型及其贴图的制作方法和技巧，掌握模型服装金属材质、羽毛材质以及模型上底纹和暗纹的制作方法。

通过本项目的学习，了解国风游戏风格，树立民族自信心。积极弘扬中华文化，引导读者了解并弘扬传统纹理知识，增强文化自信。

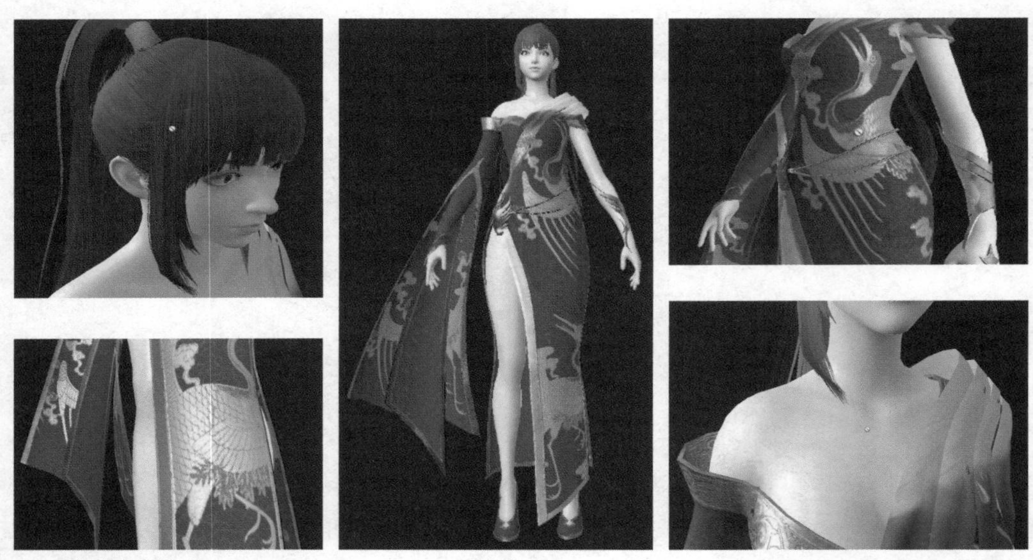

图4-1 女性角色模型

本项目将继续使用次世代建模的方法完成一个女法师角色模型的设计制作。通过案例的制作，进一步巩固次世代建模的流程和技巧，深刻体会次世代建模与传统建模的不同，以及次世代建模的优势，次世代建模的建模流程如图4-2所示。

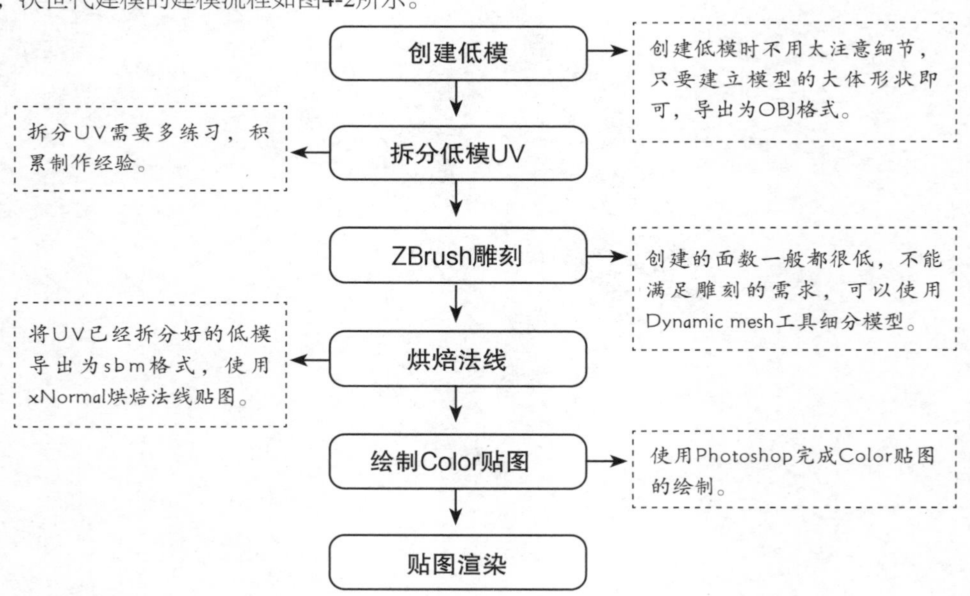

图4-2 次世代建模流程

根据研发组的要求，下发设计工作单，对模型分类、模型精度、UV、法线AO和贴图等制作项目提出详细的制作要求。设计人员根据工作单要求在规定的时间内完成模型的设计制作，工作单内容如表4-1所示。

表 4-1 北京造物者科技有限公司工作单

<table>
<tr><td colspan="11">工 作 单</td></tr>
<tr><td>项目名</td><td colspan="7">人物——女性角色模型</td><td colspan="3">供应商：</td></tr>
<tr><td>分 类</td><td>任务名称</td><td>开始日期</td><td>提交日期</td><td>中模</td><td>高模</td><td>低模</td><td>UV</td><td>法线 AO</td><td>贴图</td><td>工时小计</td></tr>
<tr><td>次世代</td><td>女性角色模型</td><td></td><td></td><td></td><td>3 天</td><td>1.5 天</td><td>0.5 天</td><td>0.5 天</td><td>2.5 天</td><td></td></tr>
<tr><td rowspan="3">备注：</td><td>注意事项</td><td colspan="9">头发面数控制在 2000 个三角面以内；
身体控制在 10000 个三角面以内</td></tr>
<tr><td>制作规范</td><td colspan="9">1. 模型上的细节一定要工整，不要歪歪扭扭，大小不一；
2. 模型在网格中心并在地平线上；
3. 不要有废点废面，布线工整合理，横平竖直，不要有除结构线外多余的布线；
4. 参照参考图制作，注意模型比例问题</td></tr>
<tr><td>贴图规范</td><td colspan="9">头发贴图尺寸为 512px × 512px；
身体贴图尺寸为 2048px × 2048px</td></tr>
</table>

任务一 女法师服装大形设计

本任务以甲方提供的裸模为参考，完成女法师角色服装和装备的大形的设计制作。制作的方法与项目三基本相同。需要注意的是，本任务中为女性角色，制作时要注意模型的比例和线条，以确保模型能够体现女性的美感，模型的最终效果如图4-3所示。

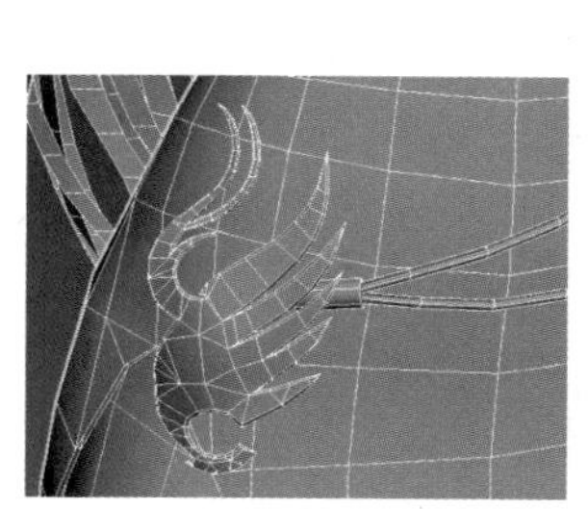
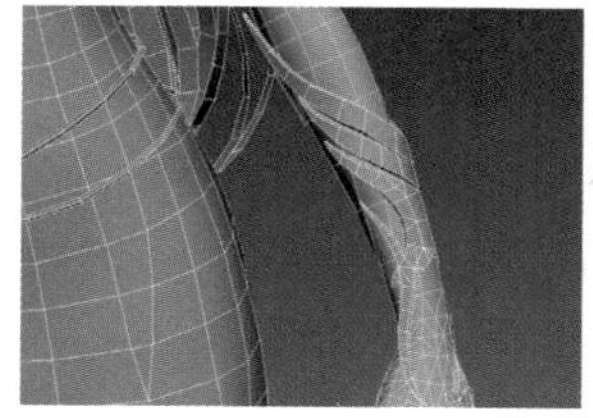

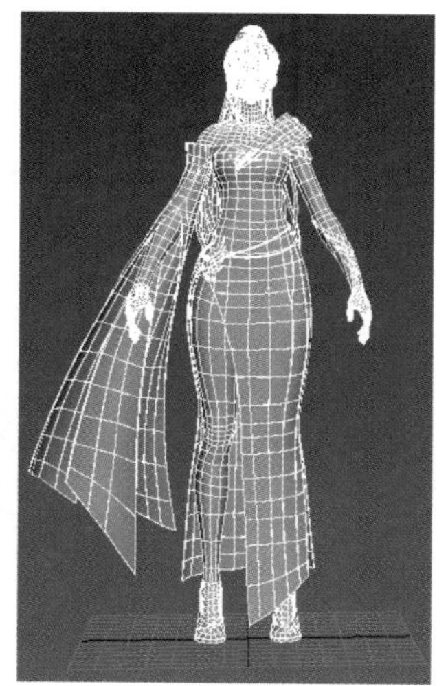
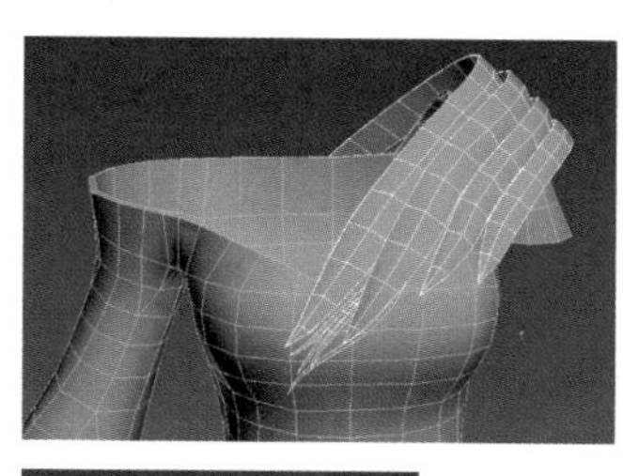
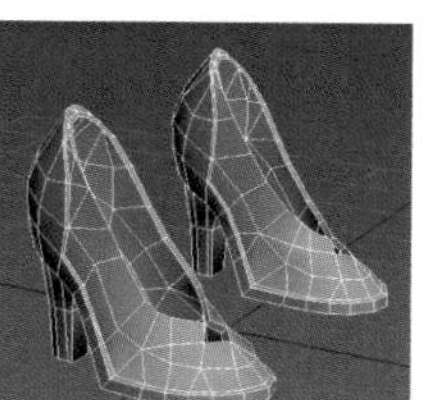

图4-3 女法师服装大形

源 文 件	源文件 \ 项目四 \ 女法师角色大形.MAX
素　　材	素材 \ 项目四 \
演示视频	视频 \ 项目四 \ 制作女法师角色大形.MP4
主要技术	可编辑多边形、梳理布线、Shell 修改器

任务分析——女性角色基本结构

女性角色在制作时需要制作出优美的人体曲线，模型要有自然的美感。为了使制作出的服装和装备大形与裸模贴合，在制作时，可以使用盒子套住裸模，根据裸模的形态完成衣服模型的制作。

由于模型是女性角色，因此在制作时，要注意模型的美感。例如人物肩膀位置、腰部位置、胯部位置和高跟鞋鞋跟位置，在制作时都要注意线条的流畅度，充分体现女性人体的曲线美，如图4-4所示。

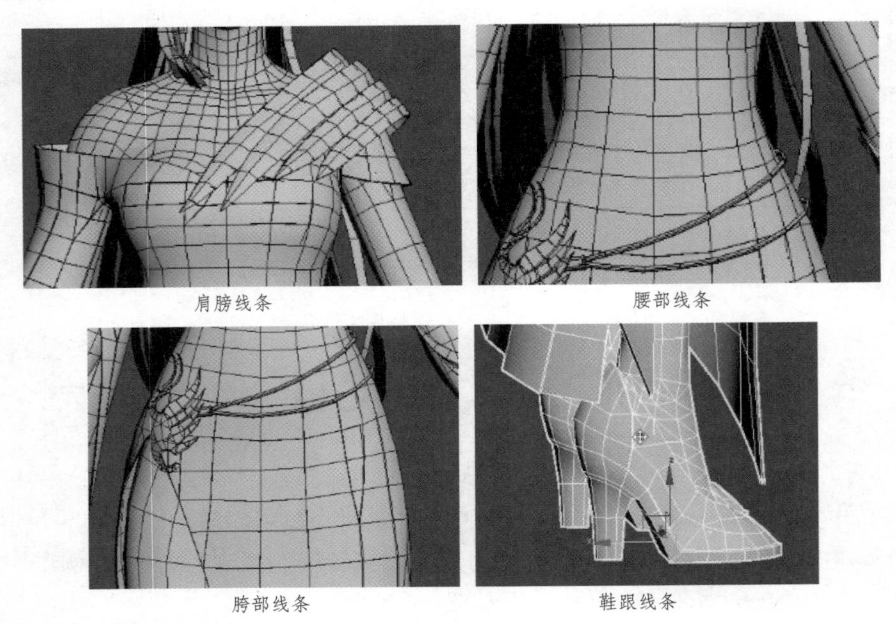

图4-4 注意线条的流畅度

原画中显示人物服装由长裙、护肩、护腕、腰带、高跟鞋和羽毛装饰等多个部分组成，如图4-5所示。

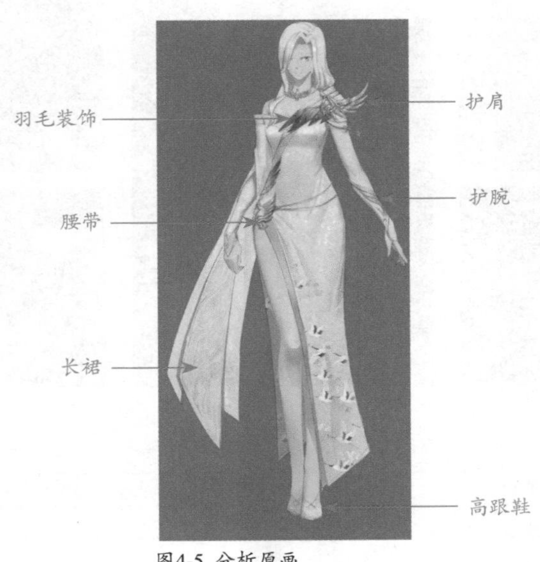

图4-5 分析原画

知识链接——如何制作头发大形

人物头发模型通常是使用面片加线变形制作出来的，如图4-6所示为使用面片制作出的头发效果。为模型添加Unwrap UVW修改器命令，可以将头发模型的UV展开，如图4-7所示。

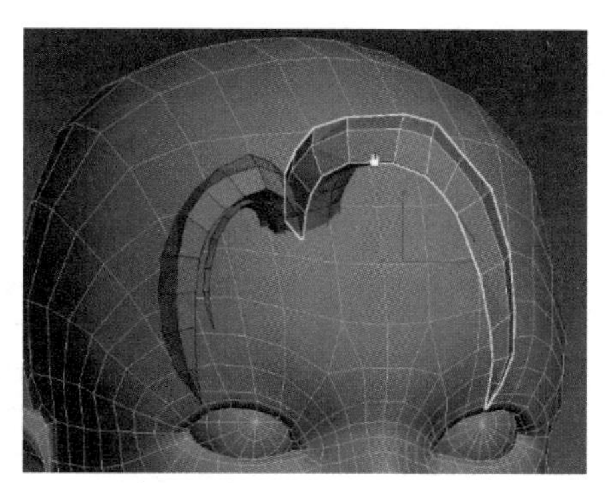

图4-6 制作头发模型

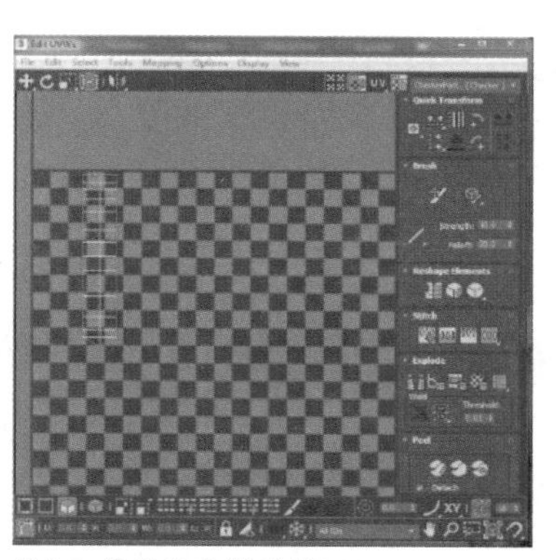

图4-7 展开头发模型的UV

提示：

为了增加头发的立体感，可以通过2个面片模型组成一缕头发，并将2个面片上下排列，增加立体感。

在按下Shift键的同时拖动模型，复制出一个片，摆放在如图4-8所示位置。将复制的模型转换为可编辑多边形，调整形状，如图4-9所示。

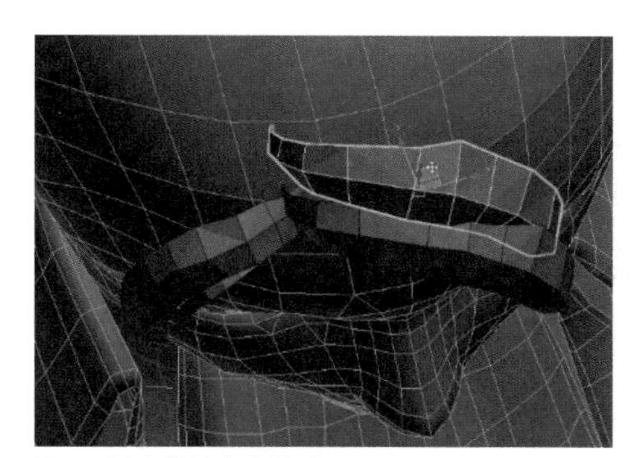

图4-8 摆放复制出的模型

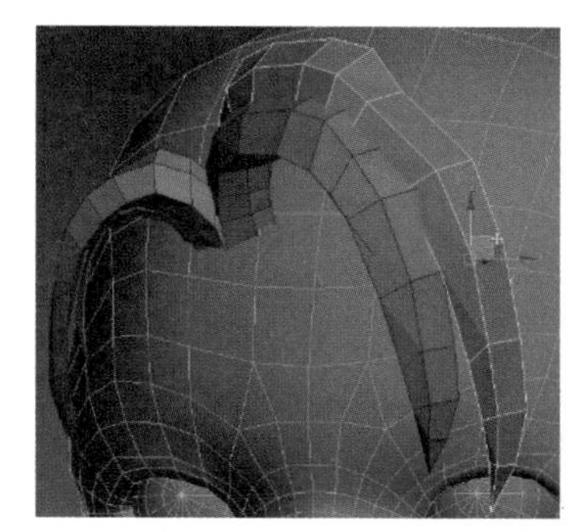

图4-9 调整模型

提示：

在3ds Max中创建三维模型时，通常是从一个矩形模型或面片开始，通过对模型或面片加线改变形状得到的。

小技巧：

在调整头发模型时，边缘尽量平面一些，不要有强烈的起伏效果。通常无法一次调整完成，需要耐心细致地进行多次调整。

将下面的面片模型复制一个，调整位置到上一个复制面片的下方，将头发的立体感表现出来，如图4-10所示。选中头发模型，进入Polygon层级，在Polygon: Smoothing Group中选择1，为模型指定光滑组，如图4-11所示。

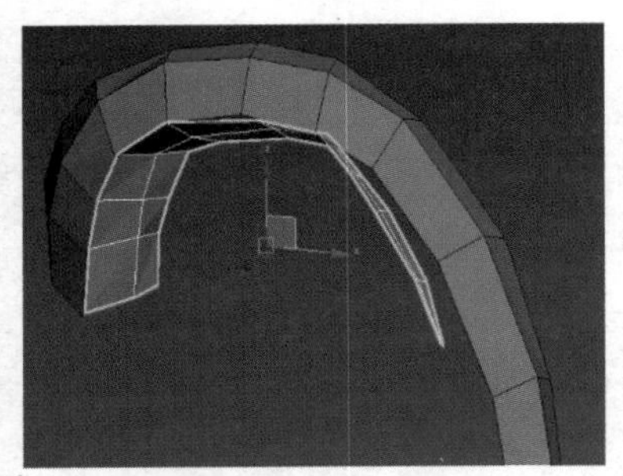

图4-10 复制下方面片

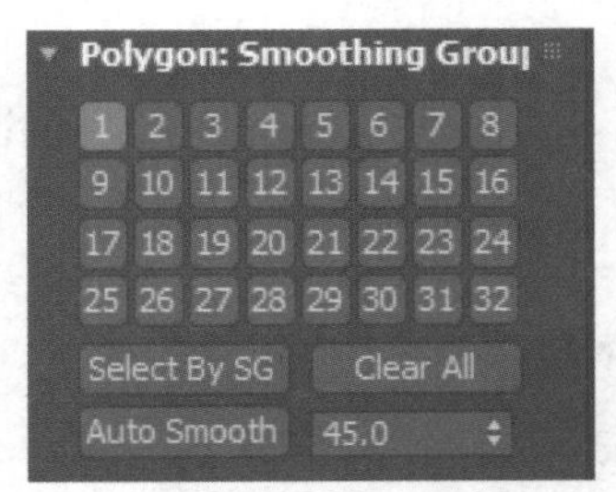

图4-11 指定光滑组

用相同的方法复制多个头发面片模型并进行调整，效果如图4-12所示。

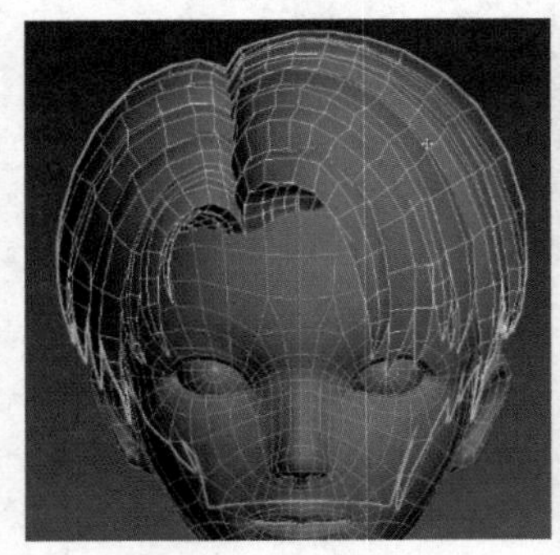

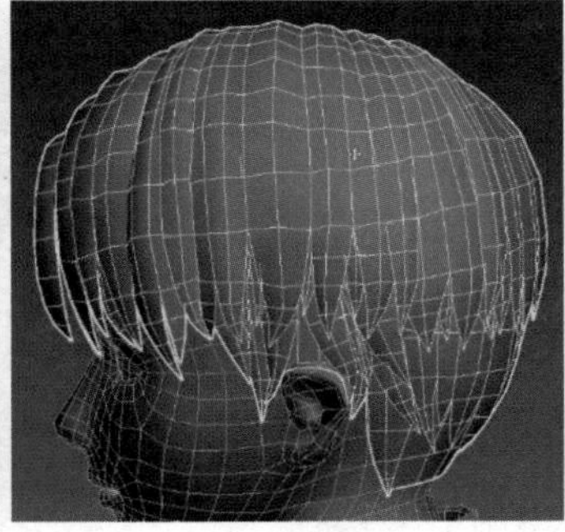

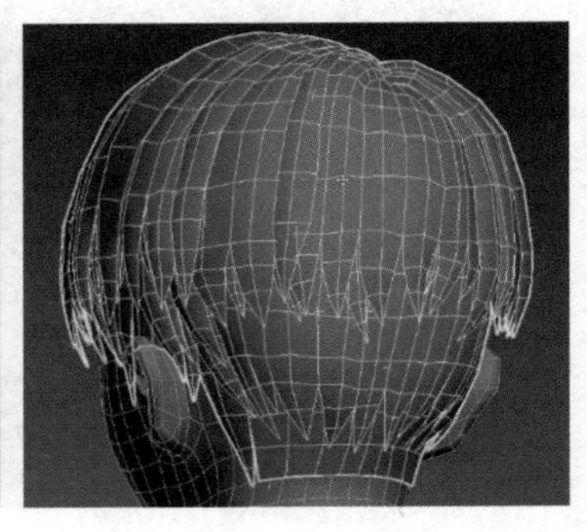

图4-12 复制其他头发模型

上层头发模型效果如图4-13所示。下层的头发模型效果如图4-14所示。需要注意，头发模型的UV并不用全部展开，只需要一缕头发或一片头发使用一个UV即可。

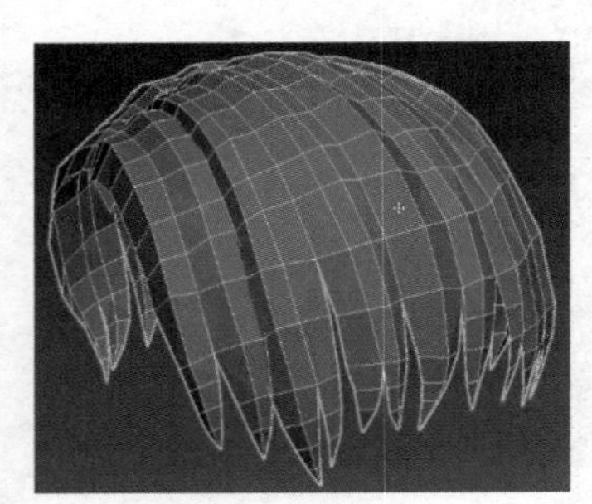

图4-13 上层头发效果

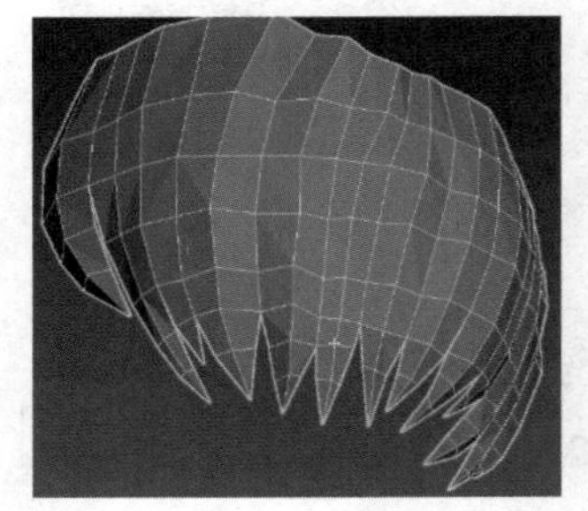

图4-14 下层头发效果

提示：

在制作头发时，可以采用大面积的面板和单独一缕头发相结合的方法来制作，既能保证快速制作完成，又能保证最终的模型的层次感。

任务实施——设计制作女法师角色大形

步骤 01 在3ds Max 2017软件中创建一个Box，如图4-15所示。使用缩放工具调整Box的形态，调整其高度如图4-16所示。

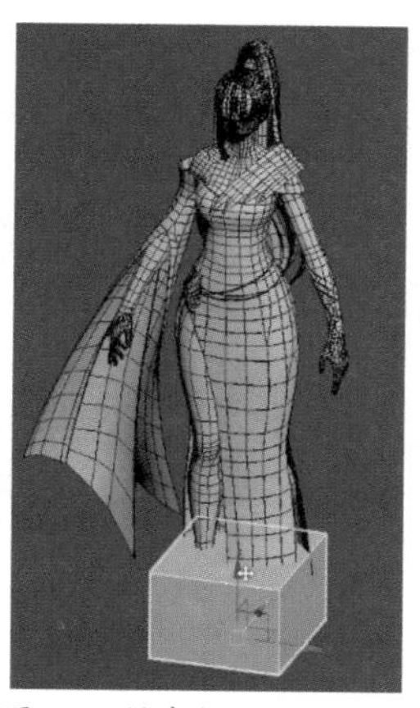

图4-15 创建盒子

图4-16 调整盒子形态

步骤 02 将Box转换为可编辑多边形后，删除其顶部和底部的面，如图4-17所示。以给Box加线调整的方式，将衣服的大形制作出来，完成后的效果如图4-18所示。

图4-17 转换为可编辑多边形

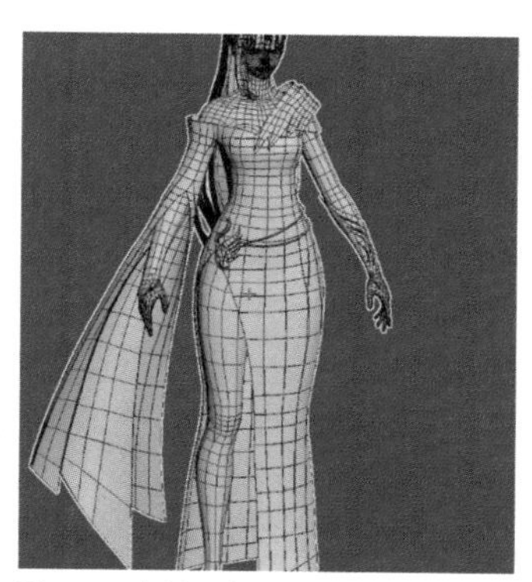

图4-18 选择编辑面模式

提示：

关于给Box加线调整的操作，在前面的章节已经详细讲过了，此处就不再赘述。读者可以参考前面案例的制作步骤。

步骤 03 创建一个Plane对象，转换为可编辑多边形后，调整其为如图4-19所示形状。添加一个Shell修改器，得到立体的装饰效果。用相同的方法制作其他类似模型，完成后的效果如图4-20所示。

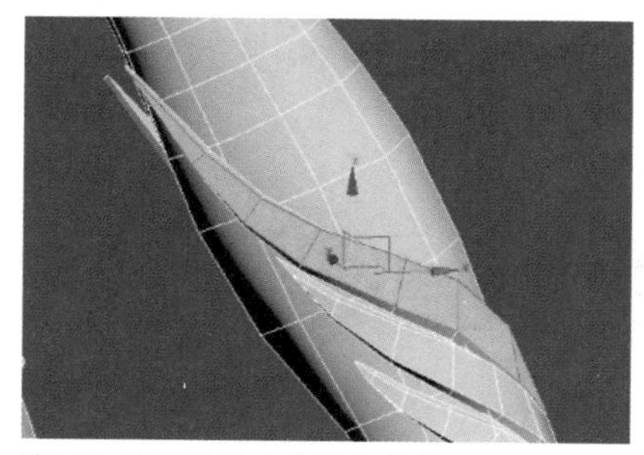

图4-19 编辑面并为其增加厚度

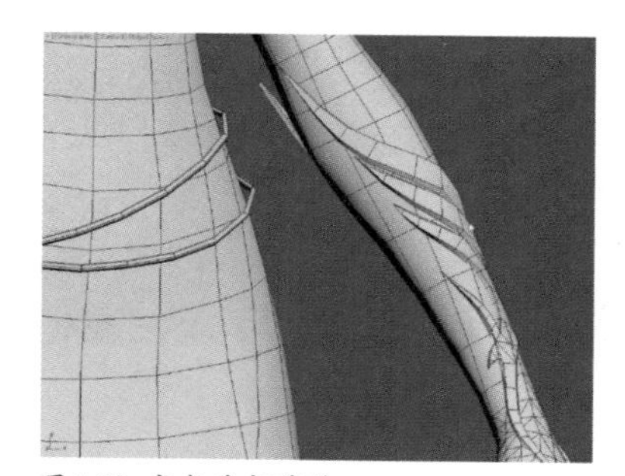

图4-20 完成手部装饰

步骤 04 通过插入多个Plane对象，根据任务模型的形状调整Plane的形状，完成人物模型的头发制作，各部分头发片的效果如图4-21所示。

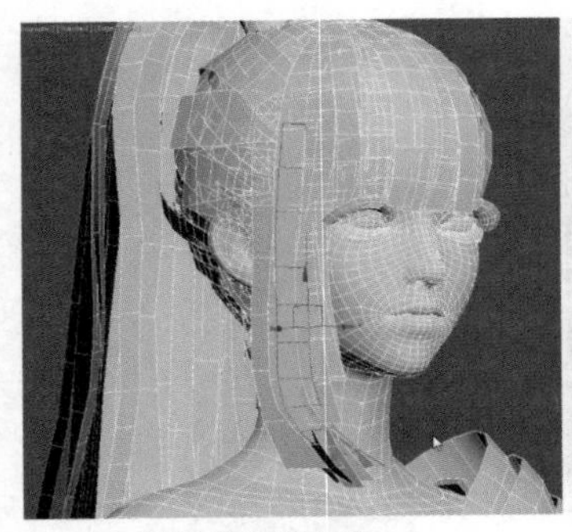
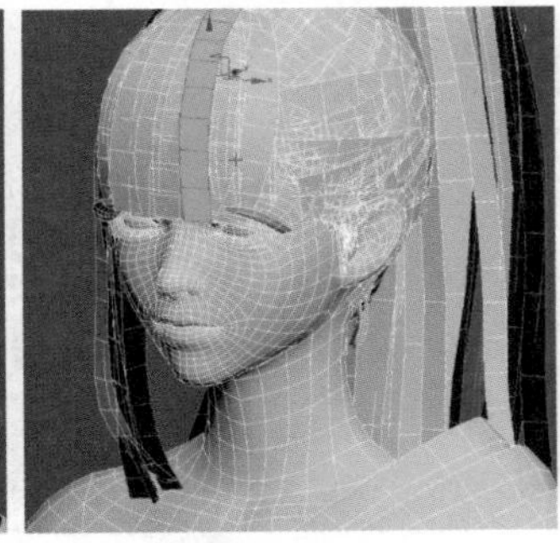
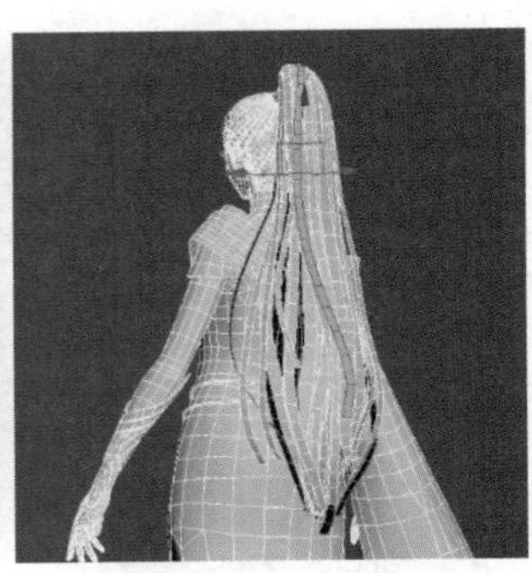

图4-21 模型的头发效果

步骤05 为了增加布料的质感，可以采用两个片背对背摆放的方式，实现双面显示的效果，如图4-22所示位置。用相同的方法，使用片完成腰部装饰的制作，完成后的效果如图4-23所示。

图4-22 增加布料质感

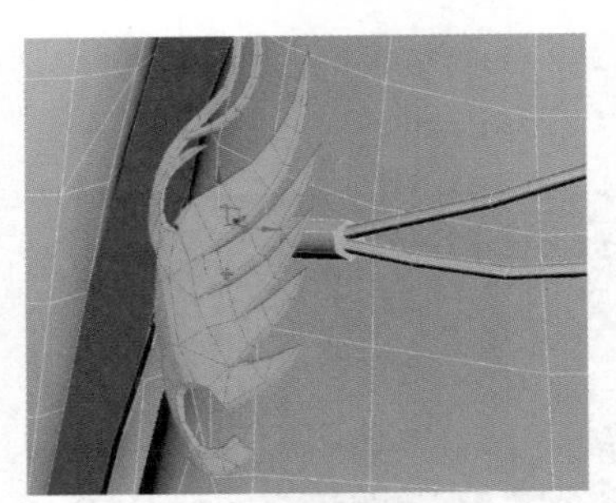

图4-23 完成后的腰部装饰

提示：

不同的项目有不同的制作要求，如果没有提出双面要求，就不用在下面插片，如果有要求就要采用双片的方式制作。

步骤06 用相同的方法完成肩膀位置羽毛装饰模型，完成后的效果如图4-24所示。

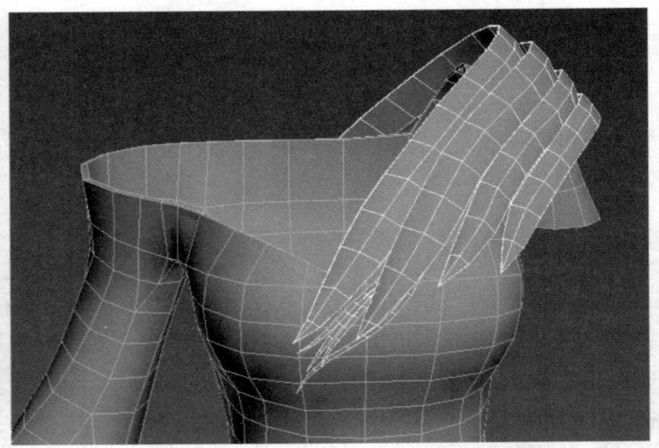

图4-24 制作羽毛装饰

步骤07 用相同的方法完成高跟鞋模型的制作，完成后的效果如图4-25所示。

步骤08 完成后的女法师大形效果如图4-26所示。

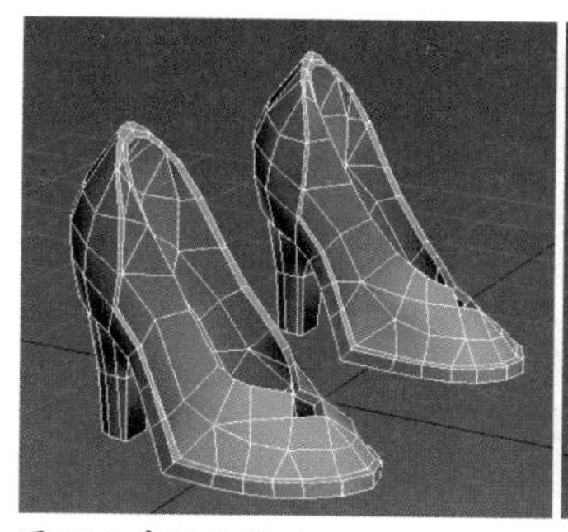
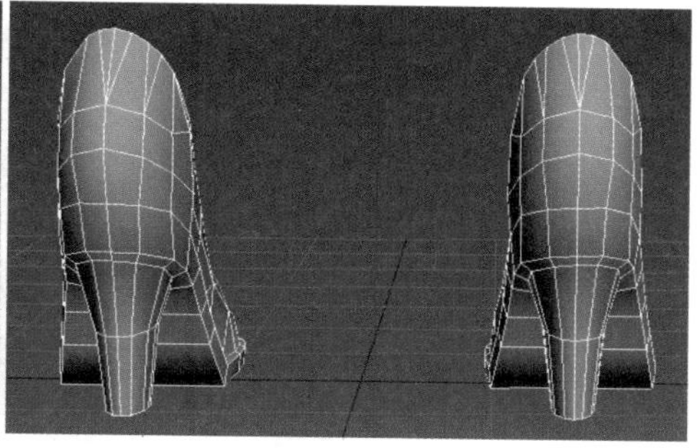
图4-25 高跟鞋模型

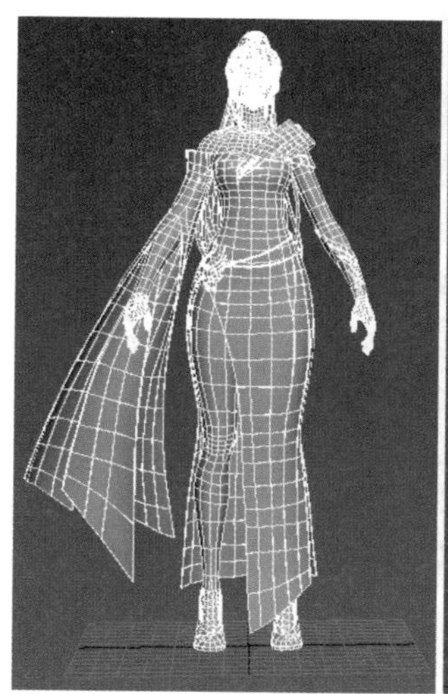
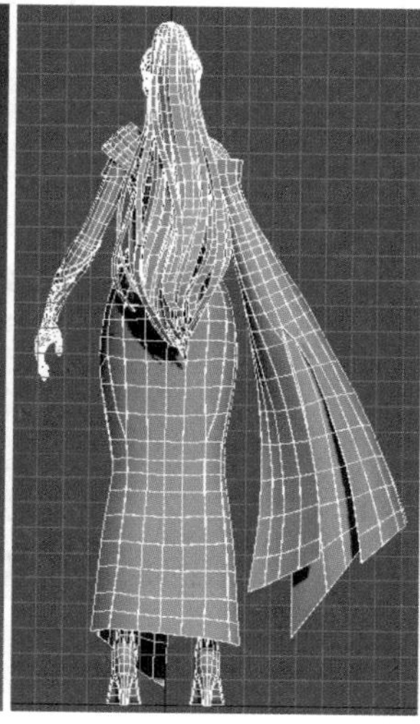
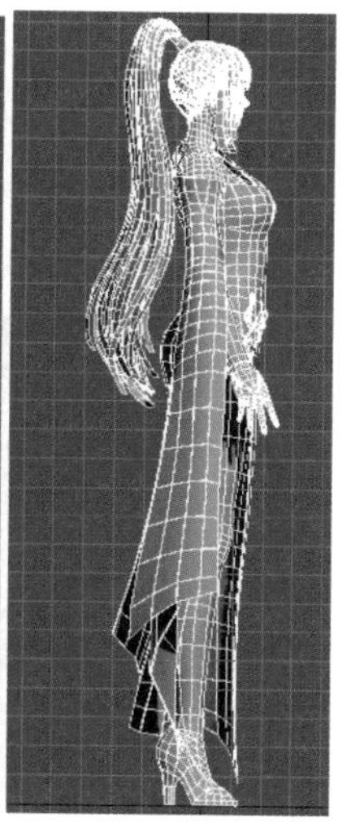
图4-26 女法师大形效果

任务评价——模型要符合制作标准

不同项目的制作标准不尽相同。制作模型时要严格按照甲方要求制作，设计师要与甲方多次沟通，以便能及时准确地完成模型的制作。本任务中模型的制作标准要符合以下几点。

（1）造型准确，还原原画，轮廓分明，表现出女法师的柔美。模型面数控制在12000面以内。

（2）不支持Max中材质球设置的双面，双面的材质要通过模型实现。

（3）裙摆的布线横线要平，不能有弯曲和倾斜，纵线尽量保持均匀，如图4-27所示作为参考。

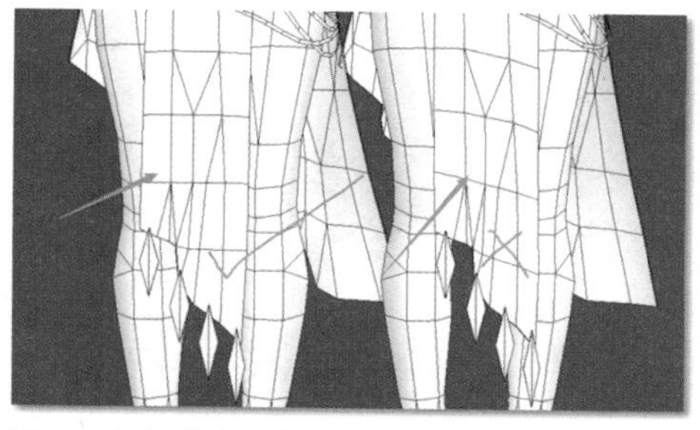
图4-27 裙摆布线要求

（4）关节位置的布线保持三段线，不能少于两段，以保证模型的动画表现柔韧，避免出现硬转角以及关节处贴图拉伸。如图4-28所示布线作为参考。

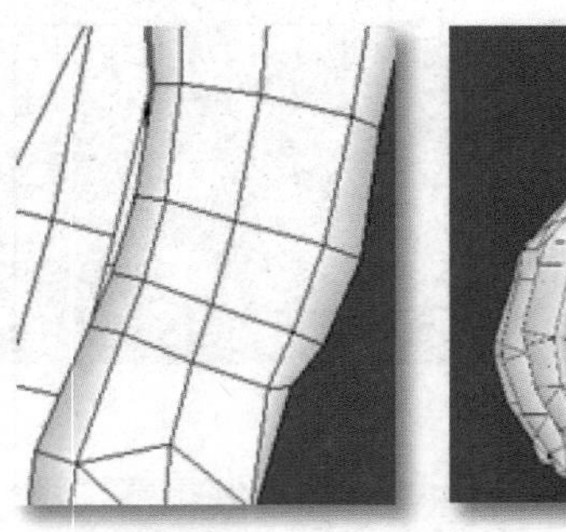
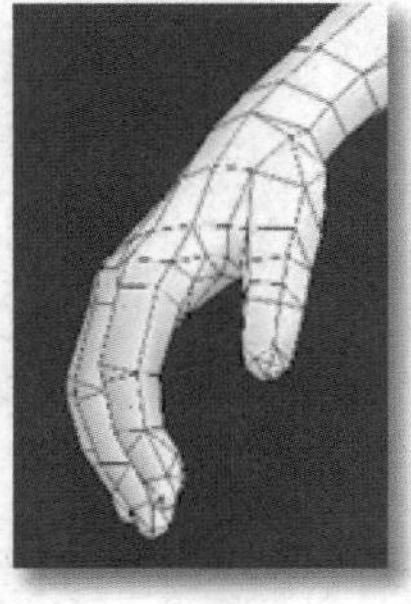
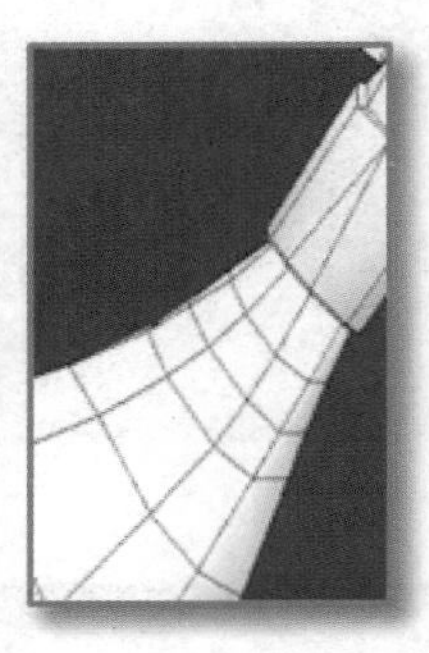

图4-28 关节布线要求

（5）模型在大转折面或者金属转折面的情况下需要进行平滑组分组，以确保轮廓和结构的合理性，如图4-29所示。

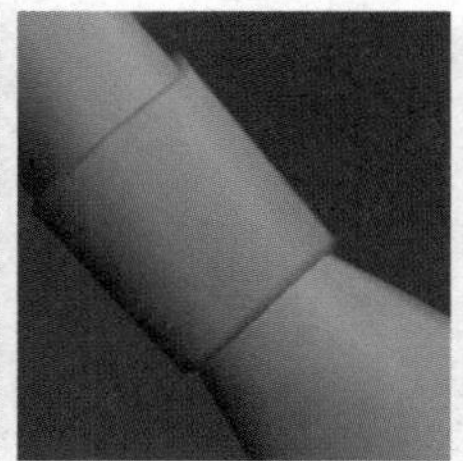
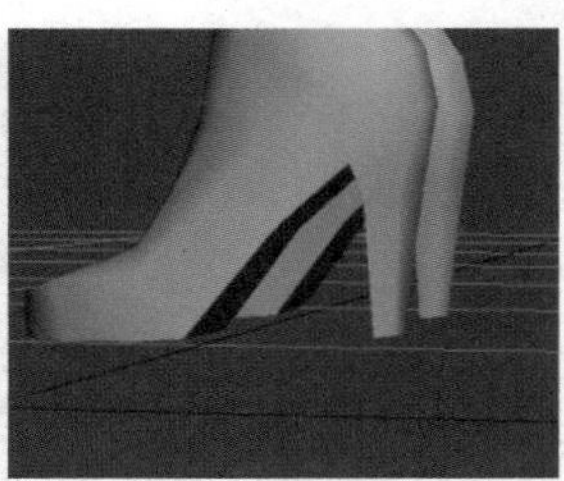

图4-29 转折面处理

提示：

有些项目不支持透明贴图，所有透明的部分都要使用实体模型制作出来。如果镂空表现很复杂，要及时与甲方沟通。

任务拓展——设计制作女精灵大形

根据本任务所讲内容，读者举一反三，完成一个女精灵角色模型的设计制作，如图4-30所示。

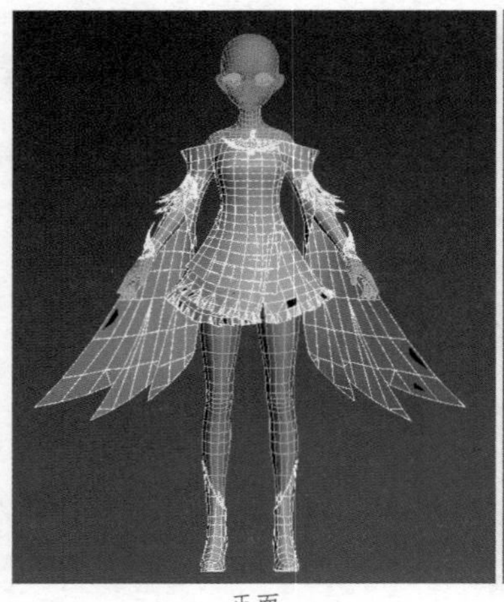
正面

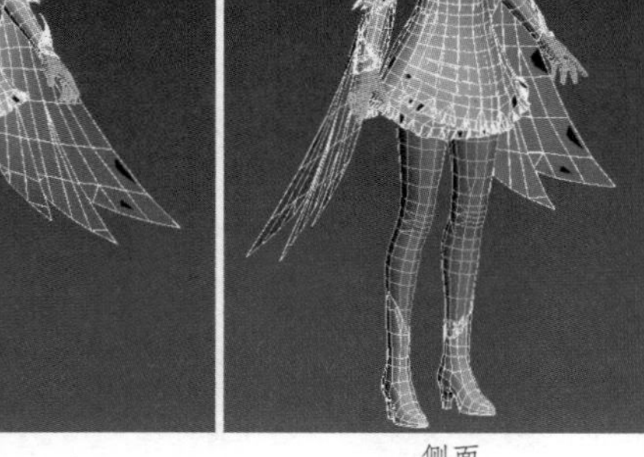
侧面

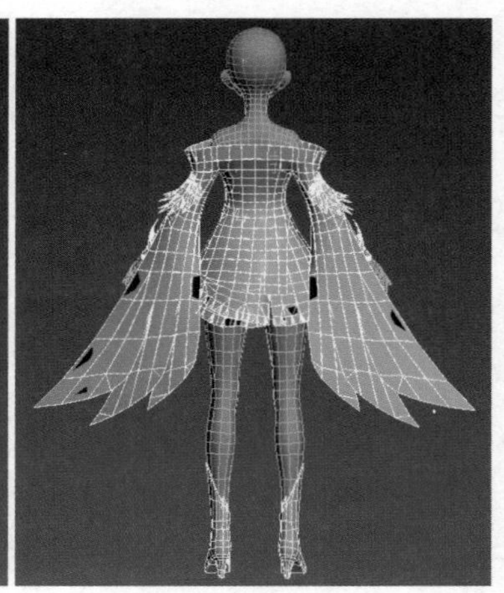
背面

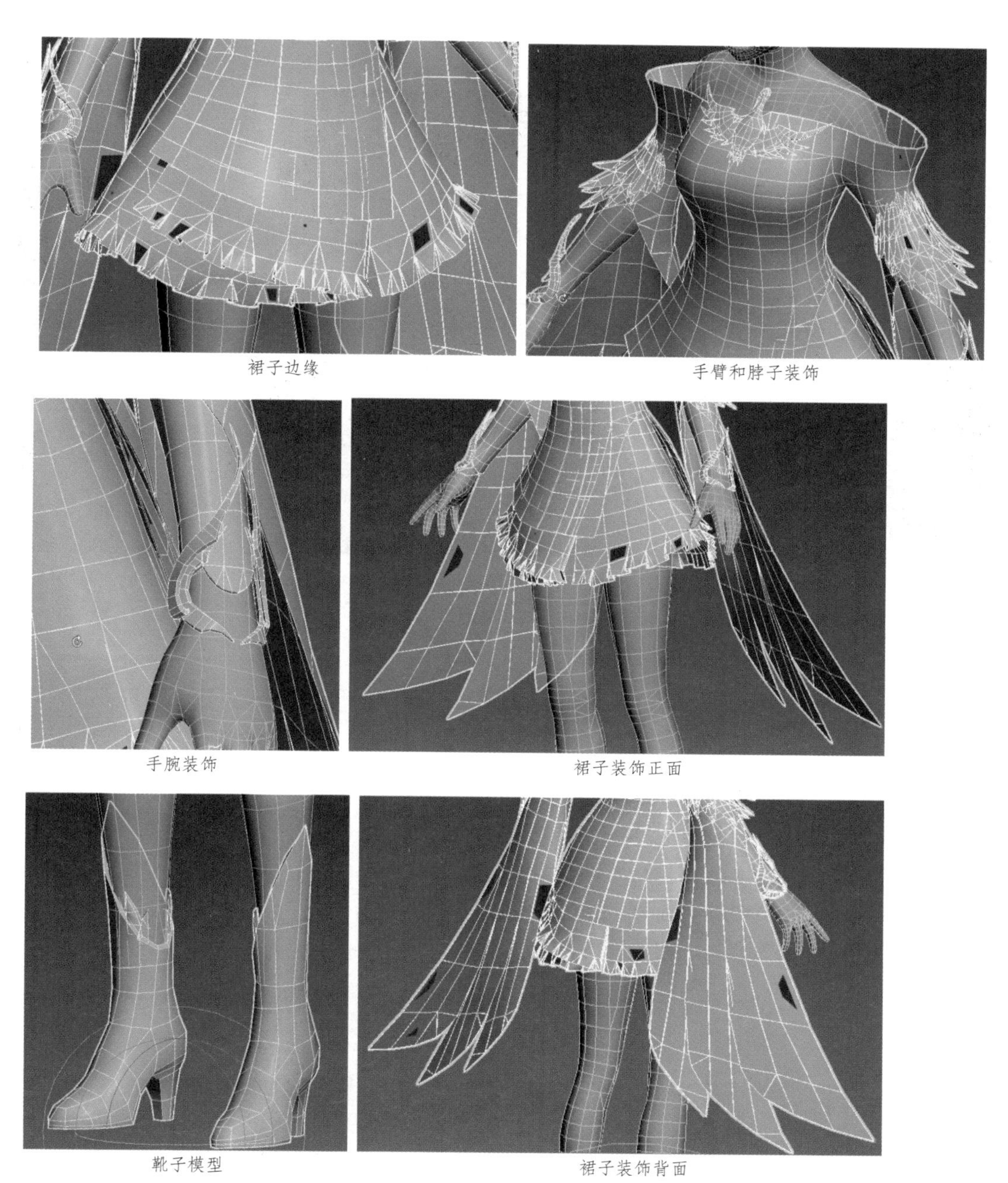

图4-30 女精灵模型

任务二 女法师高模模型设计

在3ds Max中完成模型的大形制作后，使用ZBrush软件雕刻制作高模，以充分展示模型的各个细节。然后通过TopoGun完成模型低模的制作，为烘焙贴图做好准备。使用ZBrush雕刻完成的高模效果如图4-31所示。

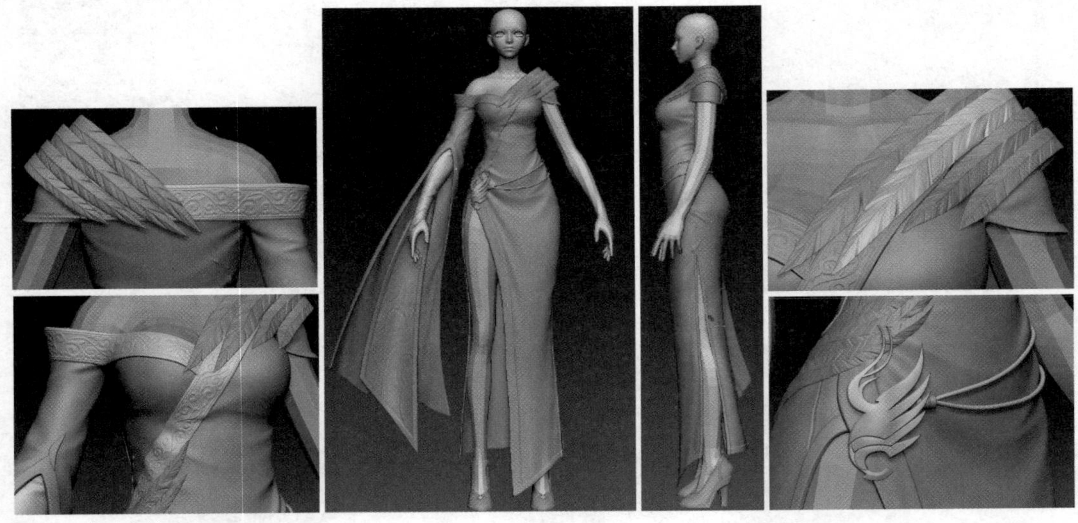

图4-31 雕刻高模效果

源 文 件	源文件 \ 项目四 \ 女法师角色高模.OBJ
素 材	素材 \ 项目四 \
演示视频	视频 \ 项目四 \ 女法师角色高模.MP4
主要技术	ZBrush 的雕刻高模、减面优化操作、TopoGun 制作低模

任务分析——衣服包边和褶皱的雕刻

本任务使用ZBrush完成模型高模的雕刻操作，制作方法与项目三中讲解的方式相似。衣服中的褶皱是通过使用Standard和DamStandard笔刷雕刻完成的，如图4-32所示。雕刻过程中只需沿着衣服的走向雕刻即可，完成后的衣服褶皱效果如图4-33所示。

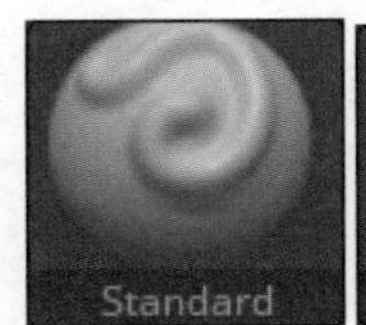

图4-32 使用笔刷

图4-33 雕刻褶皱

衣服的包边可以分开制作，也可以制作成为一体。根据个人的需要可以选择不同的制作方法。本任务中除了如图4-34所示大包边外，其他的包边都制作成了一体，如图4-35所示。

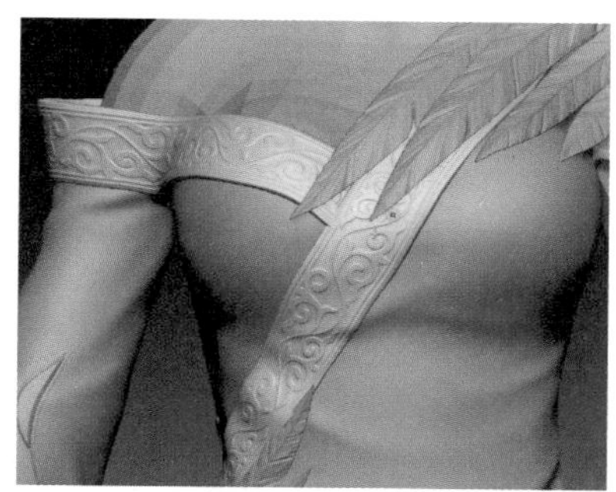
图4-34 独立包边

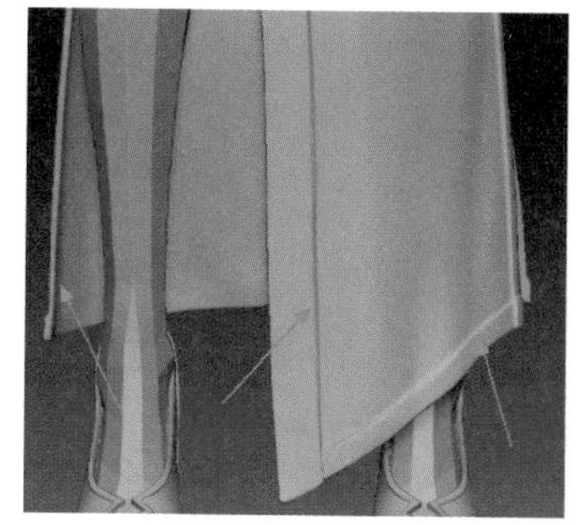
图4-35 一体包边

知识链接——了解ZBrush中常见笔刷

在ZBrush中，笔刷的排列与菜单的排列一致，都是按照26个英文字母的顺序排列的，以便于用户查找使用，如图4-36所示。单击顶部的字母，可以快速查看以该字母开头的笔刷，如图4-37所示。

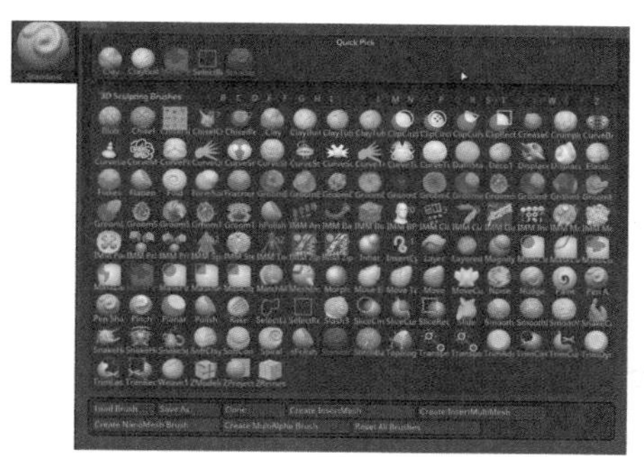
图4-36 笔刷排列

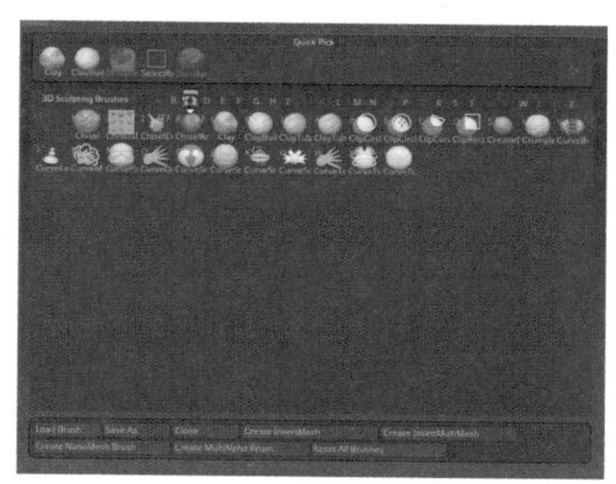
图4-37 快速查找笔刷

在进行雕刻操作时，使用笔刷是为了获得更好的雕刻效果。笔刷只是设计使用的工具，而且所有的笔刷用法及所呈现的效果都不是一成不变的，即使一个设计师只使用一种笔刷，也能创建出精美的雕刻作品。接下来熟悉几个常见的笔刷。

● ClayBuildup笔刷

该笔刷是一个方形的笔刷，用来在模型上雕刻起伏效果。由于加载了方形的Alpha，所以在塑造形体的时候，会产生边界较为锐利但表面弧状的突起，且边缘清晰，有层次感。ClayBuildup常被用来雕刻服装的包边效果，如图4-38所示。

笔刷

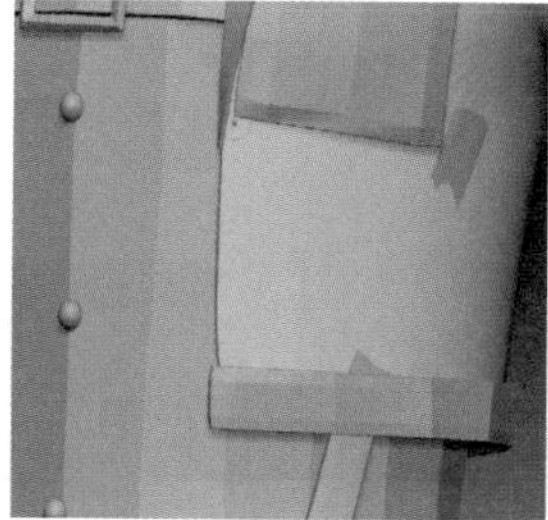
原始模型

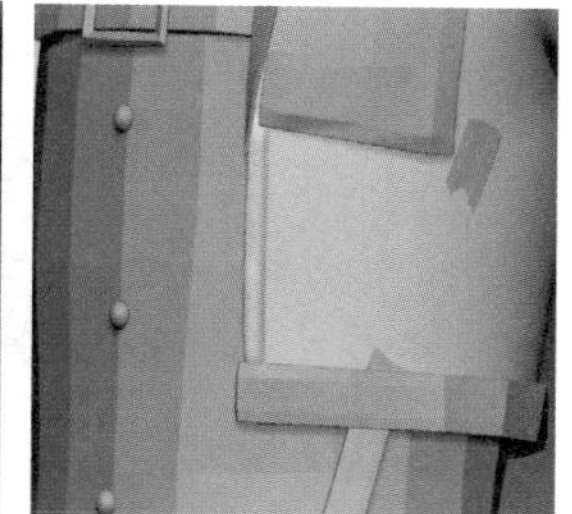
使用笔刷雕刻包边效果

图4-38 ClayBuildup笔刷雕刻效果

- Standard笔刷

在使用该笔刷进行雕刻的时候，可以塑造出截面为半椭圆形的凸起，制作服装的压线效果，如图4-39所示。

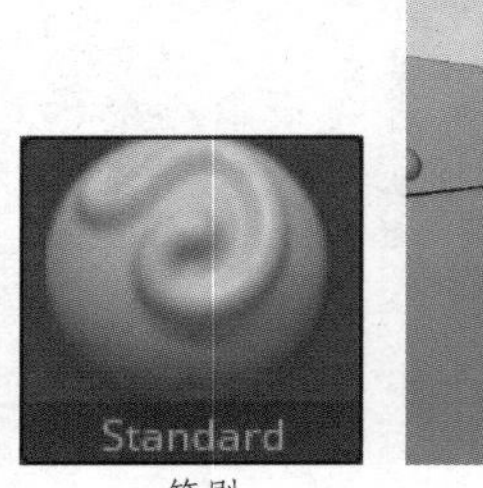

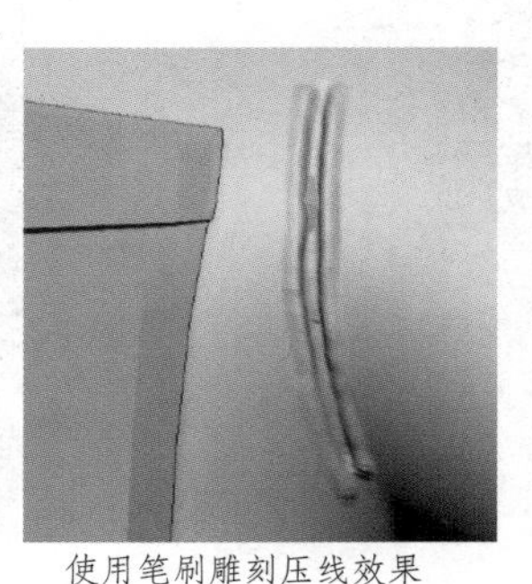

笔刷　原始模型　使用笔刷雕刻压线效果

图4-39 Standard笔刷雕刻效果

- Smooth笔刷

不管选择任何笔刷，按住Shift键，都可切换到Smooth笔刷，该笔刷可以使物体表面的形状进行融合，进而雕刻出较为平滑三维表面，如图4-40所示为使用了Smooth笔刷的效果。

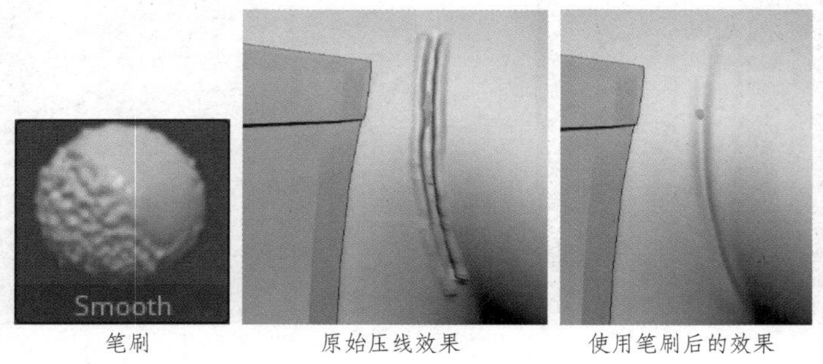

笔刷　原始压线效果　使用笔刷后的效果

图4-40 Smooth笔刷雕刻效果

- DamStandard笔刷

该笔刷可以用来雕刻服装褶皱和凹陷的效果，也可以用来勾勒褶皱的结构转折和凹陷的地方。例如雕刻身上的布料等，效果如图4-41所示。

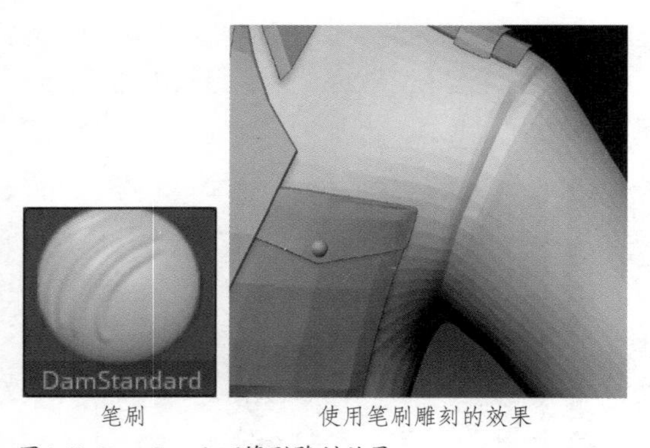

笔刷　使用笔刷雕刻的效果

图4-41 DamStandard笔刷雕刻效果

- Move笔刷

该笔刷与Standard笔刷不同，不能够对物体表面进行连续的形变，每一次只能对不大于笔刷大小的区域进行推拉操作，在对形体进行调整时，有优异的表现，如图4-42所示。

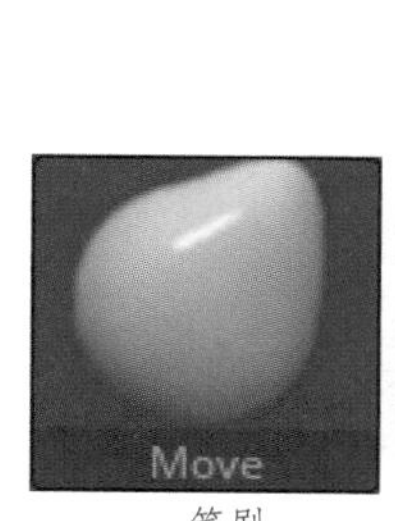

笔刷

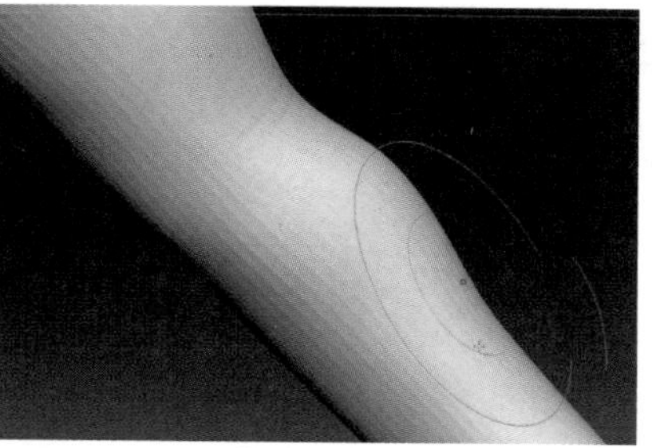
使用笔刷后效果

图4-42 Move笔刷雕刻效果

设计师可以使用快捷键快速选中想要使用的笔刷，提高工作效率。用户在ZBrush中可自定义笔刷快捷键，具体方法如下。

步骤01 打开Brush面板，选中想要设置快捷键的笔刷。

步骤02 在按快捷组合键Ctrl+Alt的同时单击鼠标左键。

步骤03 松开键盘后，快速按下想要设置为快捷键的键，即可完成笔刷快捷键的设置。

提示：

在自定义快捷键时，尽量不要将数字1键设置为快捷键。因为在默认情况下，1键是重复上一步的快捷键，修改了将会影响操作。

设置了快捷键的笔刷，将在其名称后面自动显示设置的快捷键，如图4-43所示。

笔刷快捷键设置完成后，关闭ZBrush软件时，会弹出提示框询问是否保存当前设置的快捷键，如图4-44所示。单击“是”按钮，即可保存自定义的快捷键。单击“否”按钮将不保存自定义的快捷键，再次启动软件时，以前设置的快捷键将不能使用。

图4-43 设置快捷键

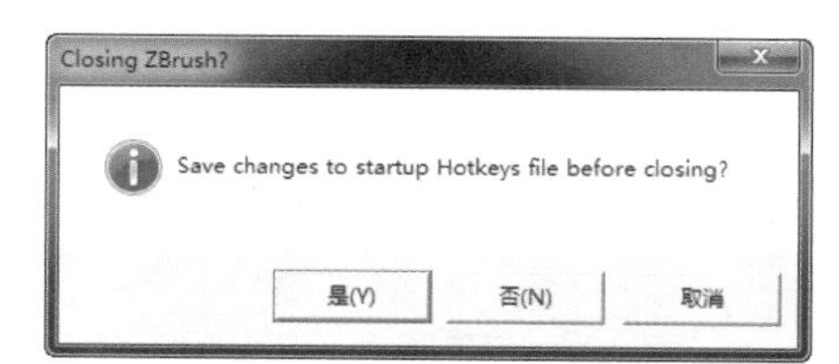

图4-44 保存自定义快捷键

任务实施——设计制作高模和低模

1. 雕刻人物模型大形

步骤01 完成人物服装大形的制作后，保存文件为OBJ格式。将模型导入ZBrush，完成模型的雕刻操作，如图4-45所示。

提示：

在ZBrush中雕刻模型时，刚开始会遇到很多困难，通过大量的练习，抓住制作的要点就会逐渐适应并积累经验。

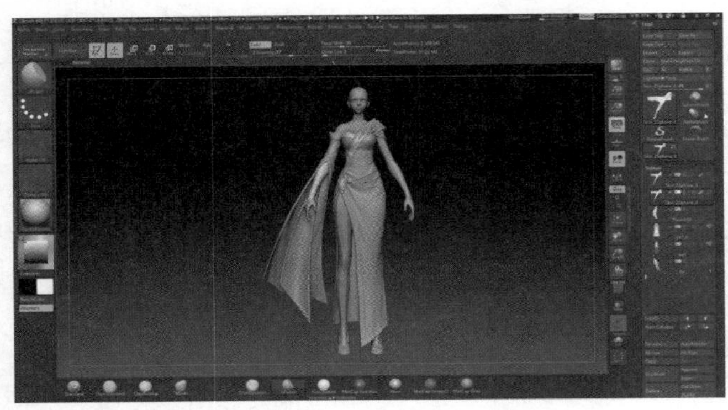

图4-45 导入ZBrush

步骤02 选中衣服上部的包边并孤立，如图4-46所示。选择Standard笔刷，打开LazyMouse选项，按下Shift键梳理一下其他部位的布线，如图4-47所示。

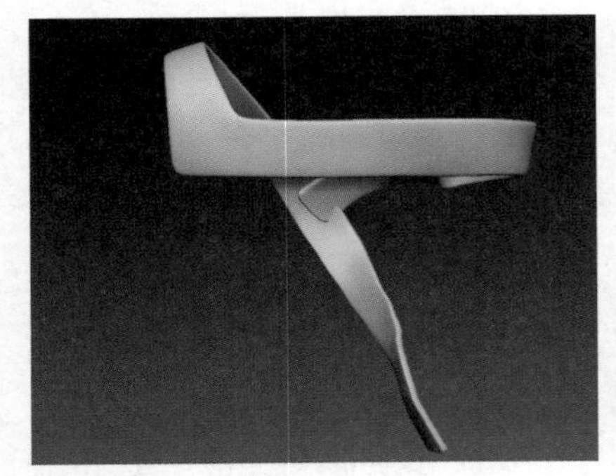

图4-46 孤立显示包边

图4-47 包边绘制效果

提示：

在按住Shift键绘制时，当绘制完成后，一定要先松开Shift键再松开画笔，才能实现绘制效果，否则将无法完成绘制操作。

步骤03 在按下Ctrl键的同时，在模型上绘制如图4-48所示效果。关闭LazyMouse选项，配合Alt键对绘制效果进行修饰，如图4-49所示。

图4-48 绘制图形

图4-49 修饰图形

小技巧：

在绘制模型时，图形周围会出现锯齿效果。这个不会影响最终的雕刻效果，可以通过绘制的方式修饰。

步骤04 在按下Ctrl键的同时，在遮罩上单击，将绘制的图形模糊，效果如图4-50所示。继续在按下Ctrl键的同时，在视口空白区域单击鼠标左键反转遮罩，效果如图4-51所示。

图4-50 模糊遮罩

图4-51 反转遮罩

步骤05 在右侧Defomation选项下选择Inflate选项，如图4-52所示。实现遮罩的膨胀效果，如图4-53所示。

图4-52 添加Inflate效果

图4-53 膨胀效果

步骤06 为模型提升细分层级，使用Smooth笔刷在遮罩边缘绘制，效果如图4-54所示。选择DamStandard笔刷，打开LazyMouse选项，在遮罩四周刻画，完成后的效果如图4-55所示。

图4-54 平滑边缘

图4-55 刻画边缘

提示：

在绘制过程中，如果绘制的效果不够均匀，读者可以使用Move笔刷对绘制的轮廓进行调整，以便获得满意的绘制效果。

步骤07 在按下Alt键的同时在其边缘绘制，得到立体边缘效果，如图4-56所示。用相同的方法完成其他部分的绘制，完成后的效果如图4-57所示。

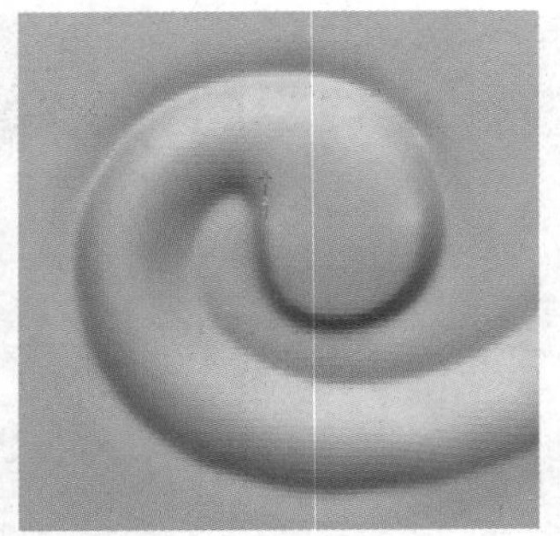

图4-56 绘制立体效果

图4-57 继续绘制立体效果

步骤08 用相同的方法，在花纹外侧绘制，得到如图4-58所示效果。用相同的方法完成衣服顶部大包边的效果，如图4-59所示。

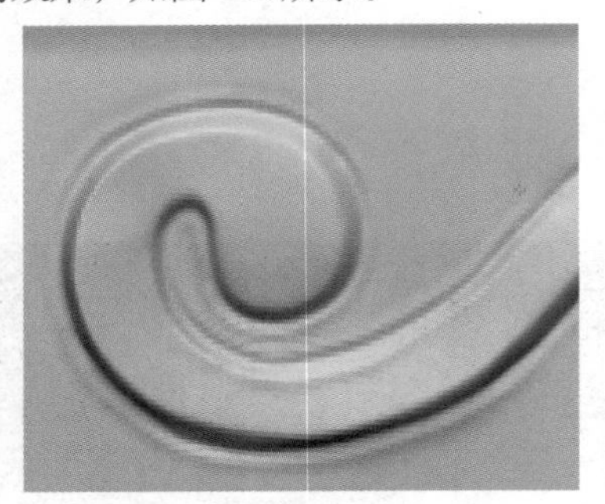

图4-58 绘制花纹外侧效果

图4-59 雕刻完成

步骤09 如有包边不平的面可以使用抛光笔刷抛平，完成后的效果如图4-60所示。

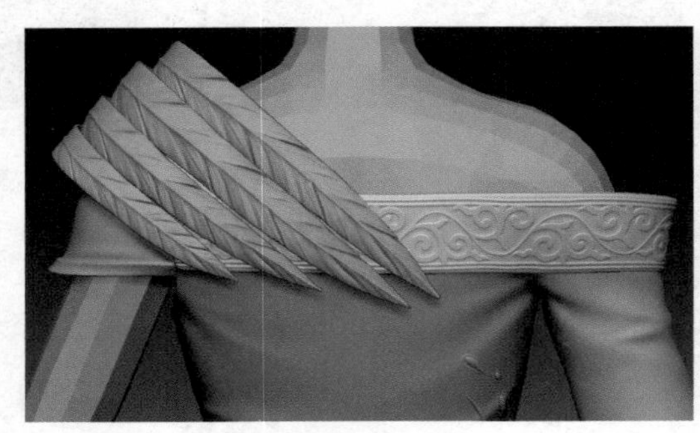

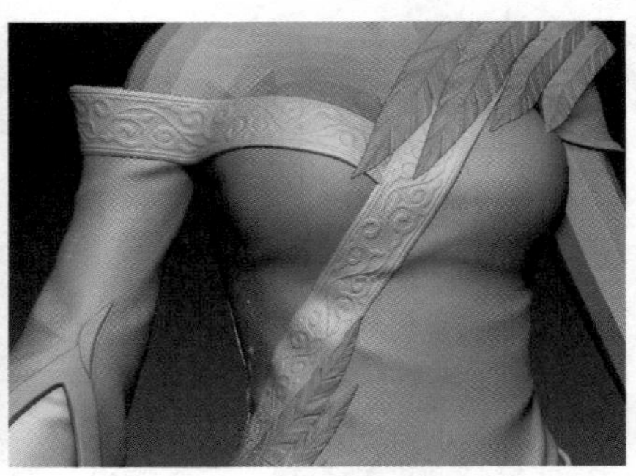

图4-60 服装包边的雕刻效果

步骤10 选中衣服模型，单击Duplicate按钮，复制一个衣服模型，如图4-61所示。选中复制的衣服模型，选择CurveTube笔刷，调整笔刷大小至如图4-62所示。

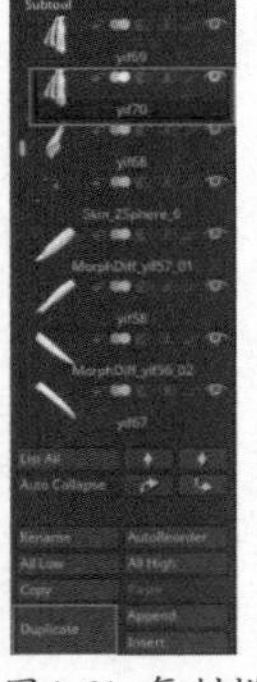

图4-61 复制模型

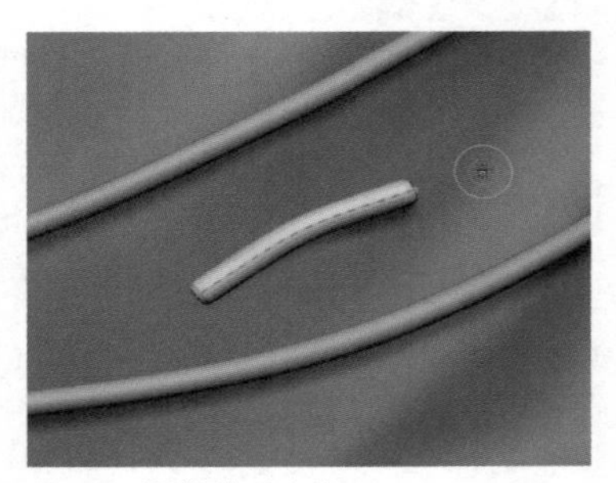

图4-62 调整笔刷大小

提示：

在绘制过程中，可以通过拖动绘制笔刷两侧的绿色圆圈调整笔刷的长度和位置，以保证绘制的线条贴近模型轮廓。

步骤11 沿着人物模型腰部轮廓绘制，完成后的效果如图4-63所示。删除复制的衣服，单击ZRemesher按钮将刚绘制的线条重新布线，使用Move笔刷修改穿帮问题，完成后的效果如图4-64所示。

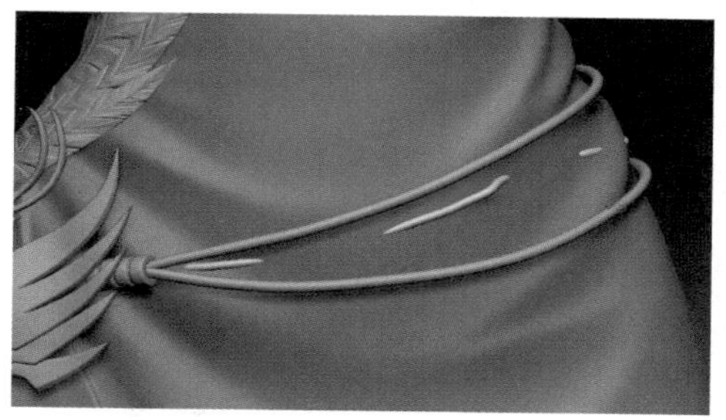
图4-63 绘制线条模型

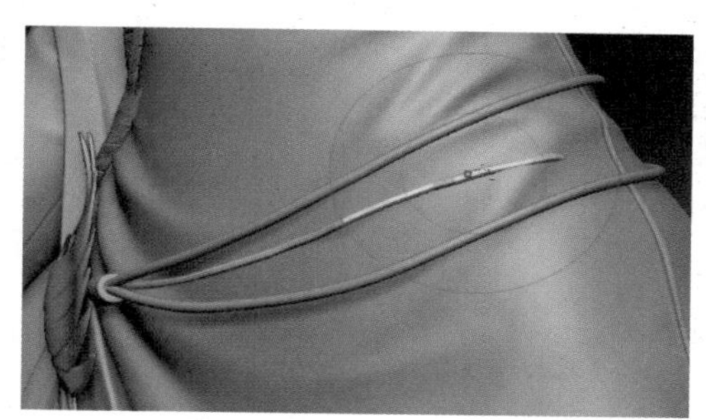
图4-64 修改绘制效果

提示：

在使用Move笔刷调整模型时，通常会降低模型的布线，减少其面数。面数过多，在使用Move移动时会出现变形的情况。

步骤12 调整完成后，提升模型的细分级别，观察调整效果是否满意，如图4-65所示。调整结束后，设置Inflate属性为0.5，增强膨胀效果，如图4-66所示。

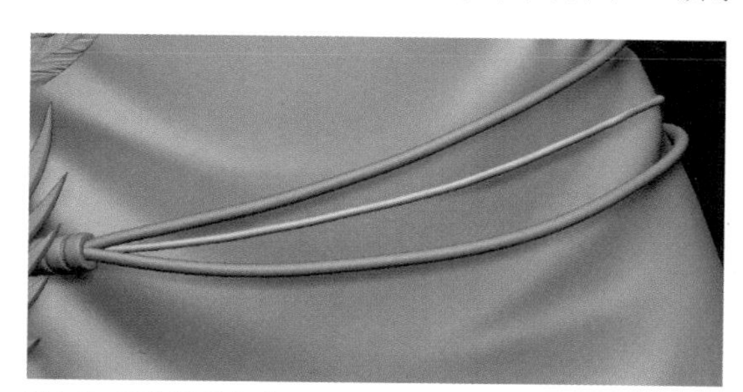
图4-65 调整模型轮廓

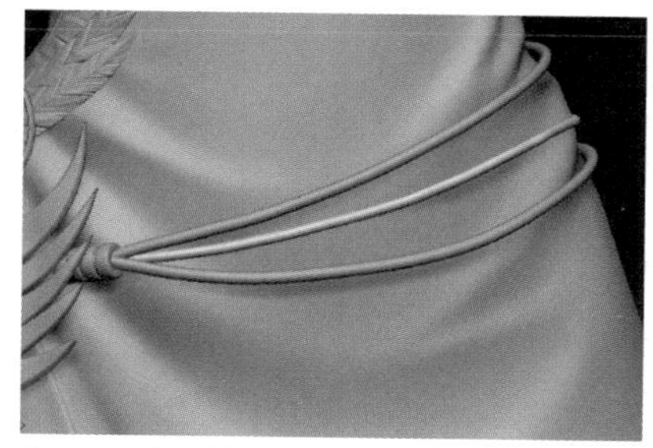
图4-66 膨胀模型效果

步骤13 使用SamStandard笔刷，不断调整笔刷的大小，在羽毛大形上雕刻，即可完成如图4-67所示羽毛的效果。羽毛的羽轴绘制效果如图4-68所示。

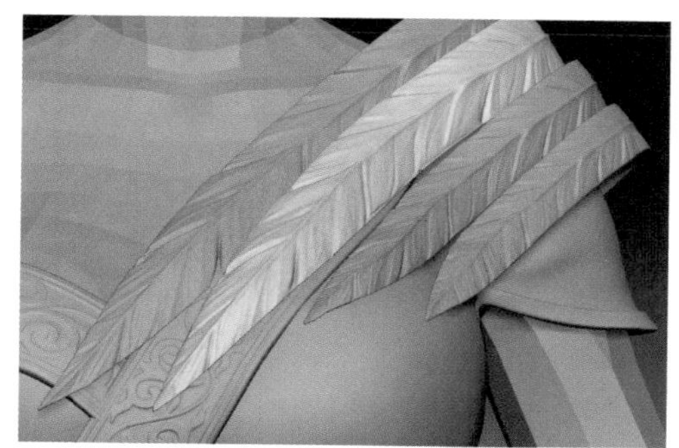
图4-67 雕刻羽毛效果

图4-68 雕刻羽轴效果

提示：

在雕刻羽毛时，注意笔刷的角度不要太一致。可通过调整笔刷的尺寸，实现大小不一、虚实不一的绘制效果。

步骤 14 创建一个Sphere3D对象，如图4-69所示。使用Scale工具缩放其大小，调整其到如图4-70所示位置。

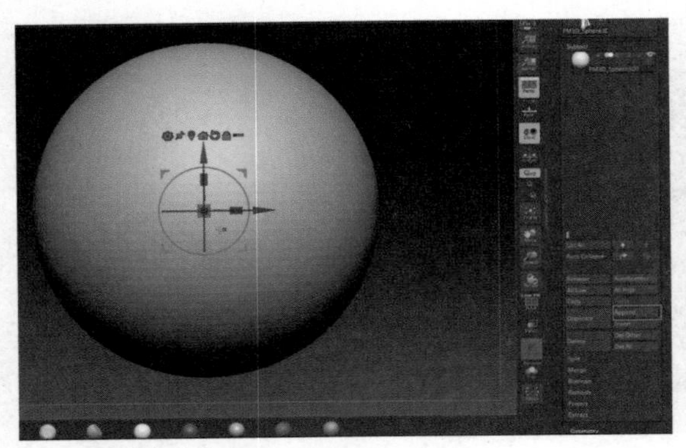

图4-69 创建球对象

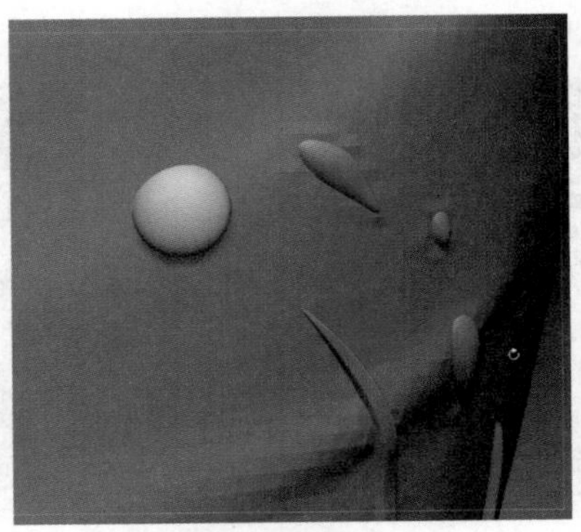

图4-70 调整球的大小和位置

提示：

较小的模型面数也较少，如果想要对其进行编辑，需先增加其Dynamesh的数值，以增加模型的面数。

步骤 15 修改其DynaMesh的Resolution数值为4096，使用Move笔刷和Smooth笔刷调整模型，得到如图4-71所示效果。调整其位置，与其他模型贴合，如图4-72所示。

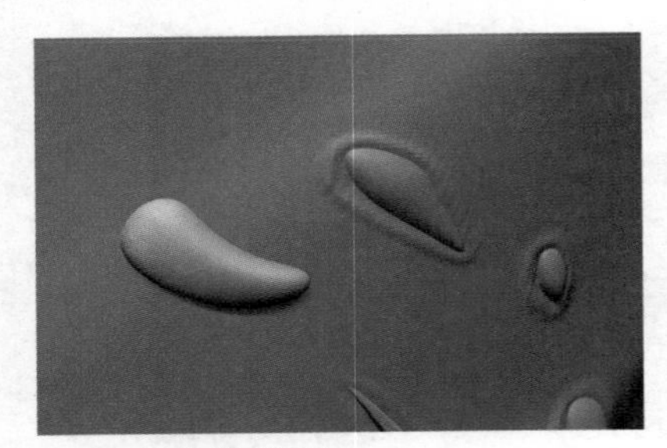

图4-71 调整模型形状

图4-72 调整位置

步骤 16 在按下Alt键的同时，使用Standard笔刷沿着模型边缘雕刻，得到如图4-73所示效果。松开Alt键继续使用Standard笔刷在模型外边雕刻，得到如图4-74所示效果。

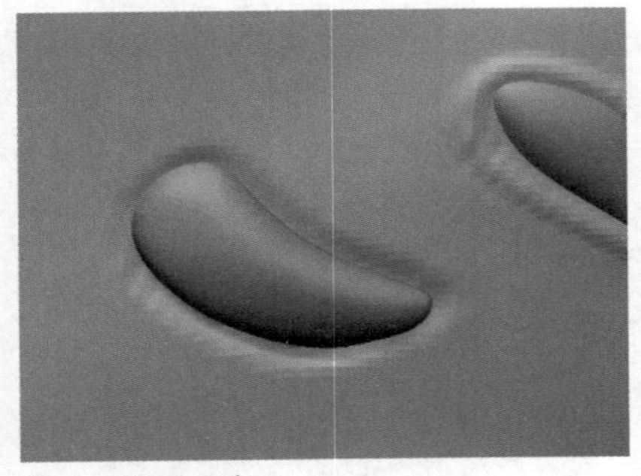

图4-73 雕刻凹槽

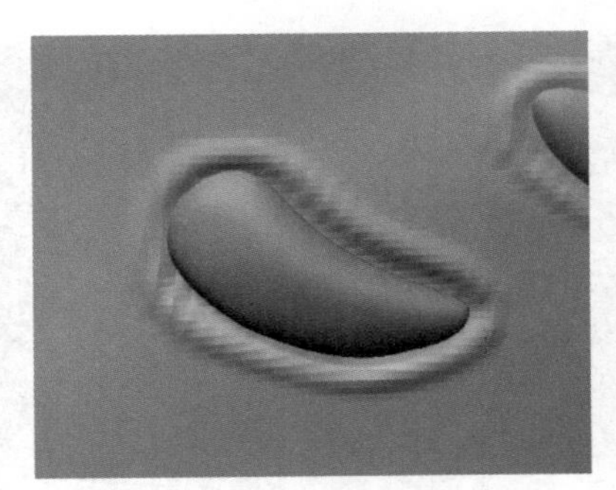

图4-74 雕刻凸起

步骤17 使用Move笔刷调整雕刻效果，如图4-75所示。用相同的方法完成其他衣服上的花纹效果，如图4-76所示。

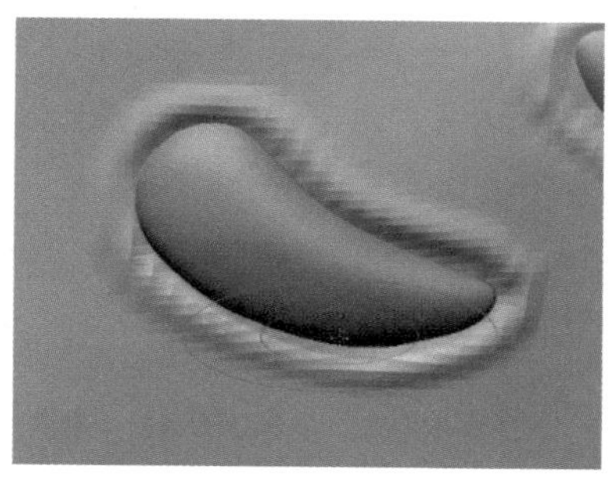
图4-75 调整花纹

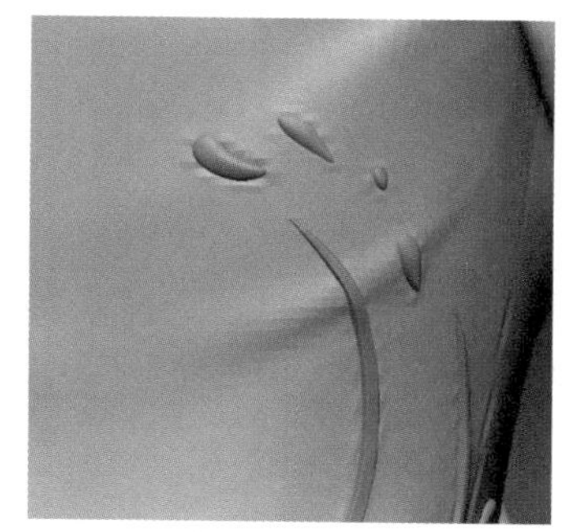
图4-76 创建其他花纹

步骤18 使用项目三中的方法完成模型其他部分的雕刻，直至完成高模的制作。完成后的效果如图4-77所示。

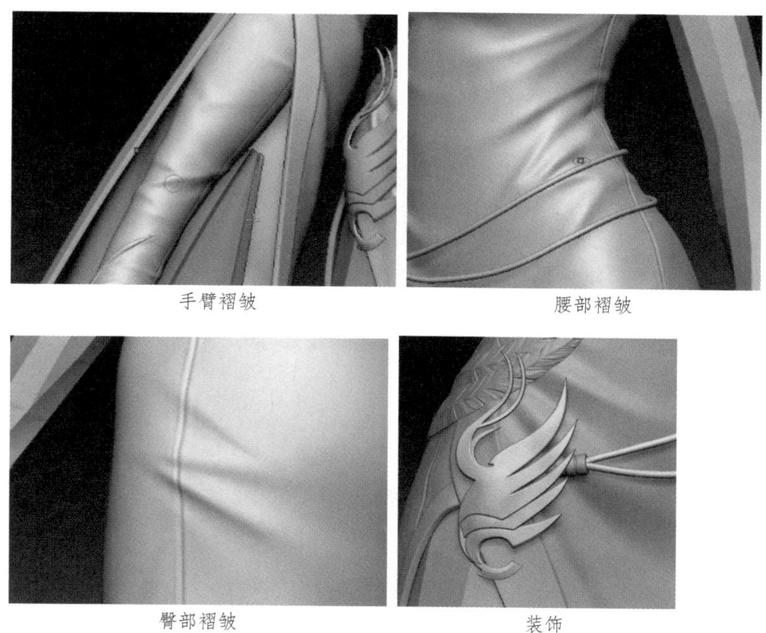
手臂褶皱　腰部褶皱　臀部褶皱　装饰

图4-77 完成制作后的模型

任务评价——不同种类布料的表现

模型中人物服装的种类很多，而且每种服装的布料也不同。为了实现逼真的效果，不同的布料材质有不同的褶皱处理手法。

1. 一般厚度的衣服

对于一般厚度的衣服，褶皱可以雕刻得工整一些，褶皱的走向要干脆利落。一些过于软的布料，应尽量整合褶皱效果，但衣褶的堆积要合理，要符合衣服纹理的走向，如图4-78所示。衣服与衣服之间要有厚度，以增加角色的厚重感，如图4-79所示。

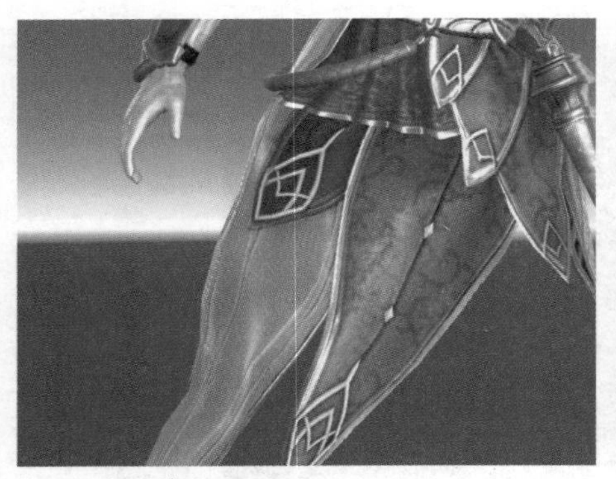

图4-78 褶皱堆积处理

图4-79 衣服的厚重感

2. 贴身的衣服

针对一些贴身衣物，模型褶皱处理大都是以身体的结构曲线为主，只在关节运动的地方加些不影响外轮廓的褶皱，如图4-80所示。

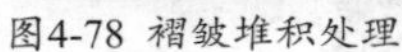

图4-80 贴身衣服的褶皱处理

3. 破损的处理

破损的布料边缘要有厚薄的变换，统一的厚度会使衣服布料显得呆板，如图4-81所示。在如图4-82所示模型中，虽然实体模型有厚度，但是在烘焙法线时，由于低模法线方向是薄的，所以会影响布料最终的效果。

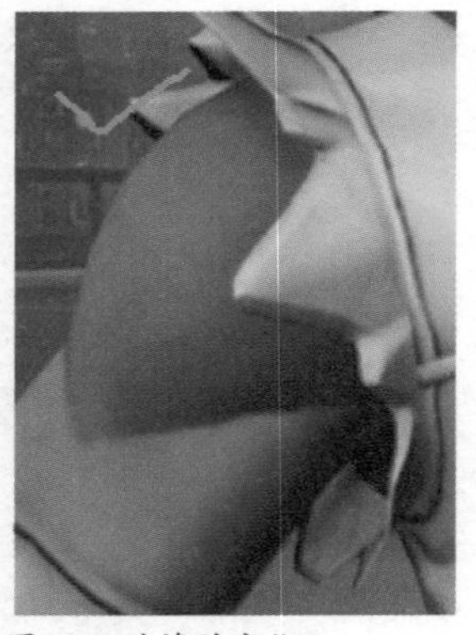

图4-81 边缘的变化

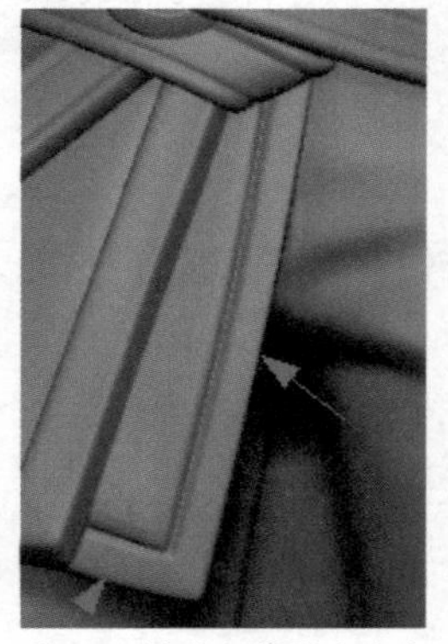

图4-82 模型太薄影响法线

4. 花纹的处理

衣服上如果有暗纹，可以通过添加粗糙度贴图加以区分，如图4-83所示。如果是有厚度的花纹，为了工整，可以通过法线制作出来，不需要在模型上雕刻，如图4-84所示。

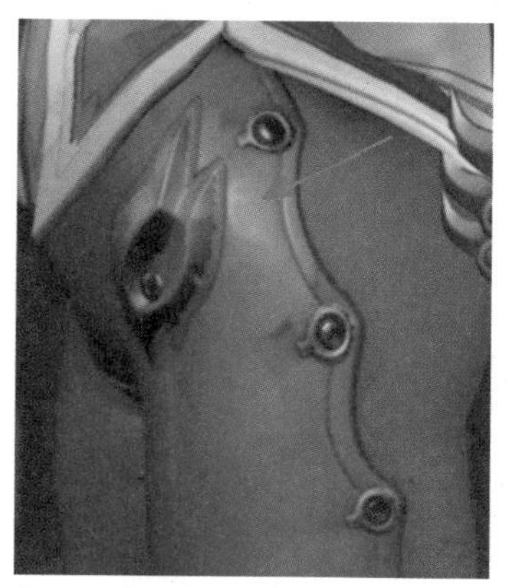
图4-83 暗纹的处理

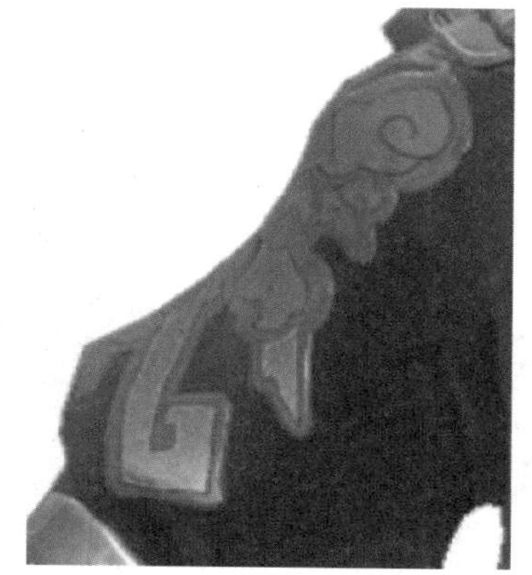
图4-84 有厚度的花纹处理

任务拓展——雕刻制作女精灵高模

根据本任务所讲内容，读者举一反三，使用ZBrush雕刻完成一个女精灵角色高模模型。完成后的效果如图4-85所示。

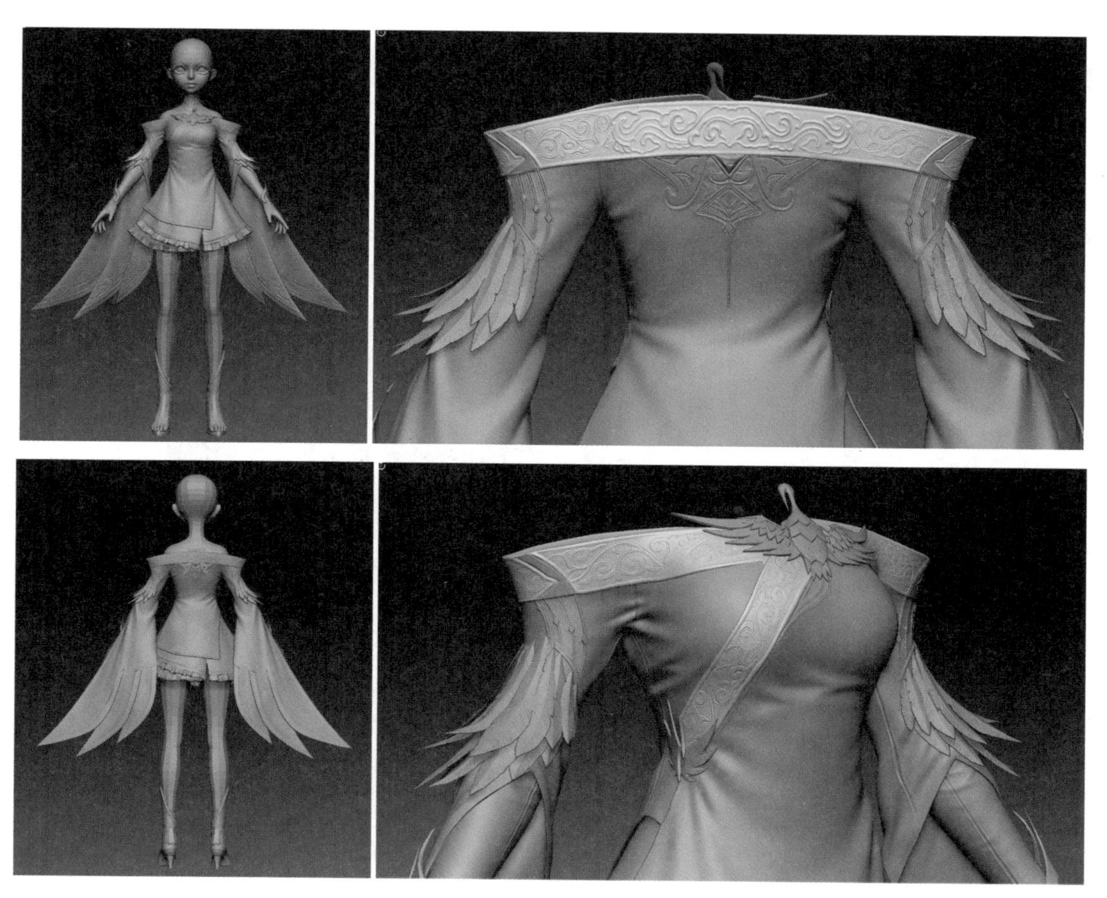

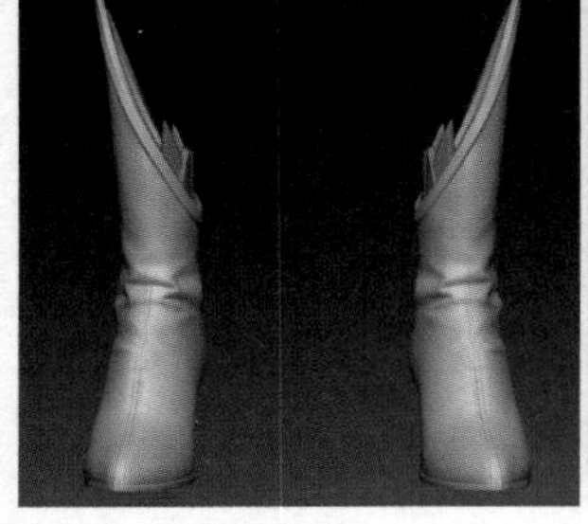

图4-85 女精灵高模

任务三 女法师模型贴图设计

制作完成女法师模型的高模和低模后，接下来在Substance Painter中完成贴图的设计制作。本任务完成模型材质和贴图的设计。通过本任务的制作，读者要深刻理解填充图层和图层蒙版综合使用的方法和技巧，贴图完成后的效果如图4-86所示。

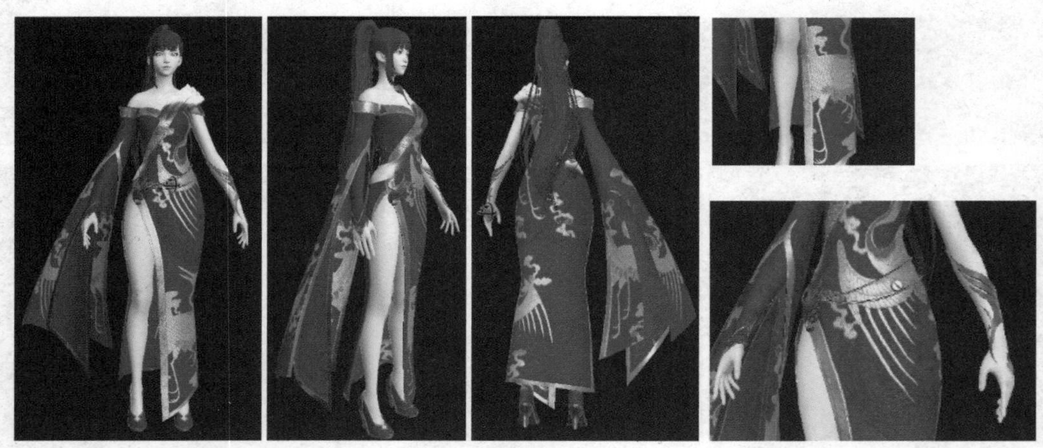

图4-86 女法师模型贴图完成后的效果

源 文 件	源文件 \ 项目四 \ 女法师模型贴图.spp
素 材	素材 \ 项目四 \
演示视频	视频 \ 项目四 \ 女法师模型贴图.MP4
主要技术	使用 Substance Painter 绘制贴图、透明贴图的使用

任务分析——拓扑低模并制作贴图

完成高模制作后，接下来制作模型的贴图。用项目三中所讲的方式拓扑出低模，低模效果如图4-87所示。打开并将UV线框整理好，效果如图4-88所示。

图4-87 低模效果

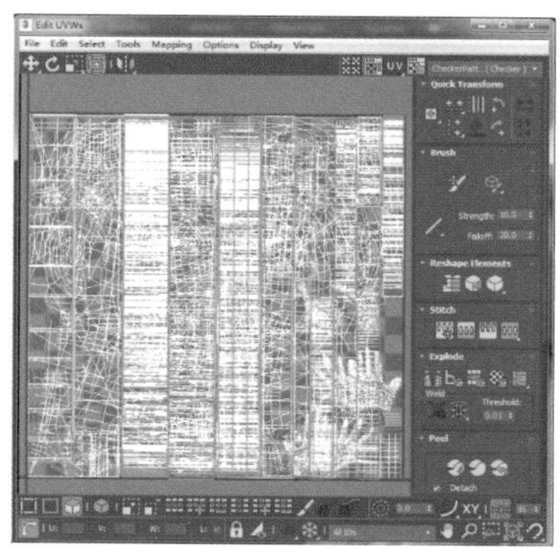

图4-88 整理UV线框

接下来使用项目三中的方法将模型的AO、ID和法线制作出来，并将它们存储为TGA格式，完成后的效果如图4-89所示。

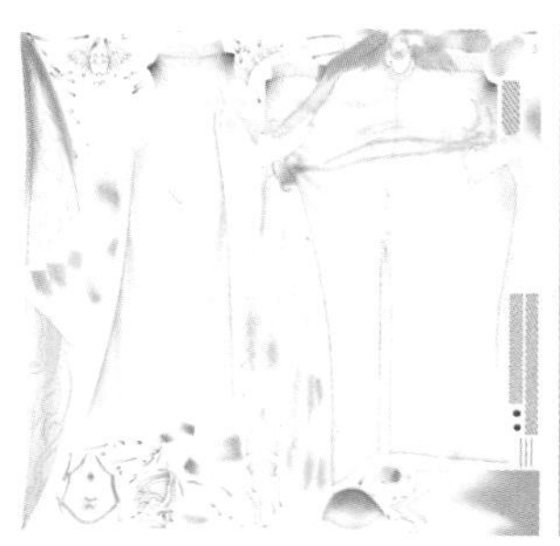

AO贴图

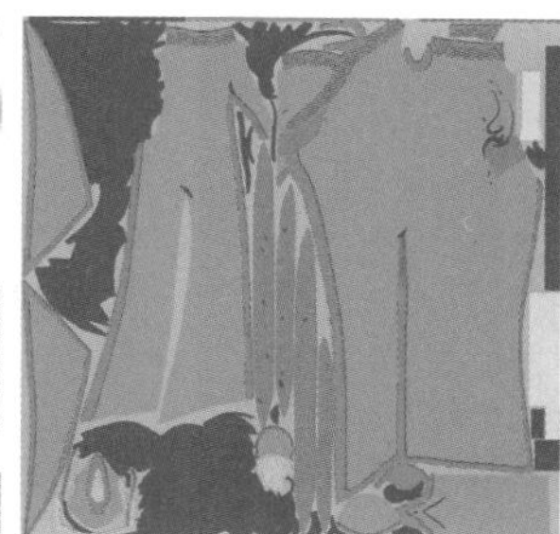

ID贴图

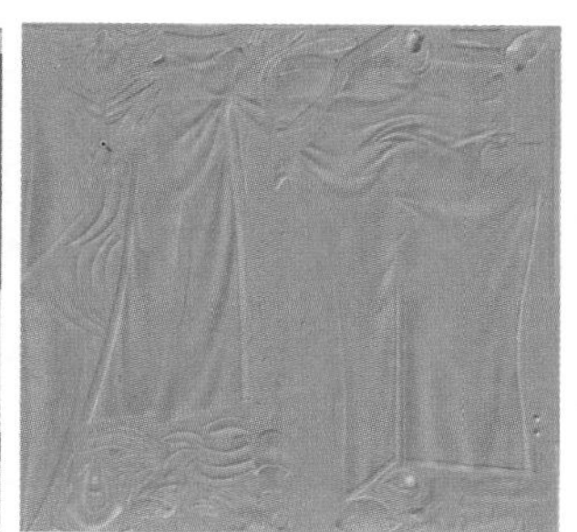

法线贴图

图4-89 完成贴图绘制

在3ds Max中打开低模，观察模型是否完整，如图4-90所示。同时，将如图4-91所示的贴图素材准备好。

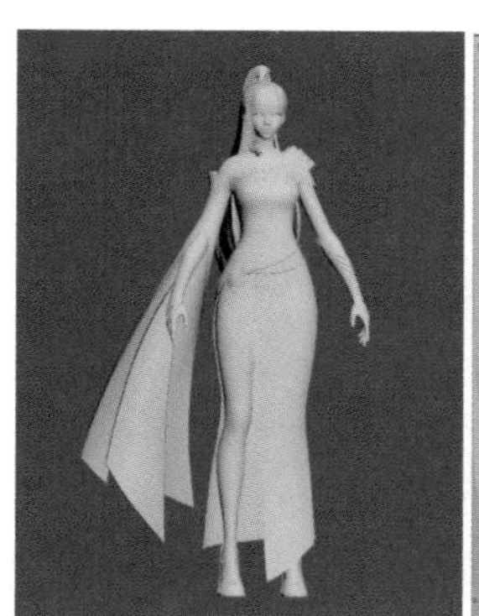

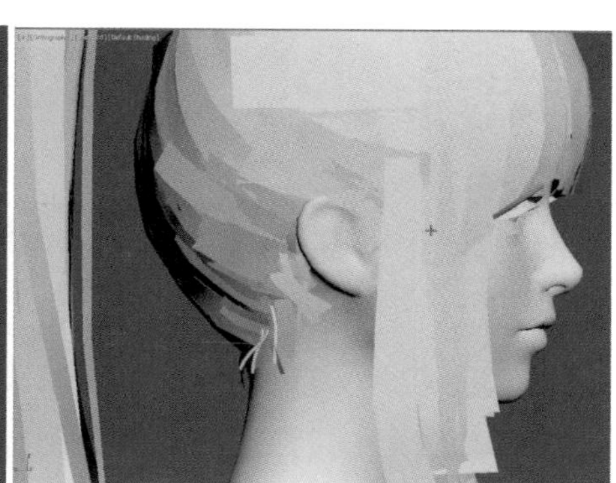

图4-90 在3ds Max中打开低模

鹤纹　　云纹　　凤凰图案

图4-91 贴图素材

知识链接——为裸模指定贴图

通常情况下，甲方会提供裸模和裸模的材质和贴图，设计师只需直接使用即可。将低模模型在Substance Painter中打开，效果如图4-92所示。在TextureSet List面板中逐一查看模型，完成后的效果如图4-93所示。

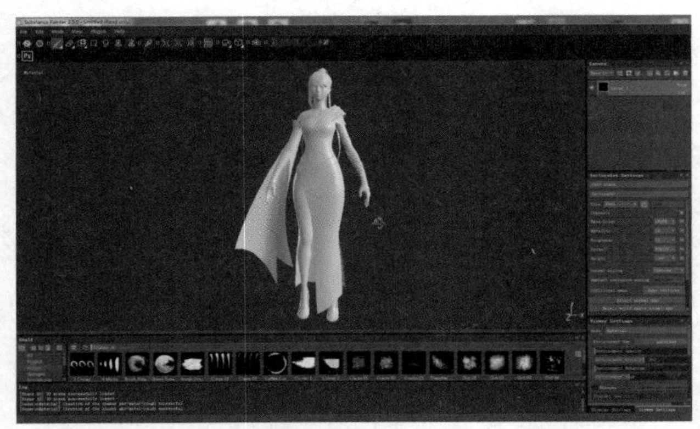

图4-92 在Substance Painter中打开低模

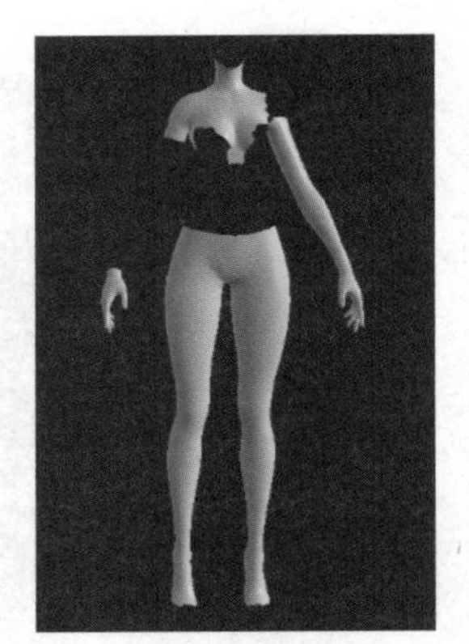

图4-93 观察并删除裸模

将AO贴图、ID贴图和法线贴图拖入Substance Painter，如图4-94所示。Shelf面板效果如图4-95所示。

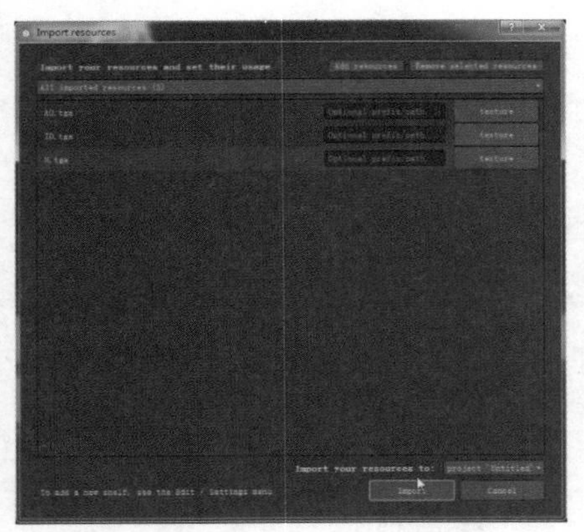

图4-94 导入贴图

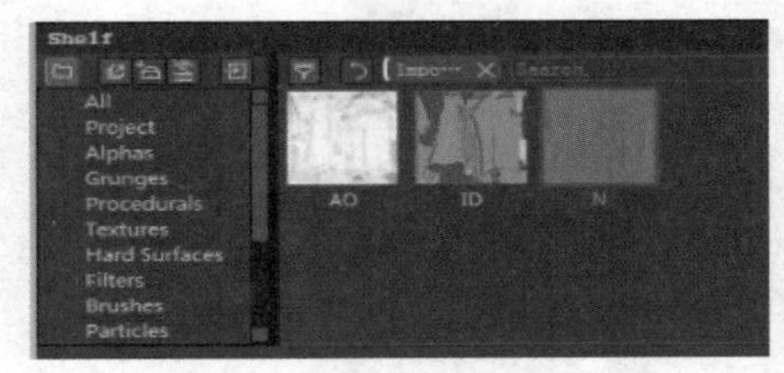

图4-95 贴图导入效果

分别将AO贴图、ID贴图和法线贴图拖动到对应的通道中，观察模型效果，如图4-96所示。打开如图4-97所示裸模贴图。

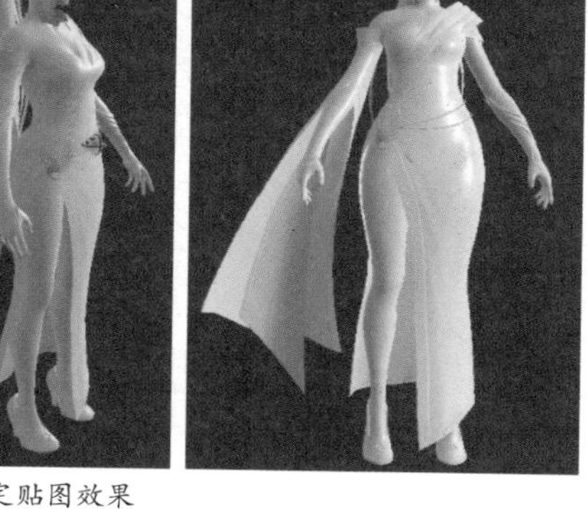

图4-96 指定贴图效果

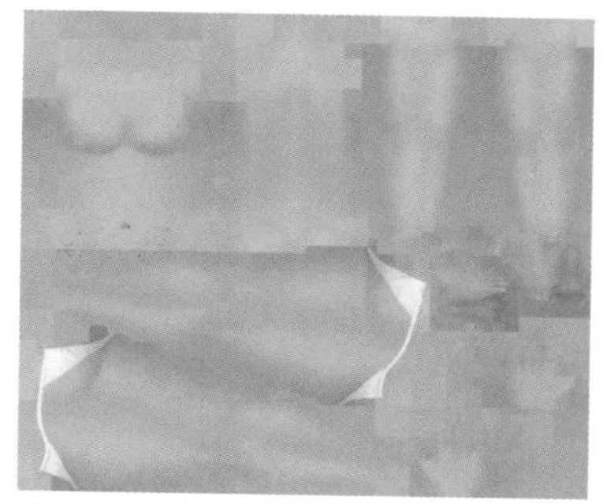

图4-97 裸模贴图

提示：

裸模通常是由甲方或者指定人员完成的。通常包括了模型和贴图等素材。此项目中直接选中使用即可。

将裸模贴图导入Substance Painter。在TextureSet List面板中找到裸模的图层，在Layers面板中删除Layer 1图层，并新建一个Fill Layer 1图层，如图4-98所示。将贴图拖动到Matorial面板中，贴图效果如图4-99所示面。

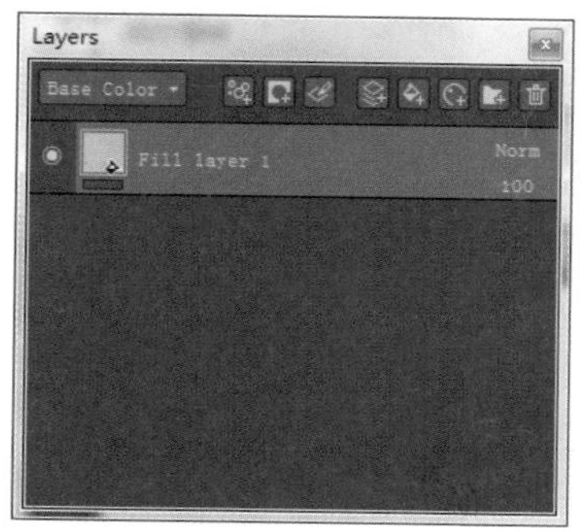

图4-98 新建填充图层

图4-99 贴图效果

修改UV Scale数值为1，如图4-100所示。贴图效果如图4-101所示。

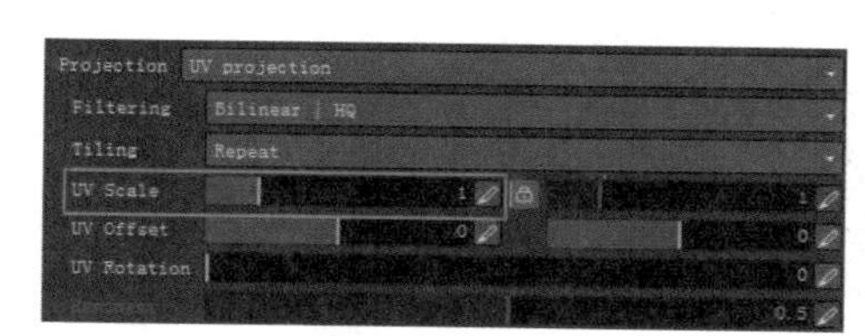

图4-100 修改贴图重复次数

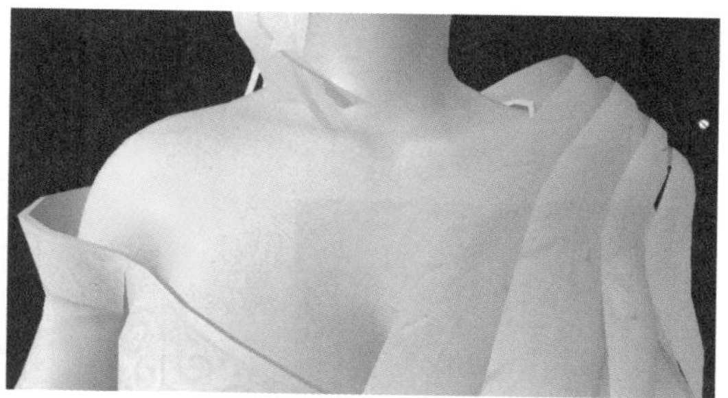

图4-101 调整后贴图效果

在TextureSet List面板中找到脸的图层，打开并观察脸部贴图，效果如图4-102所示，将贴图导入Substance Painter，用相同的方法完成脸部的贴图，效果如图4-103所示。

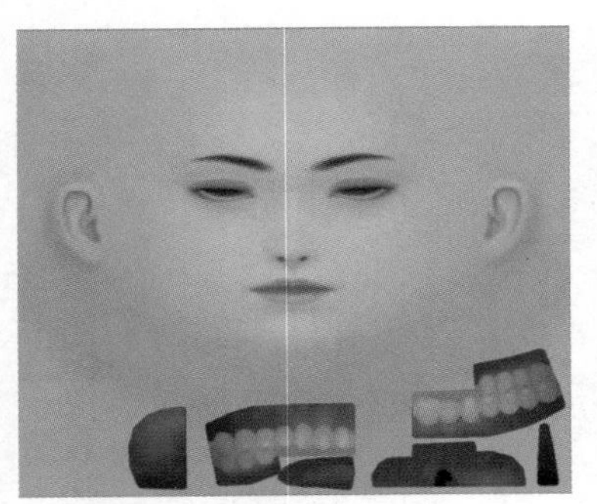

图4-102 脸部贴图

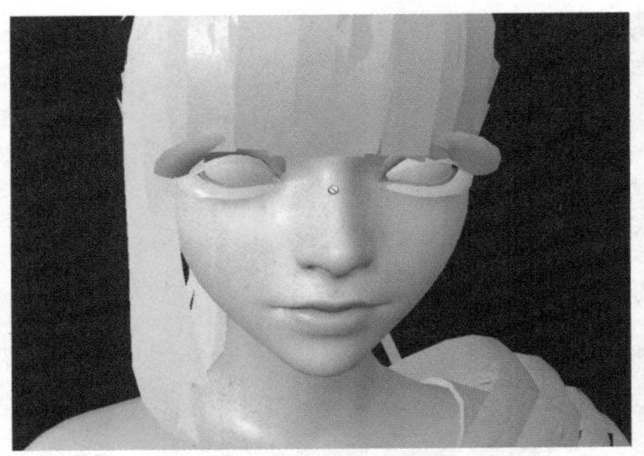

图4-103 脸部贴图效果

用相同的方法将眼睛贴图指定给模型，效果如图4-104所示。修改贴UV Offset数值为13，效果如图4-105所示。

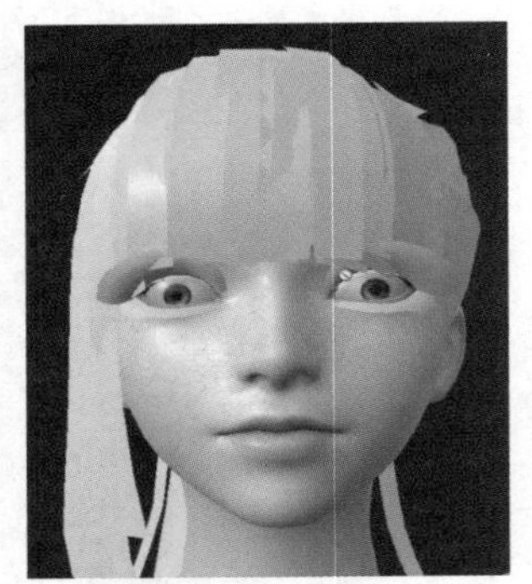

图4-104 眼睛贴图效果

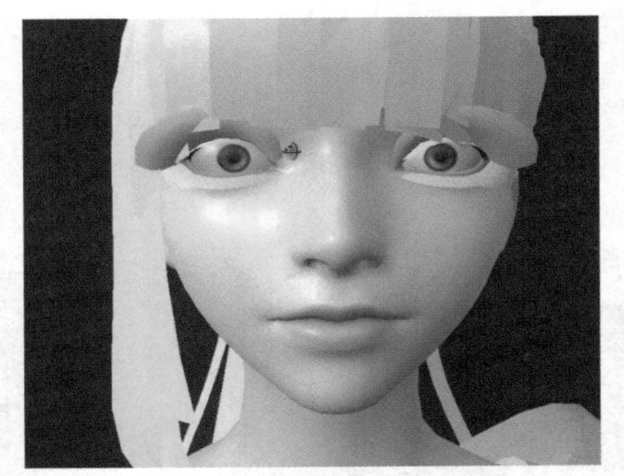

图4-105 调整眼睛贴图偏移

提示：

此处对裸模眼睛贴图进行了偏移调整，为了方便观察服装模型贴图的效果。读者也可以不做调整。

用相同的方法将睫毛贴图指定给模型，效果如图4-106所示。将头发贴图也指定给模型，贴图效果如图4-107所示。

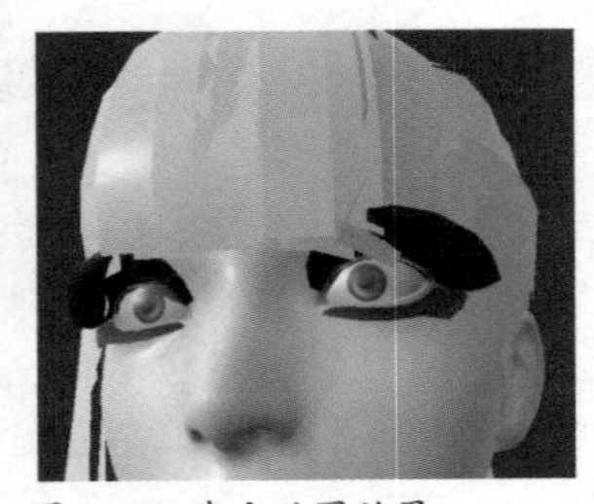

图4-106 睫毛贴图效果

图4-107 头发贴图效果

用相同的方法将发箍的贴图指定给模型，效果如图4-108所示。单击TextureSet Settings面板上Channels选项右侧的加号按钮，在弹出的快捷菜单中选择Opacity命令，如图4-109所示。

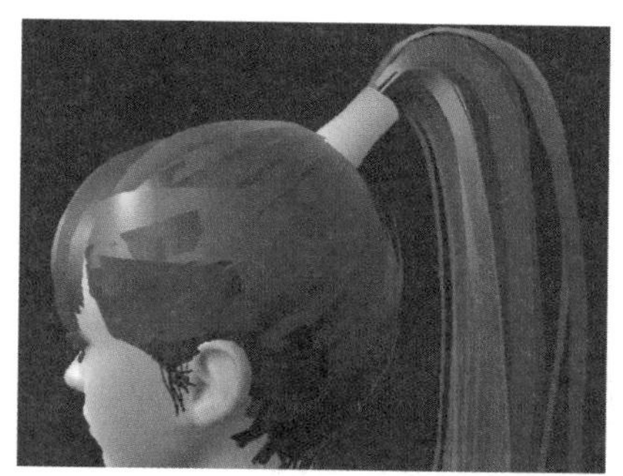

图4-108 压平面

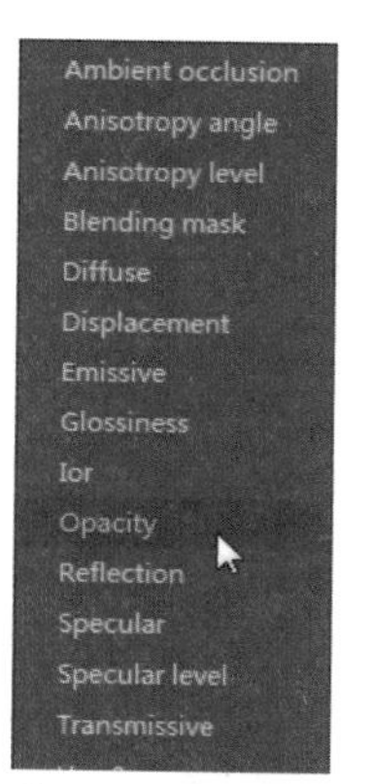

图4-109 调整顶点

单击Material选项下的op按钮，将睫毛的透明通道图导入Substance Painter，并将其拖动到op层，如图4-110所示。在Select thickness map选项下修改Shader模式为pbr-metal-rough-with-alpha-blending，如图4-111所示。

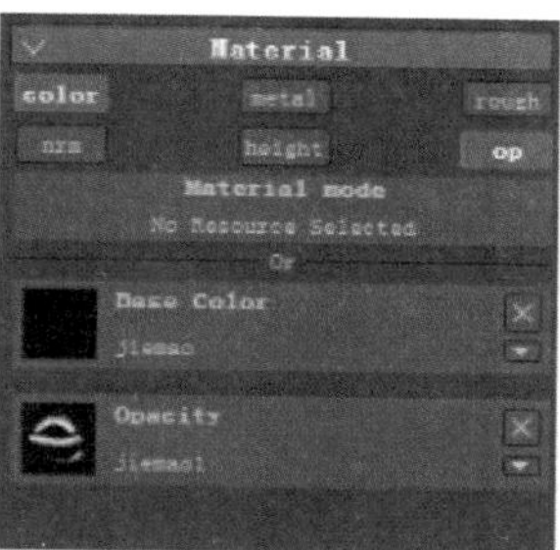

图4-110 导入透明贴图

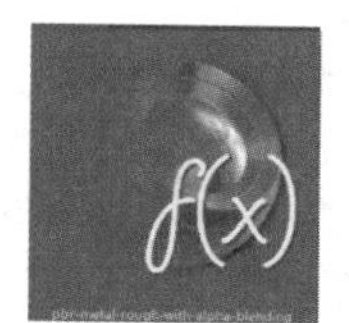

图4-111 修改透明类型

完成后的透明贴图效果如图4-112所示。用相同的方法将头发的透明贴图指定给模型，完成后的效果如图4-113所示。执行File→Save命令，将文件保存为spp格式。

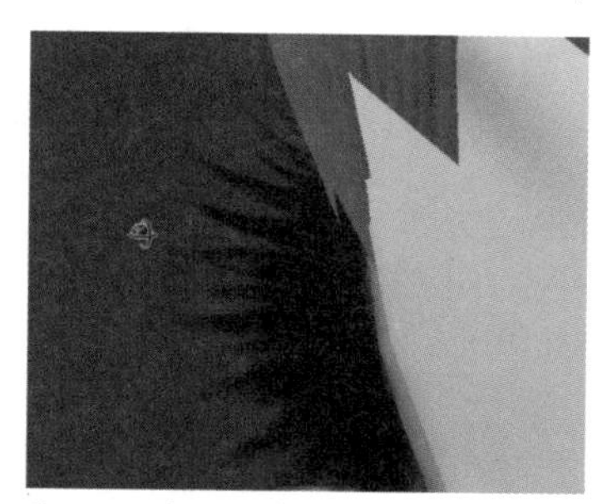

图4-112 睫毛半透效果

图4-113 头发的全透效果

提示：

由于Substance Painter软件本身的显示问题，透明贴图不一定能准确显示效果，读者可以忽略这个问题。贴图在游戏引擎里将会准确显示。

任务实施——绘制女法师模型贴图

1. 制作装备的贴图

步骤 01 在Substance Painter的Layers图层中选择装备图层，如图4-114所示。单击TextureSet Settings面板上Channels选项右侧的加号按钮，在弹出的快捷菜单中选择Occlusion命令，如图4-115所示。

图4-114 选择装备图层

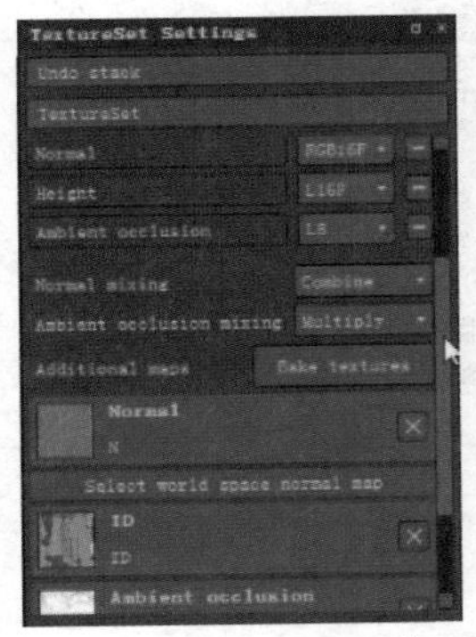

图4-115 添加occlusion选项

步骤 02 单击Bake textures按钮，烘焙装备模型。设置弹出Baking面板中各项参数如图4-116所示。单击Bake textures按钮，开始烘焙操作，如图4-117所示。

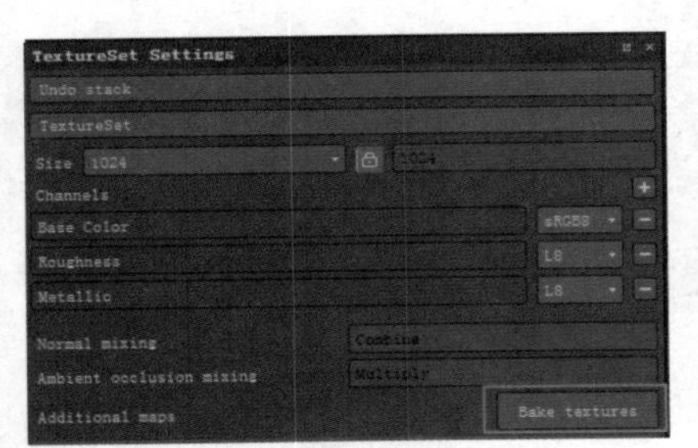

图4-116 设置Baking面板参数

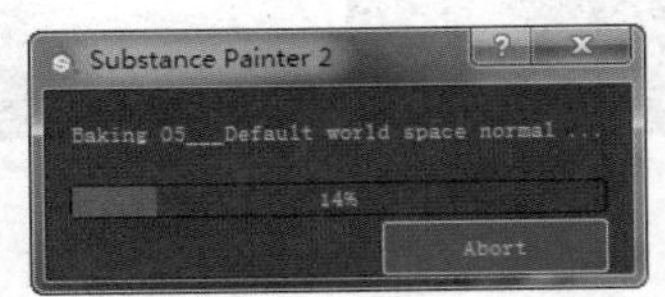

图4-117 开始烘焙

提示：

通常烘焙的过程比较慢，不同的硬件配置，所耗费的时间也不同。在烘焙过程中尽量不要进行其他操作，避免出现程序未响应而崩溃的效果。

步骤 03 稍等片刻后，即可看到完成烘焙的效果，如图4-118所示。在Layers图层面板中添加一个Fill Layer 1图层，将Fabric Baseball hat材质拖入Layers面板，如图4-119所示。

图4-118 烘焙效果

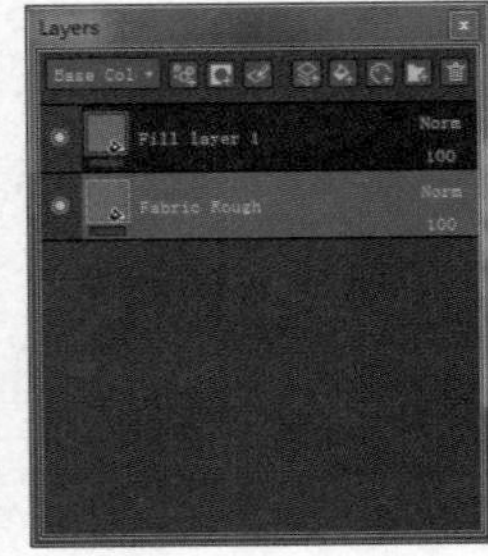

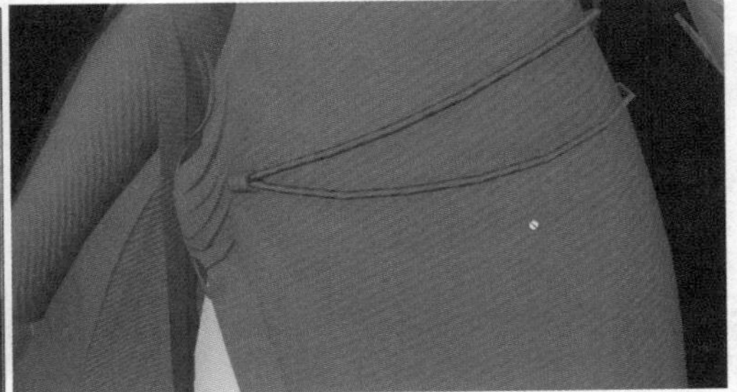

图4-119 指定材质

步骤 04 在Properties面板中修改UV Scale数值为7，UV Offset数值为0.46，材质效果如图4-120所示。单击Color选项后面的色块，在弹出的对话框中设置材质的颜色为灰黑色，如图4-121所示。

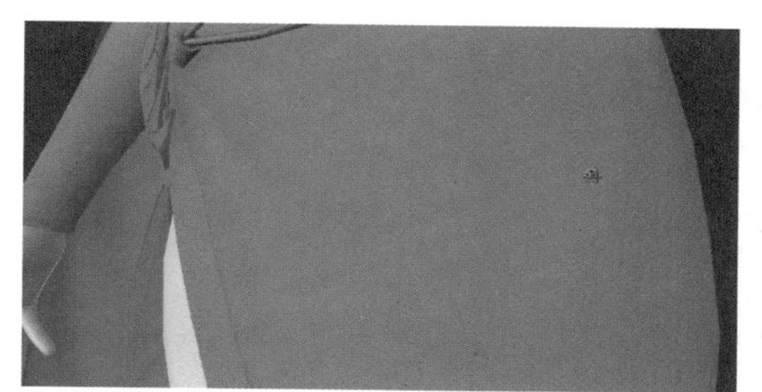

图4-120 修改材质参数后的效果

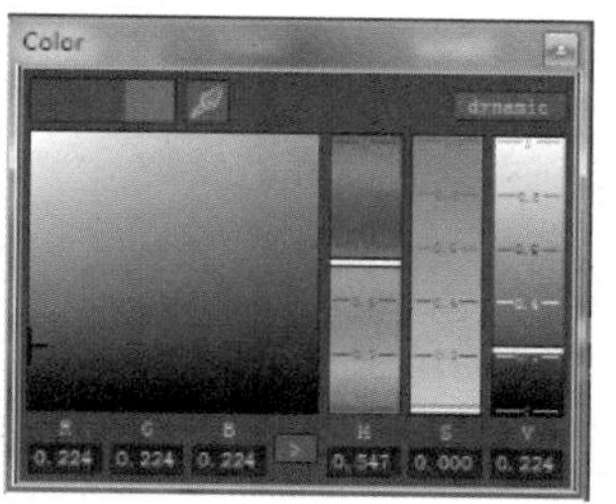

图4-121 设置材质颜色

步骤 05 新建一个名称为buliao的图层组，将填充图层拖入图层组，如图4-122所示。在图层组上单击鼠标右键，在弹出的快捷菜单中选择Add mask with color selection命令，如图4-123所示。

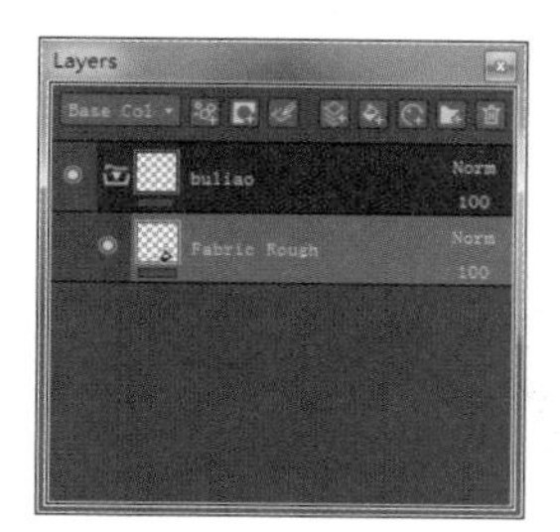

图4-122 新建图层组

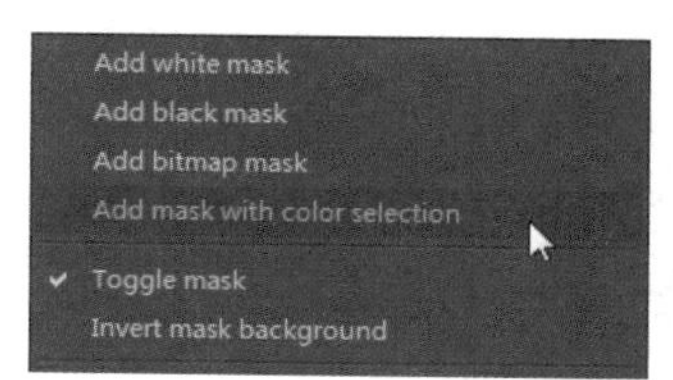

图4-123 选择蒙版

步骤 06 Layers图层效果如图4-124所示。单击Color selection面板上的Pick color按钮，模型效果如图4-125所示。

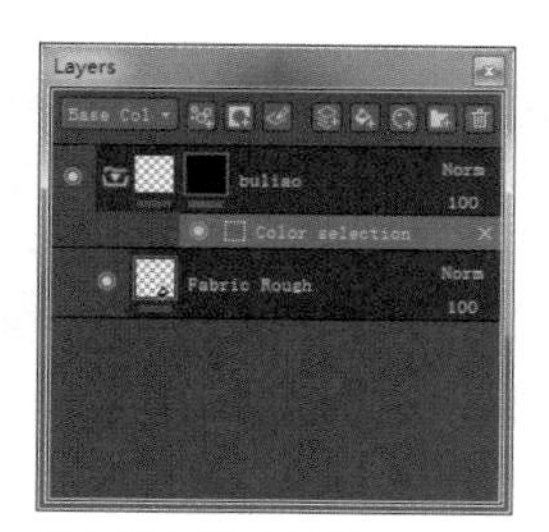

图4-124 图层效果

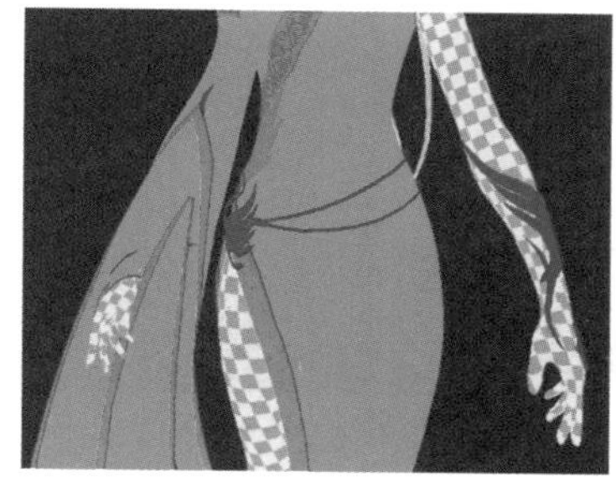

图4-125 添加蒙版

步骤 07 用吸管工具在绿色位置单击，拾取颜色，材质效果如图4-126所示。在Layers图层上新建名为jinshu的图层组，如图4-127所示。

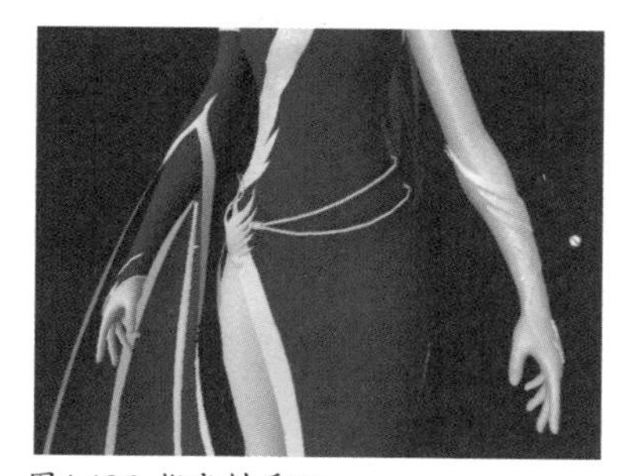

图4-126 指定材质ID

图4-127 新建jinshu图层组

步骤 08 在Shelf面板中选择Smart Materials选项，将Bronze Armor材质拖到图层组中，稍等片刻，模型材质效果如图4-128所示。

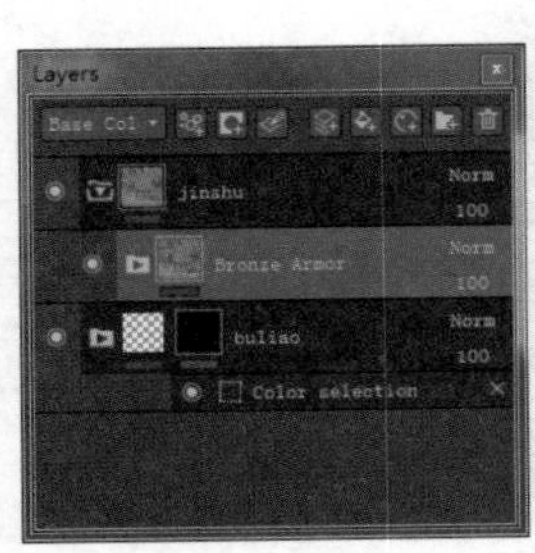

图4-128 指定金属材质

步骤 09 添加Add mask with color selection选项，并用吸管拾取包边的部分，效果如图4-129所示。用相同的方法，拾取花纹的部分，效果如图4-130所示。

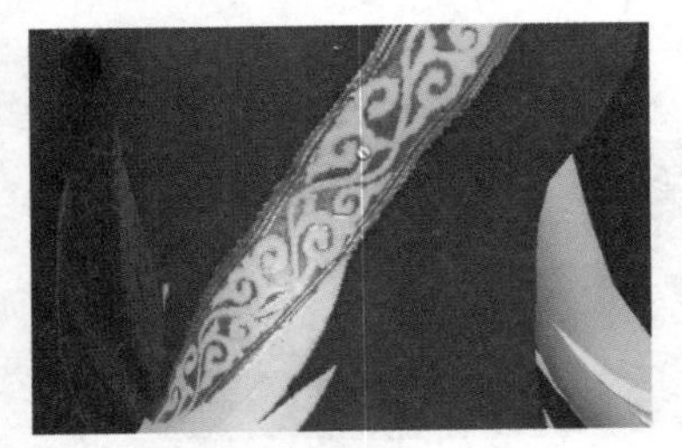

图4-129 拾取边框ID

图4-130 拾取花纹ID

步骤 10 拖动调整Tolerance的数值，减少材质的白色边缘效果，调整如图4-131所示。使用相同的方法将执行金属材质到其他的模型上，如图4-132所示。

图4-131 减少材质白边

图4-132 指定金属材质

步骤 11 将Layers中左上角的类型更改为Hight，修图Edges Damages图层的不透明度为50%，如图4-133所示。调整后的材质高光效果如图4-134所示。

图4-133 隐藏高光图层

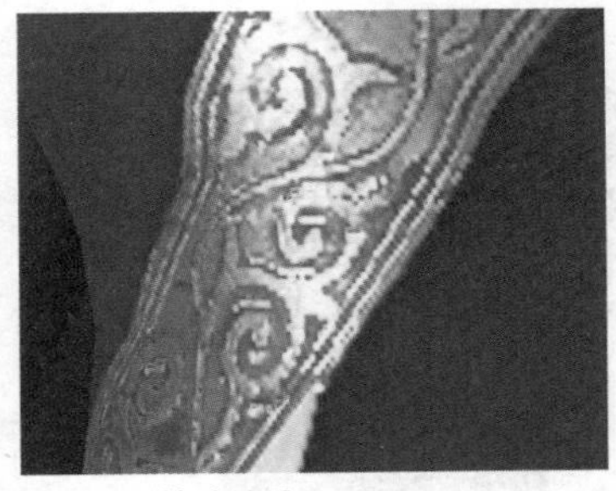

图4-134 材质效果

步骤 12 新建一个名称为yumao的图层组，再新建一个Fill Layer 图层，并将其拖入yumao图层组，如图4-135所示。添加Add mask with color selection选项，并用吸管拾取羽毛的部分，效果如图4-136所示。

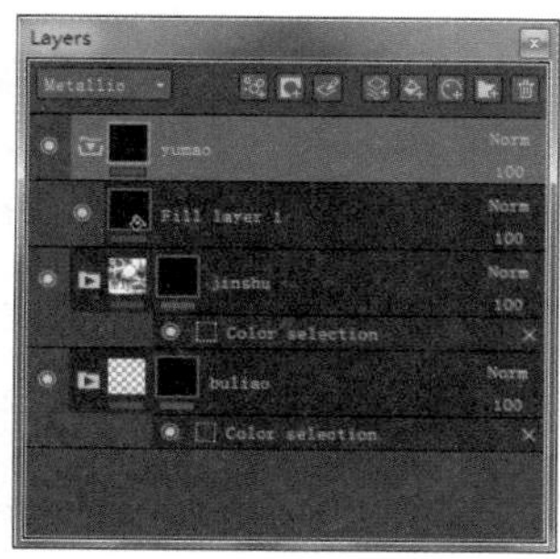

图4-135 新建羽毛图层组

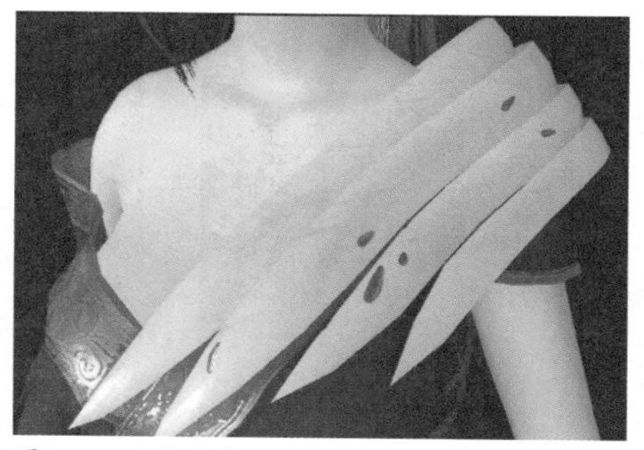

图4-136 羽毛效果

步骤 13 修改材质的颜色，为材质增加一点黑色，效果如图4-137所示。在buliao组中新建一个填充图层，在该图层上单击鼠标右键，选择Add black mask蒙版选项，如图4-138所示。

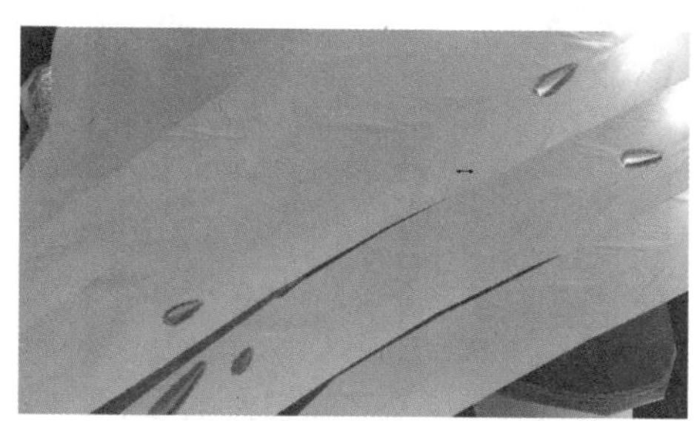

图4-137 羽毛材质效果

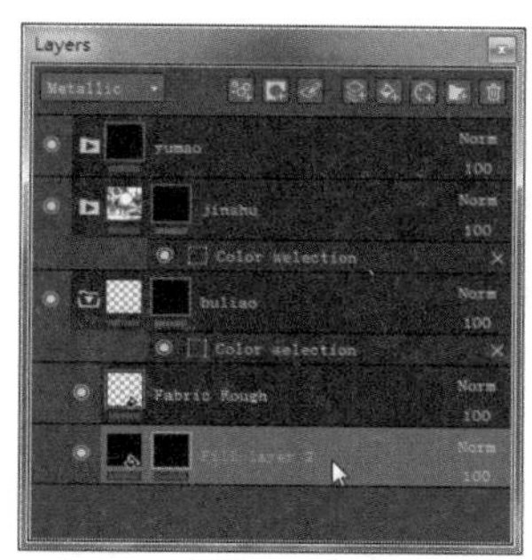

图4-138 添加黑色蒙版

2. 设计制作纹理贴图

步骤 01 在蒙版图层上单击鼠标右键，选择Add fill选项，添加一个Fill图层，如图4-139所示。将云纹图片拖入新建的Fill层，材质效果如图4-140所示。

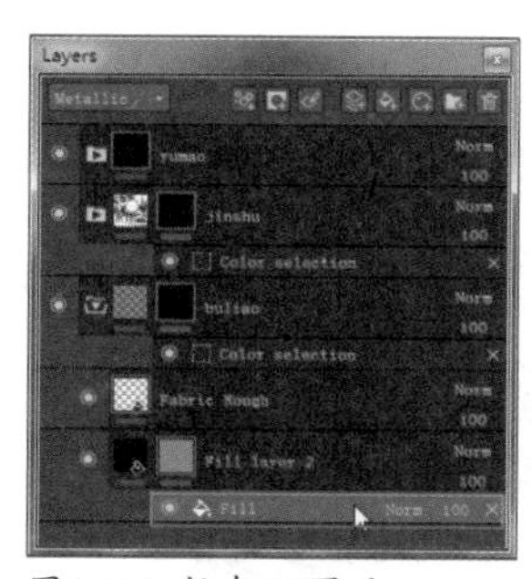

图4-139 新建Fill图层

图4-140 云纹填充效果

提示：

直接拖入Substance Paninter的图片素材，只能拖到Shelf面板中的Textures选项下，其他选项无法直接拖入图像。

步骤 02 修改UV Scale数值，云纹效果如图4-141所示。修改图层的不透明度，云纹效果如图4-142所示。

图4-141 修改UV Scale数值

图4-142 修改填充不透明度

步骤03 修改材质的粗糙度和金属度，材质效果如图4-143所示。新建一个Fill图层，用相同的方法将凤凰图案添加到材质中，调整UV Scale和UV Offset的数值，完成后的效果如图4-144所示。

图4-143 材质效果

图4-144 凤凰图案效果

提示：

每次改变了材质参数后，都有必要全部显示并旋转模型，观察材质的效果，以确保材质的显示效果与实际物体材质相同。

步骤04 在填充图层上单击鼠标右键，选择Add paint选项，如图4-145所示。使用黑色画笔在不需要的贴图位置涂抹，如图4-146所示。

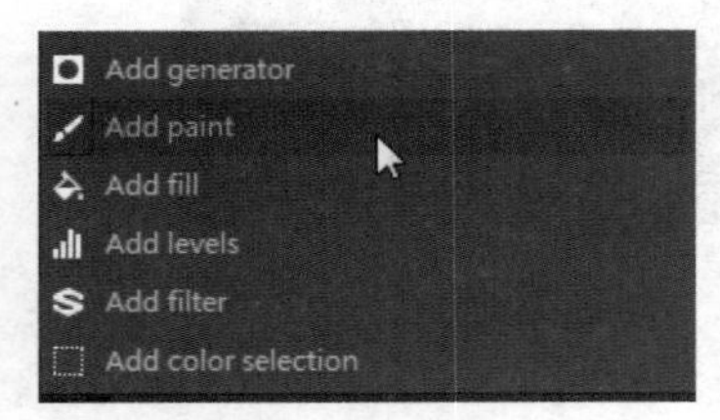

图4-145 添加Paint图层

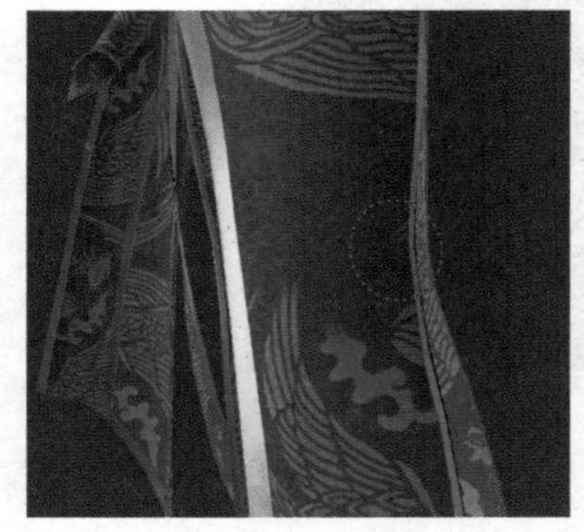

图4-146 涂抹遮盖贴图

步骤05 涂抹后的效果如图4-147所示。设置凤凰花纹贴图的颜色如图4-148所示。

步骤06 修改凤凰花纹贴图的粗糙度和金属度，参数设置如图4-149所示。单击图层右上角的Normal选项，在弹出的快捷菜单中选择Multiply选项，如图4-150所示。

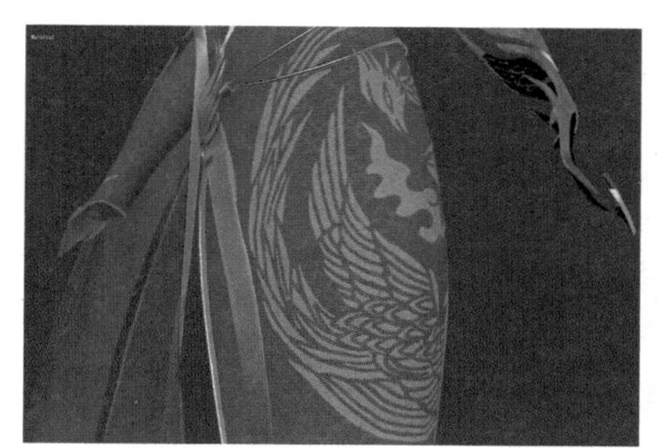
图4-147 涂抹后的效果

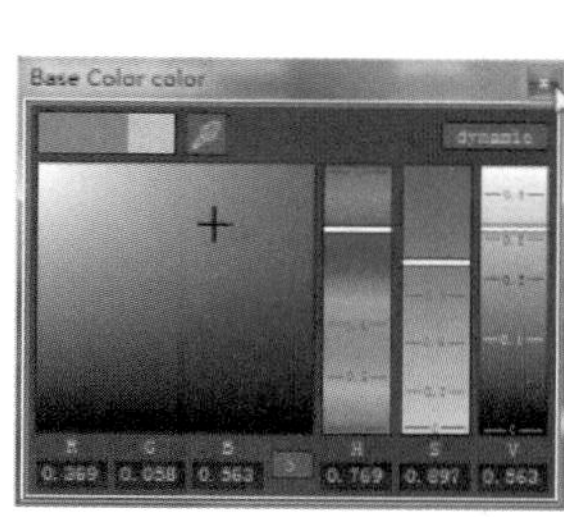

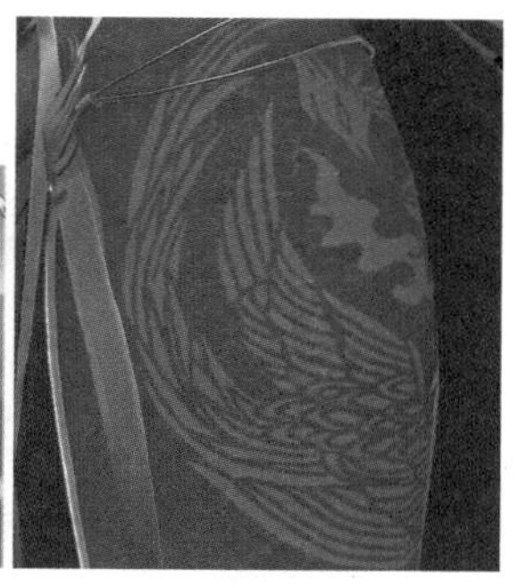
图4-148 修改贴图颜色

Base Color
uniform color
Metallic
uniform color
Roughness
uniform color

图4-149 修改粗糙度和金属度

Normal
Passthrough
Disable
Replace
Multiply
Divide
Inverse divide
Darken (Min)
Lighten (Max)

图4-150 设置叠加模式

步骤 07 凤凰花纹叠加效果如图4-151所示。再次新建一个Fill图层，为该Fill图层添加一个蒙版，再为蒙版添加一个Fill图层。用相同的方法将仙鹤图案添加到材质中，效果如图4-152所示。

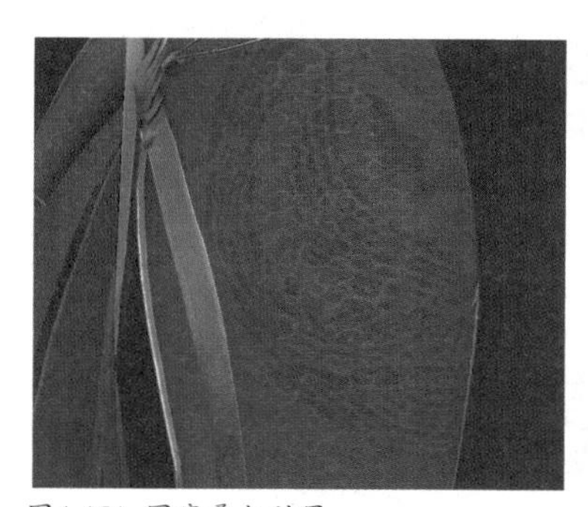
图4-151 图案叠加效果

图4-152 添加仙鹤图案

步骤 08 在Base Color color面板中调整仙鹤图案的颜色值，如图4-153所示。调整后的仙鹤图案效果如图4-154所示。

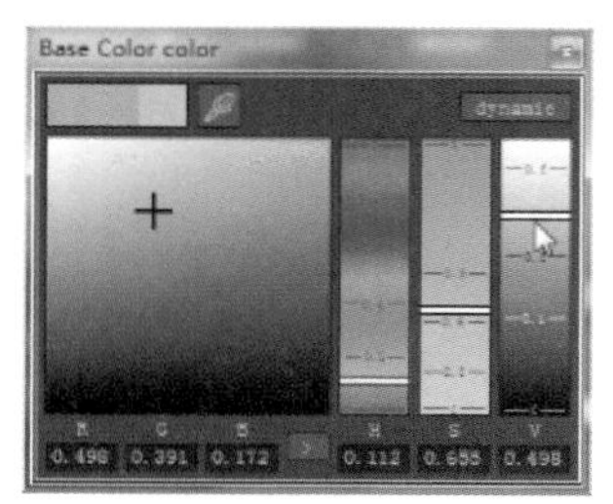

图4-153 调整图案颜色

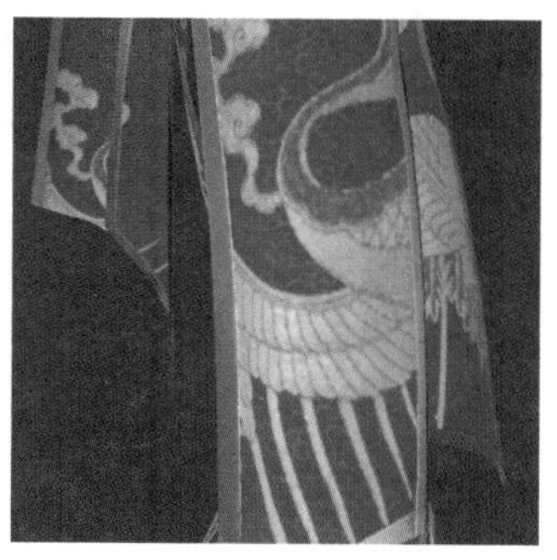
图4-154 调整颜色效果

步骤 09 调整贴图的UV Scale和UV Offset的数值，贴图调整后的效果如图4-155所示。添加Paint图层，通过涂抹，将其他不需要的图案隐藏，完成后的效果如图4-156所示。

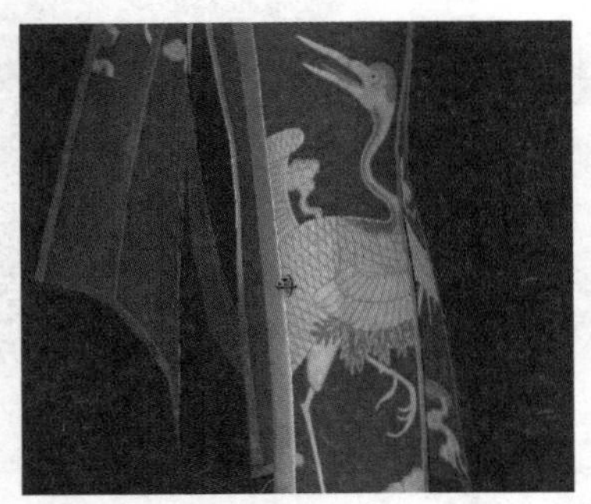

图4-155 调整贴图效果

图4-156 涂抹隐藏贴图

步骤 10 复制一个仙鹤图案图层，将Paint图层删除，调整贴图的UV Scale和UV Offset的数值，如图4-157所示。添加Paint图层，将多余的图案隐藏，如图4-158所示。

图4-157 复制仙鹤图层

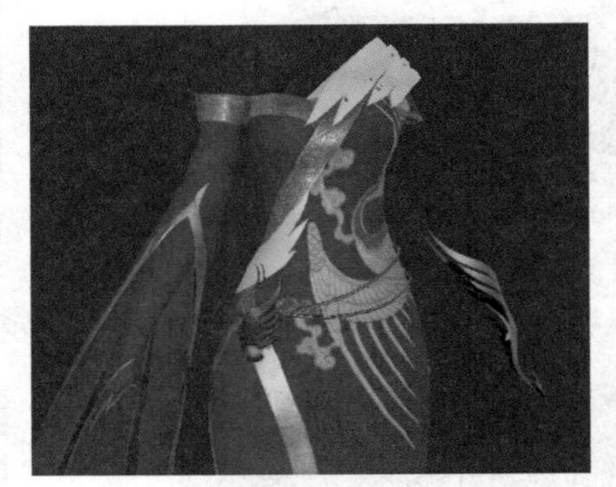

图4-158 涂抹效果

步骤 11 再复制一个仙鹤图层，用相同的方法制作如图4-159所示贴图效果。

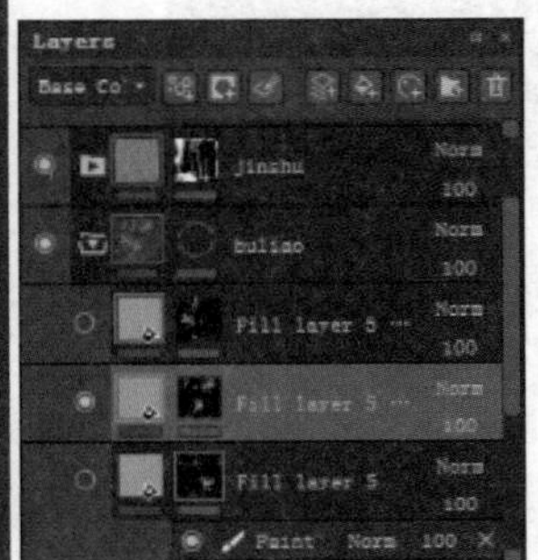

图4-159 完成仙鹤贴图

提示：

为了使仙鹤的贴图效果更加逼真，本任务中分3个图层制作。每个图层中只保留一个仙鹤图案。通过调整偏移值实现图案出现在特定的位置。

3. 增加贴图细节

步骤 01 在yumao图层组中添加一个黑色的Fill Layer，模型效果如图4-160所示。为该图层添加蒙版，并添加一个Paint图层，如图4-161所示。

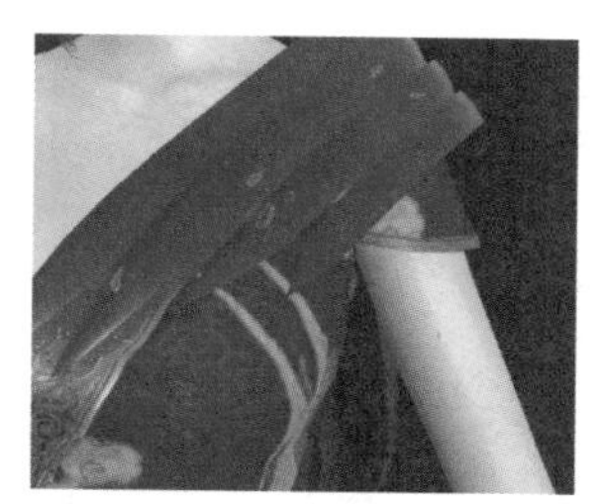
图4-160 添加黑色填充图层

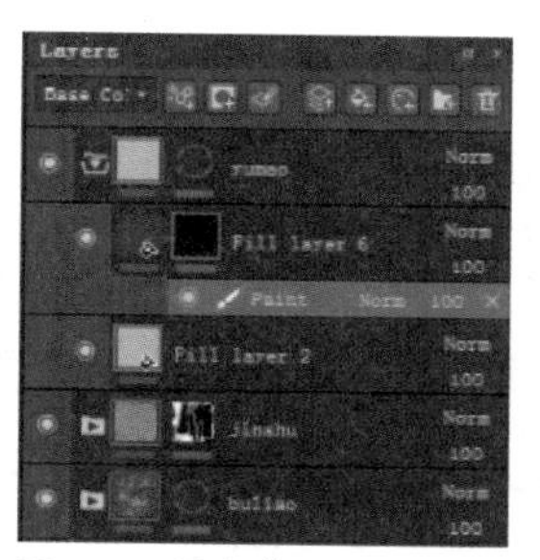

图4-161 添加蒙版

步骤 02 在Shelf面板Brushes选项下选择Dirt 1笔刷，如图4-162所示。使用白色笔刷在羽毛的边缘进行涂抹，得到如图4-163所示效果。

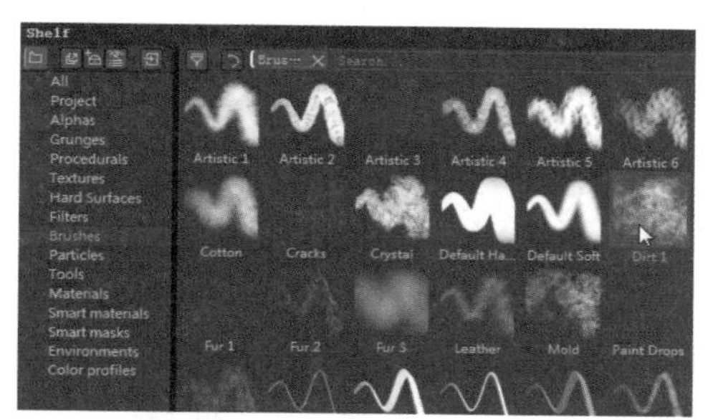

图4-162 选择笔刷

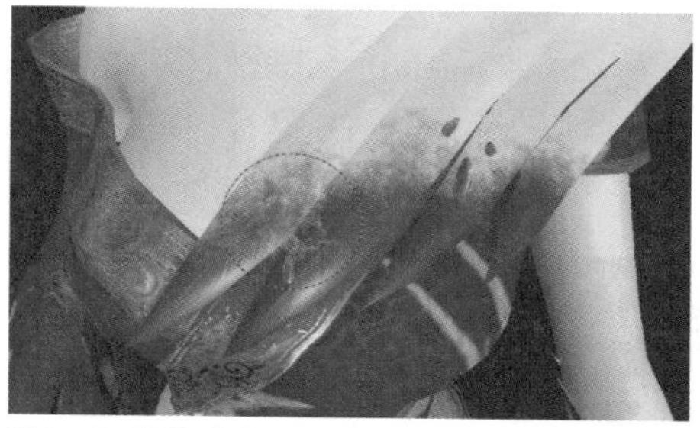
图4-163 涂抹效果

步骤 03 用相同的方法，在其他位置的羽毛模型上进行涂抹，完成后的效果如图4-164所示。

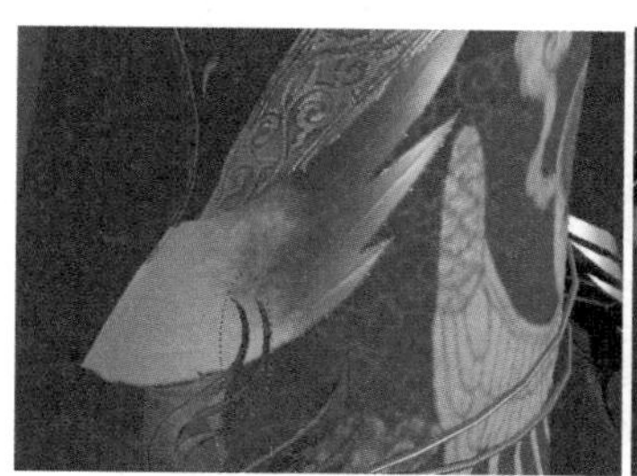
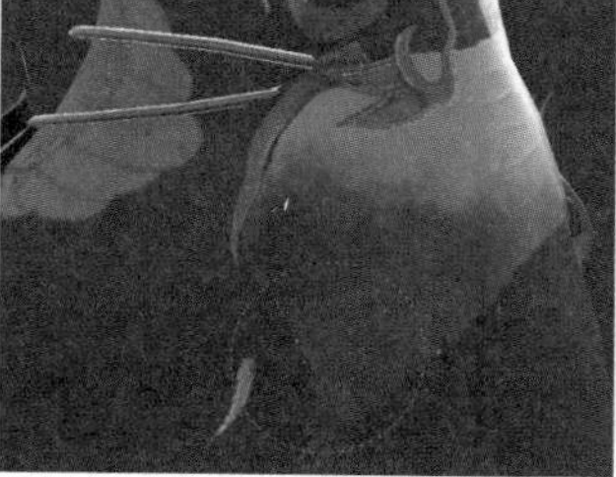
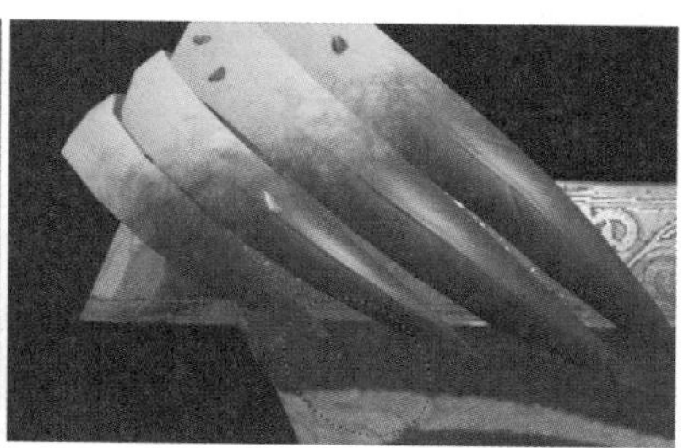
图4-164 羽毛模型绘制效果

步骤 04 调整笔刷大小，使用黑色和白色笔刷交替涂抹，实现多层次的绘制效果，如图4-165所示。继续在yumao图层组下添加一个Fill Layer，并为该图层添加一个黑色蒙版，在蒙版上单击鼠标右键，选择Add generator命令，如图4-166所示。

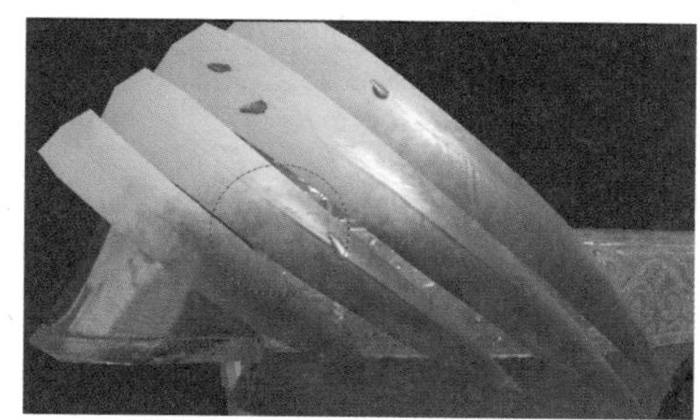
图4-165 绘制羽毛效果

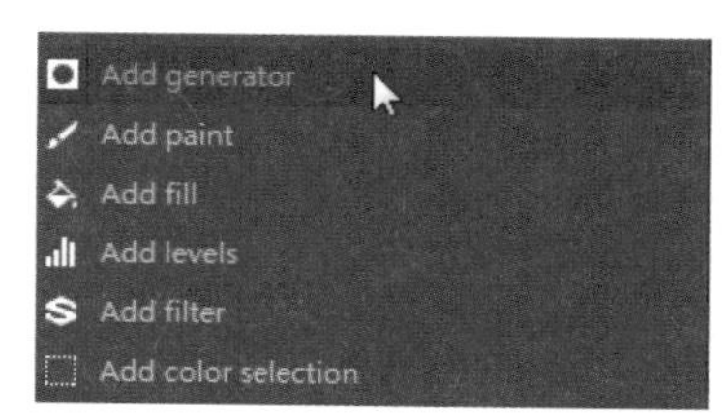

图4-166 选择Add generator选项

步骤05 在Properties面板中选择MG Dirt选项，如图4-167所示。调整Fill Layer蒙版的颜色为黑色，效果如图4-168所示。

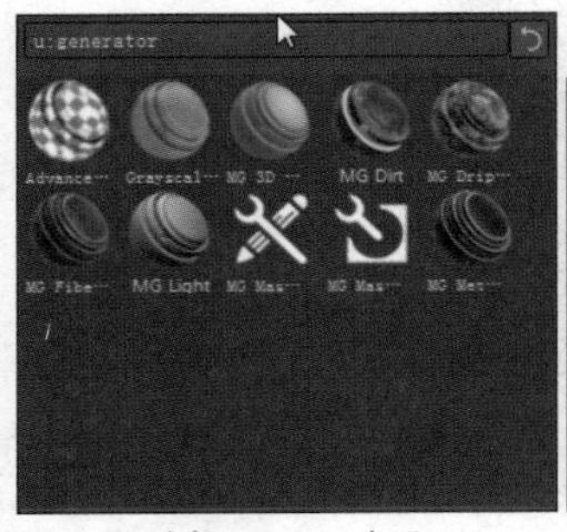

图4-167 选择MG Dirt选项

图4-168 调整图层蒙版的颜色

步骤06 选择MG图层，在Properties面板中调整其范围和大小，如图4-169所示。修改图层的不透明度为20，调整效果如图4-170所示。

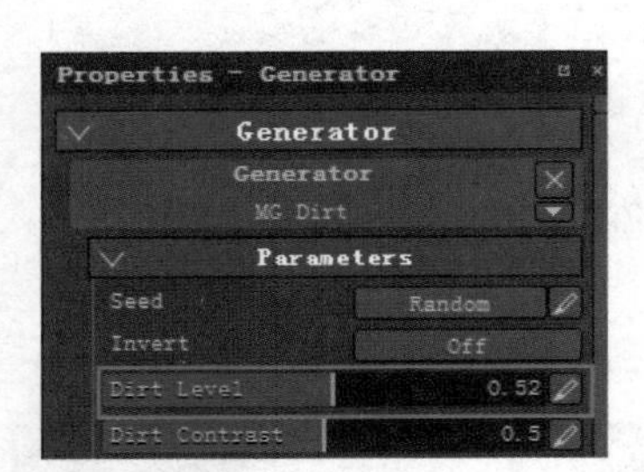

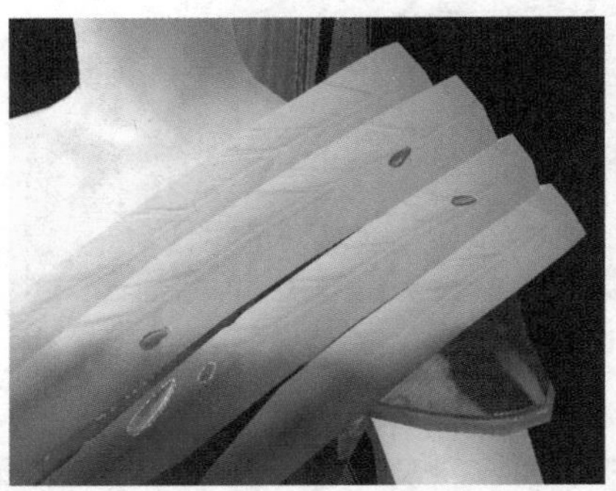

图4-169 调整范围与大小

图4-170 调整效果

步骤07 在Layers面板中选中皮肤图层，如图4-171所示。调整皮肤的金属度和粗糙度，各项参数如图4-172所示。

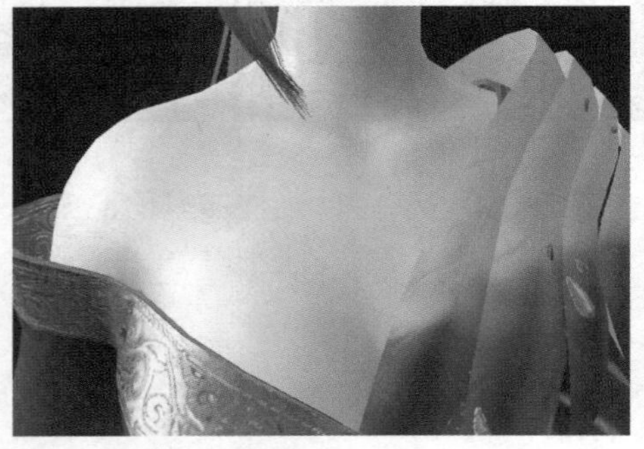

图4-171 选中皮肤图层

图4-172 调整粗糙度和金属度

步骤08 调整后的皮肤效果如图4-173所示。用相同的方法对模型的头发进行调整，调整后的效果如图4-174所示。

提示：

为了获得更好的显示效果，可以对模型的头发、眼睛、脸和身体部分进行调整，适当增加模型的金属度和粗糙度。

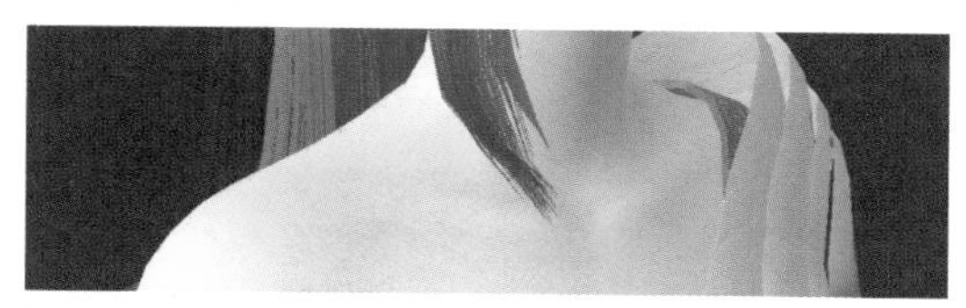

图4-173 皮肤调整效果

图4-174 头发调整效果

步骤09 执行File→Save命令，保存已完成的模型。最终效果如图4-175所示。

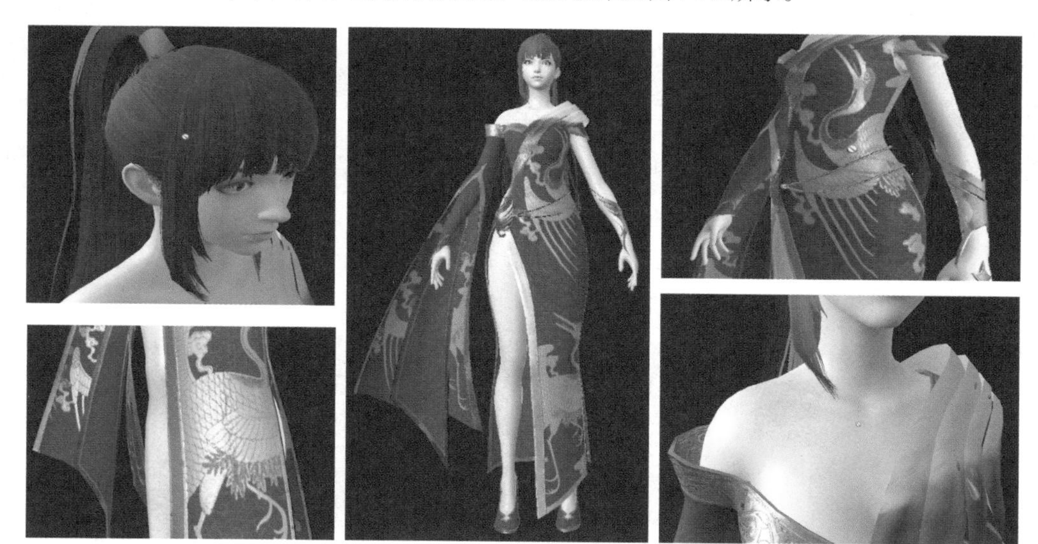

图4-175 最终效果

任务评价——对齐颜色贴图和法线贴图

法线贴图主要体现角色受光方向及体积、凹凸细节的贴图。如图4-176所示为一款材质贴图和转换的法线贴图。

图4-176 材质贴图和法线贴图

为了获得更好的贴图效果，贴图中金属起伏较大的地方和花纹可以使用Quixel Suite插件单独转换法线。使用选区工具需要转换的位置勾选，然后单击按钮即可完成转换，如图4-177所示。

提示：

Quixel Suite是专业实用且功能强大的一款贴图制作软件，这款软件拥有许多方便快捷的贴图制作工具，用户们可以通过这款软件轻松制作出自己想要的各种贴图。

勾选选区时，边缘的位置要多勾选出一些，避免厚度影响法线边缘，如图4-178所示。用户可以根据贴图材质调整法线贴图的高度、厚度、软硬和凹凸，如图4-179所示。

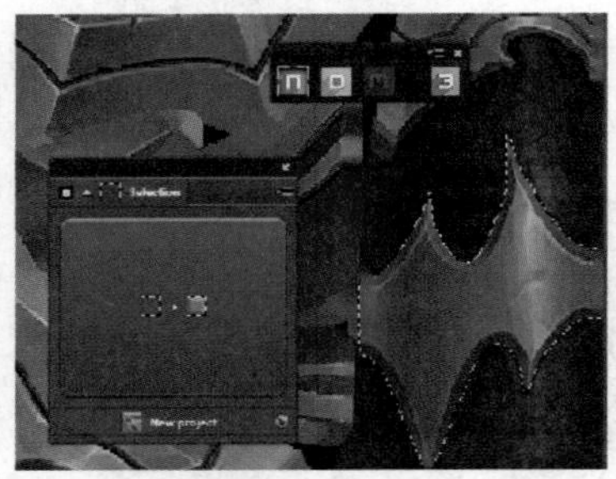

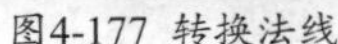

图4-177 转换法线

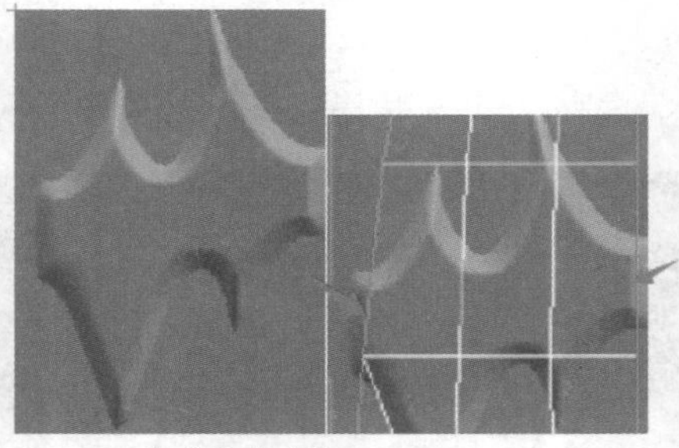

图4-178 勾选法线边缘

图4-179 调整参数

如果出现转的法线通过调数值，无法与颜色贴图的转折棱角对齐的情况，可以先把转折的面勾选出来，然后再用涂抹工具把法线与颜色贴图的转折边缘对齐，如图4-180所示。

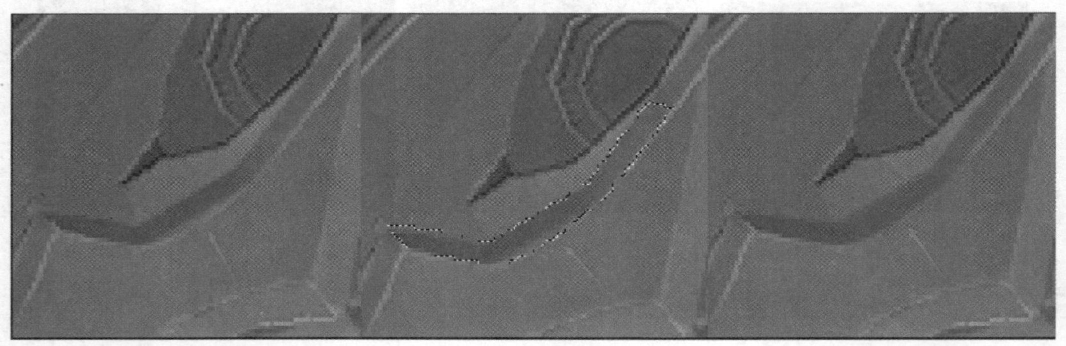

图4-180 解决对齐问题

经过多次选区转法线，把各个部分组合起来，得到比较立体的法线效果，如图4-181所示。花纹与边缘一定要转换清晰，如果用贴图转化的法线不是很清晰，建议直接勾选做灰度图再转。不然制作出来的法线效果可能会很差。

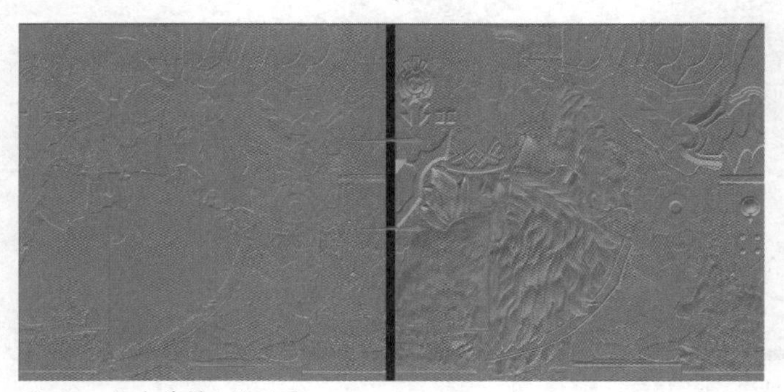

图4-181 组合获得立体效果

任务拓展——完成女精灵贴图绘制

本任务中将根据前面所学内容，为女精灵模型绘制贴图，绘制完成颜色贴图、法线贴图、ID贴图、光泽度贴图和反射贴图，效果如图4-182所示。女精灵模型贴图效果如图4-183所示。

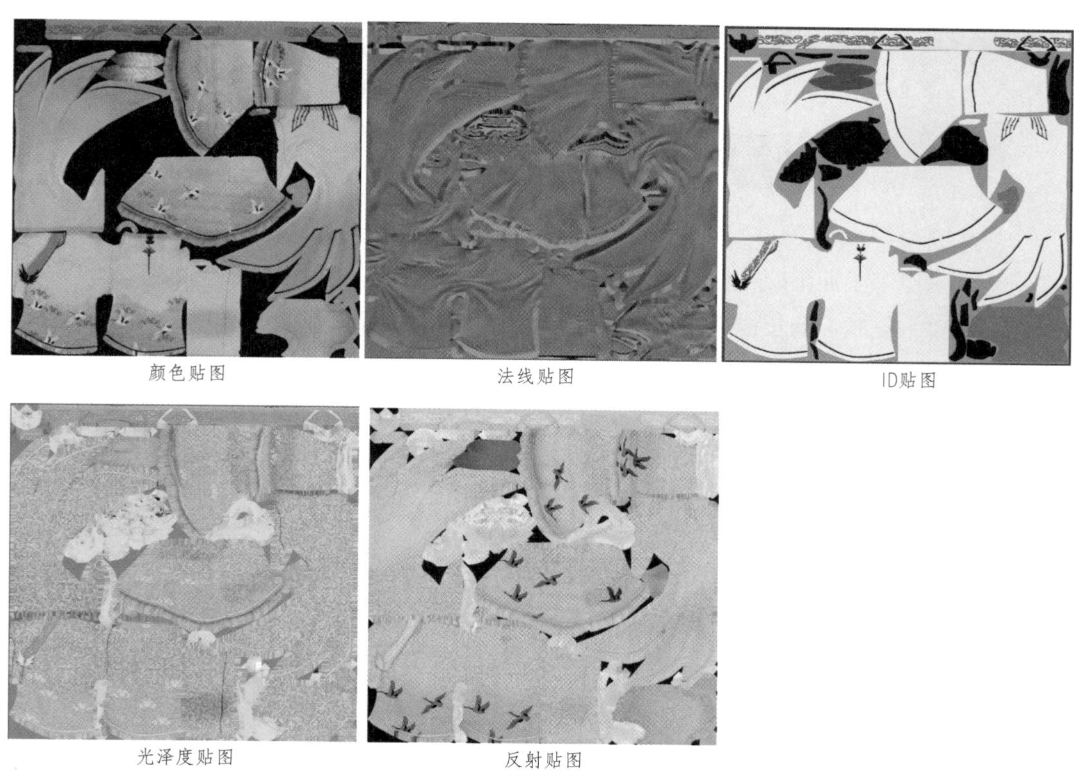

图4-182 绘制贴图效果

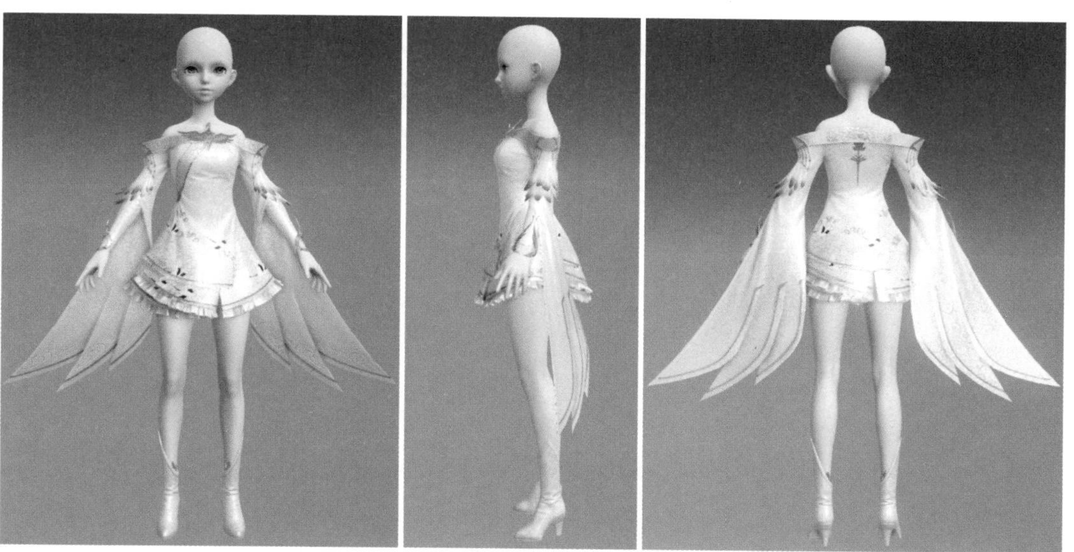

图4-183 女精灵模型贴图效果

反侵权盗版声明

电子工业出版社依法对本作品享有专有出版权。任何未经权利人书面许可，复制、销售或通过信息网络传播本作品的行为；歪曲、篡改、剽窃本作品的行为，均违反《中华人民共和国著作权法》，其行为人应承担相应的民事责任和行政责任，构成犯罪的，将被依法追究刑事责任。

为了维护市场秩序，保护权利人的合法权益，我社将依法查处和打击侵权盗版的单位和个人。欢迎社会各界人士积极举报侵权盗版行为，本社将奖励举报有功人员，并保证举报人的信息不被泄露。

举报电话：（010）88254396；（010）88258888
传　　真：（010）88254397
E-mail：dbqq@phei.com.cn
通信地址：北京市万寿路173信箱
电子工业出版社总编办公室
邮　　编：100036